산업인력공단 시행
최신 출제경향 반영

독학으로 합격이
가능한 필수교재

2024

제2과목 농작물재해보험 및
가축재해보험 손해평가의 이론과 실무

손해평가사 2차

· 합격을 위한 최단기 길잡이 지침서
· 최신 출제경향을 반영한 핵심이론 완벽정리
· 독학으로 합격이 가능한 필수교재
· 적중예상문제 + 최신기출문제 수록
· 최신 개정관련법령 및 농업정책보험금융원
　이론서[업무방법]에 따른 해설수록

저자 손송운

최신법령
최신정책
출제기준
반영

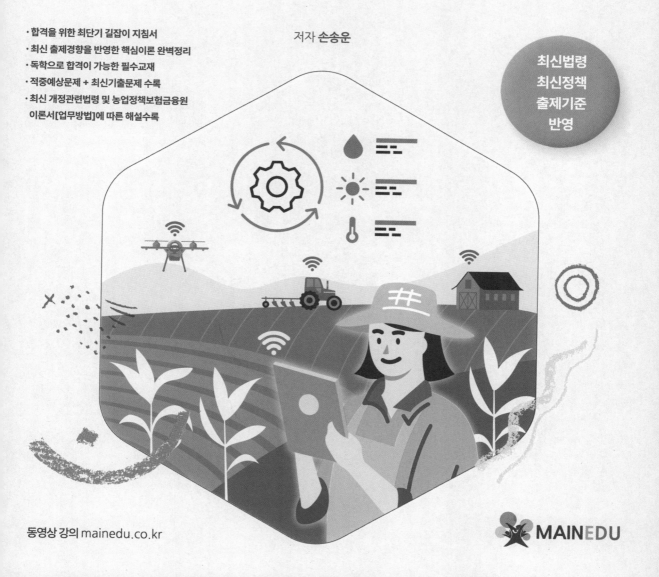

MAINEDU

손해평가사란 농업재해보험의 손해평가를 전문적으로 수행하는 자로서 농어업재해보험법에 따라 신설되는 국가자격인 국가전문자격을 취득한 자를 의미합니다.

농업재해보험의 손해평가사는 공정하고 객관적인 농업재해보험의 손해평가를 하기 위해 피해사실의 확인, 보험가액 및 손해액의 평가, 그 밖의 손해평가에 필요한 사항에 대한 업무를 수행하고 있습니다.

최근 기상이변 등으로 인한 농어업재해의 손실 발생빈도가 높아지고 손실규모도 증가추세로 인하여 보험 선택 대상품목의 수가 늘어남에 따라 농어업 관련 재해 피해보상의 범위도 확대되고 있습니다. 그에 따라 국가 및 농어민 모두 보험의 필요성에 대한 인식이 개선되면서 농어업재해보험 가입 농가수가 증가하고 있으며 정부의 지원 규모도 늘어날 것으로 예측되고 있습니다. 따라서 장기적으로 전문성을 갖춘 손해평가사의 수요도 증가할 것으로 예상되어 직업적 전망은 매우 밝아지고 있습니다.

손해평가사는 전문자격증으로 시험 난이도가 평이하지 않기 때문에 어렵고 생소한 전문이론을 이해하고 시험을 철저하게 준비하는 것이 『최단기합격』을 위해서는 최고 우선입니다.

손해평가사 2차 시험을 전략적으로 대비하기 위해서는 『전문강사진이 직접 집필한 교재 및 강의』의 선택이 중요합니다. 본서는 반드시 숙지해야 할 핵심주요 이론을 정리하였을 뿐만 아니라 2015년부터 최근까지 기출문제를 완벽하게 분석하였습니다.

또한 최근 농업정책보험금융원에서 전면개정 · 고시한 이론서(업무방법) 『농어업재해보험 손해평가의 이론과 실무』와 『개정관계법령』을 완벽하게 반영하여 수험생들의 합격을 위한 가장 적합한 수험지침서로 구성된 교재를 출간하였습니다.

여러분에게 수년간 강의 경험과 합격생 배출의 노하우를 바탕으로 땀의 결실로 맺어진 이 한권의 책이 든든한 『손해평가사 입문』의 디딤돌이 되어 줄 것으로 『교재 편저자』는 확신합니다.

끝으로 책이 나오기까지 도움을 주신 모든 분들께 감사를 드리며, 손해평가사를 준비하는 수험생 여러분들의 합격을 진심으로 기원합니다.

편저자 손송운

▌손해평가사 시험 안내 ▌

1. 기본 정보

*개요

자연재해·병충해·화재 등 농업재해로 인한 보험금 지급사유 발생 시 신속하고 공정하게 그 피해사실을 확인하고 손해액을 평가하는 일을 수행

※ 근거법령 : 농어업재해보험법

*변천과정

o 2015. 5. 15 : 손해평가사 자격시험의 실시 및 관리에 관한 업무위탁 및 고시(농림축산식품부)

o ~ 현재 : 한국산업인력공단에서 손해평가사 자격시험 시행

*수행직무

o 피해사실의 확인

o 보험가액 및 손해액의 평가

o 그 밖의 손해평가에 필요한 사항

*소속부처명

o 소관부처 : 농림축산식품부(재해보험정책과)

o 운용기관 : 농업정책보험금융원(보험2부)

*실시기관 : 한국산업인력공단(http://www.q-net.or.kr/site/loss)

2. 시험 정보

*응시자격 : 제한 없음

※ 단, 부정한 방법으로 시험에 응시하거나 시험에서 부정한 행위를 해 시험의 정지/무효 처분이 있은 날 부터 2년이 지나지 아니하거나, 손해평가사의 자격이 취소된 날부터 2년이 지나지 아니한 자는 응시할 수 없음 [농어업재해보험법 제11조의4제4항]

*원서접수방법

○ 큐넷 손해평가사 홈페이지(http://www.Q-Net.or.kr/site/loss)에서 접수

　　※ 인터넷 활용 불가능자의 내방접수(공단지부·지사)를 위해 원서접수 도우미 지원

　　※ 단체접수는 불가함

○ 원서접수 시 최근 6개월 이내에 촬영한 여권용 사진(3.5㎝ × 4.5㎝)을 파일(JPG·JPEG 파일, 사이즈: 150 × 200 이상, 300DPI 권장, 200KB 이하)로 등록(기존 큐넷 회원의 경우 마이페이지에서 사진 수정 등록)

　　※ 원서접수 시 등록한 사진으로 자격증 발급

○ 원서접수 마감시각까지 수수료를 결제하고, 수험표를 출력하여야 접수 완료

*시험과목 및 방법

구 분	시험과목	시험방법
제1차 시험	1. 「상법」 보험편 2. 농어업재해보험법령(「농어업재해보험법」, 농어업 재해보험법 시행령」, 「농어업재해보험법 시행규칙」 및 농림축산식품부 장관이 고시하는 손해평가 요령을 말한다.) 3. 농학개론 중 재배학 및 원예작물학	객관식 4지 택일형
제2차 시험	1. 농작물재해보험 및 가축재해보험의 이론과 실무 2. 농작물재해보험 및 가축재해보험 손해평가의 이론과 실무	단답형, 서술형

*시험시간

구 분	시험과목	문항 수	입실	시험시간
제1차 시험	① 「상법」 보험편 ② 농어업재해보험법령 ③ 농학개론 중 재배학 및 원예작물학	과목별 25문항 (총 75문항)	09:00	09:30~ 11:00 (90분)
제2차 시험	① 농작물재해보험 및 가축재해보험의 이론과 실무 ② 농작물재해보험 및 가축재해보험 손해평가의 이론과 실무	과목별 10문항	09:00	09:30~ 11:30 (120분)

○ 시험과 관련하여 법령·고시·규정 등을 적용해서 정답을 구하여야 하는 문제는 시험 시행일기준으로 시행중인 법령·고시·규정 등을 적용하여 그 정답을 구함(반드시, 매년 공고되는 손해평가사 자격시험 시행계획 공고 참조 및 확인)

*합격기준(농어업재해보험법 시행령 제12조의6)

구 분	합 격 결 정 기 준
제1차 시험	매 과목 100점을 만점으로 하여 매 과목 40점 이상과 전 과목 평균 60점 이상을 득점한 사람을 합격자로 결정
제2차 시험	매 과목 100점을 만점으로 하여 매 과목 40점 이상과 전 과목 평균 60점 이상을 득점한 사람을 합격자로 결정

목차

농작물재해보험 및
가축재해보험 손해평가의
이론과 실무

제1장

농업재해보험 손해평가 개관

제1장 농업재해보험 손해평가 개관

제1절 | 손해평가의 개요

1. 손해평가의 의의 및 기능

(1) 손해평가는 보험대상 목적물에 피해가 발생한 경우 그 피해 사실을 확인하고 평가하는 일련의 과정을 의미한다. 즉, 손해평가는 보험에서 보장하는 재해로 인한 손해가 어느 정도인지를 파악하여 보험금을 결정하는 일련의 과정이라고 할 수 있다.

(2) 손해평가는 재해로 인한 수확감소량을 파악하여 피해율을 계산함으로써 지급될 보험금액을 산정하게 된다. 손해평가 결과는 지급보험금액을 확정하는데 결정적인 근거가 되기 때문에 손해평가(특히 현지조사)는 농업재해보험에서 가장 중요한 부분 중의 하나이다.

(3) 손해평가가 농업재해보험에서 갖는 중요한 의미를 생각해 보면 아래와 같다.(최경환 외 2013: 39~40).

  1) 손해평가 결과는 피해 입은 계약자 또는 피보험자(이하 보험가입자로 한다)가 받을 보험금을 결정하는 가장 중요한 기초자료가 된다. 손해평가 결과는 몇 단계의 검토과정을 거쳐 최종적으로 보험가입자가 받을 보험금이 확정되지만 이 과정에서 검토 대상이 되는 것은 손해평가 결과물이다.

  2) 손해평가 결과에 대하여 보험가입자는 물론 제3자도 납득할 수 있어야 한다.
    ① 손해평가 결과가 지역마다, 개개인마다 달라 보험가입자들이 인정하기 어렵다면 손해평가 자체의 문제는 물론이고, 농업재해보험제도 자체에 대한 신뢰를 상실하게 된다.
    ② 재해보험사업자는 조사자의 관점을 통일하고 공정한 손해평가를 위해 업무방법서를 작성하여 활용한다.
    ③ 조사자들이 손해평가요령, 업무방법서 등을 토대로 지속적으로 전문지식과 경험을 축적하고 손해평가 기술을 연마하면 손해평가의 공정성과 객관성은 더욱 높아질 것이다.

3) 보험료율은 해당 지역 및 개개인의 보험금 수급 실적에 따라 조정된다.

보험금을 많이 받은 지역·보험가입자의 보험료율은 인상되고, 재해가 발생하지 않아 보험금을 지급받지 않은 지역·보험가입자의 보험료율은 인하되는 것이 보험의 기본이다.

4) 손해평가가 피해 상황보다 과대평가 되면 피해를 입은 보험가입자는 그만큼 보험금을 많이 받게 되어 당장은 이익이라고 할 수 있다.

① 이러한 상황이 계속적으로 광범위하게 발생하면 보험수지에 영향을 미치며, 보험료율도 전반적으로 지나치게 높아지게 된다.

② 결국은 보험가입자의 보험가입 기피를 초래하고 보험사업의 운영이 곤란하게 되어 농업재해보험제도 자체의 존립에도 영향을 미칠 수 있다.

③ 손해평가의 객관성과 정확성을 유지하는 것은 매우 중요하다.

5) 손해평가 결과가 계속 축적되면 보험료율 조정의 기초자료로 활용되는 이외에도 농업재해 통계나 재해대책 수립의 기초자료로 이용될 수 있다.

2. 손해평가 업무의 중요성

손해평가는 보험금 산정의 기초가 되므로 농업재해보험사업의 운영에 있어 그 어떤 업무보다 공정하고 정확하게 이루어져야 한다(최경환 외 2013: 40).

(1) 보험가입자에 대한 정당한 보상

1) 공정한 손해평가를 통해 보험가입자의 피해 상황에 따른 정확한 보상을 함으로써 보험가입자와의 마찰을 줄일 수 있다.

2) 공정한 손해평가에 따른 지역별 피해 자료의 축적을 통해 보험료율의 현실화에 기여할 수 있다.

3) 결과적으로 과거 피해의 정도에 따라 적정한 보험료율을 책정함으로써 보험가입자에게 공평한 보험료 분담을 이룰 수 있다.

(2) 선의의 계약자 보호

1) 보험의 원칙은 공통의 위험을 안고 있는 다수의 사람이 각자 일정 금액의 보험료를 부담하여 피해를 입은 사람에게 그 피해를 보상하여 주는 것이다.

2) 어느 특정인이 부당하게 보험금을 수취하였을 경우 그로 인해 다수의 선의의 보험가입자가 그 부담을 안아야 한다.

3) 다수의 선의의 보험가입자를 보호한다는 관점에서도 정확한 손해평가는 중요하다.

(3) 보험사업의 건전화

1) 부당 보험금의 증가는 보험료의 상승을 가져와 다수의 선량한 보험가입자가 보험 가입을 할 수 없게 된다.

2) 선량한 보험가입자의 보험 가입이 감소하면, 상대적으로 보험료가 인상되고 그에 따라 보험 여건은 더 악화되어 결국에는 보험사업을 영위할 수 없게 되어 제도 자체의 존립도 위험하게 된다.

3) 공정하고 정확한 손해평가는 장기적으로 보험가입자와 재해보험사업자 모두에게 이익을 가져다줄 뿐만 아니라 농업재해보험 제도의 지속 가능성을 높여줄 수 있다.

제2절 | 손해평가 체계

1. 관련 법령

(1) 손해평가는 농어업재해보험법, 동 시행령 및 농업재해보험 손해평가요령 등의 관련 법령에 근거하여 실시된다.

(2) **농어업재해보험법 제11조(손해평가 등)에서 손해평가 전반에 대해 규정하고 있다.**

[농어업재해보험법 제11조(손해평가 등)에서 손해평가 전반에 대해 규정 사항]

① 손해평가 인력, ② 손해평가요령에 따른 공정하고 객관적인 손해평가, ③ 교차손해평가,
④ 손해평가요령 고시, ⑤ 손해평가인 교육, ⑥ 손해평가인의 자격 등에 대해 규정하고 있다.

농어업재해보험법[법 제11조(손해평가 등)]

① 재해보험사업자는 보험목적물에 관한 지식과 경험을 갖춘 사람 또는 그 밖의 관계 전문가를 손해평가인으로 위촉하여 손해평가를 담당하게 하거나 제11조의2에 따른 손해평가사(이하 "손해평가사"라 한다) 또는 「보험업법」 제186조에 따른 손해사정사에게 손해평가를 담당하게 할 수 있다.

② 제1항에 따른 손해평가인과 손해평가사 및 「보험업법」 제186조에 따른 손해사정사는 농림축산식품부장관 또는 해양수산부장관이 정하여 고시하는 손해평가 요령에 따라 손해평가를 하여야 한다. 이 경우 공정하고 객관적으로 손해평가를 하여야 하며, 고의로 진실을 숨기거나 거짓으로 손해평가를 하여서는 아니 된다.

③ 재해보험사업자는 공정하고 객관적인 손해평가를 위하여 동일 시군구(자치구를 말한다) 내에서 교차손해평가(손해평가인 상호간에 담당지역을 교차하여 평가하는 것을 말한다. 이하 같다)를 수행할 수 있다. 이 경우 교차손해평가의 절차방법 등에 필요한 사항은 농림축산식품부장관 또는 해양수산부장관이 정한다.

④ 농림축산식품부장관 또는 해양수산부장관은 제2항에 따른 손해평가 요령을 고시하려면 미리 금융위원회와 협의하여야 한다.

⑤ 농림축산식품부장관 또는 해양수산부장관은 제1항에 따른 손해평가인이 공정하고 객관적인 손해평가를 수행할 수 있도록 연 1회 이상 정기교육을 실시하여야 한다.

⑥ 농림축산식품부장관 또는 해양수산부장관은 손해평가인 간의 손해평가에 관한 기술정보의 교환을 지원할 수 있다.

⑦ 제1항에 따라 손해평가인으로 위촉될 수 있는 사람의 자격 요건, 제5항에 따른 정기교육, 제6항에 따른 기술정보의 교환 지원 및 손해평가 실무교육 등에 필요한 사항은 대통령령으로 정한다. [제목개정 2016. 12. 2.]

2. 손해평가의 주체

(1) 손해평가 주체의 정의

손해평가의 주체는 농림축산식품부장관과 사업 약정을 체결한 재해보험사업자이다(법 제8조).

(2) 재해보험사업자

1) 재해보험사업자는 보험목적물에 관한 지식과 경험을 갖춘 자 또는 그 밖의 관계 전문가를 손해평가인으로 위촉하여 손해평가를 담당하게 하거나 손해평가사 또는 손해사정사에게 손해평가를 담당하게 할 수 있다(법 제11조).

2) 재해보험사업자는 재해보험사업의 원활한 수행을 위하여 보험 모집 및 손해평가 등 재해보험 업무의 일부를 대통령령으로 정하는 자에게 위탁할 수 있다(법 제14조).

3) 대통령령에서 정한 보험사업자는 다음과 같다.

[대통령령에서 정한 보험사업자]

1. 농어업재해보험법
   제14조(업무 위탁) 재해보험사업자는 재해보험사업을 원활히 수행하기 위하여 필요한 경우에는 보험모집 및 손해평가 등 재해보험 업무의 일부를 대통령령으로 정하는 자에게 위탁할 수 있다.

2. 농어업재해보험법 시행령
   제13조(업무 위탁) 법 제14조에서 "대통령령으로 정하는 자"란 다음 각 호의 자를 말한다.
   ① 「농업협동조합법」에 따라 설립된 지역농업협동조합·지역축산업협동조합 및 품목별·업종별 협동조합이다.
   ② 1의 2 「산림조합법」에 따라 설립된 지역산림조합 및 품목별·업종별 산림조합이다.
   ③ 「수산업협동조합법」에 따라 설립된 지구별 수산업협동조합·업종별 수산업협동조합 및 수산물가공수산업협동조합 및 수협은행이다.
   ④ 「보험업법」 제187조에 따라 손해사정을 업으로 하는 자이다.
   ⑤ 농어업재해보험 관련 업무를 수행할 목적으로 「민법」 제32조에 따라 농림축산식품부장관 또는 해양수산부장관의 허가를 받아 설립된 비영리법인(손해평가 관련 업무를 위탁하는 경우만 해당한다)이다.

---

3. 조사자의 유형

농업재해보험 조사자는 법 제11조에서 규정하고 있는 대로 손해평가인, 손해평가사 및 손해사정사이다.

(1) 손해평가인

농어업재해보험법 시행령 제12조에 따른 자격요건을 충족하는 자로 재해보험사업자가 위촉한 자이다.

(2) 손해평가사

농림축산식품부장관이 한국산업인력공단에 위탁하여 시행하는 손해평가사 자격시험에 합격한 자이다.

(3) 손해사정사

보험개발원에서 실시하는 손해사정사 자격시험에 합격하고 일정기간의 실무수습을 마쳐 금융감독원에 등록한 자이다.

(4) 손해평가보조인

이 밖에 재해보험사업자 및 재해보험사업자로부터 손해평가 업무를 위탁받은자는 손해평가 업무를 원활히 수행하기 위하여 손해평가보조인을 운용할 수 있다.

4. 손해평가 과정

손해평가는 보험가입자인 농업인이 사고 발생 통지를 하는 것으로 시작하여 현지조사 및 검증조사(필요 시)를 실시하는 일련의 과정이다.

[손해평가 과정]

사고 발생 통지 → 사고 발생 보고 전산입력 → 손해평가반 구성 → 현지조사 실시 → 현지조사 결과 전산 입력 → 현지조사 및 검증조사(필요 시)

---

(1) 사고 발생 통지

보험가입자는 보험 대상 목적물에 보험사고가 발생할 때마다 가입한 대리점 또는 재해보험사업자에게 사고 발생 사실을 지체 없이 통보하여야 한다.

(2) 사고 발생 보고 전산입력

기상청 자료 및 현지 방문 등을 통하여 보험사고 여부를 판단하고, 보험대리점 등은 계약자의 사고접수내용이 보험사고에 해당하는 경우 사고접수대장에 기록하며, 이를 지체 없이 전산입력한다.

(3) 손해평가반 구성

재해보험사업자 등은 보험가입자로부터 보험사고가 접수되면 생육시기·품목·재해종류 등에 따라 조사 내용을 결정하고 지체 없이 손해평가반을 구성한다.

1) 손해평가반은 손해평가요령 제8조에서와 같이 조사자 1인(손해평가사 · 손해평가인 · 손해사정사)을 포함하여 5인 이내로 구성하되 손해평가반에는 손해평가인, 손해평가사 및 손해사정사 중 1인 이상을 반드시 포함하여야 한다.

2) 조사자가 부족할 경우에는 손해평가 보조인을 위촉하여 손해평가반을 구성할 수 있다.

> **농업재해보험 손해평가요령**
>
> 제8조(손해평가반 구성 등)
> ① 재해보험사업자는 제2조제1호의 손해평가를 하는 경우에는 손해평가반을 구성하고 손해평가반별로 평가일정계획을 수립하여야 한다.
> ② 제1항에 따른 손해평가반은 다음 각 호의 어느 하나에 해당하는 자를 1인 이상 포함하여 5인 이내로 구성한다.
>   1. 제2조제2호에 따른 손해평가인
>   2. 제2조제3호에 따른 손해평가사
>   3. 「보험업법」 제186조에 따른 손해사정사
> ③ 제2항의 규정에도 불구하고 다음 각 호의 어느 하나에 해당하는 손해평가에 대하여는 해당 자를 손해평가반 구성에서 배제하여야 한다.
>   1. 자기 또는 자기와 생계를 같이 하는 친족(이하 "이해관계자"라 한다)이 가입한 보험계약에 관한 손해평가
>   2. 자기 또는 이해관계자가 모집한 보험계약에 관한 손해평가
>   3. 직전 손해평가일로부터 30일 이내의 보험가입자간 상호 손해평가
>   4. 자기가 실시한 손해평가에 대한 검증조사 및 재조사

(4) 현지조사 실시

손해평가반은 배정된 농지(과수원)에 대해 손해평가요령 제12조의 손해평가 단위별로 현지조사를 실시한다. 현지조사 내용은 〈품목별 현지조사의 종류 표〉에서 보는 바와 같이 품목, 보장방식, 재해종류에 따라 다르다.

> **농업재해보험 손해평가요령**
>
> 제12조(손해평가 단위) ① 보험목적물별 손해평가 단위는 다음 각 호와 같다.
>   1. 농작물 : 농지별
>   2. 가축 : 개별가축별(단, 벌은 벌통 단위)
>   3. 농업시설물 : 보험가입 목적물별
> ② 제1항제1호에서 정한 농지라 함은 하나의 보험가입금액에 해당하는 토지로 필지(지번) 등과 관계없이 농작물을 재배하는 하나의 경작지를 말하며, 방풍림, 돌담, 도로(농로 제외) 등에 의해 구획된 것 또는 동일한 울타리, 시설 등에 의해 구획된 것을 하나의 농지로 한다. 다만, 경사지에서 보이는 돌담 등으로 구획되어 있는 면적이 극히 작은 것은 동일 작업 단위 등으로 정리하여 하나의 농지에 포함할 수 있다.

(5) 현지조사 결과 전산 입력

대리점 또는 손해평가반은 현지조사 결과를 전산 또는 모바일 기기를 이용하여 입력한다.

(6) 현지조사 및 검증조사

손해평가의 신속성 및 공정성 확보를 위하여 재해보험사업자 등은 현지조사를 직접 실시하거나 손해평가반의 현지조사 내용을 검증조사할 수 있다.

1) 조사 주체는 재해보험사업자(NH농협손해보험), 재보험사 및 정부로 한다.

2) 조사 방법은 지역별, 대리점별, 손해평가반별로 손해평가를 실시한 농지를 임의 추출하여 현지 농지를 검증조사한다.

3) 검증조사 결과 차이가 발생할 경우에는 해당 조사 결과를 정정한다.

농업재해보험 손해평가요령

제11조(손해평가결과 검증) ① 재해보험사업자 및 재해보험사업의 재보험사업자는 손해평가반이 실시한 손해평가결과를 확인하기 위하여 손해평가를 실시한 보험목적물 중에서 일정수를 임의 추출하여 검증조사를 할 수 있다.

② 농림축산식품부장관은 재해보험사업자로 하여금 제1항의 검증조사를 하게 할 수 있으며, 재해보험사업자는 특별한 사유가 없는 한 이에 응하여야 한다.

③ 제1항 및 제2항에 따른 검증조사결과 현저한 차이가 발생되어 재조사가 불가피하다고 판단될 경우에는 해당 손해평가반이 조사한 전체 보험목적물에 대하여 재조사를 할 수 있다.

④ 보험가입자가 정당한 사유없이 검증조사를 거부하는 경우 검증조사반은 검증조사가 불가능하여 손해평가 결과를 확인할 수 없다는 사실을 보험가입자에게 통지한 후 검증조사결과를 작성하여 재해보험사업자에게 제출하여야 한다.

제3절 | 현지조사 내용

◆ 손해평가는 보험사고 즉, 보험 목적물에 발생한 손해를 있는 그대로 확인하고 정해진 평가 절차를 거쳐 손해 규모를 판단하는 것이다. 따라서 보험사고 현장에서의 현지조사가 중요하다.

◆ 실제로는 품목(상품)별로 정해진 손해평가요령에 의해 손해평가가 이루어진다.
- 농업재해보험의 경우 품목마다 특성이 다르기 때문에 손해평가 방법이 달라져야 한다.
- 같은 품목이라도 보험상품(보장)의 내용에 따라 손해평가 방법은 달라진다.

◆ 구체적인 손해평가 절차와 내용은 이후의 각 부문에서 설명되므로 여기에서는 개괄적으로 손해평가 현지조사에 대해 살펴보기로 한다.

1. 조사의 구분

손해평가를 위한 현지조사는 다양하며, 조사의 단계에 따라 본조사와 재조사 및 검증조사로 구분할 수 있다. 조사는 다시 조사 범위를 전체로 하느냐 일부를 하느냐에 따라 전수조사와 표본조사로 구분할 수 있다.

(1) 본조사

본조사는 보험사고가 발생했다고 신고된 보험목적물에 대해 손해 정도를 평가하기 위해 곧바로 실시하는 조사이다.

(2) 재조사

재조사는 기 실시된 조사에 대하여 이의가 있는 경우에 다시 한번 실시하는 조사를 말한다.

> 재조사는 계약자가 손해평가반의 손해평가 결과에 대해 설명 또는 통지를 받은 날로부터 7일 이내에 손해평가가 잘못되었음을 증빙하는 서류 또는 사진 등을 제출하는 경우 재해보험사업자가 다른 손해평가반으로 하여 다시 손해평가를 하게 할 수 있다.

(3) 검증조사

검증조사는 재해보험사업자 및 재보험사업자가 손해평가반이 실시한 손해평가 결과를 확인하기 위하여 손해평가를 실시한 보험 목적물 중에서 일정 수를 임의 추출하여 확인하는 조사이다.

> *조사 범위에 따라 전수조사는 조사대상 목적물을 전부 조사하는 것을 말하며, 표본조사는 손해평가의 효율성 제고를 위해 재해보험사업자가 통계이론을 기초로 산정한 조사표본에 대해 조사를 실시하는 것을 말한다.

2. 품목별 현지조사의 종류

손해평가는 동일한 품목이라도 보장 내용 즉, 보험상품의 유형에 따라 상이하다.

(1) 상품(보장 내용)의 유형에 따라 작물의 생육 전체 기간의 각 단계별로 조사해야 하는 것이 있는가 하면(과수 4종), 손해 발생 시에만 조사하는 것이 있다(과수 4종 이외의 품목).

(2) 특히 이러한 구분은 작물 유형(논작물, 밭작물, 원예시설 등) 및 보장대상위험의 범위가 종합적이냐 특정위험에 한정하느냐에 따라 달라진다.

<품목별 현지조사 종류>

구분	상품군	해당 품목	조사 종류
		공통조사	피해사실확인조사
과수	적과전 종합위 험방식 Ⅱ	사과, 배, 단감, 떫은감	<적과전 손해조사> 피해사실확인조사 (확인사항 : 유과타박률, 낙엽률, 나무피해, 미보상비율) ※재해에 따라 확인사항은 다름 고사나무조사(나무손해특약 가입건)
			적과후착과수 조사 고사나무조사(나무손해특약 가입건)
			<적과후 손해조사> 낙과피해조사(단감, 떫은감은 낙엽률 포함), 착과피해조사 ※재해에 따라 조사종류는 다름 고사나무조사(나무손해특약 가입건)
	종합 위험	포도(수입보장 포함), 복숭아, 자두, 감귤(만감류), 유자	착과수조사, 과중조사, 착과피해조사, 낙과피해조사
		밤, 참다래, 대추, 매실, 오미자, 유자, 살구, 호두	수확 개시 전·후 수확량조사
		복분자, 무화과	종합위험 과실손해조사, 특정위험 과실손해조사
		복분자	경작불능조사
		오디, 감귤(온주밀감류)	과실손해조사
		포도(수입보장포함), 복숭아, 자두, 참다래, 매실, 무화과, 유자, 감귤(온주밀감류), 살구	고사나무조사(나무손해보장특약 가입건)
논/ 밭 작물	특정 위험	인삼(작물)	수확량조사
	종합 위험	벼	이앙·직파 불능조사, 재이앙·재직파조사, 경작불능조사, 수확량(수량요소)조사, 수확량(표본)조사, 수확량(전수)조사, 수확불능확인조사
		마늘(수입보장 포함)	재파종조사, 경작불능조사, 수확량(표본)조사
		양파, 감자, 고구마, 양배추(수입보장 포함), 옥수수	경작불능조사, 수확량(표본)조사
		차(茶)	수확량(표본)조사
		밀, 콩(수입보장 포함)	경작불능조사, 수확량(표본, 전수)조사
		고추, 브로콜리, 메밀, 배추, 무, 단호박, 파, 당근, 시금치(노지), 메밀, 양상추	생산비보장 손해조사
		인삼(해가림시설)	해가림시설 손해조사
원예 시설	종합 위험	<시설하우스> 단동하우스, 연동하우스, 유리온실, 버섯재배사	시설하우스 손해조사

	〈시설작물〉 수박, 딸기, 오이, 토마토, 참외, 풋고추, 호박, 국화, 장미, 멜론, 파프리카, 상추, 부추, 시금치, 배추, 가지, 파, 무, 백합, 카네이션, 미나리, 쑥갓, 느타리, 표고버섯, 양송이, 새송이	시설작물 손해조사

적중예상 및 단원평가문제

01. 손해평가 업무의 중요성 3가지를 간략하게 기술하시오.

02. 농어업재해보험법 제11조(손해평가 등)에서 손해평가 전반에 대해 규정 사항을 5가지 이상 간략하게 기술하시오.

03. 대통령령에서 정한 보험사업자 5가지를 기술하시오.

① 「농업협동조합법」에 따라 설립된 지역농업협동조합·지역축산업협동조합 및 품목별·업종별 협동조합이다.
② 「산림조합법」에 따라 설립된 지역산림조합 및 품목별·업종별 산림조합이다.
③ 「수산업협동조합법」에 따라 설립된 지구별 수산업협동조합·업종별 수산업협동조합 및 수산물가공수산업협동조합 및 수협은행이다.
④ 「보험업법」 제187조에 따라 손해사정을 업으로 하는 자이다.
⑤ 농어업재해보험 관련 업무를 수행할 목적으로 「민법」 제32조에 따라 농림축산식품부장관 또는 해양수산부장관의 허가를 받아 설립된 비영리법인(손해평가 관련 업무를 위탁하는 경우만 해당한다)이다.

04. 농업재해보험 조사자는 법 제11조에서 규정하고 있다. 조사자 유형을 쓰시오.

① 손해평가인 ② 손해평가사 ③ 손해사정사

05. 손해평가를 실시하는 일련의 과정이다. ( )에 알맞은 말을 쓰시오.

(①) → 사고 발생 보고 전산입력 → 손해평가반 구성 → (②) → 현지조사 결과 전산 입력 → (③)

① 사고 발생 통지 ② 현지조사 실시 ③ 현지조사 및 검증조사(필요 시)

[해설] [손해평가 과정]
사고 발생 통지 → 사고 발생 보고 전산입력 → 손해평가반 구성 → 현지조사 실시 → 현지조사 결과 전산 입력 → 현지조사 및 검증조사(필요 시)

06. 손해평가를 위한 현지조사 구분에서 (   )에 알맞은 말을 쓰시오.

(1)는 보험사고가 발생했다고 신고된 보험목적물에 대해 손해 정도를 평가하기 위해 곧바로
실시하는 조사이다.

(2)는 기 실시된 조사에 대하여 이의가 있는 경우에 다시 한번 실시하는 조사를 말한다.
계약자가 손해평가반의 손해평가 결과에 대해 설명 또는 통지를 받은 날로부터 7일 이내
에 손해평가가 잘못되었음을 증빙하는 서류 또는 사진 등을 제출하는 경우 재해보험사
업자가 다른 손해평가반으로 하여 다시 손해평가를 하게 할 수 있다.

(3)는 재해보험사업자 및 재보험사업자가 손해평가반이 실시한 손해평가 결과를 확인하기
위하여 손해평가를 실시한 보험 목적물 중에서 일정 수를 임의 추출하여 확인하는 조사
를 실시할 수 있다.

* 조사는 다시 조사 범위에 따라 다음과 같이 구분된다.

(4)는 조사대상 목적물을 전부 조사하는 것을 말한다.

(5)는 손해평가의 효율성 제고를 위해 재해보험사업자가 통계이론을 기초로 산정한 조사표
본에 대해 조사를 실시하는 것을 말한다.

정답 및 해설

(1) 본조사 (2) 재조사 (3) 검증조사 (4) 전수조사 (5) 표본조사

제 2 장

농작물재해보험
손해평가

제2장 | 농작물재해보험 손해평가

제1절 | 손해평가 기본단계

재해보험에 가입한 보험가입자가 해당 농지에 자연재해 등 피해가 발생하면 보험에 가입했던 대리점(지역농협 등) 등 영업점에 사고 접수를 한다. 영업점은 재해보험사업자에게 사고접수 사실을 알리고 재해보험사업자는 조사기관을 배정한다. 조사기관은 소속된 조사자를 빠르게 배정하여 손해평가반을 구성하고 해당 손해평가반은 신속하게 손해평가업무를 수행한다.

그림 2-1 손해평가 업무흐름

손해평가반은 영업점에 도착하여 계약 및 기본사항 등 서류를 검토하고 현지조사서를 받아 피해현장에 방문하여 보상하는 재해여부를 심사한다. 그리고 상황에 맞는 관련조사를 선택하여 실시한 후 조사결과를 보험가입자에게 안내하고 서명확인을 받아 전산입력 또는 대리점에게 현지조사서를 제출한다.

그림 2-2 현지조사 절차(5단계)

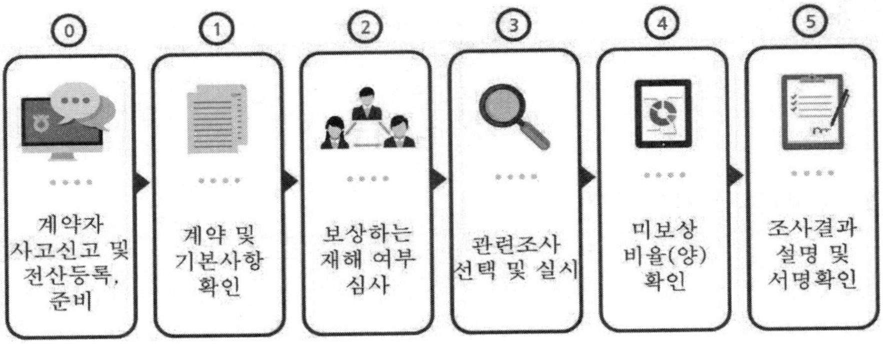

손해평가는 조사품목, 재해의 종류, 조사 시기 등에 따라 조사방법 등이 달라지기에 상황에 맞는 손해평가를 하는 것이 중요하다.

제2절 | 과수작물 손해평가 및 보험금 산정

1. 적과 전 종합위험방식 (사과, 배, 단감, 떫은감)

(1) 시기별 조사 종류

생육시기	재해	조사내용	조사시기	조사방법	비고
보험계약 체결일 ~적과 전	보상하는 재해 전부	피해사실 확인 조사	사고접수 후 지체 없이	보상하는 재해로 인한 피해발생여부 조사	피해사실이 명백한 경우 생략 가능
	우박		사고접수 후 지체 없이	우박으로 인한 유과(어린과실) 및 꽃(눈) 등의 타박비율 조사 · 조사방법: 표본조사	적과종료 이전 특정위험 5종 한정 보장 특약 가입 건에 한함
6월1일 ~적과전	태풍(강풍), 집중호우, 화재, 지진		사고접수 후 지체 없이	보상하는 재해로 발생한 낙엽피해 정도 조사 - 단감 · 떫은감에 대해서만 실시 · 조사방법: 표본조사	
적과 후	-	적과 후 착과수 조사	적과 종료 후	보험가입금액의 결정 등을 위하여 해당 농지의 적과종료 후 총 착과 수를 조사 · 조사방법: 표본조사	피해와 관계 없이 전 과수 원 조사

				재해로 인하여 떨어진 피해과실수 조사 - 낙과피해조사는 보험약관에서 정한 과 실피해분류기준에 따라 구분하여 조사 · 조사방법: 전수조사 또는 표본조사	
적과후 ~수확기 종료	보상하는 재해	낙과피해 조사	사고접수 후 지체 없이	낙엽률 조사(우박 및 일소 제외) - 낙엽피해정도 조사 · 조사방법: 표본조사	단감· 떫은감
	우박, 일소, 가을동상해	착과피해 조사	착과피해 확인이 가능한 시기	재해로 인하여 달려있는 과실의 피해과 실수 조사 - 착과피해조사는 보험약관에서 정한 과 실피해분류기준에 따라 구분 하여 조사 · 조사방법: 표본조사	
수확 완료 후~ 보험종기	보상하는 재해 전부	고사나무 조사	수확완료 후 보험 종기 전	보상하는 재해로 고사되거나 또는 회생이 불가능한 나무 수를 조사 - 특약 가입 농지만 해당 · 조사방법: 전수조사	수확완료 후 추가 고사나 무가 없는 경 우 생략 가능

* 전수조사는 조사대상 목적물을 전부 조사하는 것을 말하며, 표본조사는 손해평가의 효율성 제고를 위해 재해보험사업자가 통계이론을 기초로 산정한 조사표본에 대해 조사를 실시하는 것을 말함.

(2) 손해평가 현지조사 방법

과수4종(사과, 배, 단감, 떫은감) 현지조사에는 생육시기별 피해사실확인조사, 적과후착과수 조사, 낙과피해조사, 착과피해조사, 낙엽률조사, 고사나무조사가 있으며 낙엽률조사는 감(단감, 떫은감)품목에 한하여 보상하는 손해로 잎에 피해가 있을 경우 조사하며, 「적과전 5종한정보장특약」(이하 '5종한정특약'이라 한다) 가입 시 적과전의 우박피해는 유과타박률조사를 진행한다.

1) 피해사실 확인조사

① **조사 대상** : 적과 종료 이전 대상 재해로 사고 접수 과수원 및 조사 필요 과수원이다.

② **대상 재해** : 자연재해, 조수해(鳥獸害), 화재 등이다.

③ **조사 시기** : 사고 접수 직후 실시한다.

④ **조사 방법** : 다음 각 목에 해당하는 사항을 확인한다. (이하 「피해사실 "조사 방법" 준용」이라 함은 아래 ㉠의 ⓐ, ⓑ, ⓒ와 동일한 방법으로 조사하는 것을 말한다.)

㉠ 보상하는 재해로 인한 피해 여부 확인 : 기상청 자료 확인 및 현지 방문 등을 통하여 보상하는 재해로 인한 피해가 맞는지 확인하며, 이에 대한 근거로 다음의 자료를 확보할 수 있다.

ⓐ 기상청 자료, 농업기술센터 의견서 등 재해 입증 자료

ⓑ 피해과수원 사진 : 농지(과수원 등)의 전반적인 피해 상황 및 세부 피해내용이 확인 가능하도록 촬영

ⓒ 단, 태풍 등과 같이 재해 내용이 명확하거나 사고 접수 후 바로 추가조사가 필요한 경우 등에는 피해사실확인조사를 생략할 수 있다.

ⓛ 나무피해 확인

ⓐ 고사나무를 확인한다.

㉮ 품종 · 재배방식 · 수령별 고사주수를 조사한다.

㉯ 고사나무 중 과실손해를 보상하지 않는 경우가 있음에 유의한다.

㉰ 보상하지 않는 손해로 고사한 나무가 있는 경우 미보상주수로 조사한다.

ⓑ 수확불능나무를 확인한다.

㉮ 품종 · 재배방식 · 수령별 수확불능주수를 조사한다.

㉯ 보상하지 않는 손해로 수확불능 상태인 나무가 있는 경우 미보상주수로 조사한다.

ⓒ 유실 · 매몰 · 도복 · 절단(1/2) · 소실(1/2) · 침수로 인한 피해나무를 확인한다(5종 한정 특약 가입건만 해당).

㉮ 해당 나무는 고사주수 및 수확불능주수에 포함 여부와 상관없이 나무의 상태(유실 · 매몰 · 도복 · 절단(1/2) · 소실(1/2) · 침수)를 기준으로 별도로 조사한다.

㉯ 단, 침수의 경우에는 나무별로 과실침수율을 곱하여 계산한다.

※ [침수 주수 산정방법]

㉮ 표본주 : 품종·재배방식·수령별 침수피해를 입은 나무 중 가장 평균적인 나무로 1주 이상 선정한다.

㉯ 표본주의 침수된 착과(화)수와 전체 착과(화)수를 조사한다.

㉰ 과실침수율 = $\dfrac{\text{침수된착과(화)수}}{\text{전체착과(화)수}}$

㉱ 전체 착과수 = 침수된 착과(화)수 + 침수되지 않은 착과(화)수

㉲ 침수주수 = 침수피해를 입은 나무수 × 과실침수율

ⓓ 피해규모 확인

㉮ 조수해(鳥獸害) 및 화재 등으로 전체 나무 중 일부 나무에만 피해가 발생된 경우 실시한다.

㉯ 피해대상주수(고사주수, 수확불능주수, 일부피해주수) 확인한다.

※ 일부피해주수는 대상 재해로 피해를 입은 나무수 중에서 고사주수 및 수확불능주수를 제외한 나무수를 의미한다.

그림 2-3 표본주 선정

ⓒ 유과타박률 확인(5종 한정 특약 가입 건의 우박피해 시 및 필요시)

 ⓐ 적과 종료 전의 착과된 유과 및 꽃눈 등에서 우박으로 피해를 입은 유과(꽃눈) 의 비율을 표본조사 한다.

 ⓑ 표본주수는 조사 대상 주수를 기준으로 품목별 표본주수표 (별표 1)에 따라 표 본주수를 선정한 후 조사용 리본을 부착한다. 표본주는 수령이나 크기, 착과과 실수를 감안하여 대표성이 있는 표본주를 선택하고 과수원 내 골고루 분포되도 록 한다. 〈그림 2-3 참고〉 선택된 표본주가 대표성이 없는 경우 그 주변의 나무 를 표본주로 대체할 수 있으며 표본주의 수가 더 필요하다고 판단되는 경우 품 목별 표본주수표〈별표 1〉의 표본주수 이상을 선정할 수 있다).

 ⓒ 선정된 표본주마다 동서남북 4곳의 가지에 각 가지별로 5개 이상의 유과 (꽃눈 등)를 표본으로 추출하여 피해유과(꽃눈 등)와 정상 유과(꽃눈 등)의 개수를 조 사한다(※ 사과, 배는 선택된 과(화)총당 동일한 위치(번호)의 유과(꽃)에 대하 여 우박 피해 여부를 조사).

그림 2-4 유과타박률 조사요령

◈ 품목별 유과타박률 조사요령

사과, 배
선택된 과(화)총당 동일한 위치
(번호)의 유과(꽃)에 대하여
우박피해 여부를 조사

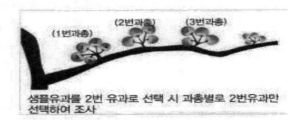

단감, 떫은감
선택된 유과(꽃)에 대하여
우박피해 여부를 조사

$$유과타박률 = \frac{표본주의\ 피해유과수\ 합계}{표본주의\ 피해유과수\ 합계 + 표본주의\ 정상유과수\ 합계}$$

ⓔ **낙엽률 확인**(※단감 또는 **떫은감**, 수확연도 6월 1일 이후 낙엽피해 시, 적과 종료
이전 특정 5종 한정 특약 가입건)

ⓐ 조사 대상주수 기준으로 품목별 표본주수표 (별표 1)의 표본주수에 따라 주수
를 산정한다.

ⓑ 표본주 간격에 따라 표본주를 정하고, 선정된 표본주에 조사용 리본을 묶고 동
서남북 4곳의 결과지(신초, 1년생 가지)를 무작위로 정하여 각 가지별로 낙엽
수와 착엽수를 조사하여 리본에 기재한 후 낙엽률을 산정한다(※낙엽수는 잎
이 떨어진 자리를 세는 것이다).

ⓒ ⓑ에서 선정된 표본주의 낙엽수가 병해충 등 보상하지 않는 손해에 해당하는
경우 착엽수로 구분한다.

$$낙엽률 = \frac{표본주의\ 낙엽수\ 합계}{표본주의\ 낙엽수\ 합계 + 표본주의\ 착엽수\ 합계}$$

ⓜ 추가 조사 필요 여부 판단

ⓐ 재해 종류 및 특별약관 가입 여부에 따라 추가 확인 사항을 조사한다.

ⓑ 적과 종료 여부 확인한다. (적과 후 착과수조사 이전 시)

ⓒ 착과피해조사 필요 여부 확인한다. (우박 피해 발생 시)

ⓗ 미보상비율 확인 : 보상하는 손해 이외의 원인으로 인해 착과가 감소한 과실의 비율을 조사한다.

2) 적과후착과수조사

① 조사 대상 : 사고 여부와 관계없이 농작물재해보험에 가입한 사과, 배, 단감, 떫은감 품목을 재배하는 과수원 전체이다.

② 조사 시기 : 통상적인 적과 및 자연 낙과(떫은감은 1차 생리적 낙과) 종료 시점

> ※ 통상적인 적과 및 자연 낙과 종료 시점 : 과수원이 위치한 지역(시군 등)의 기상여건 등을 감안하여 통상적으로 해당 지역에서 해당 과실의 적과가 종료되거나 자연 낙과가 종료되는 시점을 말한다.

③ 조사 방법

㉠ 나무 조사

ⓐ 실제결과주수 확인 : 품종별·재배방식별·수령별 실제결과주수를 확인

ⓑ 고사주수, 미보상주수, 수확불능주수 확인

품종별 · 재배방식별·수령별 고사주수, 미보상주수, 수확불능주수 확인

<용어의 정의>

실제결과주수	가입일자를 기준으로 농지(과수원)에 식재된 모든 나무 수(단, 인수조건에 따라 보험에 가입할 수 없는 나무 수는 제외)
고사주수	실제결과주수 중 보상하는 재해로 고사된 나무 수
수확불능주수	실제결과주수 중 보상하는 손해로 전체 주지·꽃(눈) 등이 분리되었거나 침수되어, 보험기간 내 수확이 불가능하나 나무가 죽지는 않아 향후에는 수확이 가능한 나무 수
미보상주수	실제결과주수 중 보상하는 재해 이외의 원인으로 수확량(착과량)이 현저하게 감소하거나 고사한 나무 수
기수확주수	실제결과주수 중 조사일자를 기준으로 수확이 완료된 나무 수
조사대상주수	실제결과주수에서 고사주수, 미보상주수 및 기수확주수, 수확불능주수를 뺀 주수로 과실에 대한 표본조사의 대상이 되는 나무수 ※ 조사대상주수 = 실제결과주수 - (고사주수 - 미보상주수 - 기수확주수 - 수확불능주수)

㉡ 적정표본주수 산정

ⓐ 조사대상주수 확인 : 품종별·재배방식별·수령별 실제결과주수에서 미보상주수, 고사주수, 수확불능주수를 빼고 조사대상주수를 계산한다.

> ※ 조사대상주수
> = 실제결과주수 - (고사주수 - 미보상주수 - 기수확주수 - 수확불능주수)

ⓑ 조사 대상주수 기준으로 품목별 표본주수표(별표 1)에 따라 과수원별 전체 적
정표본주수를 산정한다.

ⓒ 적정표본주수는 품종 · 재배방식 · 수령별 조사 대상주수에 비례하여 배정하며,
품종 · 재배방식 · 수령별 적정표본주수의 합은 전체 표본주수보다 크거나 같아
야 한다.

$$적정표본주수 = 전체표본주수 \times \frac{품종별 조사 대상주수}{조사 대상주수 합}$$

(소수점 이하 첫째 자리에서 올림)

<예시> 사과품목 품종·재배방식·수령별 적정표본주수 산정

품종	재배방식	수령	실제결과주수	미보상주수	고사주수	수확불능주수	조사대상주수	적정표본주수	적정표본주수 산정식
스가루	반밀식	10	100	0	0	0	100	3	12×(100/550)
스가루	반밀식	20	200	0	0	0	200	5	12×(200/550)
홍로	밀식	10	100	0	0	0	100	3	12×(100/550)
부사	일반	10	150	0	0	0	150	4	12×(150/550)
합계			550	0	0	0	550	15	-

※ 조사 대상주수 550주, 전체표본주수 12주에 대한 적정표본주수 산출예시(소수점 첫째 자리에서 올림)

ⓒ 표본주 선정 및 리본 부착

품종별 · 재배방식별 · 수령별 조사대상주수의 특성이 골고루 반영될 수 있도록 표
본주를 선정 후 조사용 리본을 부착하고 조사내용 및 조사자를 기재한다.

그림 2-4 표본주 선정

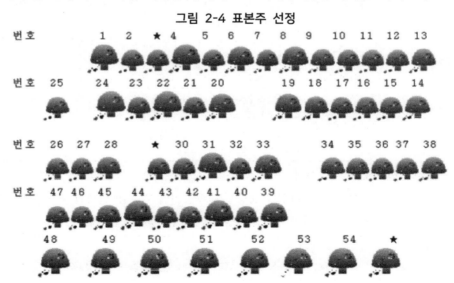

ⓔ 조사 및 조사 내용 현지조사서 등 기재

선정된 표본주의 품종, 재배방식, 수령 및 착과수(착과과실수)를 조사하고 현지 조사서 및 리본에 조사 내용을 기재한다.

ⓜ 품종 · 재배방식 · 수령별 착과수는 다음과 같이 산출한다.

품종 · 재배방식 · 수령별 착과수 =

$$\left[\frac{\text{품종 · 재배방식 · 수령별 표본주의 착과수 합계}}{\text{품종 · 재배방식 · 수령별 표본주 합계}}\right] \times \text{품종 · 재배방식 · 수령별 조사대상주수}$$

※ 품종 · 재배방식 · 수령별 착과수의 합계를 과수원별 『적과 후 착과수』로 함

ⓗ 미보상비율 확인〈별표 2 참고〉

보상하는 손해 이외의 원인으로 인해 감소한 과실의 비율을 조사한다.

3) 낙과 피해 조사

① **조사 대상** : 적과 종료 이후 낙과사고가 접수된 과수원이다.

② **대상 재해** : 태풍(강풍), 집중호우, 화재, 지진, 우박, 일소피해 등이다.

③ **조사 시기** : 사고 접수 직후 실시한다.

④ **조사 방법**

㉠ 보상하는 재해 여부 심사 : 과수원 및 작물 상태 등을 감안하여 보상하는 재해로 인한 피해가 맞는지 확인하며, 필요시에는 이에 대한 근거자료를 확보한다.〈피해사실확인조사 참고〉

㉡ 조사 항목 결정

ⓐ 주수 조사

㉮ 과수원 내 품종 · 재배방식 · 수령별 실제결과주수에서 고사주수, 수확불능주수, 미보상주수, 수확 완료주수 및 일부침수주수(금번 침수로 인한 피해주수 중 침수로 인한 고사주수 및 수확불능주수는 제외한 주수)를 파악한다.

㉯ 품종 · 재배방식 · 수령별 실제결과주수에서 고사주수, 수확불능주수, 미보상주수 및 수확 완료주수를 빼고 조사 대상주수(일부침수주수 포함)를 계산한다.

※ 조사대상주수[일부침수주수 포함] = 실제결과주수 − (고사주수 − 미보상주수 − 기수확주수 − 수확불능주수)

㉰ 무피해나무 착과수조사

• 금번 재해로 인한 고사주수, 수확불능주수가 있는 경우에만 실시한다.

- 무피해나무는 고사나무, 수확불능나무, 미보상나무, 수확 완료나무 및 일부침수나무를 제외한 나무를 의미한다.
- 품종 · 재배방식 · 수령별 무피해나무 중 가장 평균적인 나무를 1주 이상 선정하여 품종 · 재배방식 · 수령별 무피해나무 1주당 착과수를 계산한다. (단, 선정한 나무에서 금번 재해로 인해 낙과 과실은 착과수에 포함하여 계산한다.)
- 다만, 이전 실시한 (적과 후)착과수조사(이전 착과피해조사 시 실시한착과수조사포함)의 착과수와 금차 조사 시의 착과수가 큰 차이가 없는 경우에는 별도의 착과수 확인 없이 이전 착과수 조사 값으로 대체할 수 있다.

㉰ 일부침수나무 침수착과수조사

- 금번 재해로 인한 일부 침수주수가 있는 경우에만 실시한다.
- 품종 · 재배방식 · 수령별 일부 침수나무 중 가장 평균적인 나무를 1주 이상 선정하여 품종 · 재배방식 · 수령별 일부 침수나무 1주당 침수착과수를 계산한다.

ⓑ 낙과수조사 : 낙과수조사는 전수조사를 원칙으로 하며 전수조사가 어려운 경우 표본조사를 실시한다.

㉮ 전수조사(조사 대상주수의 낙과만 대상)

- 낙과수 전수조사 시에는 과수원 내 전체 낙과를 조사한다.
- 낙과수 확인이 끝나면 낙과 중 100개 이상을 무작위로 추출하고 「과실 분류에 따른 피해인정계수〈별표 3 참고〉에 따라 구분하여 해당 과실 개수를 조사한다(※ 전체 낙과수가 100개 미만일 경우에는 해당 기준 미만으로도 조사 가능).

㉯ 표본조사

- 조사 대상주수를 기준으로 과수원별 전체 표본주수〈별표 1 참고〉를 산정하되 품종 · 재배방식 · 수령별 표본주수는 품종 · 재배방식 · 수령별 조사 대상주수에 비례하여 산정한다. (※ 거대재해 발생 시 표본조사의 표본주수는 정해진 값의 1/2 만으로도 가능)
- 조사 대상주수의 특성이 골고루 반영될 수 있도록 표본나무를 선정하고, 표본나무별로 수관면적 내에 있는 낙과수를 조사한다.
- 낙과수 확인이 끝나면 낙과 중 100개 이상을 무작위로 추출하고 「과실 분류에 따른 피해인정계수」에 따라 구분하여 해당 과실 개수를 조사한다. 단, 전체 낙과수가 100개 미만일 경우에는 해당 기준 미만으로도 조사 가능하다.

$$\text{낙과피해구성률} = \frac{(100\%\text{형피해과실수}\times 1) + (80\%\text{형피해과실수}\times 0.8) + (50\%\text{형피해과실수}\times 0.5)}{100\%\text{형피해과실수} + 80\%\text{형피해과실수} + 50\%\text{형피해과실수} + \text{정상과실수}}$$

예시) 사과 품목 "중생/홍로"에 대한 낙과 피해 구성 비율 산정예시

○ 과실 피해 구성 비율(품종구분 여 ☑ / 부☐)

숙기/품종	정상	50%형	80%형	100%형	합계	피해구성비율
중생/홍로	40	30	10	20	100	43%

※ 품종 구분을 하지 않는 경우에는 합계 칸에만 피해구성비율을 표시

○ 낙과피해구성률 $= \dfrac{(100\% \times 20) + (80\% \times 10) + (50\% \times 30)}{100} = 43\%$

그림 2-5 수관면적

수관 면적

ⓒ 낙엽률조사 (단감, 떫은감에 한함, ※우박·일소피해는 제외)

㉮ 조사 대상주수 기준으로 품목별 표본주수표〈별표 1 참고〉의 표본주수에 따라 주수를 산정한다.

㉯ 표본주 간격에 따라 표본주를 정하고, 선정된 표본주에 리본을 묶고 동서남북 4곳의 결과지(신초, 1년생 가지)를 무작위로 정하여 각 결과지 별로 낙엽수(잎이 떨어진 자리)와 착엽수를 조사하여 리본에 기재한 후 낙엽률을 산정한다.

㉰ 사고 당시 착과과실수에 낙엽률에 따른 인정피해율을 곱하여 해당 감수과실수로 산정한다.

그림 2-6 가지별 낙엽 판단 (예시)

품목	낙엽률에 따른 인정피해율 계산식
단감	(1.0115 × 낙엽률) - (0.0014 × 경과일수) ※경과일수 : 6월 1일부터 낙엽피해 발생일까지 경과된 일수
떫은감	0.9662 × 낙엽률 - 0.0703

※인정피해율의 계산값이 0보다 적은 경우 피해인정율은 0으로 한다.

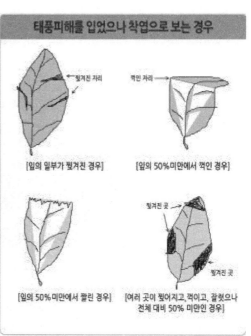

4) 착과 피해 조사

① **조사 대상** : 적과 종료 이후 대상 재해로 사고 접수된 과수원 또는 적과 종료 이전 우박피해 과수원이다.

② **대상 재해** : 우박, 가을동상해, 일소피해 등이다.

③ **조사 시기** : 착과 피해 확인이 가능한 시점

　※ 수확 전 대상 재해 발생 시 계약자는 수확 개시 최소 10일 전에 보험 가입 대리점으로 수확 예정일을 통보하고 최초 수확 1일 전에는 조사를 마친다.

④ **조사 방법**

　㉠ 착과 피해 조사는 착과된 과실에 대한 피해 정도를 조사하는 것으로 해당 피해에 대한 확인이 가능한 시기에 실시하며, 대표품종(적과후착과수 기준 60% 이상 품

종)으로 하거나 품종별로 실시할 수 있다.

ⓛ 착과 피해 조사에서는 가장 먼저 착과수를 확인하여야 하며, 이때 확인할 착과수는 적과 후 착과수조사와는 별개의 조사를 의미한다. 다만, 이전 실시한 적과 후 착과수조사(이전 착과피해조사 시 실시한 착과수조사 포함)의 착과수와 금차 조사 시의 착과 피해 조사 시점의 착과수가 큰 차이가 없는 경우에는 별도의 착과수 확인 없이 이전에 실시한 착과수조사 값으로 대체할 수 있다.

ⓒ 착과수 확인은 실제결과주수에서 고사주수, 수확불능주수, 미보상주수 및 수확 완료주수를 뺀 조사 대상주수를 기준으로 적정 표본주수를 산정하며 이후 조사 방법은 위 「적과 후 착과수조사」 방법과 같다.

ⓔ 착과수 확인이 끝나면 수확이 완료되지 않은 품종별로 표본 과실을 추출한다. 이때 추출하는 표본 과실수는 품종별 1주 이상(과수원당 3주 이상)으로 하며, 추출한 표본 과실을 「과실 분류에 따른 피해인정계수」〈별표 3 참고〉에 따라 품종별로 정상과, 50%형 피해과, 80%형 피해과 100%형 피해과로 구분하여 해당 과실 개수를 조사한다. 다만, 거대재해 등 필요 시에는 해당 기준 표본수의 1/2만 조사도 가능하다. 또한, 착과피해조사 시 사용한(따거나 수확한 과실)은 계약자의 비용 부담으로 한다. ※ 이하 모든 조사시 사용한 과실은 계약자 부담으로 한다.

ⓜ 조사 당시 수확이 완료된 품종이 있거나 피해가 경미하여 피해구성조사로 추가적인 감수가 인정되기 어려울 때에는 품종별로 피해구성조사를 생략 할 수 있다. 대표품종만 조사한 경우에는 품종별 피해 상태에 따라 대표품종의 조사 결과를 동일하게 적용할 수 있다.

ⓗ 다만, 일소피해의 경우 피해과를 수확기까지 착과시켜 놓을 경우 탄저병 등 병충해가 발생할 수 있으므로 착과피해조사의 방법이나 조사시기는 재해보험사업자의 시행지침에 따라 유동적일 수 있다.

그림 2-7 착과피해조사 과실 분류

5) 고사나무조사

① **조사 대상** : 나무손해보장특약을 가입한 농지 중 사고가 접수된 모든 농지이다.

② **대상 재해** : 자연재해, 조수해(鳥獸害), 화재 등이다.

③ **조사 시기** : 수확 완료 후 나무손해보장 종료 직전에 실시한다.

④ **조사 방법**

   ㉠ 고사나무조사 필요 여부 확인

      ⓐ 수확완료 후 고사나무가 있는 경우에만 조사 실시를 실시한다.

      ⓑ 계약자 유선 확인 등으로 착과수조사 및 수확량조사 등 기조사시 확인된 고사 나무 이외에 추가 고사나무가 없는 경우에는 조사 생략 가능하다.

   ㉡ 보상하는 재해로 인한 피해 여부 확인 : 보상하지 않는 손해로 고사한 나무가 있는 경우 미보상 고사주수로 조사한다.

> ※ 미보상 고사주수는 고사나무조사 이전 조사(적과 후 착과수 조사, 착과피해조사 및 낙과피해조사)에서 보상하는 재해 이외의 원인으로 고사하여 미보상주수로 조사된 주수를 포함한다).

   ㉢ 고사주수 조사 : 품종별·재배방식별·수령별로 실제결과주수, 수확 완료 전 고사 주수, 수확 완료 후 고사주수 및 미보상 고사주수(보상하는 재해 이외의 원인으로 고사한 나무)를 조사한다.

> ※ 수확 완료 전 고사주수는 고사나무조사 이전 조사(적과 후 착과수조사, 착과피 해조사 및 낙과피해조사)에서 보상하는 재해로 고사한 것으로 확인 된 주수를 의미하며, 수확 완료 후 고사주수는 보상하는 재해로 고사한 나무 중 고사나무 조사 이전 조사에서 확인되지 않은 나무주수를 말한다.
>
> > [참조]
> > 1. 보상하지 않는 손해로 고사한 나무가 있는 경우 미보상 고사주수로 조사한 다(미보상 고사주수는 고사나무조사 이전 조사(적과 후 착과수조사, 착과피 해조사 및 낙과피해조사)에서 보상하는 재해 이외의 원인으로 고사하여 미 보상주수로 조사된 주수를 포함한다).
> > 2. 수확 완료 후 고사주수가 없는 경우(계약자 유선 확인 등)에는 고사나무조 사를 생략할 수 있다.

(3) 보험금 산정 방법 및 지급기준

> 적과전종합위험방식의 보험금은 적과이전의 사고를 보상하는 착과감소보험금과 적과이후의 사고 를 보상하는 과실손해보험금으로 구분된다.

1) 적과전종합위험방식(사과, 배, 단감, 떫은감)의 보험금 산정

　① 기준수확량의 산정

　　㉠ "기준착과수"라 함은 보험금 지급에 기준이 되는 과실 수(數)로, 아래와 같이 산출한다.

　　　ⓐ 적과 종료 전에 인정된 착과감소과실수가 없는 과수원

> - 적과 후 착과수를 기준착과수로 한다. 다만, 적과 후 착과수조사 이후의 착과수가 적과 후 착과수보다 큰 경우에는 착과수를 기준착과수로 할 수 있다.

　　　ⓑ 적과 종료 전에 인정된 착과감소과실수가 있는 과수원

> - 위항에서 조사된 적과 후 착과수에 해당 착과감소과실수를 더하여 기준착과수로 한다.

　　㉡ 기준수확량은 기준착과수에 가입과중을 곱하여 산출한다.

> 기준수확량 = 기준착과수 × 가입과중
> - 가입과중은 보험에 가입할 때 결정한 과실의 1개당 평균 과실 무게를 말한다. 한 과수원에 다수의 품종이 혼식된 경우에도 품종과 관계없이 동일하다.

　② 감수량의 산정

　　㉠ 적과 종료 이전 착과감소량

　　　ⓐ 재해보험사업자는 보험사고가 발생할 때 피해조사를 실시하여 피해사실이 확인되면 아래와 같이 착과감소과실수를 산출한다. 다만, 우박으로 인한 착과피해는 수확 전에 착과를 분류하고, 이에 과실 분류에 따른 피해인정계수를 적용하여 감수과실수를 별도로 산출 (이하 "착과 감수과실수 산정방법"이라 한다) 하여 적과 후 보상하는 재해로 발생하는 감수 과실수에 합산한다.

> 착과감소과실수 = 최솟값(평년착과수 − 적과후착과수, 최대인정감수소과실수)

　　　ⓑ 착과감소량은 착과감소과실수에 가입과중을 곱하여 산출한다.

> 착과감소량 = 착과감소과실수 × 가입과중
> - 가입과중은 보험에 가입할 때 결정한 과실의 1개당 평균 과실 무게를 말한다. 한 과수원에 다수의 품종이 혼식된 경우에도 품종과 관계없이 동일하다.

　　　ⓒ 피해사실확인조사에서 모든 사고가 "피해규모가 일부"인 경우만 해당하며, 착과 감소량이 최대인정감소량을 초과하는 경우에는 최대인정감소량을 착과감소량으로 한다.

　　　　㉮ 최대인정감소량 = 평년착과량 × 최대인정피해율

    ㉯ 최대인정감소과실수 = 평년착과수 × 최대인정피해율

    ㉰ 최대인정피해율 = 피해대상주수(고사주수, 수확불능주수, 일부피해주수) ÷ 실제결과주수

    ㉱ 해당 사고가 2회 이상 발생한 경우에는 사고별 피해대상주수를 누적하여 계산한다.

  ⓓ 적과종료이전 최대인정감소량(5종 한정 특약 가입건만 해당)

  「5종한정특약」가입건에 적용되며, 착과감소량이 최대인정감소량을 초과하는 경우에는 최대인정감소량을 착과감소량으로 한다.

    ㉮ 최대인정감소량 = 평년착과량 × 최대인정피해율

    ㉯ 최대인정감소과실수 = 평년착과수 × 최대인정피해율

    ㉰ 최대인정피해율은 아래 제①호부터 제③호까지 산정된 값 중 큰 값으로 한다.

      • 나무피해율 : 과수원별 유실·매몰·도복·절단(1/2)·소실(1/2)·침수주수를 실제결과주수로 나눈 값. 이때 침수주수는 침수피해를 입은 나무수에 과실침수율을 곱하여 계산한다.

      • 우박 발생 시 조사한 유과타박률

      • 낙엽률에 따른 인정피해율 : 단감, 떫은감에 한하여 6월 1일부터 적과 종료 이전까지 태풍(강풍)·집중호우·화재·지진으로 인한 낙엽피해가 발생한 경우 낙엽률을 조사하여 산출한 낙엽률에 따른 인정피해율

  ㉡ 적과 종료 이전 자연재해로 인한 적과 종료 이후 착과손해 감수량

    ⓐ 재해보험사업자는 적과 종료 이전 보상하는 손해 '자연재해'로 인하여 보험의 목적에 피해가 발생하고, ㉮항에서 정한 착과감소과실수가 존재하는 경우에는 아래와 같이 착과손해 감수과실수를 산출한다.

      ㉮ 적과후착과수가 평년착과수의 60% 미만인 경우

$$감수과실수 = 적과후착과수 × 5\%$$

      ㉯ 적과후착과수가 평년착과수의 60% 이상 100% 미만인 경우

$$감수과실수 = 적과후착과수 × 5\% × \frac{100\% - 착과율}{40\%}$$

$$※ 착과율 = 적과후착과수 ÷ 평년착과수$$

    ⓑ 적과 종료 이전 자연재해로 인한 적과 종료 이후 착과손해 감수량은 착과감수과실수에 가입과중을 곱하여 산출한다.

$$적과 종료 이후 착과손해 감수량 = 감수과실수 × 가입과중$$

ⓒ 본 감수량은 보험약관 중 2019년부터 변경된 적과전종합위험방식에 적용하며 『5종한정특약』에 가입한 경우에는 인정하지 않는다.

ⓒ 적과 종료 이후 감수량

재해보험사업자는 보험사고가 발생할 때마다 피해사실 확인과 재해별로 아래와 같은 조사를 실시하여 감수과실수를 산출한다.

ⓐ 태풍(강풍), 집중호우, 화재, 지진

㉮ 낙과손해

낙과를 분류하고, 이에 과실 분류에 따른 피해인정계수〈별표 3〉를 적용하여 감수 과실수를 산출(이하 "낙과 감수과실수 산출방법"이라 한다)한다.

㉯ 침수손해

조사를 통해 침수 나무의 평균 침수 착과수를 산정하고, 이에 침수 주수를 곱하여 감수 과실수를 산출한다.

> 침수손해 감수 과실수 = 침수 나무의 평균 침수 착과수 × 침수 주수

㉰ 나무의 유실·매몰·도복·절단 손해

조사를 통해 무피해 나무의 평균 착과수를 산정하고, 이에 유실·매몰·도복·절단된 주수를 곱하여 감수과실수를 산출한다.

> 나무의 유실·매몰·도복·절단 손해 감수과실수
> = 무피해 나무의 평균 착과수 × 유실·매몰·도복·절단된 주수

㉱ 소실손해

조사를 통해 무피해 나무의 평균 착과수를 산정하고, 이에 소실된 주수를 곱하여 감수과실수를 산출한다.

> 손실 손해 감수과실수 = 무피해 나무의 평균 착과수 × 소실된 주수

㉲ 착과손해(사과, 배에 한함)

위 『㉮ 낙과손해』에 의해 결정된 낙과 감수과실수의 7%를 감수과실수로 한다.

> ※ 낙과손해 : 낙과를 분류하고, 이에 과실 분류에 따른 피해인정계수〈별표 3〉를 적용하여 감수 과실수를 산출(이하 "낙과 감수과실수 산출방법"이라 한다)한다.

ⓑ 우박

㉮ 착과손해

수확 전에 착과 감수과실수 산정 방법에 따라 산출한다.

　　㉯ 낙과손해

　　　낙과 감수과실수 산출 방법에 따라 산출한다.

ⓒ 적과 종료일 이후부터 당해연도 10월까지 낙엽피해(단감, 떫은감에 한함)

　　보험기간 적과 종료일 이후부터 당해연도 10월까지 태풍(강풍)·집중호우·화재·지진으로 인한 낙엽피해가 발생한 경우 조사를 통해 착과수와 낙엽률을 산출하며, 낙엽률에 따른 인정피해율에서 기발생 낙엽률에 따른 인정피해율의 최대값을 차감하고 착과수를 곱하여 감수과실수를 산출한다.

품목	인정피해율
단감	인정피해율 = 1.0115 × 낙엽률 − 0.0014 × 경과일수 ※경과일수 : 6월1일부터 낙엽피해 발생일까지 경과된 일수
떫은감	인정피해율 = 0.9662 × 낙엽률 − 0.0703

※ 인정피해율의 계산 값이 0보다 적은 경우 인정피해율은 0으로 한다.

ⓓ 가을동상해

　　㉮ 착과 손해

　　　피해과실을 분류하고, 이에 과실 분류에 따른 피해인정계수를 적용하여 감수과실수를 산출한다. 이때 단감·떫은감의 경우 잎 피해가 인정된 경우에는 정상과실의 피해인정계수를 아래와 같이 변경하여 감수과실수를 산출한다.

> 피해인정계수 = 0.0031 × 잔여일수
> ※ 잔여일수 : 사고발생일부터 가을동상해 보장종료일까지 일자 수

ⓔ 일소피해

　　㉮ 일소피해로 인한 감수과실수는 보험사고 한 건당 적과 후 착과수의 6%를 초과하는 경우에만 감수과실수로 인정한다.

　　㉯ 착과손해

　　　피해과실을 분류하고, 이에 과실 분류에 따른 피해인정계수를 적용하여 감수 과실수를 산출한다.

　　㉰ 낙과손해

　　　낙과를 분류하고, 이에 과실 분류에 따른 피해인정계수를 적용하여 감수 과실수를 산출한다.

ⓕ 재해보험사업자는 감수과실수의 합계로 적과 종료 이후 감수과실수를 산출한다. 다만, 일소·가을동상해로 발생한 감수과실수는 부보장 특별약관을 가입한 경우에는 제외한다.

ⓖ 적과 종료 이후 감수량은 적과 종료 이후 감수 과실수에 가입과중을 곱하여 산출한다.

> 적과 종료 이후 감수량 = 적과 종료 이후 감수 과실수 × 가입과중
>
> ※ 가입과중은 보험에 가입할 때 결정한 과실의 1개당 평균 과실 무게를 말한다. 한 과수원에 다수의 품종이 혼식된 경우에도 품종과 관계없이 동일하다.

ⓗ 재해보험사업자는 하나의 보험사고로 인해 산정된 감수량은 동시 또는 선·후차적으로 발생한 다른 보험사고의 감수량으로 인정하지 않는다.

ⓘ 보상하는 재해가 여러 차례 발생하는 경우 금차사고의 조사값(낙엽률에 따른 인정피해율, 착과피해구성률, 낙과피해구성률)에서 기사고의 조사값(낙엽률에 따른 인정피해율 착과피해구성률) 중 최고값을 제외하고 감수과실수를 산정한다.

ⓙ 누적감수과실수(량)는 기준착과수(량)를 한도로 한다.

③ **착과감소보험금의 계산**

㉠ 적과종료이전 보상하는 재해로 인하여 보험의 목적에 피해가 발생하고 착과감소량이 자기부담감수량을 초과하는 경우, 재해보험사업자가 지급할 보험금은 아래에 따라 계산한다.

> **착과감소보험금** = (착과감소량 − 미보상감수량 − 자기부담감수량) × 가입가격
> × 보장수준(50%, 70%)
>
> ※ 설명 및 용어정의 : 이론서 제1권 제2절 1.과수작물편 및 부록 용어집 참조
> ⓐ 미보상감수량은 보상하는 재해 이외의 원인으로 인하여 감소되었다고 평가되는 부분을 말하며, 계약 당시 이미 발생한 피해, 병해충으로 인한 피해 및 제초상태 불량 등으로 인한 수확감소량으로써 감수량에서 제외된다.
> ⓑ 자기부담감수량은 기준수확량에 자기부담비율을 곱한 양으로 한다.
> ⓒ 자기부담비율은 계약할 때 계약자가 선택한 자기부담비율로 한다.
> ⓓ 가입가격은 보험에 가입할 때 결정한 과실의 kg당 평균 가격을 말한다. 한 과수원에 다수의 품종이 혼식된 경우에도 품종과 관계없이 동일하다.

㉡ 착과감소보험금 보장 수준(50%, 70%)은 계약할 때 계약자가 선택한 보장 수준으로 한다.

> [참조]
> ※ 50%형은 임의선택 가능하며, 70%형은 최근 3년간 연속 보험가입 과수원으로 누적 적과전 손해율 100% 미만인 경우에만 가능하다.

④ **과실손해보험금의 계산** : 적과 종료 이후 누적감수량이 자기부담감수량을 초과하는 경우, 재해보험사업자가 지급할 보험금은 아래에 따라 계산한다.

> **과실손해보험금** = (적과 종료 이후 누적감수량 - 자기부담감수량) × 가입가격
>
> ※ 설명 및 용어정의 : 이론서 제1권 제2절 1.과수작물편 및 부록 용어집 참조
> ⓐ 적과 종료 이후 누적감수량은 보장종료 시점까지 산출된 감수량을 누적한 값으로 한다.
> ⓑ 자기부담감수량은 기준수확량에 자기부담 비율을 곱한 양으로 한다. 다만, 착과감소량이 존재하는 경우 과실손해보험금의 자기부담감수량은 (착과감소량 - 미보상감수량)을 제외한 값(※ 착과감소량에서 적과 종료 이전에 산정된 미보상감수량을 뺀 값을 자기부담감수량에서 제외)으로 하며, 이때 자기부담감수량은 0보다 작을 수 없다.
> ⓒ 자기부담비율은 계약할 때 계약자가 선택한 자기부담비율로 한다.
> ⓓ 가입가격은 보험에 가입할 때 결정한 과실의 kg당 평균 가격을 말한다. 한 과수원에 다수의 품종이 혼식된 경우에도 품종과 관계없이 동일하다.

⑤ **보험금의 지급한도에 따라** 계산된 보험금이 '보험가입금액 × (1 - 자기부담비율)'을 초과하는 경우에는 '보험가입금액 × (1 - 자기부담비율)'을 보험금으로 한다(단, 보험가입금액은 감액한 경우에는 감액 후 보험가입금액으로 한다).

그림 2-8 적과전종합위험방식의 보험금 산정

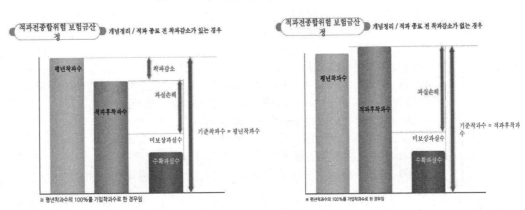

2) **나무손해보장 (특약) 보험금 산정**

① **보험금 지급사유** : 보험기간 내에 보상하는 재해로 인한 피해율이 자기부담비율을 초과하는 경우 아래와 같이 계산한 보험금을 지급한다.

② **보험금 계산**

> 지급보험금 = 보험가입금액 × (피해율 - 자기부담비율)
>
> ※ 피해율 = 피해주수(고사된 나무) ÷ 실제결과주수

지급보험금은 보험가입금액에 피해율에서 자기부담비율을 차감한 값을 곱하여 산정하며, 피해율은 피해주수(고사된 나무)를 실제결과주수로 나눈 값으로 한다.

③ 자기부담비율은 5%로 한다.

2. 종합위험 수확감소보장방식 및 비가림과수 손해보장방식

(대상품목 : 포도, 복숭아, 자두, 감귤(만감류), 밤, 호두, 참다래, 대추, 매실, 살구, 오미자, 유자)

종합위험 수확감소보장이란 보험목적에 보험기간 동안 보장하는 재해로 인하여 발생한 수확량의 감소를 보장하는 방식이다.

종합위험 비가림과수 손해보장이란 보험목적에 보험기간 동안 보장하는 재해로 인하여 발생한 수확량의 감소와 비가림시설의 손해를 보장하는 방식이다.

(1) 시기별 조사 종류

생육시기	재해	조사내용	조사시기	조사방법	비고
수확 전	보상하는 재해전부	피해사실 확인조사	사고접수 후 지체 없이	보상하는 재해로 인한 피해발생 여부 조사(피해사실이 명백한 경우 생략 가능)	전품목
수확직전	-	착과수 조사	수확직전	해당농지의 최초 품종 수확 직전 총 착과 수를 조사 - 피해와 관계없이 전 과수원 조사 · 조사방법: 표본조사	포도, 복숭아, 자두, 감귤(만감류)만 해당
	보상하는 재해 전부	수확량 조사	수확직전	사고발생 농지의 수확량 조사 · 조사방법: 전수조사 또는 표본조사	전품목
수확 시작 후 ~ 수확종료	보상하는 재해 전부	수확량 조사	사고접수 후 지체 없이	사고발생 농지의 수확 중의 수확량 및 감수량의 확인을 통한 수확량조사 · 조사방법: 전수조사 또는 표본조사	전품목 (유자제외)
수확 완료 후 ~ 보험종기	보상하는 재해 전부	고사나무 조사	수확완료 후 보험 종기 전	보상하는 재해로 고사되거나 또는 회생이 불가능한 나무 수를 조사 - 특약 가입 농지만 해당 · 조사방법: 전수조사	수확완료 후 추가 고사나무가 없는 경우 생략 가능

(2) 손해평가 현지조사 방법

1) 피해사실 확인조사

① 조사 대상 : 대상 재해로 사고 접수 농지 및 조사 필요 농지이다.

② 대상 재해 : 자연재해, 조수해(鳥獸害), 화재, 병충해 등이다(※ 병충해는 복숭아만 해당되며 세균구멍병으로 인하여 발생하는 *피해 50%만 보상한다).

③ 조사 시기 : 사고 접수 직후 실시한다.

④ 조사 방법 :「피해사실 "조사 방법" 준용」

　㉠ 보상하는 재해로 인한 피해 여부 확인

　　기상청 자료 확인 및 현지 방문 등을 통하여 보상하는 재해로 인한 피해가 맞는지 확인하며, 필요시에는 이에 대한 근거로 다음의 자료를 확보한다.

　　　ⓐ 기상청 자료, 농업기술센터 등 농업 전문기관 의견서 및 손해평가인 소견서 등 재해 입증 자료

　　　ⓑ 피해 농지 사진 : 농지의 전반적인 피해 상황 및 세부 피해 내용이 확인 가능하도록 촬영

　　　ⓒ 단, 태풍 등과 같이 재해 내용이 명확하거나 사고 접수 후 바로 추가조사가 필요한 경우 등에는 피해사실 확인조사를 생략할 수 있다.

　㉡ 추가조사 필요 여부 판단 : 보상하는 재해 여부 및 피해 정도 등을 감안하여 추가조사(수확량조사)가 필요한지 여부를 판단하여 해당 내용에 대하여 계약자에게 안내하고, 추가조사가(수확량조사) 필요할 것으로 판단된 경우에는 수확기에 손해평가반구성 및 추가조사 일정을 수립한다.

2) 수확량조사(대상품목 : 포도, 복숭아, 자두, 감귤(만감류))

본 항의 수확량조사는 포도, 복숭아, 자두, 감귤(만감류) 품목에만 해당하며, 다음 호의 조사 종류별 방법에 따라 실시한다.

① 착과수조사

　㉠ 조사 대상 : 사고 여부와 관계없이 보험에 가입한 농지이다.

　㉡ 조사 시기 : 최초 수확 품종 수확기 직전. 단 감귤(만감류)은 적과 종료 후이다.

　㉢ 조사 방법 : 다음 각 목에 해당하는 사항을 확인한다.

　　　ⓐ 주수 조사 : 농지내 품종별·수령별 실제결과주수, 미보상주수 및 고사나무주수를 파악한다.

　　　ⓑ 조사 대상주수 계산 : 품종별·수령별 실제결과주수에서 미보상주수 및 고사나무주수를 제외하고 조사대상주수를 계산한다.

$$\boxed{\text{조사대상주수 = 실제결과주수 - 미보상주수 - 고사나무주수}}$$

    ⓒ 표본주수 산정

      ㉮ 과수원별 전체 조사 대상주수를 기준으로 품목별 표본주수표〈별표 1〉에 따라 농지별 전체 표본주수를 산정한다.

      ㉯ 적정 표본주수는 품종별·수령별 조사 대상주수에 비례하여 산정하며, 품종별·수령별 적정표본주수의 합은 전체 표본주수보다 크거나 같아야 한다.

    ⓓ 표본주 선정

      ㉮ 조사대상주수를 농지별 표본주수로 나눈 표본주 간격에 따라 표본주 선정 후 해당 표본주에 표시리본을 부착한다.

      ㉯ 동일품종·동일재배방식·동일수령의 농지가 아닌 경우에는 품종별·재배방식별·수령별 조사 대상주수의 특성이 골고루 반영될 수 있도록 표본주를 선정한다.

    ⓔ 착과된 전체 과실수 조사 : 선정된 표본주별로 착과된 전체 과실수를 세고 표시리본에 기재한다.

    ⓕ 미보상비율 확인 : 품목별 미보상비율 적용표〈별표 2〉에 따라 미보상비율을 조사한다.

② 과중 조사

  ㉠ 조사대상 : 사고접수가 된 모든 농지에 실시한다.

  ㉡ 조사시기 : 품종별 수확 시기에 각각 실시한다.

  ㉢ 조사방법 : 다음 각 목에 해당하는 사항을 확인한다.

    ⓐ 표본과실 추출

      ㉮ 품종별로 착과가 평균적인 3주 이상의 표본주에서 크기가 평균적인 품종별 20개 이상 추출한다.

      ㉯ 표본 과실수는 농지당 60개(포도, 감귤(만감류)는 30개) 이상이어야 한다.

    ⓑ 품종별 과실 개수와 무게 조사 : 추출한 표본과실을 품종별로 구분하여 개수와 무게를 조사한다.

    ⓒ 미보상비율 조사 : 품목별 미보상비율 적용표〈별표 2〉에 따라 미보상비율을 조사하며, 품종별로 미보상비율이 다를 경우에는 품종별 미보상비율 중 가장 높은 미보상비율을 적용한다. 다만, 재조사 또는 검증조사로 미보상비율이 변경된 경우에는 재조사 또는 검증조사의 미보상비율을 적용한다.

    ⓓ 과중 조사 대체 : 위 사항에도 불구하고 현장에서 과중 조사를 실시하기가 어려운 경우, 품종별 평균과중을 적용(자두 제외)하거나 증빙자료가 있는 경우에

한하여 농협의 품종별 출하 자료로 과중 조사를 대체할 수 있다. (수확 전 대상 재해 발생 시 계약자는 수확 개시 최소 10일 전에 보험 가입 대리점으로 수확 예정일을 통보하고 최초 수확 1일 전에는 조사를 실시한다.)

그림 2-9 포도, 복숭아, 자두 과중조사

③ 착과피해조사
  ㉠ 조사대상 : 착과피해조사는 착과피해를 유발하는 재해(우박, 호우 등)가 접수된 모든 농지에 실시한다.
  ㉡ 조사시기 : 품종별 수확 시기에 각각 실시한다.
  ㉢ 조사방법 : 다음 각 목에 해당하는 사항을 확인한다.
    ⓐ 착과피해조사는 착과피해를 유발하는 재해가 있을 경우에만 시행하며, 해당 재해 여부는 재해의 종류와 과실의 상태 등을 고려하여 조사자가 판단한다.
    ⓑ 조사 대상주수 계산 : 실제결과주수에서 수확 완료주수, 미보상주수 및 고사나 무주수를 뺀 조사대상주수를 계산한다.
    ⓒ 적정 표본주수 산정 : 조사 대상주수를 기준으로 적정 표본주수를 산정〈별표 1 참고〉한다.
  ㉣ 착과수조사 : 착과피해조사에서는 가장 먼저 착과수를 확인하여야 하며, 이때 확인할 착과수는 수확 전 착과수조사와는 별개의 조사를 의미한다. 다만, 이전 실시한 착과수조사(이전 착과피해조사 시 실시한 착과수조사 포함)의 착과수와 착과피해조사 시점의 착과수가 큰 차이가 없는 경우에는 별도의 착과수 확인 없이 이전에 실시한 착과수조사 값으로 대체 할 수 있다.
  ㉤ 품종별 표본과실 선정 및 피해구성조사 : 착과수 확인이 끝나면 수확이 완료되지 않은 품종별로 표본 과실을 추출한다.
    ⓐ 이때 추출하는 표본 과실수는 품종별 20개 이상(포도, 감귤(만감류)은 농지당 30개 이상, 복숭아 · 자두는 농지당 60개 이상)으로 하며, 표본 과실을 추출할

때에는 품종별 3주 이상의 표본주에서 추출한다.

　　　ⓑ 추출한 표본 과실을 과실 분류에 따른 피해인정계수〈별표 3〉에 따라 품종별로 구분하여 해당 과실 개수를 조사한다.

　　　ⓒ 또한, 착과피해조사 시 따거나 수확한 과실은 계약자의 비용 부담으로 한다.

　　ⓗ 피해구성조사 생략 : 조사 당시 수확이 완료된 품종이 있거나 피해가 경미하여 피해구성조사가 의미가 없을 때에는 품종별로 피해구성조사를 생략할 수 있다.

④ 낙과피해조사

　　㉠ 조사 대상 : 착과수조사 이후 낙과피해가 발생한 농지에 실시한다.

　　㉡ 조사 시기 : 사고 접수 직후 실시한다.

　　㉢ 조사 방법 : 다음 각 목에 해당하는 사항을 확인한다.

　　　ⓐ 보상하는 재해 여부 심사 : 농지 및 작물 상태 등을 감안하여 보상하는 재해로 인한 피해가 맞는지 확인하며, 필요시에는 이에 대한 근거자료(피해사실 확인 조사 참조)를 확보할 수 있다.

　　　ⓑ 나무조사 : 품종별·수령별 나무주수 확인
　　　　실제결과주수에서 수확 완료주수, 미보상주수 및 고사나무주수를 뺀 조사대상주수를 계산한다.

　　㉣ 낙과수 조사 방법 결정

> 조사대상주수 = 실제결과주수 - 수확 완료주수 - 미보상주수 - 고사나무주수

　　　ⓐ 표본조사 : 낙과피해조사는 표본조사로 실시한다.

　　　ⓑ 전수조사 : 표본조사가 불가할 경우 실시한다.

　　㉤ 낙과수 표본조사

　　　ⓐ 표본주수 선정

　　　　㉮ 조사 대상주수를 기준으로 농지별 전체 적정표본주수를 산정하되(거대재해 발생 시 표본조사의 표본주수는 『품목별 표본주수표』〈별표 1〉의 1/2 이하로 할 수 있다.)

　　　　㉯ 품종별·수령별 표본주수는 품종별·수령별 조사 대상주수에 비례하여 산정한다.

　　　　㉰ 선정된 품종별·수령별 표본주수를 바탕으로 품종별·수령별 조사 대상주수의 특성이 골고루 반영 될 수 있도록 표본주를 선정한다.

　　　ⓑ 표본주 낙과수조사 : 표본주별로 수관면적 내에 있는 낙과수를 조사한다(※ 이때 표본주의 수관면적 내의 낙과는 표본주와 품종이 다르더라도 해당 표본주의 낙과로 본다).

  ⓗ 낙과수 전수조사(표본조사가 불가할 경우에 실시)

   ⓐ 전체 낙과에 대한 품종구분이 가능할 경우 : 전체 낙과수를 품종별로 센다.

   ⓑ 전체 낙과에 대한 품종구분임 불가능할 경우 : 전체 낙과수를 세고, 낙과 중 임의로 100개 이상을 추출하여 품종별로 해당 개수를 센다.

  ⓢ 품종별 표본과실 선정 및 피해구성조사

   ⓐ 낙과수 확인이 끝나면 낙과 중 품종별로 표본 과실을 추출한다.

   ⓑ 이때 추출하는 표본 과실수는 품종별 20개 이상(포도는 농지당 30개 이상, 복숭아·자두는 농지당 60개 이상)으로 하며, 추출한 표본 과실을 과실 분류에 따른 피해 인정계수에 따라 품종별로 구분하여 해당 과실 개수를 조사한다

   ⓒ 다만, 전체 낙과수가 60개 미만일 경우 등에는 해당 기준 미만으로도 조사가 가능하다.

  ⓞ 피해 구성 조사 생략 : 조사 당시 수확기에 해당하지 않는 품종이 있거나 낙과의 피해 정도가 심해 피해 구성 조사가 의미가 없는 경우 등에는 품종별로 피해 구성 조사를 생략할 수 있다.

3) **수확량조사 (대상품목 : 밤, 호두)**

 본 항의 수확량조사는 밤, 호두 품목에만 해당하며, 다음 호의 조사 종류별 방법에 따라 실시하며, 품종의 수확기가 다른 경우에는(한 번에 조사가 불가 함) 해당 품종의 수확 시작 도래 전마다 수확량 조사를 실시한다. ※ 수확량조사 시 따거나 수확한 과실은 계약자의 비용 부담으로 한다.

① **수확 개시 전 수확량 조사** : 수확 개시 전 수확량 조사는 조사일을 기준으로 해당 농지의 수확이 시작되기 전에 수확량 조사를 실시하는 경우를 의미하며, 조기 수확 및 수확해태 등으로 수확 개시 여부에 대한 분쟁이 발생한 경우에는 지역의 농업기술센터 등 농업 전문기관의 판단에 따른다.(품종별 조사 시기가 다른 경우에는 최초 조사일을 기준으로 판단한다)

 ㉠ 보상하는 재해 여부 심사 : 농지 및 작물 상태 등을 감안하여 보상하는 재해로 인한 피해가 맞는지 확인하며, 필요시에는 이에 대한 근거자료(피해사실 확인조사 참조)를 확보한다.

 ㉡ 주수 조사 : 농지내 품종·수령별로 실제결과주수, 미보상주수 및 고사나무주수를 파악한다.

 ㉢ 조사 대상주수 계산 : 실제결과주수에서 미보상주수 및 고사나무주수를 빼서 조사 대상주수를 계산한다.

> 조사 대상주수 = 실제결과주수 - 미보상주수 - 고사나무주수

ⓒ 표본주수 산정 : 농지별 전체 조사 대상주수를 기준으로 품목별 표본주수표 〈별표 1〉에 따라 농지별 전체 표본주수를 산정하되, 품종·수령별 표본주수는 품종 및 수령별 주수에 비례하여 산정한다.

ⓜ 표본주 선정

ⓐ 조사대상주수를 농지별 표본주수로 나눈 표본주 간격에 따라 표본주 선정 후 해당 표본주에 표시리본을 부착한다.

ⓑ 동일품종·동일재배방식·동일수령의 농지가 아닌 경우에는 품종별·재배방식별·수령별 조사 대상주수의 특성이 골고루 반영될 수 있도록 표본주를 선정한다.

ⓗ 착과 및 낙과수 조사 : 선정된 표본주별로 착과된 과실수 및 낙과된 과실수를 조사한다. 이때 과실수의 기준은 밤은 송이, 호두는 청피로 한다.

ⓐ 착과수 조사 : 선정된 표본주별로 착과된 전체 과실수를 조사한다.

ⓑ 낙과수 조사

㉮ 선정된 표본주별로 수관면적 내 낙과된 과실수를 조사한다.

㉯ 단, 계약자 등이 낙과된 과실을 한 곳에 모아 둔 경우 등 표본주별 낙과수 확인이 불가능한 경우에는 농지 내 전체 낙과수를 품종별로 구분하여 전수조사한다.

㉰ 전체 낙과에 대하여 품종별 구분이 어려운 경우에는 전체 낙과수를 세고 전체 낙과 중 100개 이상의 표본을 추출하여 해당 표본의 품종을 구분하는 방법을 사용한다.

ⓢ 과중 조사

ⓐ 농지에서 품종별로 평균적인 착과량을 가진 3주 이상의 표본주에서 크기가 평균적인 과실을 품종별 20개 이상(농지당 최소 60개 이상) 추출한다.

ⓑ 밤의 과중 조사 경우

㉮ 품종별 과실(송이) 개수를 파악하고, 과실(송이) 내 과립을 분리하여 지름 길이를 기준으로 정상(30mm 초과)·소과(30mm 이하)를 구분하여 무게를 조사한다.

㉯ 이때 소과(30mm 이하)인 과실은 해당 과실 무게를 실제 무게의 80%로 적용한다.

> 품종별 개당 과중 = 품종별 {정상 표본과실 무게 합 + (소과 표본과실 무게 합 × 0.8)} ÷ 표본과실 수

그림 2-10 밤 소과 구분 요령

30mm 지름의 원형모양 구멍이 뚫린 규격대를 준비하여 샘플조사 시 해당 구멍을 통과하는 과립은 '소과'로 따로 분류한다.

○ 아래 그림과 같이 과정부를 위로 향하게 하고 밤의 볼록한 부분이 정면을 향하게 하여 밤이 통과하는지 확인한다.

○ 밤의 가장 긴 부분이 보이도록 밤을 넣어야 하며, 세로로 넣는 등 구멍에 통과하기 위하여 밤의 방향을 변경하지 아니한다.

　　　ⓒ 호두의 과중 조사 경우 : 품종별 과실(청피) 개수를 파악하고, 무게를 조사한다.

　◎ 낙과피해 및 착과피해 구성 조사

　　ⓐ 낙과피해 구성 조사

　　　㉠ 낙과 중 임의의 과실 20개 이상(품종별 20개 이상, 농지당 60개 이상)을 추출한 후 과실 분류에 따른 피해인정계수〈별표 3〉에 따라 구분하여 그 개수를 조사한다.

　　　㉡ 다만, 전체 낙과수가 60개 미만일 경우 등에는 해당 기준 미만으로 조사가 가능하다.

　　ⓑ 착과피해 구성 조사

　　　㉠ 착과피해를 유발하는 재해가 있을 경우 시행한다.

　　　㉡ 품종별로 3개 이상의 표본주에서 임의의 과실 20개 이상(품종별 20개 이상, 농지당 60개 이상)을 추출한 후 과실 분류에 따른 피해인정계수〈별표 3〉에 따라 구분하여 그 개수를 조사한다.

　　ⓒ 피해 구성 조사의 생략 : 조사 당시 착과에 이상이 없는 경우나 낙과의 피해 정도가 심해 피해구성 조사가 의미가 없을 경우 등에는 품종별로 피해 구성 조사를 생략할 수 있다.

　ⓩ 미보상비율 확인 : 품목별 미보상비율 적용표〈별표 2〉에 따라 미보상비율을 조사한다.

② **수확 개시 후 수확량 조사** : 수확 개시 후 수확량 조사는 조사일을 기준으로 해당 농지의수확이 시작된 후에 수확량 조사를 실시하는 경우를 의미한다. 조기 수확 및 수확 해태 등으로 수확 개시 여부에 대한 분쟁이 발생한 경우에는 지역의 농업기술센터

등 농업 전문기관의 판단에 따른다. (품종별 조사 시기가 다른 경우에는 최초 조사일을 기준으로 판단한다).

㉠ 보상하는 재해 여부 심사 : 농지 및 작물 상태 등을 감안하여 보상하는 재해로 인한 피해가 맞는지 확인하며, 필요시에는 이에 대한 근거자료(피해사실 확인조사 참조)를 확보할 수 있다.

㉡ 주수 조사 : 농지내 품종·수령별로 실제결과주수, 수확 완료주수, 미보상주수 및 고사나무주수를 파악한다.

㉢ 조사 대상주수 계산 : 실제결과주수에서 수확 완료주수, 미보상주수 및 고사나무주수를 제외한 조사대상주수를 계산한다.

> 조사대상주수 = 실제결과주수 - 수확 완료주수 - 미보상주수 - 고사나무주수

㉣ 표본주수 산정 : 농지별 전체 조사 대상주수를 기준으로 품목별 표본주수표 〈별표 1〉에 따라 농지별 전체 표본주수를 산정하되, 품종·수령별 표본주수는 품종·수령별 조사대상주수에 비례하여 산정한다.

㉤ 표본주 선정 : 산정한 품종·수령별 표본주수를 바탕으로 품종·수령별 조사 대상주수의 특성이 골고루 반영될 수 있도록 표본주를 선정한다.

㉥ 착과 및 낙과수 표본조사 : 선정된 표본주별로 밤은 송이, 호두는 청피로 착과된 과실수 및 낙과된 과실수를 조사한다.

　ⓐ 착과수 확인 : 선정된 표본주별로 착과된 전체 과실수를 조사한다.

　ⓑ 낙과수 확인

　　㉮ 선정된 표본주별로 수관면적 내 낙과된 과실수를 조사한다.

　　㉯ 단, 계약자 등이 낙과된 과실을 한 곳에 모아 둔 경우 등 표본주별 낙과수 확인이 불가능한 경우에는 농지 내 전체 낙과수를 품종별로 구분하여 전수 조사한다.

　　㉰ 전체 낙과에 대하여 품종별 구분이 어려운 경우에는 전체 낙과수를 세고 전체 낙과 중 100개 이상의 표본을 추출하여 해당 표본의 품종을 구분하는 방법을 사용한다.

㉦ 과중 조사

　ⓐ 농지에서 품종별로 평균적인 착과량을 가진 3주 이상의 표본주에서 크기가 평균적인 과실을 품종별 20개 이상(농지당 최소 60개 이상) 추출한다.

　ⓑ 밤의 과중 조사 경우 : 품종별 과실(송이) 개수를 파악하고, 과실(송이) 내 과립을 분리하여 지름 길이를 기준으로 정상(30mm 초과) · 소과(30mm 이하)를 구분하여 무게를 조사한다.

ⓒ 호두의 과중 조사 경우 : 품종별 과실(청피) 개수를 파악하고, 무게를 조사한다.

ⓔ 기수확량 조사 : 출하자료 및 계약자 문답 등을 통하여 조사한다.

ⓕ 낙과피해 및 착과피해 구성 조사

ⓐ 낙과피해 구성 조사

㉮ 낙과 중 임의의 과실 20개 이상(품종별 20개 이상, 농지당 60개 이상)을 추출한 후 과실 분류에 따른 피해인정계수〈별표 3〉에 따라 구분하여 그 개수를 조사한

㉯ 다만, 전체 낙과수가 60개 미만일 경우 등에는 해당 기준 미만으로도 조사가 가능하다.

ⓑ 착과피해 구성 조사

㉮ 착과피해를 유발하는 재해가 있을 경우 시행한다.

㉯ 품종별로 3개 이상의 표본주에서 임의의 과실 20개 이상(품종별 20개 이상, 농지당 60개 이상)을 추출한 후 과실 분류에 따른 피해인정계수〈별표 3〉에 따라 구분하여 그 개수를 조사한다.

ⓒ 피해구성 조사 생략 : 조사 당시 착과에 이상이 없는 경우나 낙과의 피해 정도가 심해 피해 구성 조사가 의미가 없을 경우 등에는 품종별로 피해 구성 조사를 생략 할 수 있다.

ⓖ 미보상비율 확인 : 품목별 미보상비율 적용표〈별표 2〉에 따라 미보상비율을 조사한다.

4) 수확량조사(대상품목 : 참다래)

본 항의 수확량조사는 참다래 품목에만 해당하며, 다음 호의 조사 종류별 방법에 따라 실시한다. 또한, 수확량조사 시 따거나 수확한 과실은 계약자의 비용 부담으로 한다.

① 수확 개시 전 수확량 조사 : 수확 개시 전 수확량 조사는 조사일을 기준으로 해당 농지의 수확이 시작되기 전에 수확량 조사를 실시하는 경우를 의미한다. 조기 수확 및 수확 해태 등으로 수확 개시 여부에 대한 분쟁이 발생한 경우에는 지역의 농업기술센터 등 농업 전문기관의 판단에 따른다.

㉠ 보상하는 재해 여부 심사 : 농지 및 작물 상태 등을 감안하여 보상하는 재해로 인한 피해가 맞는지 확인하며, 필요시에는 이에 대한 근거자료(피해사실 확인조사 참조)를 확보한다.

㉡ 주수 조사 : 품종별·수령별로 실제결과주수, 미보상주수 및 고사나무주수를 파악한다.

ⓒ 조사 대상주수 계산 : 실제결과주수에서 미보상주수 및 고사나무주수를 제외한 조사 대상주수를 계산한다.

> 조사 대상주수 = 실제결과주수 - 미보상주수 - 고사나무주수

ⓔ 표본주수 산정 : 농지별 전체 조사 대상주수를 기준으로 품목별 표본주수표 〈별표 1〉에 따라 농지별 전체 표본주수를 산정하되, 품종별·수령별 표본주수는 품종별 수령별 조사 대상주수에 비례하여 산정한다.

ⓜ 표본주 선정 : 산정한 품종별·수령별 표본주수를 바탕으로 품종별·수령별 조사 대상주수의 특성이 골고루 반영될 수 있도록 표본주를 선정한다.

ⓗ 재식 간격 조사 : 농지내 품종별·수령별로 재식 간격을 조사한다.(가입 시 재식 간격과 다를 경우 계약변경이 될 수 있음을 안내하고 현지 조사서에 기재한다.)

ⓢ 면적 및 착과수조사

    ⓐ 면적조사 : 선정된 표본주별로 해당 표본주 구역의 면적 조사를 위해 길이[윗변, 아랫변, 높이(윗변과 아랫변의 거리)]를 재고 면적을 확인한다.

> 표본구간 면적 = (표본구간 윗변 길이 + 표본구간 아랫변 길이) × 표본구간 높이(윗변과 아랫변의 거리) ÷ 2

그림 2-11 참다래 표본구역 선정

ⓑ 착과수조사 : 선정된 해당 구역에 착과된 과실수를 조사한다.

◎ 과중 조사

ⓐ 농지에서 품종별로 착과가 평균적인 3주 이상의 표본주에서 크기가 평균적인 과실을 품종별 20개 이상(농지당 최소 60개 이상) 추출한다.

ⓑ 품종별로 과실 개수를 파악한다.

㉮ 개별 과실 과중이 50g 초과하는 과실과 50g 이하인 과실을 구분하여 무게를 조사한다.

㉯ 이때, 개별 과실 중량이 50g 이하인 과실은 해당 과실의 무게를 실제 무게의 70%로 적용한다.

> 품종별 개당 과중 = 품종별 {50g 초과 표본과실 무게 합 + (50g 이하 표본과실 무게 합 × 0.7)} ÷ 표본과실 수

㉢ 착과피해 구성 조사 : 착과피해를 유발하는 재해가 있었을 경우에는 다음과 같이 착과피해 구성 조사를 실시한다.

ⓐ 품종별 표본과실 선정 및 피해구성조사 : 품종별로 3주 이상의 표본주에서 임의의 과실 100개 이상을 추출한 후 과실분류에 따른 피해인정계수 〈별표 3〉에 따라 구분하여 그 개수를 조사한다.

ⓑ 피해구성 조사 생략 : 조사 당시 착과에 이상이 없는 경우 등에는 품종별로 피해 구성 조사를 생략할 수 있다.

㉣ 미보상비율 확인 : 품목별 미보상비율 적용표 〈별표 2〉에 따라 미보상비율을 조사한다.

② **수확 개시 후 수확량 조사** : 수확 개시 후 수확량 조사는 조사일을 기준으로 해당 농지의 수확이 시작된 후에 수확량 조사를 실시하는 경우를 의미하며, 조기 수확 및 수확해태 등으로 수확 개시 여부에 대한 분쟁이 발생한 경우에는 지역의 농업기술센터 등 농업전문기관의 판단에 따른다.

㉠ 보상하는 재해 여부 심사 : 농지 및 작물 상태 등을 감안하여 보상하는 재해로 인한 피해가 맞는지 확인하며, 필요시에는 이에 대한 근거자료(피해사실 확인조사 참조)를 확보한다.

㉡ 나무수 조사 : 품종별·수령별로 실제결과주수, 수확 완료주수, 미보상주수 및 고사나무주수를 파악한다.

㉢ 조사 대상주수 계산 : 실제결과주수에서 수확 완료주수, 미보상주수 및 고사나무주수를 제외한 조사대상주수를 계산한다.

> 조사대상주수 = 실제결과주수 - 수확 완료주수 - 미보상주수 - 고사나무주수

ⓔ 표본주수 산정

   ⓐ 농지별 전체 조사 대상주수를 기준으로 품목별 표본주수표 〈별표 1〉에 따라 농지별 전체 표본주수를 산정한다.

   ⓑ 이때 품종별·수령별 표본주수는 품종별·수령별 조사 대상주수에 비례하여 산정한다.

ⓜ 표본주 선정 : 산정한 품종별·수령별 표본주수를 바탕으로 품종별·수령별 조사 대상주수의 특성이 골고루 반영될 수 있도록 표본주를 선정한다.

ⓗ 재식 간격 조사

   ⓐ 농지내 품종별·수령별로 재식 간격을 조사한다.

   ⓑ 가입 시 재식 간격과 다를 경우 계약변경이 될 수 있음을 안내하고 현지 조사서에 기재한다.

ⓢ 면적, 착과 및 낙과수 조사

   ⓐ 면적확인 : 선정된 표본주별로 해당 표본주 구역의 면적 조사를 위해 길이(윗변, 아랫변, 높이 : 윗변과 아랫변의 거리)를 재고 면적을 확인한다.

   ⓑ 착과 및 낙과수 확인

      ㉮ 선정된 해당 구역에 착과 및 낙과된 과실수를 조사한다.

      ㉯ 계약자 등이 낙과된 과실을 한 곳에 모아 둔 경우 등 낙과수 표본조사가 불가능한 경우에는 낙과수 전수조사를 실시한다. 낙과수 전수조사 시에는 농지 내 전체 낙과를 품종별로 구분하여 조사한다. 단, 전체 낙과에 대하여 품종별 구분이 어려운 경우에는 전체 낙과수를 세고 전체 낙과수 중 100개 이상의 표본을 추출하여 해당 표본의 품종을 구분하는 방법을 사용한다.

ⓞ 과중 조사

   ⓐ 농지에서 품종별로 착과가 평균적인 3주 이상의 표본주에서 크기가 평균적인 과실을 품종별 20개 이상(농지당 최소 60개 이상) 추출한다.

   ⓑ 품종별로 과실 개수를 파악한다.

      ㉮ 개별 과실 과중이 50g 초과하는 과실과 50g 이하인 과실을 구분하여 무게를 조사한다.

      ㉯ 이때, 개별 과실 중량이 50g 이하인 과실은 해당 과실의 무게를 실제 무게의 70%로 적용한다.

> 품종별 개당 과중 = 품종별 {50g 초과 표본과실 무게 합 +(50g 이하 표본과실 무게 합 × 0.7)} ÷ 표본과실 수

ⓩ 기수확량 조사 : 출하자료 및 문답 등을 통하여 조사한다.

ⓒ 낙과피해 및 착과피해 구성 조사
　　ⓐ 낙과피해 구성 조사 : 품종별로 낙과 중 임의의 과실 100개 이상을 추출한 후
　　　과실 분류에 따른 피해인정계수에 따라 구분하여 그 개수를 조사한다.
　　ⓑ 착과피해 구성 조사
　　　㉮ 착과피해를 유발하는 재해가 있을 경우 시행한다.
　　　㉯ 품종별로 3주 이상의 표본주에서 임의의 과실 100개 이상을 추출한 후 과실
　　　　분류에 따른 피해인정계수 〈별표 3〉에 따라 구분하여 그 개수를 조사한다.
　　ⓒ 피해구성 조사 생략 : 조사 당시 착과에 이상이 없는 경우나 낙과의 피해 정도
　　　가 심해 피해구성 조사 없이 피해과실 분류가 가능한 경우 등에는 품종별로 피
　　　해 구성조사를 생략할 수 있다.
　㉠ 미보상비율 확인 : 품목별 미보상비율 적용표 〈별표 2〉에 따라 미보상비율을 조사
　　한다.

5) 수확량조사(대상품목 : 대추, 매실, 살구)

　본 항의 수확량조사는 대추, 매실, 살구 품목에만 해당하며, 다음 호의 조사 종류별 방법
에 따라 실시한다. 또한, 수확량조사 시 따거나 수확한 과실은 계약자의 비용 부담으로
한다.
① 수확 개시 전 수확량 조사 : 수확 개시 전 수확량 조사는 조사일을 기준으로 해당 농지
　의 수확이 시작되기 전에 수확량 조사를 실시하는 경우를 의미하며, 조기 수확 및 수
　확해태 등으로 수확 개시 여부에 대한 분쟁이 발생한 경우에는 지역의 농업기술센터
　등 농업 전문기관의 판단에 따른다.
　㉠ 보상하는 재해 여부 심사 : 농지 및 작물 상태 등을 감안하여 보상하는 재해로 인
　　한 피해가 맞는지 확인하며, 필요시에는 이에 대한 근거자료(피해사실 확인조사
　　참조)를 확보한다.
　㉡ 주수 조사 : 농지내 품종별·수령별로 실제결과주수, 미보상주수 및 고사나무주수
　　를 파악한다.
　㉢ 조사 대상주수 계산 : 실제결과주수에서 미보상주수 및 고사나무주수를 제외한 조
　　사 대상주수를 계산한다.

> 조사 대상주수 = 실제결과주수 - 미보상주수 - 고사나무주수

　㉣ 표본주수 산정
　　ⓐ 농지별 전체 조사 대상주수를 기준으로 품목별 표본주수표 〈별표 1〉에 따라
　　　농지별 전체 표본주수를 산정한다.

ⓑ 이때 품종별·수령별 표본주수는 품종별·수령별 조사 대상주수에 비례하여 산정한다.

ⓜ 표본주 선정 : 산정한 품종별·수령별 표본주수를 바탕으로 품종별·수령별 조사 대상주수의 특성이 골고루 반영될 수 있도록 표본주를 선정한다.

ⓗ 착과량 및 과중 조사(표본과실 수확 및 착과 무게 조사)

ⓐ 선정된 표본주별로 착과된 과실을 전부 수확하여 수확한 과실의 무게를 조사한다.

ⓑ 다만, 현장 상황에 따라 표본주의 착과된 과실 중 절반만을 수확하여 조사할 수 있다.

ⓒ 표본과실 수확 및 착과 무게 조사

> 품종·수령별 주당 착과 무게 = 품종·수령별 (표본주의 착과 무게 ÷ 표본주수)
> 표본주 착과 무게 = 조사 착과량 × 품종별 비대추정지수(매실) × 2 (절반조사 시)

ⓢ 비대추정지수 조사 (대상품목 : 매실) : 매실 품목의 경우 품종별 적정 수확 일자 및 조사 일자, 매실 품종별 과실 비대추정지수 〈별표 4〉를 참조하여 품종별로 비대추정지수를 조사한다.

ⓞ 착과피해 구성 조사 : 착과 피해를 유발하는 재해가 있었을 경우에는 다음과 같이 착과피해 구성 조사를 실시한다.

ⓐ 각 표본주별로 수확한 과실 중 임의의 과실을 추출하여 과실 분류 기준 〈별표 3〉에 따라 구분하여 그 개수 또는 무게를 조사한다.

㉮ 이때 개수 조사 시에는 표본주당 표본과실수는 100개 이상으로 한다.

㉯ 이때 무게 조사 시에는 표본주당 표본과실 중량은 1,000g 이상으로 한다.

ⓑ 조사 당시 착과에 이상이 없는 경우 등에는 피해 구성 조사를 생략할 수 있다.

ⓒ 대추·매실·살구의 과실 분류에 따른 피해인정계수 〈별표 3〉를 따른다.

ⓩ 미보상비율 확인 : 품목별 미보상비율 적용표 〈별표 2〉에 따라 미보상비율을 조사한다.

② **수확 개시 후 수확량 조사** : 수확 개시 후 수확량 조사는 조사일을 기준으로 해당 농지의 수확이 시작된 후에 수확량 조사를 실시하는 경우를 의미하며, 조기 수확 및 수확 해태 등으로 수확 개시 여부에 대한 분쟁이 발생한 경우에는 지역의 농업기술센터 등 농업 전문기관의 판단에 따른다.

㉠ 보상하는 재해 여부 심사 : 농지 및 작물 상태 등을 감안하여 보상하는 재해로 인한 피해가 맞는지 확인하며, 필요시에는 이에 대한 근거자료(피해사실 확인조사 참조)를 확보한다.

ⓛ 주수 조사 : 농지 내 품종별·수령별로 실제결과주수, 수확 완료주수, 미보상주수 및 고사나무주수를 파악한다.

ⓒ 조사 대상주수 계산 : 실제결과주수에서 수확 완료주수, 미보상주수 및 고사나무주수를 제외한 조사대상주수를 계산한다.

> 조사 대상주수 = 실제결과주수 - 수확 완료주수 - 미보상주수 - 고사나무주수

ⓔ 표본주수 산정

  ⓐ 조사 대상주수를 기준으로 품목별 표본주수표 〈별표 1〉에 따라 농지별 전체 표본주수를 산정한다.

  ⓑ 이때 품종별·수령별 표본주수는 품종별·수령별 조사 대상 주수에 비례하여 산정한다.

ⓜ 표본주 선정 : 산정한 품종별·수령별 표본주수를 바탕으로 품종별·수령별 조사 대상주수의 특성이 골고루 반영될 수 있도록 표본주를 선정한다.

ⓗ 과중 조사

  ⓐ 표본과실 수확 및 착과 무게 조사

    ㉮ 선정된 표본주별로 착과된 과실을 전부 수확하여 수확한 과실의 무게를 조사한다.

    ㉯ 다만, 현장 상황에 따라 표본주의 착과된 과실 중 절반만을 수확하여 조사할 수 있다.

  ⓑ 낙과 무게

    ㉮ 선정된 표본주별로 수관면적 내 낙과된 과실의 무게를 조사한다.

    ㉯ 계약자 등이 낙과된 과실을 한 곳에 모아 둔 경우 등 낙과 표본조사가 불가능한 경우에는 낙과 전수조사를 실시한다. 낙과 전수조사 시에는 농지 내 전체 낙과를 품종별로 구분하여 조사한다.

    ㉰ 단, 전체 낙과에 대하여 품종별 구분이 어려운 경우에는 전체 낙과 무게를 재고 전체 낙과 중 1,000g 이상의 표본을 추출하여 해당 표본의 품종을 구분하는 방법을 사용한다.

> 전체 낙과에 대하여 품종별 구분이 불가한 경우 :
> 품종별 낙과량 = 전체 낙과량 × {품종별 표본과실수(무게) ÷ 표본과실수(무게)}

    ㉱ 현장 상황에 따라 표본주별로 착과 및 낙과된 과실 중 절반만을 대상으로 조사할 수 있다.

ⓢ 비대추정지수 조사(대상품목 : 매실) : 매실 품목의 경우 품종별 적정 수확 일자 및 조사 일자, 매실 품종별 과실 비대추정지수 〈별표 4〉를 참조하여 품종별로 비대추정지수를 조사한다.

◎ 기수확량 조사 : 출하자료 및 문답 등을 통하여 기수확량을 조사한다.

그림 2-12 기수확량 확인

ⓩ 낙과피해 및 착과피해 구성 조사

ⓐ 낙과피해 구성 조사 : 품종별 낙과 중 임의의 과실 100개 또는 1,000g 이상을 추출하여 과실 분류에 따른 피해인정계수에 따른 개수 또는 무게를 조사한다.

ⓑ 착과피해 구성 조사 : 착과피해를 유발하는 재해가 있을 경우 시행하며, 표본주별로 수확한 착과 중 임의의 과실 100개 또는 1,000g 이상을 추출한 후 과실 분류에 따른 피해인정계수에 따른 개수 또는 무게를 조사한다.

ⓒ 피해구성 조사 생략 : 조사 당시 착과에 이상이 없는 경우나 낙과의 피해 정도가 심해 피해구성 조사가 의미가 없을 경우 등에는 피해 구성 조사를 생략할 수 있다.

ⓩ 미보상비율 확인 : 품목별 미보상비율 적용표 〈별표 2〉에 따라 미보상비율을 조사한다.

6) 수확량조사 (대상품목 : 오미자)

본 항의 수확량조사는 오미자 품목에만 해당하며, 다음 호의 조사 종류별 방법에 따라 실시한다. 또한, 수확량조사 시 따거나 수확한 과실은 계약자의 비용 부담으로 한다.

① 수확 개시 전 수확량 조사 : 수확 개시 전 수확량 조사는 조사일을 기준으로 해당 농지의 수확이 시작되기 전에 수확량 조사를 실시하는 경우를 의미하며, 조기 수확 및 수확 해태 등으로 수확 개시 여부에 대한 분쟁이 발생한 경우에는 지역의 농업기술센터 등 농업 전문기관의 판단에 따른다.

  ㉠ 보상하는 재해 여부 심사
    ⓐ 농지 및 작물 상태 등을 감안하여 약관에서 정한 보상하는 재해로 인한 피해가 맞는지 확인한다.
    ⓑ 이때 필요시에는 이에 대한 근거자료(피해사실 확인조사 참조)를 확보할 수 있다.

  ㉡ 유인틀 길이 측정 : 가입대상 오미자에 한하여 유인틀 형태 및 오미자 수령별로 유인틀의 실제 재배 길이, 고사 길이, 미보상 길이를 측정한다.

  ㉢ 조사 대상 길이 계산 : 실제재배 길이에서 고사 길이와 미보상 길이를 빼서(제외한) 조사 대상 길이를 계산한다.

> 조사 대상 길이 = 실제재배 길이 - 고사 길이 - 미보상 길이

  ㉣ 표본구간수 산정
    ⓐ 농지별 전체 조사 대상 길이를 기준으로 품목별 표본주(구간)표 〈별표 1〉에 따라 농지별 전체 표본구간수를 산정한다.
    ⓑ 이때 형태별·수령별 표본구간수는 형태별·수령별 조사 대상 길이에 비례하여 산정한다.

  ㉤ 표본구간 선정 : 산정한 형태별·수령별 표본구간수를 바탕으로 형태별·수령별 조사 대상길이의 특성이 골고루 반영될 수 있도록 표본구간(유인틀 길이 방향으로 1m)을 선정한다.

  ㉥ 착과량 및 과중 조사
    ⓐ 선정된 표본구간별로 표본구간 내 착과된 과실을 전부 수확하여 수확한 과실의 무게를 조사한다.
    ⓑ 다만, 현장 상황에 따라 표본구간의 착과된 과실 중 절반만을 수확하여 조사할 수 있다.

  ㉦ 착과피해 구성 조사 : 착과 피해를 유발하는 재해가 있었을 경우에는 아래와 같이 착과피해 구성 조사를 실시한다.
    ⓐ 표본구간에서 수확한 과실 중 임의의 과실을 추출하여 과실 분류에 따른 피해

인정계수에 따라 구분하여 그 무게를 조사한다.

　　ⓑ 이때 표본으로 추출한 과실 중량은 3,000g 이상(조사한 총착과 과실 무게가 3,000g 미만인 경우에는 해당 과실 전체)으로 한다.

　　ⓒ 피해구성 조사 생략 : 조사 당시 착과에 이상이 없는 경우 등에는 피해 구성 조사를 생략할 수 있다.

　ⓞ 미보상비율 확인 : 품목별 미보상비율 적용표〈별표 2〉에 따라 미보상비율을 조사한다.

② **수확 개시 후 수확량 조사** : 수확 개시 후 수확량 조사는 조사일을 기준으로 해당 농지의 수확이 시작된 후에 수확량 조사를 실시하는 경우를 의미하며, 조기 수확 및 수확 해태 등으로 수확 개시 여부에 대한 분쟁이 발생한 경우에는 지역의 농업기술센터 등 농업 전문기관의 판단에 따른다.

　㉠ 보상하는 재해 여부 심사

　　ⓐ 농지 및 작물 상태 등을 감안하여 약관에서 정한 보상하는 재해로 인한 피해가 맞는지 확인한다.

　　ⓑ 이때 필요시에는 이에 대한 근거자료(피해사실 확인조사 참조)를 확보할 수 있다.

　㉡ 유인틀 길이 측정 : 가입대상 오미자에 한하여 유인틀 형태 및 오미자 수령별로 유인틀의 실제 재배 길이, 수확 완료 길이, 고사 길이, 미보상 길이를 측정한다.

　㉢ 조사 대상 길이 계산 : 실제재배 길이에서 수확 완료 길이, 고사 길이와 미보상 길이를 빼서(제외한) 조사대상 길이를 계산한다.

> 조사 대상 길이 = 실제재배 길이 - 수확 완료 길이 - 고사 길이 - 미보상 길이

　㉣ 표본구간수 산정

　　ⓐ 농지별 전체 조사 대상 길이를 기준으로 품목별 표본주(구간)표 〈별표 1〉에 따라 농지별 전체 표본구간수를 산정한다.

　　ⓑ 형태별 · 수령별 표본구간수는 형태별 · 수령별 조사 대상 길이에 비례하여 산정한다.

　㉤ 표본구간 선정 : 산정한 형태별 · 수령별 표본구간수를 바탕으로 형태별 · 수령별 조사 대상길이의 특성이 골고루 반영될 수 있도록 유인틀 길이 방향으로 1m로 표본구간을 선정한다.

　㉥ 과중 조사

　　ⓐ 선정된 표본구간별로 표본구간 내 착과된 과실과 낙과된 과실의 무게를 조사한다.

　　ⓑ 다만, 현장 상황에 따라 표본구간별로 착과된 과실 중 절반만을 수확하여 조사할 수 있다.

ⓒ 계약자 등이 낙과된 과실을 한곳에 모아 둔 경우 등 낙과 표본조사가 불가능한 경우에는 낙과 전수조사를 실시한다.

ⓓ 낙과 전수조사 시에는 농지 내 전체낙과에 대하여 무게를 조사한다.

ⓐ 기수확량 조사 : 출하자료 및 문답 등을 통하여 기수확량을 조사한다.

ⓞ 낙과피해 및 착과피해 구성 조사

　　ⓐ 낙과피해 구성 조사

　　　㉮ 표본구간의 낙과(전수조사 시에는 전체 낙과) 중 임의의 과실 3,000g 이상을 추출하여 아래 피해 구성 구분 기준에 따른 무게를 조사한다.

　　　㉯ 조사한 총 낙과과실 무게가 3,000g 미만인 경우에는 해당 과실 전체를 추출하여 아래 피해 구성 구분 기준에 따른 무게를 조사한다.

　　ⓑ 착과피해 구성 조사

　　　㉮ 표본구간에서 수확한 과실 중 임의의 과실을 추출하여 과실 분류에 따른 피해인정계수 〈별표 3〉에 따라 구분하여 그 무게를 조사한다.

　　　㉯ 이때 표본으로 추출한 과실 중량은 3,000g 이상으로 한다.

　　　㉰ 이때 조사한 총착과 과실 무게가 3,000g 미만인 경우에는 해당 과실 전체로 한다.

　　ⓒ 피해구성 조사 생략 : 조사 당시 착과에 이상이 없는 경우나 낙과의 피해 정도가 심해 피해구성 조사가 의미가 없을 경우 등에는 피해 구성 조사를 생략할 수 있다.

ⓩ 미보상비율 확인 : 품목별 미보상비율 적용표〈별표 2〉에 따라 미보상비율을 조사한다.

7) 수확량조사 (대상품목 : 유자)

본 항의 수확량조사는 유자 품목에만 해당하며, 다음 각 호의 조사 종류별 방법에 따라 실시한다.

① **수확 개시 전 수확량 조사** : 수확 개시 전 수확량 조사는 조사일을 기준으로 해당 농지의 수확이 시작되기 전에 수확량 조사를 실시하는 경우를 의미하며, 조기 수확 및 수확 해태 등으로 수확 개시 여부에 대한 분쟁이 발생한 경우에는 지역의 농업기술센터 등 농업전문기관의 판단에 따른다.

㉠ 보상하는 재해 여부 심사

　　ⓐ 농지 및 작물 상태 등을 감안하여 보상하는 재해로 인한 피해가 맞는지 확인한다.

　　ⓑ 이때 필요시에는 이에 대한 근거자료(피해사실 확인조사 참조)를 확보한다.

ⓛ 주수 조사 : 품종별·수령별로 실제결과주수, 미보상주수 및 고사나무주수를 파악한다.

ⓒ 조사 대상주수 계산 : 실제결과주수에서 미보상주수 및 고사나무주수를 빼서 조사 대상주수를 계산한다.

> 조사 대상 주수 = 실제결과주수 − 미보상주수 - 고사나무주수

ⓔ 표본주수 산정

ⓐ 농지별 전체 조사 대상주수를 기준으로 품목별 표본주수표 〈별표 1〉에 따라 농지별 전체 표본주수를 산정한다.

ⓑ 이때 품종별·수령별 표본주수는 품종별·수령별 조사 대상주수에 비례하여 산정한다.

ⓜ 표본주 선정 : 산정한 품종별·수령별 표본주수를 바탕으로 품종별·수령별 조사 대상 주수의 특성이 골고루 반영될 수 있도록 표본주를 선정한다.

ⓗ 착과수조사 : 선정된 표본주별로 착과된 전체 과실수를 조사한다.

ⓢ 과중 조사 : 농지에서 품종별로 착과가 평균적인 3개 이상의 표본주에서 크기가 평균적인 과실을 품종별 20개 이상(농지당 최소 60개 이상) 추출하여 품종별 과실 개수와 무게를 조사한다.

ⓞ 착과 피해 구성 조사 : 착과 피해를 유발하는 재해가 있었을 경우에는 아래와 같이 착과피해 구성 조사를 실시한다.

ⓐ 착과피해 구성 조사는 착과피해를 유발하는 재해가 있을 경우 시행한다.

ⓑ 이때 품종별로 3개 이상의 표본주에서 임의의 과실 100개 이상을 추출한 후 과실 분류에 따른 피해인정계수에 따라 구분하여 그 개수를 조사한다.

ⓒ 피해구성 조사 생략 : 조사 당시 착과에 이상이 없는 경우 등에는 품종별로 피해 구성 조사를 생략할 수 있다.

ⓩ 미보상비율 확인 : 품목별 미보상비율 적용표〈별표 2〉에 따라 미보상비율을 조사한다.

8) 종합위험 비가림시설 피해조사 (대상품목 : 포도, 참다래, 대추)

본 항의 비가림시설 피해조사는 포도, 참다래, 대추 품목에만 해당하며, 다음의 조사 방법에 따라 실시한다.

① 조사기준 : 해당 목적물인 비가림시설의 구조체와 피복재의 재조달가액을 기준금액으로 수리비를 산출한다.

② 평가 단위 : 물리적으로 분리 가능한 시설 1동을 기준으로 보험 목적물별 평가한다.

③ 조사 방법

㉠ 피복재 : 피복재의 피해 면적을 조사한다.

㉡ 구조체

ⓐ 손상된 골조를 재사용할 수 없는 경우 : 교체 수량 확인 후 교체비용을 산정한다.

ⓑ 손상된 골조를 재사용할 수 있는 경우 : 보수 면적확인 후 보수비용을 산정한다.

그림 2-13 비가림시설(대추)

9) 나무손해보장 특약 고사나무조사 (대상품목 : 포도, 복숭아, 자두, 감귤(만감류), 매실, 유자, 참다래, 살구)

본 항의 고사나무조사는 포도, 복숭아, 자두, 감귤(만감류), 매실, 유자, 참다래, 살구 품목에만 해당하며, 다음의 조사 방법에 따라 실시한다.

① 나무손해보장 특약 가입 여부 및 사고 접수 여부 확인 : 해당 특약을 가입한 농지 중 사고가 접수된 모든 농지에 대해서 고사나무 조사를 실시한다.

② 조사 시기의 결정 : 고사나무 조사는 수확 완료 시점 이후에 실시하되, 나무손해보장특약 종료 시점을 고려하여 결정한다.

③ 보상하는 재해 여부 심사

ⓐ 농지 및 작물 상태 등을 감안하여 보상하는 재해로 인한 피해가 맞는지 확인한다.

ⓑ 이때 필요시에는 이에 대한 근거자료(피해사실 확인조사 참조)를 확보한다.

④ 주수 조사

　㉠ 포도, 복숭아, 자두, 감귤(만감류), 매실, 유자, 살구 품목에 대해서 품종별·수령별로 실제결과주수, 수확 완료 전 고사주수, 수확 완료 후 고사주수 및 미보상 고사주수를 조사한다.

　　ⓐ 수확 완료 전 고사주수 : 고사나무조사 이전 조사(착과수조사, 착과피해조사, 낙과피해 조사 및 수확개시 전·후 수확량조사)에서 보상하는 재해로 고사한 것으로 확인된 주수를 말한다.

　　ⓑ 수확 완료 후 고사주수 : 보상하는 재해로 고사한 나무 중 고사나무조사 이전 조사에서 확인되지 않은 나무주수를 말한다.

　　ⓒ 미보상 고사주수

　　　㉮ 보상하는 재해 이외의 원인으로 고사한 나무주수를 의미한다.

　　　㉯ 고사 나무조사 이전 조사(착과수조사, 착과피해조사 및 낙과피해조사, 수확개시 전·후 수확량조사)에서 보상하는 재해 이외의 원인으로 고사하여 미보상주수로 조사된 주수를 포함한다.

　　ⓓ 고사나무 조사 생략 : 계약자와 유선 등으로 수확 완료 후 고사주수가 없는 것을 확인한 경우에는 고사나무 조사를 생략할 수 있다.

　㉡ 참다래 품목에 대해서는 품종별·수령별로 실제결과주수와 고사주수, 미보상 고사주수를 조사한다.

10) 미보상비율조사(모든 조사 시 동시조사)

　상기 모든 조사마다 미보상비율 적용표 〈별표 2〉에 따라 미보상비율을 조사한다.

(3) 보험금 산정 방법 및 지급기준

1) 종합위험 수확감소보험금은 다음과 같다.

　① 지급보험금의 계산에 필요한 보험 가입금액, 평년수확량, 수확량, 미보상감수량, 자기부담비율 등은 과수원별로 산정하며, 품종별로 산정하지 않는다.

　② 보상하는 재해로 인하여 피해율이 **자기부담비율을 초과하는 경우에만** 지급보험금이 **발생**한다.

　　㉠ 보험금 = 보험 가입금액 × (피해율 – 자기부담비율)

　　㉡ 피해율 = (평년수확량 – 수확량 – 미보상감수량) ÷ 평년수확량

　　㉢ 유자의 평년수확량 값 적용 : 평균수확량보다 최근 7년간 과거 수확량의 올림픽 평균값이 더 클 경우 올림픽 평균값을 적용

  ⓔ 복숭아 피해율 = {(평년수확량 – 수확량 – 미보상감수량)+병충해감수량} ÷ 평년수

   확량

   ※ 병충해감수량 = 병충해 입은 과실의 무게 × 0.5

    (세균구멍병으로 인한 피해과는 50%형 피해과실로 인정)

  ⓜ 미보상감수량 = (평년수확량 - 수확량) × 미보상비율

 ③ **비가림과수(포도, 참다래, 대추)의 보험금 등의 지급한도**는 다음과 같다.

  ㉠ 보상하는 손해로 지급할 보험금은 상기 ② 를 적용하여 계산하며, 보험증권에 기

   재된 농작물의 보험가입금액을 한도로 한다.

  ㉡ 손해방지비용, 대위권 보전비용, **잔존물 보전비용**은 상기 ② 를 적용하여 계산한

   금액이 보험가입금액을 초과하는 경우에도 지급한다. 단, **손해방지비용**은 20만원

   을 한도로 지급한다.

> * 잔존물보존비용 : 재해보험사업자가 잔존물을 취득할 의사표시를 하고 잔존물을
> 취득한 경우에 한하여 지급한다.
> * 손해방지비용 : 농작물의 경우 잔존물 제거비용은 지급하지 않는다.

2) 수확량감소 추가보장 특약의 보험금(포도, 복숭아, 감귤(만감류))은 다음과 같다.

 ① 보상하는 재해로 피해율이 자기부담비율을 초과하는 경우 적용한다.

 ② 보험금

> * 보험금 = 보험 가입금액 × (피해율 × 10%)
> * 피해율 = (평년수확량 – 수확량 – 미보상감수량) ÷ 평년수확량
> * 복숭아 피해율 = {(평년수확량 – 수확량 – 미보상감수량) + 병충해감수량} ÷ 평년수
>   확량

3) 나무손해보장특약의 보험금은 다음과 같다.

 ① 보험금

>   보험금 = 보험 가입금액 × (피해율 – 자기부담비율)
>   ※ 피해율 = 피해주수(고사된 나무) ÷ 실제결과주수
>
> * 피해주수(고사된 나무) = 수확 전 고사주수 + 수확 완료 후 고사주수
> * 미보상 고사주수는 피해주수에서 제외한다.

 ② 대상품목 및 자기부담비율은 약관에 따른다.

4) 종합위험 비가림시설 (대상품목 : 포도, 참다래, 대추) 보험금은 다음과 같다.

 ① 손해액이 자기부담금을 초과하는 경우 아래와 같이 계산한 보험금을 지급한다.

㉠ 재해보험사업자가 보상할 손해액은 그 손해가 생긴 때와 곳에서의 가액에 따라 계산한다.

㉡ 재해보험사업자는 1사고 마다 재조달가액(보험의 목적과 동형·동질의 신품을 조달하는데 소요되는 금액을 말한다. 이하 같다) 기준으로 계산한 손해액에서 자기부담금을 차감한 금액을 보험가입금액 내에서 보상한다.

$$보험금 = MIN(손해액 - 자기부담금, 보험가입금액)$$

② 동일한 계약의 목적과 동일한 사고에 관하여 보험금을 지급하는 다른 계약(공제계약을 포함한다)이 있고 이들의 보험 가입금액의 합계액이 보험가액보다 클 경우에는 〈별표 8, 아래 내용 참조〉에 따라 지급보험금을 계산한다. 이 경우 보험자 1인에 대한 보험금 청구를 포기한 경우에도 다른 보험자의 지급보험금 결정에는 영향을 미치지 않는다.

㉠ 다른 계약이 이 계약과 지급보험금의 계산 방법이 같은 경우

$$보험금 = 손해액 \times \frac{이\ 계약의\ 보험가입금액}{다른\ 계약이\ 없는\ 것으로\ 하여\ 각각\ 계산한\ 보험가입금액의\ 합계액}$$

㉡ 다른 계약이 이 계약과 지급보험금의 계산 방법이 다른 경우

$$보험금 = 손해액 \times \frac{이\ 계약에\ 의한\ 보험금}{다른\ 계약이\ 없는\ 것으로\ 하여\ 각각\ 계산한\ 보험금의\ 합계액}$$

㉢ 이 보험계약이 타인을 위한 보험계약이면서 보험계약자가 다른 계약으로 인하여 상법 제682조에 따른 대위권 행사의 대상이 된 경우에는 실제 그 다른 계약이 존재함에도 불구하고 그 다른 계약이 없다는 가정하에 계산한 보험금을 그 다른 보험계약에 우선하여 이 보험계약에서 지급한다.

㉣ 이 보험계약을 체결한 재해보험사업자가 타인을 위한 보험에 해당하는 다른 계약의 보험계약자에게 상법 제682조에 따른 대위권을 행사할 수 있는 경우에는 이 보험계약이 없다는 가정하에 다른 계약에서 지급받을 수 있는 보험금을 초과한 손해액을 이 보험계약에서 보상한다.

③ 하나의 보험 가입금액으로 둘 이상의 보험의 목적을 계약한 경우에는 전체가액에 대한 각 가액의 비율로 보험 가입금액을 비례배분하여 지급보험금을 계산한다.

④ 재해보험사업자는 보험의 목적이 손해를 입은 장소에서 실제로 수리 또는 복구되지 않은 때에는 재조달가액에 의한 보상을 하지 않고 시가(감가상각된 금액)로 보상한다.

⑤ 계약자 또는 피보험자는 손해 발생 후 늦어도 180일 이내에 수리 또는 복구 의사를 재해보험사업자에 서면으로 통지해야 한다.

⑥ **자기부담금을 다음과 같이 산정한다.**

　㉠ 재해보험사업자는 최소자기부담금(30만원)과 최대자기부담금(100만 원)을 한도로 보험사고로 인하여 발생한 손해액의 10%에 해당하는 금액을 자기부담금으로 한다. 다만, 피복재 단독사고는 최소 자기부담금(10만 원)과 최대자기부담금(30만 원)을 한도로 한다.

　㉡ ㉠의 자기부담금은 단지 단위, 1사고 단위로 적용한다.

⑦ 보험금 등의 지급한도는 다음과 같다.

　㉠ 보상하는 손해로 지급할 보험금과 잔존물 제거비용은 각각 상기 ①~⑥의 지급보험금 계산방법을 적용하여 계산하고, 그 합계액은 보험증권에 기재된 비가림시설의 보험가입금액을 한도로 한다. 단, 잔존물 제거비용은 손해액의 10%를 초과할 수 없다.

　㉡ 비용손해 중 손해방지비용, 대위권 보전비용, 잔존물 보전비용(단, 재해보험사업자가 잔존물을 취득할 의사표시를 하고 잔존물을 취득한 경우에 한하여 지급한다.)은 상기 ①~⑥의 방법을 적용하여 계산한 금액이 보험가입금액을 초과하는 경우에도 지급한다.

　㉢ 비용손해 중 기타 협력비용은 보험가입금액을 초과한 경우에도 전액 지급한다.

3. 종합위험 과실손해보장방식 (대상품목 : 감귤(온주밀감), 오디)

종합위험 과실손해보장이란 보험 목적에 대한 보험기간 동안 보장하는 재해로 과실손해가 발생되어 이로 인한 수확량감소에 대한 보장받는 방식이다.

(1) 품목별 조사 종류

생육시기	재해	조사내용	조사시기	조사방법	비고
수확 전	보상하는 재해 전부	피해사실 확인조사	사고접수 후 지체 없이	보상하는 재해로 인한 피해발생 여부 조사 (피해사실이 명백한 경우 생략 가능)	전품목
		수확전 과실손해조사	사고접수 후 지체 없이	표본주의 과실 구분 ·조사방법 : 표본조사	감귤(온주밀감류)만 해당
수확 직전	보상하는 재해 전부	과실손해조사	결실완료 후	결실수 조사 ·조사방법: 표본조사	오디만 해당
		과실손해조사	수확직전	사고발생 농지의 과실피해조사 ·조사방법: 표본조사	감귤(온주밀감류)만 해당
수확 시작 후 ~ 수확종료	보상하는 재해 전부	동상해 과실손해조사	사고접수 후 지체 없이	표본주의 착과피해 조사 12월1일~익년 2월말일 사고 건에 한함 ·조사방법: 표본조사	감귤(온주밀감류)만 해당
수확완료 후~ 보험종기	보상하는 재해 전부	고사나무 조사	수확완료 후 보험 종기전	보상하는 재해로 고사되거나 또는 회생이 불가능한 나무 수를 조사 특약 가입 농지만 해당 ·조사방법: 전수조사	수확완료 후 추가 고사나무가 없는 경우 생략 가능

(2) 손해평가 현지조사 방법

1) 피해사실 확인조사

① 조사 대상 : 대상 재해로 사고 접수 농지 및 조사 필요 농지

② 대상 재해 : 자연재해, 조수해(鳥獸害), 화재

③ 조사 시기 : 사고 접수 직후 실시

④ 조사 방법 : 다음 각 목에 해당하는 사항을 확인한다.

㉠「피해 사실 "조사방법" 준용」

> ※ [보상하는 재해로 인한 피해 여부 확인]
>
> 기상청 자료 확인 및 현지 방문 등을 통하여 보상하는 재해로 인한 피해가 맞는지 확인하며, 필요시에는 이에 대한 근거로 다음의 자료를 확보한다.
> ⓐ 기상청 자료, 농업기술센터 등 농업 전문기관 의견서 및 손해평가인 소견서 등 재해 입증 자료
> ⓑ 피해농지 사진 : 농지의 전반적인 피해 상황 및 세부 피해내용이 확인 가능하도록 촬영
> ⓒ 단, 태풍 등과 같이 재해 내용이 명확하거나 사고 접수 후 바로 추가조사가 필요한 경우 등에는 피해사실 확인조사를 생략할 수 있다.

㉡ 추가조사 필요 여부 판단 : 보상하는 재해 여부 및 피해 정도 등을 감안하여 추가조사가 필요한지를 판단하여 해당 내용에 대하여 계약자에게 안내하고, 추가조사가 필요할 것으로 판단된 경우에는 수확기에 손해평가반 구성 및 추가조사 일정을 수립한다.

2) 수확 전 과실손해조사 (대상품목: 감귤(온주밀감류))

① 본 항의 수확 전 과실손해조사는 감귤(온주밀감류) 품목에만 해당한다.
② 사고가 발생한 과수원에 대하여 실시하며, 조사 시기는 사고 접수 후 즉시 실시한다.

> ※ 다만, 수확 전 사고 조사 전 계약자가 피해 미미(자기부담비율 이하의 사고) 등의 사유로 조사를 취소한 과수원은 수확 전 사고조사를 실시하지 않는다.

③ 수확 전 과실손해조사는 다음 각 목에 따라 실시한다.
㉠ 보상하는 재해로 인한 피해 여부 심사
ⓐ 과수원 및 작물 상태 등을 감안하여 보상하는 재해로 인한 피해가 맞는지 확인한다.
ⓑ 이때 필요시에는 이에 대한 근거자료 (피해사실 확인조사 참조)를 확보한다.
㉡ 표본조사
ⓐ 표본주 선정
㉮ 농지별 가입면적을 기준으로 품목별 표본주수표 〈별표 1〉에 따라 농지별 전체 표본주수를 과수원에 고루 분포되도록 선정한다
㉯ 단, 필요하다고 인정되는 경우 표본 주수를 줄일 수도 있으나 최소 3주 이상 선정한다.
ⓑ 표본주 조사
㉮ 선정한 표본주에 리본을 묶고 수관 면적 내 피해 및 정상과실을 조사한다.

㉯ 표본주의 과실을 100%형 피해 과실과 정상과실로 구분한다.

㉰ 100%형 피해 과실은 착과된 과실 중 100% 피해가 발생한 과실 및 보상하는 재해로 낙과된 과실을 말한다.

㉱ ㉯항에서 선정된 과실 중 보상하지 않는 손해(병충해, 생리적 낙과 포함)에 해당하는 과실과 부분 착과피해 과실은 정상과실로 구분한다.

④ **미보상비율 확인** : 품목별 미보상비율 적용표〈별표 2〉에 따라 미보상비율을 조사한다.

⑤ 수확 전 사고조사 건은 추후 과실손해조사를 진행한다.

3) 과실손해조사 (대상품목 : 오디)

본 항의 과실손해조사는 오디 품목에만 해당한다. 다음 각 호의 조사 방법에 따라 실시한다.

① **조사 대상**

㉠ 조사대상은 피해사실 확인조사 시 과실손해조사가 필요하다고 판단된 과수원에 대하여 실시한다.

㉡ 조사대상은 가입 이듬해 5월 31일 이전 사고가 접수된 모든 농지이다.

㉢ 다만, 과실손해조사 전 계약자가 피해 미미(자기부담비율 이내의 사고) 등의 사유로 과실손해조사 실시를 취소한 과수원은 제외한다.

② **조사 시기** : 결실 완료 직후부터 최초 수확 전까지로 한다.

③ **조사 방법**

㉠ 보상하는 재해 여부 심사

ⓐ 과수원 및 작물 상태 등을 감안하여 보상하는 재해로 인한 피해가 맞는지 확인한다.

ⓑ 이때 필요시에는 이에 대한 근거자료(피해사실 확인조사 참조)를 확보한다.

㉡ 주수 조사

ⓐ 품종별·수령별로 실제결과주수를, 품종별·수령별 고사(결실불능)주수, 미보상주수 확인한다.

ⓑ 확인한 실제결과주수가 가입 주수 대비 10% 이상 차이가 날 경우에는 계약사항을 변경해야 한다.

㉮ 품종별·수령별 고사(결실불능)주수 확인 : 품종별·수령별로 보상하는 재해로 인하여 고사(결실불능)한 주수를 조사한다.

㉯ 품종별·수령별 미보상주수 확인 : 품종별·수령별로 보상하는 재해 이외의 원인으로 결실이 이루어지지 않는 주수를 조사한다.

ⓒ 조사 대상주수 계산 : 품종별·수령별 실제결과주수에서 품종별·수령별 고사(결실불능)주수 및 품종별·수령별 미보상주수를 제외한 품종별·수령별 조사 대상주수를 계산한다.

> 조사 대상주수 = 실제결과주수 - 고사(결실불능)주수 - 미보상주수

ⓔ 표본주수 산정

　　ⓐ 농지별 전체 조사 대상주수를 기준으로 품목별 표본주수표 〈별표 1〉에 따라 농지별 전체 표본주수를 산정한다.

　　ⓑ 이때 품종별·수령별 표본주수는 품종별·수령별 조사 대상주수에 비례하여 산정한다.

ⓜ 표본주 선정 : 산정한 품종별·수령별 표본주수를 바탕으로 품종별·수령별 조사 대상주수의 특성이 골고루 반영될 수 있도록 표본주를 선정한다.

ⓗ 표본주 조사

　　ⓐ 표본가지 선정 : 표본주에서 가장 긴 결과모지 3개를 표본가지로 선정한다.

　　※ 결과모지 : 결과지 보다 1년 더 묵은 가지을 말한다.

　　ⓑ 길이 및 결실수 조사 : 표본가지별로 가지의 길이 및 결실수를 조사한다.

그림 2-14 오디 결실수 조사

식재 상태 확인

표본가지 결실수 조사

미보상비율 확인 - 균핵병

4) 과실손해조사 (대상품목 : 감귤(온주밀감류))

본 항의 과실손해조사는 감귤(온주밀감류) 품목에만 해당한다. 다음 각 호의 조사 방법에 따라 실시한다. 또한, 과실손해조사 시 따거나 수확한 과실은 계약자의 비용 부담으로 한다.

① 조사 대상

   ㉠ 피해사실 확인조사 시 과실손해조사가 필요하다고 판단된 과수원에 대하여 실시한다.

   ㉡ 보장종료일(※ 수확종료시점 다만, 판매개시연도 12월 20일을 초과할 수 없음) 이전 사고가 접수된 모든 농지이다.

   ㉢ 다만, 과실손해 조사 전 계약자가 피해 미미(자기부담비율 이하의 사고) 등의 사유로 조사를 취소한 과수원은 제외한다.

② 조사 시기 : 주품종 수확 시기에 한다.

③ 조사 방법

   ㉠ 보상하는 재해 여부 심사

      ⓐ 과수원 및 작물 상태 등을 감안하여 보상하는 재해로 인한 피해가 맞는지 확인한다.

      ⓑ 이때 필요시에는 이에 대한 근거자료(피해사실 확인조사 참조)를 확보한다.

   ㉡ 표본조사

      ⓐ 표본주 선정

         ㉮ 농지별 가입 면적을 기준으로 품목별 표본주수표 〈별표 1〉에 따라 농지별 전체 표본주수를 과수원에 고루 분포되도록 선정한다

         ㉯ 단, 필요하다고 인정되는 경우 표본 주수를 줄일 수도 있으나 최소 2주 이상 선정한다.

      ⓑ 표본주 조사

         ㉮ 선정한 표본주에 리본을 묶고 주지별(원가지) 아주지(버금가지) 1~3개를 수확한다.

         ㉯ 수확한 과실을 정상과실, 등급 내 피해과실 및 등급 외 피해과실로 구분한다.

         ㉰ 등급 내 피해과실은 30%형 피해과실, 50%형 피해과실, 80%형 피해과실, 100%형 피해과실로 구분하여 등급 내 과실피해율을 산정한다.

         ㉱ 등급 외 피해과실은 30%형 피해과실, 50%형 피해과실, 80%형 피해과실, 100%형 피해과실로 구분한 후, 인정비율(50%)을 적용하여 등급 외 과실피해율을 산정한다.

④ 위 ⓑ의 ㉰,㉱항에서 선정된 과실 중 보상하지 않는 손해(병충해 등) 에 해당하는 경우 정상과실로 구분한다.

4) 주 품종 최초 수확 이후 사고가 발생한 경우

   추가로 과실손해조사를 진행할 수 있다. 기수확한 과실이 있는 경우 수확한 과실은 정상

과실로 본다.

그림 2-15 감귤(온주밀감류) 등급 내·외 과실 분류

5) 동상해 과실손해조사 (대상품목 : 감귤(온주밀감류))

본 항의 동상해 과실손해조사는 감귤(온주밀감류) 품목에만 해당한다. 동상해 과실손해조사는 수확기 동상해로 인해 피해가 발생한 경우에 실시하며 다음 각 항목에 따라 실시한다. 또한, 과실손해조사 시 따거나 수확한 과실은 계약자의 비용 부담으로 한다.

① 보상하는 재해 여부 심사

　㉠ 과수원 및 작물 상태 등을 감안하여 보상하는 재해로 인한 피해가 맞는지 확인한다.

　㉡ 필요시에는 이에 대한 근거자료(피해사실 확인조사 참조)를 확보한다.

② 표본조사

　㉠ 표본주 선정

　　ⓐ 농지별 가입면적을 기준으로 품목별 표본주수표 〈별표 1〉에 따라 농지별 전체 표본주수를 과수원에 고루 분포되도록 선정한다.

　　ⓑ 단, 필요하다고 인정되는 경우 표본주수를 줄일 수도 있으나 최소 2주 이상 선정한다.

　㉡ 표본주 조사

　　ⓐ 선정한 표본주에 리본을 묶고 동서남북 4가지에 대하여 기수확한 과실수를 조사한다.

　　ⓑ 기수확한 과실수를 파악한 뒤, 4가지에 착과된 과실을 전부 수확한다.

　　ⓒ 수확한 과실을 정상과실, 80%형 피해과실, 100%형 피해과실로 구분하여 동상해 피해과실수를 산정한다 ※ 다만, 필요시에는 해당 기준 절반 조사도 가능하다.

　㉢ 위의 ㉡항의 ⓒ에서 선정된 과실 중

　　ⓐ 병충해 등 보상하지 않는 손해에 해당하는 경우 정상과실로 구분한다.

　　ⓑ 또한 사고 당시 기수확한 과실비율이 수확기 경과비율보다 현저히 큰 경우에는 기수확한 과실비율과 수확기 경과비율의 차이에 해당하는 과실수를 정상과실

로 한다.

6) 고사나무 조사 (대상품목 : 감귤(온주밀감류))

본 항의 나무피해조사는 감귤(온주밀감류) 품목에만 해당하며, 다음 각 호의 조사 방법에 따라 실시한다.

① 조사 대상 : 나무손해보장특약을 가입한 농지 중 사고가 접수된 모든 농지에 실시한다.

② 조사 시기의 결정 : 고사나무 조사는 수확 완료 시점 이후에 실시하되, 나무손해보장특약 종료 시점(이듬해 4월 30일)을 고려하여 결정한다.

③ 조사 방법

㉠ 고사나무조사 필요 여부 확인를 확인한다.

ⓐ 수확 완료 후 고사나무가 있는 경우에만 조사 실시한다.

ⓑ 기조사(착과수조사 및 수확량조사 등)시 확인된 고사나무 이외에 추가 고사나무가 없는 경우에는 조사 생략 가능하다.

㉡ 보상하는 재해 여부 심사

ⓐ 농지 및 작물 상태 등을 감안하여 보상하는 재해로 인한 피해가 맞는지 확인한다.

ⓑ 이때 필요시에는 이에 대한 근거자료(피해사실 확인조사 참조)를 확보할 수 있다.

㉢ 고사주수 확인

ⓐ 고사기준에 맞는 품종별·수령별 추가 고사주수를 확인한다.

ⓑ 보상하는 재해 이외의 원인으로 고사한 나무는 미보상고사주수로 조사한다.

(3) 보험금 산정 방법 및 지급기준

1) 과실손해보험금의 산정

① 오디 : 피해율이 자기부담비율을 초과하는 경우 과실손해보험금은 아래와 같이 계산한다.

과실손해보험금 = 보험 가입금액 × (피해율 - 자기부담비율)

※ 피해율 = (평년결실수 - 조사결실수 - 미보상감수결실수) ÷ 평년결실수

㉠ 조사결실수 : 품종별·수령별로 환산결실수에 조사 대상주수를 곱한 값에 주당 평년결실수에 미보상주수를 곱한 값을 더한 후 전체 실제결과주수로 나누어 산출한다.

조사결실수 = (품종별·수령별로 환산결실수 × 조사 대상주수) + (주당 평년결실수 × 미보상주수) ÷ 전체 실제결과주수

ⓛ 미보상 감수 결실수 : 평년결실수에서 조사결실수를 뺀 값에 미보상비율을 곱하여 산출하며, 해당 값이 0보다 작을 때에는 0으로 한다.

> 미보상 감수 결실수 = (평년결실수 – 조사결실수) × 미보상비율

ⓒ 환산결실수 : 품종별·수령별로 표본가지 결실수 합계를 표본가지 길이 합계로 나누어 산출한다.

> 환산결실수 = 표본 가지 결실 수 합계 ÷ 표본 가지 길이의 합계

ⓔ 조사 대상주수 : 실제결과주수에서 고사주수와 미보상주수를 빼어 산출한다.

> 조사대상주수 = 실제결과주수 - 고사주수 - 미보상주수

ⓜ 주당 평년결실수 : 품종별로 평년결실수를 실제결과주수로 나누어 산출한다.

> 주당 평년결실수 = 품종별 평년결실수 ÷ 실제결과주수

ⓗ 자기부담비율은 보험 가입할 때 선택한 비율로 한다.

② **감귤(온주밀감류)** : 감귤(온주밀감류) 품목의 과실손해보험금은 보험가입금액을 한도로 보장기간 중 산정된 손해액에서 자기부담금을 차감하여 산정한다.

㉠ 과실 손해 보험금의 계산 : 손해액이 자기부담금을 초과하는 경우 다음과 같이 계산한 과실손해보험금을 지급한다.

> 과실손해보험금 = 손해액 – 자기부담금
>
> ※ 손해액 = 보험 가입금액 × 피해율
>
> ※ 자기부담금 = 보험 가입금액 × 자기부담비율

㉡ 피해율 산출

$$피해율 = \left(\frac{피해 과실수}{기준 과실수} \right) \times (1 - 미보상비율)$$

① 기준 과실수 = 표본주의 과실수 총 합계
② 피해 과실수 = 등급 내 피해 과실수 + (등급 외 피해 과실수 × 50%)
③ 등급 내 피해 과실수
   = (등급 내 30%형 피해과실수 합계×30%) + (등급 내 50%형 피해과실수 합계×50%) + (등급 내 80%형 피해과실수 합계×80%) + (등급 내 100%형 피해과실수 합계×100%)

*등급 내 피해 과실수
   = (등급 내 30%형 과실수 합계 × 0.3) +(등급 내 50%형 과실수 합계× 0.5) + (등급 내 80%형 과실수 합계 × 0.8) + (등급 내 100%형 과실수 합계 × 1)

④ 등급 외 피해 과실수

= (등급 외 30%형 피해과실수 합계×30%) + (등급 외 50%형 피해과실수 합계×50%) + (등급 외 80%형 피해과실수 합계×80%) + (등급 외 100%형 피해과실수 합계×100%)

> ***등급 외 피해 과실수**
> = (등급 외 30%형 과실수 합계 × 0.3) + (등급 외 50%형 과실수 합계 × 0.5)
> + (등급 외 80%형 과실수 합계 × 0.8) + (등급 외 100%형 과실수 합계 × 1)

ⓒ 피해 과실수

ⓐ 피해 과실수를 산정할 때, 보장하지 않는 재해로 인한 부분은 피해 과실수에서 제외한다.

ⓑ 피해 과실수는 출하등급을 분류하고 이에 과실 분류에 따른 피해인정계수를 적용하여 산정한다.

<과실 분류에 따른 피해인정계수>

구분	정상과실	30%형피해과실	50%형피해과실	80%형피해과실	100%형피해과실
피해인정계수	0	0.3	0.5	0.8	1

2) 동상해 과실손해보장 특별약관 보험금 산정 (대상품목 : 감귤(온주밀감류))

① 동상해 과실손해보험금은 보험기간 내에 동상해로 인한 손해액이 자기부담금을 초과하는 경우 다음과 같이 계산한 동상해 손해보험금을 지급한다.

> **동상해 과실손해보험금 = 손해액 – 자기부담금**
>
> ※ 손해액 = {보험 가입금액 - (보험 가입금액 × 기사고피해율)} × 수확기잔존비율 × 동상해피해율 × (1 - 미보상비율)
> ※ 자기부담금 = |절대값|보험 가입금액 × 최솟값 (주계약피해율 - 자기부담비율, 0)|
> ※ 단, 기사고 피해율은 주계약피해율의 미보상비율을 반영하지 않은 값과 이전 사고의 동상해 과실손해피해율을 합산한 값임

② 동상해 피해율 산출

> 동상해 피해율 =
>
> $$\frac{[(\text{동상해 80\%형 피해과실수 합계} \times 80\%) + (\text{동상해 100\%형 피해과실수 합계} \times 100\%)]}{\text{기준과실수}}$$
>
> ※ 기준과실수 = 정상과실수 + 동상해피해 80%형 과실수 + 동상해피해 100%형 과실수
> ※ 동상해피해율은 80%형 피해과실, 100%형 피해과실로 구분하여 피해율을 산정하며, 동상해 피해 과실수를 기준과실수로 나눈 값이다.

③ 수확기 잔존비율

[기준일자별 수확기 잔존비율표(감귤(온주밀감류))]

사고발생 월	수확기 잔존비율(%)
12월	(100 - 38) - (1 × 사고 발생일자)
1월	(100 - 68) - (0.8 × 사고 발생일자)
2월	(100 - 93) - (0.3 × 사고 발생일자)

※ 주) 사고 발생일자는 해당 월의 사고 발생일자를 의미

3) 종합위험 나무손해보장 특별약관 보험금 산정 (대상품목 : 감귤(온주밀감류))

① 보험기간 내에 보상하는 손해에서 규정한 재해로 인한 피해율이 자기부담비율을 초과하는 경우 재해보험사업자가 지급할 보험금은 아래에 따라 계산한다.

> ㉠ 지급보험금 = 보험 가입금액 × (피해율 - 자기부담비율)
> ㉡ 피해율 = 피해주수(고사된 나무) ÷ 실제결과주수

② 자기부담비율은 5%로 한다

4) 과실손해 추가보장 특별약관 보험금 산정 (대상품목 : 감귤(온주밀감류))

> ① 보상하는 재해로 손해액이 자기부담금을 초과하는 손해가 발생한 경우 적용한다.
> ② 보험금 = 보험 가입금액 × 주계약 피해율 × 10%
> ③ 주계약 피해율은 과실손해보장(보통약관) 품목별 담보조항(감귤(온주밀감류))에서 산출한 피해율을 말한다.
> ※ 주계약 피해율 = (등급 내 피해과실수 + 등급외 피해과실수 × 50%) ÷ 기준과실수 × (1 - 미보상비율)

4. 수확 전 종합위험보장방식 (대상품목 : 복분자, 무화과)

보험의 목적에 대해 보험기간 개시일부터 수확 개시 이전까지는 자연재해, 조수해(鳥獸害), 화재에 해당하는 종합적인 위험을 보장하고, 수확 개시 이후부터 수확 종료 시점까지는 태풍(강풍), 우박에 해당하는 특정한 위험에 대해 보장하는 방식이다.

(1) 시기별 조사 종류

생육시기	재해	조사내용	조사시기	조사방법	비고
수확 전	보상하는 재해전부	피해사실 확인조사	사고접수 후 지체 없이	보상하는 재해로 인한 피해발생여부 조사(피해사실이 명백한 경우 생략 가능)	전 품목
		경작불능 조사	사고접수 후 지체 없이	해당 농지의 피해면적비율 또는 보험 목적인 식물체 피해율 조사	복분자만 해당
		과실손해 조사	수정 완료 후	살아있는 결과모지수 조사 및 수정불량(송이)피해율 조사 · 조사방법: 표본조사	복분자만 해당
수확 직전	보상하는 재해전부	과실손해 조사	수확직전	사고발생 농지의 과실피해조사 · 조사방법: 표본조사	무화과만 해당
수확 시작 후 ~ 수확종료	태풍(강풍), 우박	과실손해 조사	사고접수 후 지체 없이	전체 열매수(전체 개화수) 및 수확 가능 열매수 조사 6월1일~6월20일 사고 건에 한함 · 조사방법: 표본조사	복분자만 해당
				표본주의 고사 및 정상 결과지수 조사 · 조사방법: 표본조사	무화과만 해당
수확 완료 후 ~ 보험종기	보상하는 재해전부	고사나무 조사	수확완료 후 보험 종기 전	보상하는 재해로 고사되거나 또는 회생이 불가능한 나무 수를 조사 - 특약 가입 농지만 해당 · 조사방법: 전수조사	(무화과) 수확완료 후 추가 고사나무가 없는 경우 생략 가능

(2) 손해평가 현지조사 방법

1) 피해사실 확인조사

　① 조사 대상 : 대상 재해로 사고 접수 농지 및 조사 필요 농지이다.

　② 대상 재해

　　㉠ 수확 개시 이전 : 자연재해, 조수해(鳥獸害), 화재 등이다.

　　㉡ 수확 개시 이후 : 태풍(강풍), 우박 등이다.

　③ 조사 시기 : 사고 접수 직후 실시한다.

④ **조사 방법** : 다음 각 목에 해당하는 사항을 확인한다.

㉠ 「피해사실 "조사 방법" 준용」

> ※ **[보상하는 재해로 인한 피해 여부 확인]**
>
> 기상청 자료 확인 및 현지 방문 등을 통하여 보상하는 재해로 인한 피해가 맞는지 확인하며, 필요시에는 이에 대한 근거로 다음의 자료를 확보한다.
> ⓐ 기상청 자료, 농업기술센터 등 농업 전문기관 의견서 및 손해평가인 소견서 등 재해 입증 자료
> ⓑ 피해농지 사진 : 농지의 전반적인 피해 상황 및 세부 피해내용이 확인 가능하도록 촬영
> ⓒ 단, 태풍 등과 같이 재해 내용이 명확하거나 사고 접수 후 바로 추가조사가 필요한 경우 등에는 피해사실 확인조사를 생략할 수 있다.

㉡ 추가조사(과실손해조사) 필요 여부 판단 : 보상하는 재해 여부 및 피해 정도 등을 감안하여 추가조사(과실손해조사)가 필요한지 여부를 판단하여 해당 내용에 대하여 계약자에게 안내하고, 추가조사가(과실손해조사) 필요할 것으로 판단된 경우에는 수확기에 손해평가반구성 및 추가조사 일정을 수립한다.

2) **경작불능조사 (대상 품목 : 복분자)**

① **조사 대상** : 피해사실 확인조사 시 경작불능조사가 필요하다고 판단된 농지 또는 사고 접수 시 이에 준하는 피해가 예상되는 농지이다.

② **조사 시기** : 피해사실 확인조사 직후 또는 사고 접수 직후로 한다.

③ **조사 방법** : 다음 각 목에 해당하는 사항을 확인한다.

㉠ 보험기간 확인 : 경작불능보장의 보험기간은 계약체결일 24시부터 수확 개시 시점 (단, 가입 이듬해 5월 31일을 초과할 수 없음)까지로, 해당 기간 내 사고인지 확인한다.

㉡ 보상하는 재해 여부 심사
ⓐ 농지 및 작물 상태 등을 감안하여 보상하는 재해로 인한 피해가 맞는지 확인한다.
ⓑ 필요시에는 이에 대한 근거자료(피해 사실확인조사 참조)를 확보한다.

㉢ 실제 경작면적 확인ㆍ재식면적 확인
ⓐ GPS 면적측정기 또는 지형도 등을 이용하여 보험 가입 면적과 실제 경작면적을 비교한다.
ⓑ 재식면적을 확인한다. ※ 주간 길이와 이랑폭 확인
ⓒ 실제 경작면적이 보험 가입면적 대비 10% 이상 차이(혹은 1,000㎡ 초과)가 날 경우에는 계약 사항을 변경해야 한다.

㉣ 경작불능 여부 확인

ⓐ 식물체 피해율 65%이상 여부 확인 ※(식물체 피해율 = 식물체가 고사한 면적 ÷ 보험가입 면적)한다.

ⓑ 계약자의 경작불능보험금 신청 여부 확인한다.

		계약자의 보험금 신청	
		신청	미신청
식물체 피해율	65% 이상	경작불능조사	(종합위험)과실손해조사
	65% 미만	(종합위험)과실손해조사	

ⓜ 산지폐기 여부 확인(경작불능후 조사) : 이전 조사에서 보상하는 재해로 식물체 피해율이 65% 이상이고 계약자가 경작불능보험금을 신청한 농지에 대하여 산지폐기 여부를 확인한다.

3) (종합위험) 과실손해조사

① 대상 품목 : 복분자

㉠ 조사 대상 : 종합위험방식 보험기간(계약 체결일 24시부터 가입 이듬해 5월 31일 이전)까지의 사고로 피해사실 확인조사 시 추가조사가 필요하다고 판단된 농지 또는 경작불능조사 결과 종합위험 과실손해조사가 필요할 것으로 결정된 농지이다. ※ 경작불능보험금 지급 농지는 제외한다.

㉡ 조사 시기 : 수정 완료 직후부터 최초 수확 전까지로 한다.

㉢ 조사 제외 대상 : 종합위험 과실손해조사 전 계약자가 피해 미미(자기부담 비율 이내의 사고) 등의 사유로 종합위험 과실손해조사를 취소한 농지는 조사를 실시하지 않는다.

㉣ 조사 방법 : 다음 각 목에 해당하는 사항을 확인한다.

ⓐ 보상하는 재해 여부 심사

㉮ 과수원 및 작물 상태 등을 감안하여 보상하는 재해로 인한 피해가 맞는지 확인한다.

㉯ 이때 필요시에는 이에 대한 근거 자료(피해사실 확인조사 참조)를 확보한다.

ⓑ 실제경작면적 확인·재식면적 확인

㉮ GPS 면적측정기 또는 지형도 등을 이용하여 보험 가입 면적과 실제 경작면적을 비교한다.

㉯ 재식면적 확인한다. ※ 주간 길이와 이랑폭 확인한다.

㉰ 실제 경작면적이 보험 가입면적 대비 10% 이상 차이(혹은 1,000㎡ 초과)가 날 경우에는 계약 사항을 변경해야 한다.

ⓒ 기준일자 확인 : 기준일자는 사고일자로 하며, 기준일자에 따라 보장재해가 달

라짐에 유의한다.

ⓓ 표본조사

㉮ 표본포기수 산정 : 가입포기수를 기준으로 품목별 표본구간수표 〈별표 1〉에 따라 표본포기수를 산정한다. 다만, 실제경작면적 및 재식면적이 가입사항과 차이가 나서 계약 변경이 될 경우에는 변경될 가입포기수를 기준으로 표본 포기수를 산정한다.

㉯ 표본포기 선정 : 산정한 표본포기수를 바탕으로 조사 농지의 특성이 골고루 반영될 수 있도록 표본포기를 선정한다.

㉰ 표본구간 선정 : 선정한 표본포기 전후 2포기씩 추가하여 총 5포기를 표본구간으로 선정한다. 다만, 가입 전 고사한 포기 및 보상하는 재해 이외의 원인으로 피해를 입은 포기가 표본구간에 포함될 경우에는 해당 포기를 표본구간에서 제외하고 이웃한 포기를 표본구간으로 선정하거나 표본포기를 변경한다.

㉱ 살아있는 결과모지수 조사 (※ 결과모지 : 결과지보다 1년 더 묵은 가지) : 각 표본구간별로 살아있는 결과모지수 합계를 조사한다.

㉲ 수정불량(송이) 피해율 조사 : 각 표본포기에서 임의의 6송이를 선정하여 1송이당 맺혀있는 전체 열매수와 피해(수정불량) 열매수를 조사한다. 다만, 현장 사정에 따라 조사할 송이 수는 가감할 수 있다.

ⓔ 미보상비율 확인 : 품목별 미보상비율 적용표 〈별표 2〉에 따라 미보상비율을 조사한다.

② 대상 품목 : 무화과

㉠ 조사 대상 : 종합위험방식 보험기간(계약 체결일 24시부터 가입 이듬해 7월 31일 이전)까지의 사고로 피해사실 확인조사 시 추가 조사가 필요하다고 판단된 농지이다.

㉡ 조사 시기 : 최초 수확 품종 수확기 이전까지이다.

㉢ 조사 방법 : 다음 각 목에 해당하는 사항을 확인한다.

ⓐ 보상하는 재해여부 심사

㉮ 과수원 및 작물 상태 등을 감안하여 보상하는 재해로 인한 피해가 맞는지 확인한다.

㉯ 이때 필요시에는 이에 대한 근거 자료(피해사실 확인조사 참조)를 확보한다.

ⓑ 주수 조사 : 농지내 품종별·수령별로 실제결과주수, 미보상주수 및 고사나무주수를 파악한다.

ⓒ 조사 대상주수 계산 : 품종별·수령별 실제결과주수에서 미보상주수 및 고사나무주수를 빼서(제외한) 조사 대상주수를 계산한다.

> 조사 대상주수 = 품종별·수령별 실제결과주수 - 미보상주수 - 고사나무주수

ⓓ 표본주수 산정

    ㉮ 과수원별 전체 조사 대상주수를 기준으로 품목별 표본주수표 〈별표 1〉에 따라 농지별 전체 표본주수를 산정한다.

    ㉯ 적정 표본주수는 품종별·수령별 조사 대상주수에 비례하여 산정하며, 품종별·수령별 적정표본주수의 합은 전체 표본주수보다 크거나 같아야 한다.

ⓔ 표본주 선정

    ㉮ 조사대상주수를 농지별 표본주수로 나눈 표본주 간격에 따라 표본주 선정 후 해당 표본주에 표시리본을 부착한다.

    ㉯ 동일품종·동일재배방식·동일수령의 농지가 아닌 경우에는 품종별·재배방식별·수령별 조사대상주수의 특성이 골고루 반영될 수 있도록 표본주를 선정한다.

ⓕ 착과수조사 : 선정된 표본주마다 착과된 전체 과실수를 세고 리본 및 현지 조사서에 조사 내용을 기재한다.

ⓖ 착과피해조사 : 착과피해조사는 착과피해를 유발하는 재해가 있을 경우에만 시행한다. 해당 재해 여부는 재해의 종류와 과실의 상태 등을 고려하여 조사자가 판단한다.

    ㉮ 품종별로 3개 이상의 표본주에서 임의의 과실 100개 이상을 추출한 후 피해구성 구분 기준에 따라 구분하여 그 개수를 조사한다.

    ㉯ 조사 당시 착과에 이상이 없는 경우 등에는 품종별로 피해구성조사를 생략할 수 있다.

    ㉰ 과실 분류에 따른 피해인정계수는 아래〈별표 3〉와 같다.

과실분류	피해인정계수	비고
정상과	0	피해가 없거나 경미한 과실
50%형 피해과실	0.5	일반시장에 출하할 때 정상과실에 비해 50%정도의 가격하락이 예상되는 품질의 과실(단, 가공공장공급 및 판매 여부와 무관)
80%형 피해과실	0.8	일반시장 출하가 불가능하나 가공용으로 공급될 수 있는 품질의 과실(단, 가공공장공급 및 판매 여부와 무관)
100%형 피해과실	1	일반시장 출하가 불가능하고 가공용으로도 공급될 수 없는 품질의 과실

ⓗ 미보상비율 확인 : 품목별 미보상비율 적용표 〈별표 2〉에 따라 미보상비율을 조사한다.

4) (특정위험) 과실손해조사

① 대상 품목 : 복분자

㉠ 조사 대상 : 특정위험방식 보험기간[가입 이듬해 6월 1일부터 수확기 종료 시점으로 가입 이듬해 6월 20일 초과할 수 없음)까지]의 사고가 발생하는 경우 실시한다.

㉡ 조사 시기 : 사고 접수 직후로 한다.

㉢ 조사 제외 대상 : 특정위험 과실손해조사 전 계약자가 피해 미미(자기부담비율 이내의 사고) 등의 사유로 특정위험 과실손해조사를 취소한 농지는 조사를 실시하지 않는다.

㉣ 조사 방법 : 다음 각 목에 해당하는 사항을 확인한다.

ⓐ 보상하는 재해 여부 심사

㉮ 과수원 및 작물 상태 등을 감안하여 보상하는 재해로 인한 피해가 맞는지 확인한다.

㉯ 이때 필요시에는 이에 대한 근거 자료(피해사실 확인조사 참조)를 확보한다.

ⓑ 실제 경작면적 확인 · 재식면적 확인

㉮ GPS 면적측정기 또는 지형도 등을 이용하여 보험 가입 면적과 실제 경작면적을 비교한다.

㉯ 재식면적 (주간 길이와 이랑 폭)을 확인한다.

㉰ 실제 경작면적이 보험 가입면적 대비 10% 이상 차이(혹은 1,000㎡ 초과)가 날 경우에는 계약 사항을 변경해야 한다.

ⓒ 기준일자 확인

㉮ 기준일자는 사고 발생 일자로 하되, 농지의 상태 및 수확 정도 등에 따라 조사자가 수정할 수 있다.

㉯ 기준일자에 따른 잔여수확량 비율 확인한다.

품목	사고일자	경과비율(%)
복분자	1일 ~ 7일	98 - 사고발생일자
	8일 ~ 20일	$\dfrac{(\text{사고발생일자}^2 - 43 \times \text{사고발생일자} + 460)}{2}$

※ 사고발생일자는 6월 중 사고 발생일자를 의미한다.

ⓓ 표본조사

㉮ 표본포기수 산정 : 가입포기수를 기준으로 품목별 표본구간수표 〈별표 1〉에 따라 표본포기수를 산정한다. 다만, 실제경작면적 및 재식면적이 가입사항과 차이가 나서 계약 변경이 될 경우에는 변경될 가입포기수를 기준으로 표본 포기수를 산정한다.

㉯ 표본포기 선정 : 산정한 표본포기수를 바탕으로 조사 농지의 특성이 골고루 반영될 수 있도록 표본포기를 선정한다.

㉰ 표본송이 조사 : 각 표본포기에서 임의의 6송이를 선정하여 1송이당 전체 열매수(전체 개화수)와 수확 가능한 열매수(전체 결실수)를 조사한다. 다만, 현장 사정에 따라 조사할 송이수는 가감할 수 있다.

그림 2-16 복분자 과실손해조사

② 대상 품목 : 무화과

㉠ 조사 대상 : 특정위험방식 보험기간 (가입 이듬해 8월 1일 이후부터 수확기 종료 시점 (가입한 이듬해 10월 31일을 초과할 수 없음))까지 사고가 발생하는 경우

㉡ 조사 방법 : 다음 각 목에 해당하는 사항을 확인한다.

ⓐ 보상하는 재해 여부 심사

㉮ 과수원 및 작물 상태 등을 감안하여 보상하는 재해로 인한 피해가 맞는지 확인한다.

㉯ 이때 필요시에는 이에 대한 근거자료(피해사실 확인조사 참조)를 확보할 수 있다.

ⓑ 주수 조사

㉮ 실제결과주수 확인 : 품종별·재배방식별·수령별 실제결과주수를 확인한다.

㉯ 고사주수, 미보상주수, 기수확주수, 수확불능주수 확인 : 품종별·재배방식별·

수령별 실제결과주수를 확인한다.

   ㉰ 조사대상주수 확인 : 품종별·재배방식별·수령별 실제결과주수에서 미보상주수, 고사주수, 수확불능주수를 제외하고 조사대상주수를 계산한다.

> 조사대상주수 = 품종별·재배방식별·수령별 실제결과주수 - 미보상주수 - 고사주수 - 수확불능주수

  ⓒ 기준일자 확인

   ㉮ 기준일자는 사고 일자로 하되, 농지의 상태 및 수확 정도 등에 따라 조사자가 수정할 수 있다.

   ㉯ 기준일자에 따른 잔여수확량 비율 확인한다.

  ⓓ 표본조사

   ㉮ 표본포기수를 산정한다.

   ㉯ 3주 이상의 표본주에 달려있는 결과지수를 구분하여 고사결과지수, 미고사결과지수, 미보상고사결과지수를 각각 조사한다.

5) 고사나무 조사

 ① 조사 대상 : 무화과

  나무손해보장특약을 가입한 농지 중 사고가 접수된 모든 농지에서 실시한다.

 ② 조사 시기의 결정 : 고사나무 조사는 수확 완료 시점 이후에 실시하되, 나무손해보장특약 종료 시점을 고려하여 결정한다.

 ③ 조사 방법 : 다음 각 목에 해당하는 사항을 확인한다.

  ㉠ 고사나무조사 필요 여부 확인

   ⓐ 수확 완료 후 고사나무가 있는 경우에만 조사 실시한다.

   ⓑ 기조사(착과수조사 및 수확량조사 등)시 확인된 고사나무 이외에 추가 고사나무가 없는 경우에는 조사 생략 가능하다.

  ㉡ 보상하는 재해 여부 심사

   ⓐ 농지 및 작물 상태 등을 감안하여 보상하는 재해로 인한 피해가 맞는지 확인한다.

   ⓑ 이때 필요시에는 이에 대한 근거자료(피해사실 확인조사 참조)를 확보할 수 있다.

  ㉢ 고사기준에 맞는 품종별·수령별 추가 고사주수 확인, 보상하는 재해 이외의 원인으로 고사한 나무는 미보상고사주수로 조사한다.

6) 미보상비율 확인

 미보상비율 적용표 〈별표 2〉에 따라 미보상비율을 조사한다.

(3) 보험금 산정 방법 및 지급기준

1) 경작불능보험금의 산정

① 대상 품목 : 복분자

② 지급조건 : 경작불능조사 결과 식물체 피해율이 65% 이상이고, 계약자가 경작불능보험금을 신청한 경우에 지급한다.

③ 지급보험금

> 지급보험금 = 보험 가입금액 × 자기부담비율별 지급비율

[자기부담비율별 경작불능보험금 지급비율표]

자기부담비율	10%형	15%형	20%형	30%형	40%형
지급 비율	45%	42%	40%	35%	30%

2) 과실손해보험금의 산정

① 대상 품목 : 복분자

ㄱ 과실손해보험금의 계산 : 보상하는 재해로 피해율이 자기부담비율을 초과하는 경우 과실손해보험금을 아래와 같이 산정한다.

> 과실손해보험금 = 보험 가입금액 × (피해율 - 자기부담비율)
>
> ※ 피해율 = 고사결과모지수 ÷ 평년결과모지수

ㄴ 고사결과모지수

> ⓐ 5월 31일 이전에 사고가 발생한 경우
>   = (평년결과모지수 - 살아있는 결과모지수) + 수정불량환산 고사결과모지수 - 미보상 고사결과 모지수
> ⓑ 6월 01일 이후에 사고가 발생한 경우
>   = 수확감소환산 고사결과모지수 - 미보상 고사결과모지수

주1) 수정불량환산 고사결과모지수 = 살아있는 결과모지수 × 수정불량환산계수

주2) 수정불량환산계수 = $\dfrac{수정불량결실수}{전체결실수}$ - 자연수정불량률

※ 자연수정불량률 : 15% (2014 복분자 수확량 연구용역 결과반영)

ㄷ 수확감소환산 고사결과모지수

> ⓐ 5월 31일 이전 사고로 인한 고사결과모지수가 존재하는 경우
>   = (살아있는결과모지수 - 수정불량환산 고사결과모지수) × 누적수확감소환산계수
> ⓑ 5월 31일 이전 사고로 인한 고사결과모지수가 존재하지 않는 경우
>   = 평년결과모지수 × 누적수확감소환산계수

주3) 누적수확감소환산계수 = 수확감소환산계수의 누적 값
주4) 수확감소환산계수 = 수확일자별 잔여수확량 비율 - 결실률
주5) 수확일자별 잔여수확량비율

품목	사고일자	경과비율(%)
복분자	6월 1일 ~ 7일	98 - 사고발생일자
	6월 8일 ~ 20일	$\dfrac{(\text{사고발생일자}^2 - 43 \times \text{사고발생일자} + 460)}{2}$

주6) 결실률 = $\dfrac{\text{전체결실수}}{\text{전체개화수}}$

    ⓔ 미보상 고사결과모지수 : 수확감소환산 고사결과모지수에 미보상비율을 곱하여 산출한다. 다수의 특정위험 과실손해조사가 이루어진 경우에는 제일 높은 미보상비율을 적용한다.

> 수확감소환산 고사결과모지수 × 최댓값(특정위험 과실손해조사별 미보상비율)

② 대상 품목 : 무화과

> 지급보험금 = 보험 가입금액 × (피해율 - 자기부담비율)

    ㉠ 지급보험금

    ㉡ **피해율**은 7월 31일 이전 사고피해율과 8월 1일 이후 사고피해율을 합산한다. 피해율은 다음과 같이 산출한다.

        ⓐ 무화과의 7월 31일 이전 사고피해율

> 피해율 = (평년수확량 - 수확량 - 미보상감수량) ÷ 평년수확량

        ⓑ 무화과의 8월 1일 이후 사고피해율

> ㉮ 피해율 = (1 - 수확 전사고 피해율) × 잔여수확량비율) × 결과지피해율
>   Ⓐ 수확전사고 피해율은 7월 31일 이전 발생한 기사고 피해율로 한다.
>   Ⓑ 잔여수확량 비율은 아래와 같이 결정한다.
>
> <**사고발생일에 따른 잔여수확량 산정식**>
>
> | 품목 | 사고발생 월 | 잔여수확량 산정식(%) |
> |---|---|---|
> | 무화과 | 8월 | 100 - 1.06 × 사고 발생일자 |
> | | 9월 | (100 - 33) - 1.13 × 사고 발생일자 |
> | | 10월 | (100 - 67) - 0.84 × 사고 발생일자 |
>
> ㉯ 결과지 피해율 = (고사결과지수 + 미고사결과지수 × 착과피해율 - 미보상고사결과지수) ÷ 기준결과지수
> ㉰ 기준결과지수 = 고사결과지수 + 미고사결과지수
> ㉱ 고사결과지수 = 보상고사결과지수 + 미보상고사결과지수

3) 종합위험 나무손해보장 특별약관 보험금 산정 (대상품목 : 무화과)

① 보험기간 내에 보상하는 손해에서 규정한 재해로 인한 피해율이 자기부담 비율을 초과하는 경우 재해보험사업자가 지급할 보험금은 아래에 따라 계산한다.

> 지급보험금 = 보험 가입금액 × (피해율 - 자기부담비율)
>
> ※ 피해율 = 피해주수(고사된 나무) ÷ 실제결과주수

② 자기부담비율은 5%로 한다.

제3절 | 논작물 손해평가 및 보험금 산정(벼, 조사료용 벼, 밀, 보리, 귀리)

1. 수확감소보장

수확감소보장이란 자연재해 등 보장하는 재해로 피해를 입어 수확량의 감소에 대하여 피보험자에게 보상하는 방식이다.

(1) 시기별 조사 종류

생육시기	재해	조사내용	조사시기	조사방법	비고
수확 전	보상하는 재해 전부	피해사실 확인조사	사고접수 후 지체 없이	보상하는 재해로 인한 피해발생 여부 조사(피해사실이 명백한 경우 생략 가능)	전 품목
		이앙 (직파) 불능조사	이앙 한계일 (7.31)이후	이앙(직파)불능 상태 및 통상적인영농활동 실시여부조사	벼만 해당
		재이앙 (재직파) 조사	사고접수 후 지체 없이	해당농지에 보상하는 손해로 인하여 재이앙(재직파)이 필요한 면적 또는 면적비율 조사	벼만 해당
		경작불능 조사	사고접수 후 지체 없이	해당 농지의 피해면적비율 또는 보험목적인 식물체 피해율 조사	전 품목
수확 직전	보상하는 재해 전부	수확량 조사	수확직전	사고발생 농지의 수확량 조사 · 조사방법 : 전수조사 또는 표본조사	벼, 밀, 보리,귀리

수확 시작 후 ~ 수확 종료	보상하는 재해 전부	수확량 조사	사고접수 후 지체 없이	사고발생 농지의 수확 중의 수확량 및 감수량 의 확인을 통한 수확량조사 ・조사방법 : 전수조사 또는 표본조사(벼는 수량요소조사도 가능)	벼, 밀, 보리, 귀리
		수확불능 확인 조사	조사가능일	사고발생 농지의 제현율 및 정상 출하 불가 확인 조사	벼만 해당

(2) 손해평가 현지조사 방법

1) 피해사실 확인조사

① 조사 대상 : 대상 재해로 사고 접수 농지 및 조사 필요 농지이다.

② 대상 재해 : 자연재해, 조수해(鳥獸害), 화재, 병해충 7종[도열병, 깨씨무늬병, 흰잎마름병, 벼알마름병, 줄무늬잎마름병, 벼멸구, 노린재류 등 벼 해당특약 가입시 만 해당)]

③ 조사 시기 : 사고 접수 직후 실시한다.

④ 조사 방법 : 다음 각 목에 해당하는 사항을 확인한다.

  ㉠ 보상하는 재해로 인한 피해 여부 확인 : 기상청 자료 확인 및 현지 방문 등을 통하여 보상하는 재해로 인한 피해가 맞는지 확인하며, 필요시에는 이에 대한 근거로 다음의 자료를 확보한다.

  ⓐ 기상청 자료, 농업기술센터 의견서 및 손해평가인 소견서 등 재해 입증자료를 확보한다.

  ⓑ 피해농지 사진 : 농지의 전반적인 피해 상황 및 세부 피해내용이 확인 가능하도록 촬영한다.

  ⓒ ICT 기반 무인항공기를 활용한 피해농지 촬영한다.

  ㉡ 추가조사 필요 여부 판단 : 보상하는 재해 여부 및 피해 정도 등을 감안하여 다음 중 필요한 조사를 판단하여 해당 내용에 대하여 계약자에게 안내하고, 추가조사가 필요할 것으로 판단된 경우에는 손해평가반 구성 및 추가조사 일정을 수립한다.

  ⓐ 이앙・직파불능 조사(농지 전체이앙・직파불능 시)

  ⓑ 재이앙・재직파 조사(면적피해율 10% 초과)

  ⓒ 경작불능조사(식물체피해율 65% 이상)

  ⓓ 수확량조사(자기부담비율 초과)

  ㉢ 피해사실 확인조사 생략 : 단, 태풍 등과 같이 재해 내용이 명확하거나 사고 접수 후 바로 추가조사가 필요한 경우 등에는 피해사실 확인조사를 생략할 수 있다.

2) 이앙 · 직파불능 조사(대상품목 : 벼)

피해사실 확인조사 시 이앙 · 직파불능조사가 필요하다고 판단된 농지에 대하여 실시하는 조사로, 손해평가반은 피해농지를 방문하여 보상하는 재해 여부 및
이앙 · 직파불능 여부를 조사한다.

① **조사 대상** : 벼 이다.

② **조사 시기** : 이앙 한계일(7월 31일) 이후 실시한다.

③ 이앙 · 직파불능 보험금 지급 대상 여부 조사를 조사한다.

　㉠ 보상하는 재해 여부 심사 : 농지 및 작물 상태 등을 감안하여 보상하는 재해로 인한 피해가 맞는지 확인하며, 필요시 이에 대한 근거자료(피해사실 확인조사 참조)를 확보한다.

　㉡ 실제 경작면적 확인

　　ⓐ GPS 면적측정기 또는 지형도 등을 이용하여 보험가입 면적과 실제 경작면적을 비교한다.

　　ⓑ 이때 실제 경작면적이 보험 가입 면적 대비 10% 이상 차이가 날 경우에는 계약 사항을 변경해야 한다.

　㉢ 이앙 · 직파불능 판정 기준 : 보상하는 손해로 인하여 이앙 한계일(7월 31일)까지 해당 농지 전체를 이앙 · 직파하지 못한 경우 이앙 · 직파불능피해로 판단한다.

　㉣ 통상적인 영농활동 이행 여부 확인 : 대상 농지에 통상적인 영농활동(논둑 정리, 논갈이, 비료시비, 제초제 살포 등)을 실시했는지를 확인한다.

3) 재이앙 · 재직파조사 (대상품목 : 벼)

피해사실 확인조사 시 재이앙 · 재직파조사가 필요하다고 판단된 농지에 대하여 실시하는 조사로, 손해평가반은 피해농지를 방문하여 보상하는 재해 여부 및 피해면적을 조사한다.

① **조사 대상** : 벼 이다.

② **조사 시기** : 사고 접수 직후 실시한다.

③ 재이앙 · 재직파 보험금 지급 대상 여부 조사[1차 : 재이앙 · 재직파 전(前) 조사]

　㉠ 보상하는 재해 여부 심사 : 농지 및 작물 상태 등을 감안하여 정한 보상하는 재해로 인한 피해가 맞는지 확인하며, 필요시에는 이에 대한 근거자료(피해사실 확인조사 참조)를 확보할 수 있다.

　㉡ 실제 경작면적 확인

　　ⓐ GPS 면적측정기 또는 지형도 등을 이용하여 보험가입 면적과 실제 경작면적을 비교한다.

ⓑ 이때 실제 경작면적이 보험 가입 면적 대비 10% 이상 차이가 날 경우에는 계약 사항을 변경해야 한다.

ⓒ 피해면적 확인 : GPS 면적측정기 또는 지형도 등을 이용하여 실제 경작면적대비 피해면적을 비교 및 조사한다.

ⓔ 피해면적의 판정 기준은 다음 각 목과 같다.

　　ⓐ 묘가 본답의 바닥에 있는 흙과 분리되어 물 위에 뜬 면적

　　ⓑ 묘가 토양에 의해 묻히거나 잎이 흙에 덮여져 햇빛이 차단된 면적

　　ⓒ 묘는 살아 있으나 수확이 불가능할 것으로 판단된 면적

④ 재이앙·재직파 이행 완료 여부 조사[재이앙·재직파 후(後) 조사]

　ⓐ 재이앙·재직파 보험금 대상 여부 조사(전(前) 조사) 시 재이앙·재직파 보험금 지급 대상으로 확인된 농지에 대하여, 재이앙·재직파가 완료되었는지를 조사한다.

　ⓒ 피해면적 중 일부에 대해서만 재이앙·재직파가 이루어진 경우에는 재이앙·재직파가 이루어지지 않은 면적은 피해면적에서 제외한다.

⑤ 단, 농지별 상황에 따라 재이앙·재직파 전(前) 조사가 어려운 경우, 최초 이앙에 대한 증빙자료를 확보하여 최초이앙 시기와 피해 사실에 대한 확인을 하여야 한다.

그림 2-17 재이앙·재직파조사

세부 피해

4) 경작불능조사

피해사실 확인조사 시 경작불능조사가 필요하다고 판단된 농지 또는 사고 접수 시 이에 준하는 피해가 예상되는 농지에 대하여 실시하는 조사

① 조사 대상 : 벼, 조사료용 벼, 밀, 보리, 귀리 등이다.

② 조사 시기 : 사고 후 ~ 출수기 이다.

③ 경작불능 보험금 지급 대상 여부 조사[경작불능 전(前) 조사]

  ㉠ 보상하는 재해 여부 심사 : 농지 및 작물 상태 등을 감안하여 보상하는 재해로 인한 피해가 맞는지 확인하며, 필요시에는 이에 대한 근거자료(피해사실 확인조사 참조)를 확보한다.

  ㉡ 실제 경작면적 확인

    ⓐ GPS 면적측정기 또는 지형도 등을 이용하여 보험가입 면적과 실제 경작면적을 비교한다.

    ⓑ 이때 실제 경작면적이 보험 가입면적 대비 10% 이상 차이가 날 경우에는 계약사항을 변경해야 한다.

  ㉢ 식물체 피해율 조사

    ⓐ 목측 조사를 통해 조사 대상 농지에서 보상하는 재해로 인한 식물체 피해율이 65% (분질미는 60%) 이상 여부를 조사한다.

    ⓑ 이때 고사식물체 판정의 기준은 해당 식물체의 수확 가능 여부이며, 고사식물체(수 또는 면적)를 보험가입식물체(수 또는 면적)로 나눈 값을 의미한다.

> 식물체 피해율 조사 = 고사식물체(수 또는 면적) ÷ 보험가입식물체(수 또는 면적)

　　　ⓔ 계약자의 경작불능보험금 신청 여부 확인 : 식물체 피해율이 65%(분질미는 60%) 이상인 경우 계약자에게 경작불능보험금 신청 여부를 확인한다.

　　　ⓜ 수확량조사 대상 확인(조사료용 벼 제외) : 식물체 피해율이 65%(분질미는 60%) 미만이거나, 식물체 피해율이 65%(분질미는 60%) 이상이 되어도 계약자가 경작불능보험금을 신청하지 않은 경우에는 향후 수확량조사가 필요한 농지로 결정한다.

　　　ⓗ 산지폐기 여부 확인 : 이전 조사에서 보상하는 재해로 식물체 피해율이 65%(분질미는 60%) 이상인 농지에 대하여 해당 농지에 대하여 산지폐기 여부를 확인한다.

5) 수확량조사(조사료용벼 제외)

○ 피해사실 확인조사 시 수확량조사가 필요하다고 판단된 농지에 대하여 실시하는 조사로, 수확량조사의 조사 방법은 수량요소조사, 표본조사, 전수조사가 있으며, 현장 상황에 따라 조사 방법을 선택하여 실시할 수 있다.

○ 단, 거대재해 발생 시 대표농지를 선정하여 각 수확량조사의 조사 결과 값(조사수확비율, 단위면적당 조사수확량 등)을 대표농지의 인접 농지(동일 '리' 등 생육환경이 유사한 인근 농지)에 적용할 수 있다.

○ 다만, 동일 농지에 대하여 복수의 조사 방법을 실시한 경우 피해율 산정의 우선순위는 전수조사, 표본조사, 수량요소조사 순으로 적용한다.

　① 조사 대상에 따른 조사 방법

조사 대상	조사 방법
벼	수량요소조사
벼, 밀, 보리, 귀리	표본조사
	전수조사

　② 조사 시기에 따른 조사 방법

조사 시기	조사 방법
수확 전 14일 전후	수량요소조사
알곡이 여물어 수확이 가능한 시기	표본조사
수확시	전수조사

　③ 수확량조사 손해평가 절차

　　　㉠ 보상하는 재해 여부 심사 : 농지 및 작물 상태 등을 감안하여 보상하는 재해로 인한 피해가 맞는지 확인하며, 필요시에는 이에 대한 근거자료(피해 사실 확인조사 참조)를 확보한다.

　　　㉡ 경작불능보험금 대상 여부 확인 : 식물체 피해율이 65%(분질미는 60%) 이상인 경작불능보험금 대상인지 확인한다.

ⓒ 면적확인

ⓐ 실제 경작면적 확인

㉮ GPS 면적측정기 또는 지형도 등을 이용하여 보험가입 면적과 실제 경작면적을 비교한다.

㉯ 이때 실제 경작면적이 보험 가입 면적 대비 10% 이상 차이가 날 경우에는 계약 사항을 변경해야 한다.

ⓑ 고사면적 확인 : 보상하는 재해로 인하여 해당 작물이 수확될 수 없는 면적을 확인한다.

ⓒ 타작물 및 미보상 면적 확인 : 해당 작물 외의 작물이 식재되어 있거나 보상하는 재해 이외의 사유로 수확이 감소한 면적을 확인한다.

ⓓ 기수확면적 확인 : 조사 전에 수확이 완료된 면적을 확인한다.

ⓔ 조사대상 면적 확인 : 실제경작면적에서 고사면적, 타작물 및 미보상면적, 기수확면적을 제외하여 조사 대상 면적을 확인한다.

> 조사대상 면적 = 실제경작면적 - 고사면적 - 타작물 및 미보상면적 - 기수확면적

ⓔ 수확불능 대상 여부 확인

ⓐ 벼의 제현(벼의 껍질을 벗겨내는 것)율이 65%(분질미는 70%) 미만으로 정상적인 출하가 불가능한지를 확인한다.

ⓑ 단, 경작불능보험금 대상인 경우에는 수확불능에서 제외한다.

ⓜ 조사 방법 결정 : 조사 시기 및 상황에 맞추어 적절한 조사 방법을 선택한다.

④ 수량요소조사 손해평가 방법

㉠ 표본포기 수 : 4포기(가입면적과 무관함)

㉡ 표본포기 선정

ⓐ 재배 방법 및 품종 등을 감안하여 조사 대상 면적에 동일한 간격으로 골고루 배치될 수 있도록 표본 포기를 선정한다.

ⓑ 다만, 선정한 포기가 표본으로 부적합한 경우(해당 포기의 수확량이 현저히 많거나 적어서 표본으로 대표성을 가지기 어려운 경우 등)에는 가까운 위치의 다른 포기를 표본으로 선정한다.

㉢ 표본포기 조사 : 선정한 표본 포기별로 이삭상태 점수 및 완전낟알상태 점수를 조사한다.

ⓐ 이삭상태 점수 조사 : 표본 포기별로 포기당 이삭 수에 따라 아래 이삭상태 점수표를 참고하여 점수를 부여한다.

<이삭상태 점수표>

포기당 이삭수	점수
16 미만	1
16 이상	2

ⓑ 완전낟알상태 점수 조사 : 표본 포기별로 평균적인 이삭 1개를 선정하여, 선정한 이삭별로 이삭당 완전낟알수에 따라 아래 완전낟알상태 점수표를 참고하여 점수를 부여한다.

<완전낟알상태 점수표>

이삭당 완전낟알수	점수
51개 미만	1
51개 이상 61개 미만	2
61개 이상 71개 미만	3
71개 이상 81개 미만	4
81개 이상	5

그림 2-18 이삭상태, 완전낟알수 조사

이삭상태조사　　　　　　　　　　　　　완전낟알수 조사

㉣ 수확비율 산정

ⓐ 표본 포기별 이삭상태 점수(4개) 및 완전낟알상태 점수(4개)를 합산한다.

ⓑ 합산한 점수에 따라 조사수확비율 환산표에서 해당하는 수확비율 구간을 확인한다.

ⓒ 해당하는 수확비율구간 내에서 조사 농지의 상황을 감안하여 적절한 수확비율을 산정한다.

<조사수확비율 환산표>

점수 합계	조사수확비율(%)	점수 합계	조사수확비율(%)
10점 미만	0% ~ 20%	16점 ~ 18점	61% ~ 70%
10점 ~ 11점	21% ~ 40%	19점 ~ 21점	71% ~ 80%
12점 ~ 13점	41% ~ 50%	22점 ~ 23점	81% ~ 90%
14점 ~ 15점	51% ~ 60%	24점 이상	91% ~ 100%

ⓜ 피해면적 보정계수 산정 : 피해정도에 따른 보정계수를 산정한다.

<피해면적 보정계수>

피해 정도	피해면적 비율	보정계수
매우 경미	10% 미만	1.2
경미	10% 이상 30% 미만	1.1
보통	30% 이상	1

ⓑ 병해충 단독사고 여부 확인(벼만 해당)

ⓐ 농지의 피해가 자연재해, 조수해(鳥獸害) 및 화재와는 상관없이 보상하는 병해충만으로 발생한 병해충 단독사고인지 여부를 확인한다.

ⓑ 이때, 병해충 단독사고로 판단될 경우에는 가장 주된 병해충명을 조사한다.

⑤ 표본조사 손해평가 방법

㉠ 표본구간수 선정

ⓐ 조사대상 면적에 따라 아래 적정 표본구간수 이상의 표본구간수를 선정한다.

ⓑ 다만, 가입면적과 실제경작면적이 10% 이상 차이가 나 계약 변경 대상일 경우에는 실제경작면적을 기준으로 표본구간수를 선정한다.

<종합위험방식 논작물 품목(벼, 밀, 보리)>

조사대상 면적	표본구간	조사대상 면적	표본구간
2,000㎡ 미만	3	4,000㎡ 이상 5,000㎡ 미만	6
2,000㎡ 이상 3,000㎡ 미만	4	5,000㎡ 이상 6,000㎡ 미만	7
3,000㎡ 이상 4,000㎡ 미만	5	6,000㎡ 이상	8

㉡ 표본구간 선정

ⓐ 선정한 표본구간수를 바탕으로 재배 방법 및 품종 등을 감안하여 조사 대상 면적에 동일한 간격으로 골고루 배치될 수 있도록 표본구간을 선정한다.

ⓑ 다만, 선정한 구간이 표본으로 부적합한 경우(해당 작물의 수확량이 현저히 많거나 적어서 표본으로 대표성을 가지기 어려운 경우 등)에는 가까운 위치의 다른 구간을 표본구간으로 선정한다.

그림 2-19 표본구간 선정 예시

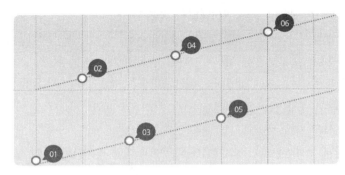

표본구간의
목적물(작물)이 너무
많거나 적은 경우
인접한 다른 구간을
조사한다.

ⓒ 표본구간 면적 및 수량 조사

　ⓐ 표본구간 면적

　　㉮ (벼) : 표본구간마다 4포기의 길이와 포기 당 간격을 조사한다(단, 농지 및 조사 상황 등을 고려하여 4포기를 2포기로 줄일 수 있다).

　　㉯ (밀, 보리, 귀리) : 점파의 경우 표본구간마다 4포기의 길이와 포기당 간격을 조사하고, 산파이거나 이랑의 구분이 명확하지 않은 경우에는 규격의 테(50 ㎝ × 50㎝)를 사용한다. 단 농지 및 조사상황 등을 고려하여 4포기를 2포기로 줄일 수 있다.

　ⓑ 표본 중량 조사 : 표본구간의 작물을 수확하여 해당 중량을 측정한다.

　ⓒ 함수율 조사 : 수확한 작물에 대하여 함수율 측정을 3회 이상 실시하여 평균값을 산출한다.

ⓔ 병해충 단독사고 여부 확인(벼만 해당)

　ⓐ 농지의 피해가 자연재해, 조수해(鳥獸害) 및 화재와는 상관없이 보상하는 병해충만으로 발생한 병해충 단독사고인지 여부를 확인한다.

　ⓑ 이때, 병해충 단독사고로 판단될 경우에는 가장 주된 병해충명을 조사한다.

그림 2-20 표본구간 수확

그림 2-21 표본 중량 조사

⑥ 전수조사 손해평가 방법

    ㉠ 전수조사 대상 농지 여부 확인 : 전수조사는 기계수확(탈곡 포함)을 하는 농지에 한한다.

    ㉡ 조곡의 중량 조사 : 대상 농지에서 수확한 전체 조곡의 중량을 조사하며, 전체 중량 측정이 어려운 경우에는 콤바인, 톤백, 콤바인용 포대, 곡물적재함 등을 이용하여 중량을 산출한다.

    ㉢ 조곡의 함수율 조사 : 수확한 작물에 대하여 함수율 측정을 3회 이상 실시하여 평균값을 산출한다.

    ㉣ 병해충 단독사고 여부 확인(벼만 해당)

        ⓐ 농지의 피해가 자연재해, 조수해(鳥獸害) 및 화재와는 상관없이 보상하는 병해충만으로 발생한 병해충 단독사고인지 여부를 확인한다.

        ⓑ 이때, 병해충 단독사고로 판단될 경우에는 가장 주된 병해충명을 조사한다.

그림 2-22 전수조사

6) 수확불능확인조사(벼만 해당)

수확량조사 시 수확불능 대상 농지(벼의 제현율이 65%(분질미는 70%) 미만으로 정상적인 출하가 불가능한 농지)로 확인된 농지에 대하여 실시하는 조사로, 조사 시점은 수확포기가 확인되는 시점으로 한다.

① 조사 대상 : 벼

② 조사 시기 : 수확포기가 확인되는 시점

③ 수확불능 보험금 지급 대상 여부 조사

　　㉠ 보상하는 재해 여부 심사 : 농지 및 작물 상태 등을 감안하여 보상하는 재해로 인한 피해가 맞는지 확인하며, 필요시에는 이에 대한 근거자료(피해사실 확인조사 참조)를 확보할 수 있다.

　　㉡ 실제 경작면적 확인

　　　　ⓐ GPS 면적측정기 또는 지형도 등을 이용하여 보험가입 면적과 실제 경작면적을 비교한다.

　　　　ⓑ 이때 실제 경작면적이 보험 가입면적 대비 10% 이상 차이가 날 경우에는 계약사항을 변경해야 한다.

　　㉢ 수확불능 대상여부 확인 : 벼의 제현율이 65%(분질미는 70%) 미만으로 정상적인 출하가 불가능한지를 확인한다.

그림 2-23 수확포기 여부 확인

ⓔ 수확포기 여부 확인(아래의 경우에 한하여 수확을 포기한 것으로 한다).
　　ⓐ 당해연도 11월 30일까지 수확을 하지 않은 경우 수확을 포기한 것으로 한다.
　　ⓑ 목적물을 수확하지 않고 갈아엎은 경우(로터리 작업 등)수확을 포기한 것으로
　　　 한다.
　　ⓒ 대상 농지의 수확물 모두가 시장으로 유통되지 않은 것이 확인된 경우수확을
　　　 포기한 것으로 한다.

7) 미보상비율 조사(모든 조사 시 동시 조사)

상기 모든 조사마다 미보상비율 적용표 〈별표 2〉에 따라 미보상비율을 조사한다.

2. 보험금 산정 방법 및 지급기준

(1) 이앙 · 직파불능 보험금 산정 (벼만 해당)

1) 지급 사유

보험기간 내에 보상하는 재해로 농지 전체를 이앙 · 직파하지 못하게 된 경우 보험가입금
액의 15%를 이앙 · 직파불능보험금으로 지급한다.

> 지급보험금 = 보험가입금액 × 15%

2) 지급 거절 사유

논둑 정리, 논갈이, 비료 시비, 제초제 살포 등 이앙 전의 통상적인 영농활동을 하지 않은 농지에 대해서는 이앙·직파불능 보험금을 지급하지 않는다.

3) 이앙·직파불능보험금을 지급한 때에는 그 손해보상의 원인이 생긴 때로부터 해당 농지에 대한 보험계약은 소멸되며, 이 경우 환급보험료는 발생하지 않는다.

(2) 재이앙·재직파 보험금 산정 (벼만 해당)

1) 지급 사유

보험기간 내에 보상하는 재해로 면적 피해율이 10%를 초과하고, 재이앙(재직파)한 경우 다음과 같이 계산한 재이앙·재직파 보험금을 1회 지급한다.

> 지급보험금 = 보험가입금액 × 25% × 면적 피해율
>
> ※면적 피해율 = 피해면적 ÷ 보험가입면적

(3) 경작불능조사 보험금 산정

1) 지급 사유

보험기간 내에 보상하는 재해로 식물체 피해율이 65%(분질미의 경우 60%) 이상이고, 계약자가 경작불능보험금을 신청한 경우 경작불능보험금은 자기부담비율에 따라 보험가입금액의 일정 비율로 계산한다.

① 적용 품목 : 벼·밀·보리, 귀리

<자기부담비율별 경작불능보험금표>

자기부담비율	경작불능보험금
10%형	보험가입금액 × 45%
15%형	보험가입금액 × 42%
20%형	보험가입금액 × 40%
30%형	보험가입금액 × 35%
40%형	보험가입금액 × 30%

※ 귀리는 20%, 30%, 40% 적용

② 적용 품목 : 조사료용 벼

> 지급보험금 = 보험가입금액 × 보장비율 × 경과비율

㉠ 보장비율은 조사료용벼 가입 시 경작불능보험금 산정에 기초가 되는 비율을 말하며, 보험가입할 때 계약자가 선택한 비율로 한다.

ⓛ 경과비율은 사고발생일이 속한 월에 따라 아래와 같이 계산한다.

구분	보장비율	월별	경과비율
10%형	45%	5월	80%
15%형	42%	6월	85%
20%형	40%	7월	90%
30%형	35%	8월	100%
40%형	30%		

2) 지급거절 사유

보험금 지급 대상 농지 벼가 산지폐기 등의 방법을 통해 시장으로 유통되지 않게 된 것이 확인되지 않으면 경작불능보험금을 지급하지 않는다.

3) 보험계약의 소멸

경작불능보험금을 지급한 때에는 그 손해보상의 원인이 생긴 때로부터 해당 농지에 대한 보험계약은 소멸되며, 이 경우 환급보험료는 발생하지 않는다.

그림 2-24 경작불능 대상 농지

제방붕괴로 토사가 덮친 피해

(4) 수확감소보험금 산정 (조사료용 벼 제외)

1) 지급 사유

보험기간 내에 보상하는 재해로 피해율이 자기부담비율을 초과하는 경우 아래와 같이 계산한 수확감소보험금을 지급한다.

> 지급보험금 = 보험가입금액 × (피해율 - 자기부담비율)
>
> ※ 피해율 = (평년수확량 - 수확량 - 미보상감수량) ÷ 평년수확량

① 평년수확량은 과거 조사 내용, 해당 농지의 식재 내역, 현황 및 경작 상황 등에 따라 정한 수확량을 활용하여 산정한다.
② 자기부담비율은 보험가입할 때 선택한 비율로 한다.

2) 지급거절사유 (벼만 해당)

① 경작불능보험금 및 수확불능보험금의 규정에 따른 보험금을 지급하여 계약이 소멸된 경우에는 수확감소보험금을 지급하지 않는다.
② 경작불능보험금의 보험기간 내에 발생한 재해로 인해 식물체 피해율이 65% 이상인 경우 수확감소보험금을 지급하지 않는다.

(5) 수확불능보험금 산정(벼만 해당)

1) 지급 사유

보험기간 내에 보상하는 재해로 보험의 목적인 벼(조곡) 제현율이 65%(분질미의 경우 70%) 미만으로 떨어져 정상 벼로써 출하가 불가능하게 되고, 계약자가 수확불능보험금을 신청한 경우 산정된 보험가 입금액의 일정 비율을 수확불능보험금으로 지급한다.

<자기부담비율별 수확불능보험금표>

자기부담비율	수확불능보험금
10%형	보험가입금액 × 60%
15%형	보험가입금액 × 57%
20%형	보험가입금액 × 55%
30%형	보험가입금액 × 50%
40%형	보험가입금액 × 45%

2) 지급거절 사유

① 경작불능보험금의 보험기간 내에 발생한 재해로 인해 식물체 피해율이 65%(분질미의 경우 60%) 이상인 경우, 수확불능보험금 지급이 불가능하다.

② 재해보험사업자는 보험금 지급 대상 농지 벼가 산지폐기 등으로 시장 유통 안 된 것이 확인되지 않으면 수확불능보험금을 지급하지 않는다.

3) 수확불능보험금을 지급한 때에는 그 손해보상의 원인이 생긴 때로부터 해당 농지에 대한 보험계약은 소멸되며, 이 경우 환급보험료는 발생하지 않는다.

제4절 | 밭작물 손해평가 및 보험금 산정

밭작물의 농작물재해보험 보장방식은 종합위험 수확감소보장방식, 생산비보장방식, 작물특정 및 시설종합위험방식 상품이 있다.

1. 종합위험 수확감소보장 (마늘, 양파, 양배추, 감자(봄재배, 가을재배, 고랭지재배), 고구마, 옥수수, 사료용 옥수수, 콩, 팥, 차(茶))

(1) 시기별 조사 종류

생육시기	재해	조사내용	조사시기	조사방법	비고
수확 전	보상하는 재해전부	피해사실 확인 조사	사고접수 후 지체 없이	보상하는 재해로 인한 피해발생 여부 조사 (피해사실이 명백한 경우 생략 가능)	전 품목
		재파종 조사	사고접수 후 지체 없이	해당농지에 보상하는 손해로 인하여 재파종이 필요한 면적 또는 면적비율 조사	마늘만 해당
		재정식 조사	사고접수 후 지체 없이	해당농지에 보상하는 손해로 인하여 재정식이 필요한 면적 또는 면적비율 조사	양배추만 해당
		경작불능조사	사고접수 후 지체 없이	해당 농지의 피해면적비율 또는 보험목적인 식물체 피해율 조사	전 품목 [차(茶)제외]
수확 직전	보상하는 재해전부	수확량 조사	수확직전	사고발생 농지의 수확량 조사 · 조사방법: 전수조사 또는 표본조사	전 품목 (사료용 옥수수 제외)
수확 시작 후 ~ 수확종료	보상하는 재해전부	수확량조사	조사 가능일	사고발생농지의 수확량조사 · 조사방법: 표본조사	차(茶)만 해당
			사고접수 후 지체 없이	사고발생 농지의 수확 중의 수확량 및 감수량의 확인을 통한 수확량조사 · 조사방법: 전수조사 또는 표본조사	전 품목

(2) 손해평가 현지조사 방법

1) 피해사실 확인조사

① 조사 대상 : 대상 재해로 사고 접수 농지 및 조사 필요 농지이다.

② 대상 재해 : 자연재해, 조수해(鳥獸害), 화재, 병해충이다(※ 단, 병해충은 감자품목에만 해당).

③ 조사 시기 : 사고 접수 직후 실시한다.

④ 조사 방법 : 「피해사실 "조사 방법" 준용」

다음 각 목에 해당하는 사항을 확인한다.

㉠ 보상하는 재해로 인한 피해 여부 확인 : 기상청 자료 확인 및 현지 방문 등을 통하여 보상하는 재해로 인한 피해가 맞는지 확인하며, 필요시에는 이에 대한 근거로 다음의 자료를 확보한다.

ⓐ 기상청 자료, 농업기술센터 의견서 및 손해평가인 소견서 등 재해 입증자료를 확보한다.

ⓑ 피해농지 사진 : 농지의 전반적인 피해 상황 및 세부 피해 내용이 확인 가능하도록 촬영한다.

㉡ 추가조사 필요 여부 판단

ⓐ 보상하는 재해 여부 및 피해 정도 등을 감안하여 추가조사(재정식조사, 재파종조사, 경작불능조사 및 수확량조사)가 필요 여부를 판단하여 해당 내용에 대하여 계약자에게 안내한다.

ⓑ 이때 추가조사가 필요할 것으로 판단된 경우에는 손해평가반 구성 및 추가조사 일정을 수립한다.

㉢ 피해사실 확인조사 생략

단, 태풍 등과 같이 재해 내용이 명확하거나 사고 접수 후 바로 추가조사가필요한 경우 등에는 피해사실 확인조사를 생략할 수 있다.

2) 재파종조사 (대상품목 : 마늘)

① 적용 품목 : 마늘

② 조사 대상 : 피해사실 확인조사 시 재파종조사가 필요하다고 판단된 농지로 한다.

③ 조사 시기 : 피해사실 확인조사 직후 또는 사고 접수 직후 실시한다.

④ 조사 방법 : 다음 각 목에 해당하는 사항을 확인한다.

㉠ 보상하는 재해 여부 심사

ⓐ 농지 및 작물 상태 등을 감안 하여 보상하는 재해로 인한 피해가 맞는지 확인한다.

ⓑ 이때 필요시에는 이에 대한 근거자료(피해사실 확인조사 참조)를 확보한다.

ⓛ 실제 경작면적 확인

    ⓐ GPS 면적측정기 또는 지형도 등을 이용하여 보험 가입 면적과 실제 경작면적을 비교한다.

    ⓑ 이때 실제 경작면적이 보험가입 면적 대비 10% 이상 차이가 날 경우에는 계약사항을 변경해야 한다.

ⓒ 재파종 보험금 지급 대상 여부 조사(재파종 전(前) 조사)

    ⓐ 표본구간수 산정

        ㉮ 조사대상 면적 규모에 따라 적정 표본구간수 〈별표 1〉 이상의 표본구간수를 산정한다.

        ㉯ 다만 가입면적과 실제 경작면적이 10% 이상 차이가 날 경우(계약 변경 대상건)에는 실제 경작면적을 기준으로 표본구간수를 산정한다.

> 조사대상 면적 = 실경작면적 - 고사면적 - 타작물 및 미보상면적 - 기수확면적

    ⓑ 표본구간 선정

        ㉮ 선정한 표본구간수를 바탕으로 재배 방법 및 품종 등을 감안하여 조사 대상면적에 동일한 간격으로 골고루 배치될 수 있도록 표본구간을 선정한다.

        ㉯ 해당 지점 마늘의 출현율이 현저히 높거나 낮아서 표본으로 대표성을 가지기 어려운 경우 등으로 선정한 지점이 표본으로 부적합한 경우에는 가까운 위치의 다른 지점을 표본구간으로 선정한다.

    ⓒ 표본구간 길이 및 출현주수 조사 : 선정된 표본구간별로 이랑 길이 방향으로 식물체 8주 이상(또는 1m)에 해당하는 이랑 길이, 이랑 폭(고랑 포함) 및 출현주수를 조사한다.

ⓔ 재파종 이행완료 여부 조사(재파종 후(後)조사)

    ⓐ 조사 대상 농지 및 조사 시기 확인 : 재파종 보험금 대상 여부 조사(재파종 전(前) 조사) 시 재파종 보험금 대상으로 확인된 농지에 대하여, 재파종이 완료된 이후 조사를 진행한다.

    ⓑ 표본구간 선정 : 재파종 보험금 대상 여부 조사(재파종 전(前)조사)에서와 같은 방법으로 표본구간을 선정한다.

    ⓒ 표본구간 길이 및 파종주수 조사 : 선정된 표본구간별로 이랑 길이, 이랑 폭 및 파종주수를 조사한다.

3) 재정식조사 (대상품목 : 양배추)

① **적용 품목** : 양배추 이다.

② **조사 대상** : 피해사실 확인조사시 재정식조사가 필요하다고 판단된 농지로 한다.

③ **조사 시기** : 피해사실 확인조사 직후 또는 사고 접수 직후 실시한다.

④ **조사 방법** : 다음 각 목에 해당하는 사항을 확인한다.

　㉠ 보상하는 재해 여부 심사

　　ⓐ 농지 및 작물 상태 등을 감안하여 보상하는 재해로 인한 피해가 맞는지 확인한다.

　　ⓑ 이때 필요시에는 이에 대한 근거자료(피해사실 확인조사 참조)를 확보한다.

　㉡ 실제 경작면적 확인

　　ⓐ GPS 면적측정기 또는 지형도 등을 이용하여 보험가입 면적과 실제 경작면적을 비교한다.

　　ⓑ 이때 실제 경작면적이 보험가입 면적 대비 10% 이상 차이가 날 경우에는 계약 사항을 변경해야 한다.

　㉢ 재정식 보험금 지급 대상 여부 조사(재정식 전(前)조사)

　　ⓐ 피해면적 확인 : GPS 면적측정기 또는 지형도 등을 이용하여 실제 경작면적 대비 피해면적을 비교 및 조사한다.

　　ⓑ 피해면적의 판정 기준 : 작물이 고사 되거나, 살아있으나 수확이 불가능할 것으로 판단된 면적으로 한다.

　㉣ 재정식 이행 완료 여부 조사(재정식 후(後) 조사)

　　ⓐ 재정식 보험금 지급 대상 여부 조사(재정식 전(前) 조사) 시 재정식 보험금 지급 대상으로 확인된 농지에 대하여, 재정식이 완료되었는지를 조사한다.

　　ⓑ 피해면적 중 일부에 대해서만 재정식이 이루어진 경우에는, 재정식이 이루어지지 않은 면적은 피해 면적에서 제외한다.

　㉤ 농지별 상황에 따라 재정식 전(前) 조사를 생략하고 재정식 후 조사 시 면적조사 (실제경작면적 및 피해면적)를 실시할 수 있다.

4) 경작불능조사

① **적용 품목** : 마늘, 양파, 양배추, 감자(봄재배, 가을재배, 고랭지재배), 고구마, 옥수수, 사료용옥수수, 콩, 팥 등이다.

② **조사 대상** : 피해사실 확인조사 시 경작불능조사가 필요하다고 판단된 농지 또는 사고 접수 시 이에 준하는 피해가 예상되는 농지로 한다.

③ **조사 시기** : 피해사실 확인조사 직후 또는 사고 접수 직후 실시한다.

④ **경작불능 보험금 지급 대상 여부 조사(경작불능 전(前) 조사)** : 다음 각 목에 해당하는 사

항을 확인한다.

 ㉠ 보상하는 재해 여부 심사

  ⓐ 농지 및 작물 상태 등을 감안하여 보상하는 재해로 인한 피해가 맞는지 확인한다.

  ⓑ 이때 필요시에는 이에 대한 근거자료(피해사실 확인조사 참조)를 확보할 수 있다.

 ㉡ 실제 경작면적 확인

  ⓐ GPS 면적측정기 또는 지형도 등을 이용하여 보험 가입 면적과 실제 경작면적을 비교한다.

  ⓑ 이때 실제 경작면적이 보험 가입 면적 대비 10% 이상 차이가 날 경우에는 계약사항을 변경해야 한다.

 ㉢ 식물체 피해율 조사

  ⓐ 목측 조사를 통해 조사 대상 농지에서 보상하는 재해로 인한 식물체 피해율이 65% 이상 여부를 조사한다.

  ⓑ 고사식물체 판정의 기준은 해당 식물체의 수확 가능 여부이며, 고사식물체(수 또는 면적)를 보험 가입식물체(수 또는 면적)로 나눈 값을 의미한다.

 ㉣ 계약자의 경작불능보험금 신청 여부 확인 : 식물체 피해율이 65% 이상인 경우 계약자에게 경작불능보험금 신청 여부를 확인한다.

 ㉤ 수확량조사 대상 확인(사료용 옥수수 제외) : 식물체 피해율이 65% 미만이거나, 식물체 피해율이 65% 이상이 되어도 계약자가 경작불능보험금을 신청하지 않은 경우에는 향후 수확량조사가 필요한 농지로 결정한다(콩, 팥 제외).

 ㉥ 산지폐기 여부 확인(경작불능 후(後) 조사) : 경작불능 전(前) 조사에서 보상하는 재해로 식물체 피해율이 65% 이상인 농지에 대하여, 산지폐기 등으로 작물이 시장으로 유통되지 않은 것을 확인한다.

5) 수확량조사

① **적용 품목** : 마늘, 양파, 양배추, 고구마, 옥수수(*사료용 옥수수 제외), 감자(봄재배, 가을재배, 고랭지재배), 콩, 팥, 차(茶) 등이다.

② **조사 대상**

 ㉠ 피해사실 확인조사 시 수확량조사가 필요하다고 판단된 농지 또는 경작불능조사 결과 수확량조사를 실시하는 것으로 결정된 농지로 한다.

 ㉡ 수확량조사 전 계약자가 피해 미미(자기부담비율 이내의 사고) 등의 사유로 수확량조사 실시를 취소한 농지는 수확량조사를 실시하지 않는다.

③ **조사 시기** : 수확 직전(단, 차(茶)의 경우에는 조사 가능 시기) 실시한다.

④ **조사방법** : 다음 각 목에 해당하는 사항을 확인한다.

㉠ 보상하는 재해 여부 심사
  ⓐ 농지 및 작물 상태 등을 감안하여 보상하는 재해로 인한 피해가 맞는지 확인한다.
  ⓑ 이때 필요시에는 이에 대한 근거자료(피해사실 확인조사 참조)를 확보할 수 있다.
㉡ 경작불능보험금 대상 여부 확인 (콩, 팥만 해당) : 경작불능보장의 보험기간 내에
  식물체 피해율이 65% 이상인지 확인한다.
㉢ 수확량조사 적기 판단 및 시기 결정 : 해당 작물의 특성에 맞게 아래 표에서 수확
  량조사 적기 여부를 확인하고 이에 따른 조사 시기를 결정한다.
㉣ 수확량 재조사 및 검증조사 : 수확량조사 실시 후 2주 이내에 수확을 하지 않을
  경우 재조사 또는 검증조사를 실시할 수 있다.

<**품목별 수확량조사 적기**>

품목	수확량조사 적기
양파	양파의 비대가 종료된 시점 (식물체의 도복이 완료된 때)
마늘	마늘의 비대가 종료된 시점 (잎과 줄기가 1/2~2/3 황변하여 말랐을 때와 해당 지역의 통상 수확기가 도래하였을 때)
고구마	고구마의 비대가 종료된 시점 (삽식일로부터 120일 이후에 농지별로 적용) ※ 삽식 : 고구마의 줄기를 잘라 흙속에 꽂아 뿌리내리는 방법
감자 (고랭지재배)	감자의 비대가 종료된 시점 (파종일로부터 110일 이후)
감자 (봄재배)	감자의 비대가 종료된 시점 (파종일로부터 95일 이후)
감자 (가을재배)	감자의 비대가 종료된 시점 (파종일로부터 제주지역은 110일 이후, 이외 지역은 95일 이후)
옥수수	옥수수의 수확 적기 (수염이 나온 후 25일 이후)
차(茶)	조사 가능일 직전 (조사 가능일은 대상 농지에 식재된 차나무의 대다수 신초가 1심2엽의 형태를 형성하며 수확이 가능할 정도의 크기(신초장 4.8cm 이상, 엽장 2.8cm 이상, 엽폭 0.9cm 이상)로 자란 시기를 의미하며, 해당 시기가 수확연도 5월 10일을 초과하는 경우에는 수확연도 5월 10일을 기준으로 함)
콩	콩의 수확 적기 (콩잎이 누렇게 변하여 떨어지고 꼬투리의 80~90% 이상이 고유한 성숙(황색)색깔로 변하는 시기인 생리적 성숙기로부터 7~14일이 지난 시기)
팥	팥의 수확 적기 (꼬투리가 70~80% 이상이 성숙한 시기)
양배추	양배추의 수확 적기 (결구 형성이 완료된 때)

ⓒ 면적 확인
  ⓐ 실제 경작면적 확인
    ㉮ GPS 면적측정기 또는 지형도 등을 이용하여 보험 가입 면적과 실제 경작면적을 비교한다.
    ㉯ 이때 실제 경작면적이 보험 가입 면적 대비 10% 이상 차이가 날 경우에는 계약 사항을 변경해야 한다.
  ⓑ 수확불능(고사)면적 확인 : 보상하는 재해로 인하여 해당 작물이 수확될 수 없는 면적을 확인한다.
  ⓒ 타작물 및 미보상 면적 확인 : 해당 작물 외의 작물이 식재되어 있거나 보상하는 재해 이외의 사유로 수확이 감소한 면적을 확인한다.
  ⓓ 기수확면적 확인 : 조사 전에 수확이 완료된 면적을 확인한다.
  ⓔ 조사대상 면적 확인 : 실제경작면적에서 고사면적, 타작물 및 미보상면적, 기수확면적을 제외하여 조사대상 면적을 확인한다.

> 조사대상 면적 = 실제경작면적 - 고사면적, 타작물 및 미보상면적

  ⓕ 수확면적율 확인(차(茶) 품목에만 해당)
    ㉮ 목측을 통해 보험 가입 시 수확면적율과 실제 수확면적율을 비교한다.
    ㉯ 이때 실제 수확면적율이 보험 가입 수확면적율과 차이가 날 경우에는 계약 사항을 변경할 수 있다.
ⓔ 조사 방법 결정 : 품목 및 재배 방법 등을 참고하여 다음의 적절한 조사 방법을 선택한다.
  ⓐ 표본조사 방법
    ㉮ 적용 품목 : 마늘, 양파, 양배추, 고구마, 감자(봄재배, 가을재배, 고랭지재배), 옥수수(* 사료용 옥수수 제외), 콩, 팥, 차(茶) 등이다.
    ㉯ 표본구간수 산정 : 조사대상 면적 규모에 따라 적정 표본구간수 〈별표1〉 이상의 표본구간수를 산정한다. 다만, 가입면적과 실제 경작면적이 10% 이상 차이가 나 계약 변경 대상일 경우에는 실제 경작면적을 기준으로 표본구간수를 산정한다.
    ㉰ 표본구간 선정 : 선정한 표본구간수를 바탕으로 재배 방법 및 품종 등을 감안하여 조사 대상 면적에 동일한 간격으로 골고루 배치될 수 있도록 표본구간을 선정한다. 다만, 선정한 구간이 해당 지점 작물의 수확량이 현저히 많거나 적어서 표본으로 대표성을 가지기 어려운 경우 등으로 표본으로 부적합한 경우에는 가까운 위치의 다른 구간을 표본구간으로 선정한다.

㉣ 표본구간 면적 및 수확량 조사 : 해당 품목별로 선정된 표본구간의 면적을 조사하고, 해당 표본구간에서 수확한 작물의 수확량을 조사한다.

㉤ 양파, 마늘의 경우 지역별 수확 적기보다 일찍 조사를 하는 경우, 수확 적기까지 잔여일수별 비대지수를 추정하여 적용할 수 있다.

[품목별 표본구간 면적조사 방법]

품목	표본구간 면적 조사 방법
양파, 마늘, 고구마, 양배추, 감자, 옥수수	이랑 길이(5주 이상) 및 이랑 폭 조사
차(茶)	규격의 테(0.04㎡) 사용
콩, 팥	점파 : 이랑 길이(4주 이상) 및 이랑 폭 조사 산파 : 규격의 원형(1㎡) 이용 또는 표본구간의 가로·세로 길이 조사

[품목별 표본구간별 수확량 조사 방법]

품목	표본구간별 수확량 조사 방법
양파	• 표본구간 내 작물을 수확한 후, 종구 5cm 윗부분 줄기를 절단하여 해당 무게를 조사 • (단, 양파의 최대지름이 6cm 미만인 경우에는 80%(보상하는 재해로 인해 피해가 발생하여 일반시장 출하가 불가능하나, 가공용으로는 공급될 수 있는 작물을 말하며, 가공공장 공급 및 판매 여부와는 무관) • 100%(보상하는 재해로 인해 피해가 발생하여 일반시장 출하가 불가능하고 가공용으로도 공급될 수 없는 작물) 피해로 인정하고 해당 무게의 20%, 0%를 수확량으로 인정)
마늘	• 표본구간 내 작물을 수확한 후, 종구 3cm 윗부분을 절단하여 무게를 조사 • (단, 마늘통의 최대지름이 2cm(한지형), 3.5cm(난지형) 미만인 경우에는 80%(보상하는 재해로 인해 피해가 발생하여 일반시장 출하가 불가능하나, 가공용으로는 공급될 수 있는 작물을 말하며, 가공공장 공급 및 판매 여부와는 무관) • 100%(보상하는 재해로 인해 피해가 발생하여 일반시장 출하가 불가능하고 가공용으로도 공급될 수 없는 작물) 피해로 인정하고 해당 무게의 20%, 0%를 수확량으로 인정)
고구마	• 표본구간 내 작물을 수확한 후 정상 고구마와 50%형 고구마 (일반시장에 출하할 때, 정상 고구마에 비해 50% 정도의 가격하락이 예상되는 품질. 단, 가공공장 공급 및 판매 여부와 무관), • 80% 피해 고구마(일반시장에 출하가 불가능하나, 가공용으로 공급될 수 있는 품질. 단, 가공공장 공급 및 판매 여부와 무관) • 100% 피해 고구마(일반시장 출하가 불가능하고 가공용으로 공급될 수 없는 품질)로 구분하여 무게를 조사
감자	• 표본구간 내 작물을 수확한 후 정상 감자, 병충해별 20% 이하, 21~40% 이하, 41~60% 이하, 61~80% 이하, 81~100% 이하 발병 감자로 구분하여 해당 병충해명과 무게를 조사하고 최대 지름이 5cm 미만이거나 피해 정도 50% 이상인 감자의 무게는 실제 무게의 50%를 조사 무게로 함.

옥수수	• 표본구간 내 작물을 수확한 후 착립장 길이에 따라 상(17cm 이상)·중(15cm 이상 17cm 미만)·하(15cm 미만)로 구분한 후 해당 개수를 조사
차(茶)	• 표본구간 중 두 곳에 20cm × 20cm 테를 두고 테 내의 수확이 완료된 새싹의 수를 세고, 남아있는 모든 새싹(1심 2엽)을 따서 개수를 세고 무게를 조사
콩, 팥	• 표본구간 내 콩을 수확하여 꼬투리를 제거한 후 콩 종실의 무게 및 함수율(3회 평균) 조사
양배추	• 표본구간 내 작물의 뿌리를 절단하여 수확(외엽 2개 내외 부분을 제거)한 후, 80%피해 양배추, 100%피해 양배추로 구분. 80%피해형은 해당 양배추의 피해 무게를 80% 인정하고, 100% 피해형은 해당 양배추 피해 무게를 100% 인정

그림 2-25 이랑 길이, 이랑폭 측정

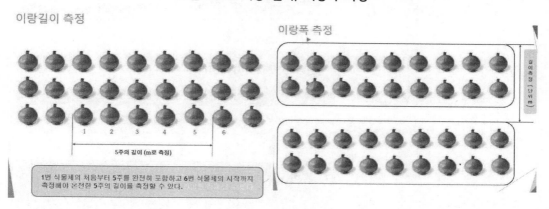

그림 2-26 작물별 표본 조사

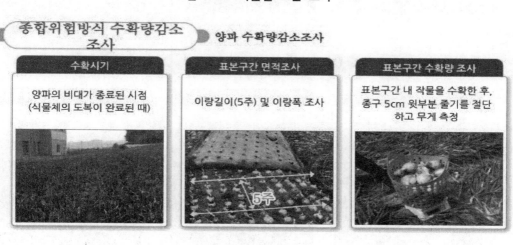

종합위험방식 수확량감소 조사 — 고구마 수확량감소조사

수확시기	표본구간 면적조사	표본구간 수확량 조사
고구마의 비대가 종료된 시점 (삽식일로부터 120일 이후 수확)	이랑길이(5주) 및 이랑폭 조사	표본구간 내 작물을 수확한 후, 정상 고구마와 비정상 비대 고구마를 분리하여 무게 측정

종합위험방식 수확량감소 조사 — 감자 수확량감소조사

수확시기	표본구간 면적조사	표본구간 수확량 조사
고랭지재배 : 파종일로부터 110일 이후 봄재배 : 파종일로부터 95일 이후 가을재배 : 파종일로부터 95일 이후 제주 110일 이후	이랑길이(5주 또는 1m 이상) 및 이랑폭 조사	표본구간 내 작물을 수확한 후, 정상 감자와 병해충 감자를 분리하여 무게 측정

종합위험방식 수확량감소 조사 — 차(茶) 수확량감소조사

수확시기	표본구간 면적조사	표본구간 수확량 조사
차나무의 신초가 1심2엽의 형태를 형성, 크기가 아래의 규격에 이르렀을 때	사각형모양의 테(0.04㎡) 사용	0.04㎡ 내, 수확이 끝난 새싹의 수를 세고, 남아있는 모든 새싹(1심2엽)을 따서 개수를 세고 무게를 측정

종합위험방식 수확량감소 조사	양배추 수확량감소조사	
수확시기	표본구간 면적조사	표본구간 수확량 조사
결구 형성이 완료된 때	이랑길이(5주) 및 이랑폭 조사	표본구간 내 작물의 뿌리를 절단하여 수확 후, 무게를 조사 (외엽 2개 내외 부분을 제거)

ⓑ 전수조사 방법

㉮ 적용 품목 : 콩, 팥

㉯ 전수조사 대상 농지 여부 확인 : 전수조사는 기계수확(탈곡 포함)을 하는 농지 또는 수확 직전 상태가 확인된 농지 중 자른 작물을 농지에 그대로 둔 상태에서 기계탈곡을 시행하는 농지에 한한다.

㉰ 콩(종실), 팥(종실)의 중량 조사 : 대상 농지에서 수확한 전체 콩(종실), 팥 (종실)의 무게를 조사하며, 전체 무게 측정이 어려운 경우에는 10포대 이상 의 포대를 임의로 선정하여 포대당 평균 무게를 구한 후 해당 수치에 수확 한 전체 포대 수를 곱하여 전체 무게를 산출한다.

㉱ 콩(종실), 팥(종실)의 함수율 조사 : 10회 이상 종실의 함수율을 측정 후 평 균값을 산출한다. 단, 함수율을 측정할 때에는 각 횟수마다 각기 다른 포대 에서 추출한 콩, 팥을 사용한다.

6) 미보상비율 조사(모든 조사 시 동시 조사)

상기 모든 조사마다 미보상비율 적용표 〈별표 2〉에 따라 미보상비율을 조사한다.

(3) 보험금 산정 방법 및 지급기준

1) 조기파종 보험금 산정 (대상품목 : 마늘)

① 지급 대상 : 조기파종특약 판매시기 중 가입한 남도종 마늘을 재배하는 제주도 지역 농지이다.

② 지급 사유

㉠ 한지형 마늘 최초 판매개시일 24시 이전에 보장하는 재해로 10a당 출현주수가

30,000주보다 작고, 10월 31일 이전 10a당 30,000주 이상으로 재파종한 경우 아래와 같이 계산한 재파종 보험금을 지급한다.

> 지급보험금 = 보험 가입금액 × 25% × 표준출현 피해율
>
> ※표준출현 피해율(10a 기준) = (30,000 - 출현주수) ÷ 30,000

ⓒ 한지형 마늘 최초 판매개시일 24시 이전에 보장하는 재해로 식물체 피해율이 65% 이상 발생한 경우 경작불능 보험금의 산정시기와 관계없이 아래와 같이 계산한 경작불능 보험금을 지급 한다(단, 산지폐지가 확인된 경우 지급).

[조기파종특약의 자기부담비율별 경작불능 보험금 보장비율]

구분	자기부담비율				
경작불능 보험금	10%형	15%형	20%형	30%형	40%형
	보험가입금액의 32%	보험가입금액의 30%	보험가입금액의 28%	보험가입금액의 25%	보험가입금액의 25%

2) 재파종보험금 산정 (대상품목 : 마늘)

① 지급 사유 : 보험기간 내에 보장하는 재해로 10a당 출현주수가 30,000 주보다 작고, 10a당 30,000주 이상으로 재파종한 경우 재파종보험금은 아래에 따라 계산하며 1회에 한하여 보상한다.

② 지급보험금

> 지급보험금 = 보험 가입금액 × 35% × 표준출현 피해율
>
> ※표준출현 피해율(10a 기준) = (30,000 - 출현주수) ÷ 30,000

3) 재정식보험금 산정 (대상품목 : 양배추)

① 지급 사유 : 보험기간 내에 보장하는 재해로 면적 피해율이 자기 부담비율을 초과하고, 재정식한 경우 재정식보험금은 아래에 따라 계산하며 1회 지급한다.

② 지급보험금

> 지급보험금 = 보험 가입금액 × 20% × 면적 피해율
>
> ※면적 피해율 = 피해면적 ÷ 보험 가입면적

4) 경작불능보험금 산정

① **지급 사유** : 보험기간 내에 보상하는 재해로 식물체 피해율이 65% 이상이고, 계약자가 경작불능보험금을 신청한 경우 경작불능보험금은 자기부담비율에 따라 보험 가입금액의 일정 비율로 계산한다. ※단, 산지폐지가 확인된 경우 지급

　㉠ 적용 품목 : 양파, 마늘, 양배추, 감자(봄재배, 가을재배, 고랭지재배), 고구마, 옥수수, 사료용 옥수수, 콩, 팥, 등이다.

　㉡ 지급보험금

> 지급보험금 = 보험 가입금액 × 자기부담비율별 보장비율

[품목별 자기부담비율별 경작불능보험금 보장비율]

품목	자기부담비율				
	10%형	15%형	20%형	30%형	40%형
양파, 마늘, 고구마, 옥수수, 콩, 감자, 팥	45%	42%	40%	35%	30%
양배추	-	42%	40%	35%	30%

　㉢ 사료용 옥수수의 경작불능보험금은 경작불능조사 결과 보상하는 재해로 식물체 피해율이 65% 이상이고, 계약자가 경작불능보험금을 신청한 경우에 지급하며, 보험금은 보험가입금액에 보장비율과 경과비율을 곱하여 산출한다.

> 지급보험금 = 보험가입금액 × 보장비율 × 경과비율

　ⓐ 보장비율

구분	45%형	42%형	40%형	35%형	30%형
보장비율	45%	42%	40%	35%	30%

　ⓑ 경과비율

월별	5월	6월	7월	8월
경과비율	80%	80%	90%	100%

② **계약소멸** : 경작불능보험금을 지급한 때에는 그 손해보상의 원인이 생긴 때로부터 해당 농지에 대한 보험계약은 소멸되며, 이 경우 환급보험료는 발생하지 않는다.

5) 수확감소보험금 산정

① **지급 사유** : 보험기간 내에 보상하는 재해로 피해율이 자기부담비율을 초과하는 경우 수확감소보험금은 아래에 따라 계산한다.

> 지급보험금 = 보험 가입금액 × (피해율 - 자기부담비율)
> ※피해율 = (평년수확량 - 수확량 - 미보상감수량) ÷ 평년수확량

② **적용 품목**

　⑦ 적용품목은 마늘, 양파, 양배추, 감자(봄재배, 가을재배, 고랭지재배), 고구마, 옥수수, 콩, 팥, 차(茶)이다.

　ⓒ 경작불능보험금 지급대상인 경우 수확감소보험금 산정 적용 품목에서 제외된다. (콩, 팥에 한함)

　ⓒ **감자**의 경우에는 평년수확량에서 수확량과 미보상감수량을 뺀 값에 병충해감수량을 더한 후 평년수확량으로 나누어 산출된 피해율을 적용한다.

> 감자 피해율 = {(평년수확량 - 수확량 - 미보상감수량)+병충해감수량}÷ 평년수확량

　ⓔ 옥수수 품목의 수확감소보험금 산정은 아래와 같다.

> **지급 보험금** = MIN(보험가입금액, 손해액) - 자기부담금
> ※ 손해액 = 피해수확량 × 가입가격
> ※ 자기부담금 = 보험가입금액 × 자기부담비율
> ※ 동 피해수확량은 약관상 기재된 표현으로서 미보상감수량을 제외하여 산정한 값을 뜻함. 이는 실무상 적용하는 [별표 7] 옥수수 손해액 산식의 (피해수확량 - 미보상감수량)과 동일한 의미임.

③ **수확량 조사**

　⑦ 표본조사 시 수확량 산출 : 표본구간수확량 합계를 표본구간 면적 합계로 나눈 후 표본조사 대상면적 합계를 곱한 값에 평년수확량을 실제 경작면적으로 나눈 후 타작물 및 미보상면적과 기수확면적의 합을 곱한 값을 더하여 산정한다.

　　ⓐ 표본구간수확량 합계 : 다음과 같이 품목별 표본구간수확량 합계 산정 방법에 따라 산출한다.

<품목별 표본구간수확량 합계 산정 방법>

품목	표본구간 수확량 합계 산정 방법
감자	표본구간별 작물 무게의 합계
양배추	표본구간별 정상 양배추 무게의 합계에 80%형 양배추의 무게에 0.2를 곱한 값을 더하여 산정
차(茶)	표본구간별로 수확한 새싹 무게를 수확한 새싹수로 나눈 값에 기수확 새싹수와 기수확지수를 곱하고, 여기에 수확한 새싹 무게를 더하여 산정 * 기수확지수는 기수확비율[기수확 새싹수를 전체 새싹수(기수확 새싹수와 수확한 새싹수를 더한 값)로 나눈값]에 따라 산출
양파, 마늘	표본구간별 작물 무게의 합계에 비대추정지수에 1을 더한 값(비대추정지수 + 1)을 곱하여 산정 [단, 마늘의 경우 이 수치에 품종별 환산계수를 곱하여 산정, (품종별 환산계수 : 난지형 0.72 / 한지형 0.7)]

고구마	표본구간별 정상 고구마의 무게 합계에 50%형 고구마의 무게에 0.5, 80% 형 고구마의 무게에 0.2를 곱한 값을 더하여 산정

옥수수	표본구간 내 수확한 옥수수 중 "하" 항목의 개수에 "중" 항목 개수의 0.5 를 곱한 값을 더한 후 품종별 표준중량을 곱하여 피해수확량을 산정

<품종별 표준중량(g)>

미백2호	대학찰(연농2호)	미흑찰 등
180	160	190

콩, 팥	표본구간별 종실중량에 1에서 함수율을 뺀 값을 곱한 후 다시 0.86을 나누어 산정한 중량의 합계

<기수확비율에 따른 기수확지수(차(茶)만 해당)>

기수확비율	기수확지수	기수확비율	기수확지수
10% 미만	1.000	50% 이상 60% 미만	0.958
10% 이상 20% 미만	0.992	60% 이상 70% 미만	0.949
20% 이상 30% 미만	0.983	70% 이상 80% 미만	0.941
30% 이상 40% 미만	0.975	80% 이상 90% 미만	0.932
40% 이상 50% 미만	0.966	90% 이상	0.924

ⓑ 표본구간 면적 합계 : 품목별 표본구간 면적 합계 산정 방법에 따라 산출한다.

[품목별 표본구간 면적 합계 산정 방법]

품목	표본구간 면적 합계 산정 방법
양파, 마늘, 고구마, 감자, 옥수수, 양배추	표본구간별 면적(이랑 길이 × 이랑 폭)의 합계
콩, 팥	표본구간별 면적(이랑 길이(또는 세로 길이) × 이랑 폭(또는 가로 길이))의 합계 단, 규격의 원형(1㎡)을 이용하여 조사한 경우에는 표본구간 수에 규격 면적(1㎡)을 곱해 산정
차(茶)	표본구간수에 규격 면적(0.08㎡)을 곱하여 산정

ⓒ 조사 대상 면적 : 실제 경작면적에서 수확불능(고사)면적, 타작물 및 미보상면적, 기 수확면적을 빼어 산출한다.

> 조사대상 면적 = 실경작면적 - 수확불능(고사)면적 - 타작물 및 미보상면적
> - 기수확면적

ⓓ 병충해 감수량은 감자 품목에만 해당하며, 표본구간 병충해감수량 합계를 표본구간 면적 합계로 나눈 후 조사 대상 면적 합계를 곱하여 산출한다.
㉮ 표본구간 병충해감수량 합계 산정 : 표본구간 병충해감수량 합계는 각 표본구간별 병충해감수량을 합하여 산출한다.

㉴ 병충해감수량 산정 : 병충해감수량은 병충해를 입은 괴경의 무게에 손해정도비율과 인정비율을 곱하여 산출한다.

> **병충해감수량** = 병충해 입은 괴경의 무게 × 손해정도비율 × 인정비율

㉳ 손해정도비율 산정 : 손해정도비율은 병충해로 입은 손해의 정도에 따라 병충해 감수량으로 적용하는 비율로 아래 표와 같다.

<손해정도에 따른 손해정도 비율>

품목	손해정도	손해정도비율	손해정도	손해정도비율
감자	1~20%	20%	61~80%	80%
	21~40%	40%	81~100%	100%
	41~60%	60%		

㉴ 인정 비율 산정 : 인정 비율은 병·해충별 등급에 따라 병충해 감수량으로 인정하는 비율로 아래 표와 같다.

<병·해충 등급별 인정 비율>

구분 품목	급수	병·해충	인정 비율
감자	1급	역병, 갈쭉병, 모자이크병, 무름병, 둘레썩음병, 가루더뎅이병, 잎말림병, 감자뿔나방	90%
	2급	홍색부패병, 시들음병, 마른썩음병, 풋마름병, 줄기검은병, 더뎅이병, 균핵병, 검은무늬썩음병, 줄기기부썩음병, 진딧물류, 아메리카잎굴파리, 방아벌레류	70%
	3급	반쪽시들음병, 흰비단병, 잿빛곰팡이병, 탄저병, 겹둥근무늬병, 오이총채벌레, 뿌리혹선충, 파밤나방, 큰28점박이무당벌레, 기타	50%

ⓛ 전수조사 시 수확량 산출

ⓐ 적용 품목 : 콩, 팥 등이다.

ⓑ 전수조사 수확량 합계에 평년수확량을 실제경작면적으로 나눈 후 타작물 및 미보상면적과 기수확면적의 합을 곱한 값을 더하여 산정한다.

<품목별 전수조사 수확량 산정 방법>

품목	수확량 합계 산정 방법
콩, 팥	전체 종실 중량에 1에서 함수율을 뺀 값을 곱한 후 0.86을 나누어 산정한 중량의 합계

ⓒ 미보상감수량은 평년수확량에서 수확량을 뺀 값에 미보상비율을 곱하여 산출한다.

2. 종합위험 생산비보장방식

[대상품목 : 고추, 배추(고랭지 · <u>가을배추★</u> · 월동), 무(고랭지 · 월동), 단호박, 메밀, 브로콜리, 당근, 시금치(노지), 대파, 쪽파 · 실파[1형], 쪽파 · 실파[2형], 양상추]

종합위험 생산비보장방식이란 보상하는 재해로 사고 발생 시점까지 투입된 작물의 생산비를 피해율에 따라 지급하는 방식이다.

(1) 시기별 조사 종류

생육시기	재해	조사내용	조사시기	조사방법	비고
정식 (파종) ~ 수확종료	보상하는 재해전부	생산비 피해조사	사고발생 시마다	① 재배일정 확인 ② 경과비율 산출 ③ 피해율 산정 ④ 병충해 등급별 인정비율 확인(노지 고추만 해당)	고추, 브로콜리
수확전	보상하는 재해전부	피해사실 확인 조사	사고접수 후 지체 없이	보상하는 재해로 인한 피해발생 여부 조사(피해사실이 명백한 경우 생략 가능)	배추, 무, 단호박, 파, 당근, 메밀, 시금치(노 지), 양상 추만 해당
수확전	보상하는 재해전부	경작불능 조사	사고접수 후 지체 없이	해당 농지의 피해면적비율 또는 보험목적 인 식물체 피해율 조사 · 조사방법: 전수조사 또는 표본조사	배추, 무, 단호박, 파, 당근, 메밀, 시금치(노 지), 양상 추만 해당
수확 직전		생산비 피해조사	수확직전	사고발생 농지의 피해비율 및 손해정도 비 율 확인을 통한 피해율 조사 · 조사방법: 표본조사	배추, 무, 단호박, 파, 당근, 메밀, 시금치(노 지), 양상 추만 해당

(2) 손해평가 현지조사 방법

1) 피해사실 확인조사

① **적용 품목** : 배추(고랭지 · 가을배추 · 월동), 무(고랭지 · 월동), 단호박, 파(대파, 쪽파 · 실파), 당근, 메밀, 시금치(노지), 양상추 등이다.

② **조사 대상** : 대상 재해로 사고 접수 농지 및 조사 필요 농지이다.

③ **대상 재해** : 자연재해, 조수해(鳥獸害), 화재 등이다.

④ **조사 시기** : 사고 접수 직후 실시한다.

⑤ **조사 방법** : 「피해사실 "조사 방법" 준용」 다음 각 목에 해당하는 사항을 확인한다.

　㉠ 보상하는 재해로 인한 피해 여부 확인 : 기상청 자료 확인 및 현지 방문 등을 통하여 보상하는 재해로 인한 피해가 맞는지 확인하며, 필요시에는 이에 대한 근거로 다음의 자료를 확보한다.

　　　　ⓐ 기상청 자료, 농업기술센터 의견서 및 손해평가인 소견서 등 재해 입증 자료를
　　　　　확보한다.

　　　　ⓑ 피해농지 사진 : 농지의 전반적인 피해 상황 및 세부 피해 내용이 확인 가능하
　　　　　도록 촬영한다.

　　ⓛ 추가조사 필요 여부 판단 : 보상하는 재해 여부 및 피해 정도 등을 감안하여 추가
　　　조사(생산비보장 손해조사 또는 경작불능손해조사)가 필요한지 여부를 판단하여
　　　해당 내용에 대하여 계약자에게 안내하고, 추가조사가 필요할 것으로 판단된 경우
　　　에는 손해평가반 구성 및 추가조사 일정을 수립한다.

　　ⓔ 고사면적 확인 : 보상하는 재해로 인하여 해당 작물이 고사하여 수확될 수 없는
　　　면적을 확인한다.

★2) 재정식 · 재파종 조사

① 재정식 · 재파종 조사는 브로콜리, 배추(가을,월동), 무(월동), 쪽파(실파), 메밀, 시금
　치, 양상추 품목에만 해당한다.

② 피해사실 확인조사 시 조사가 필요하다고 판단된 농지에 대하여 실시하는 조사로 손
　해평가반은 피해농지를 방문하여 보상하는 재해여부 및 피해면적을 조사한다.

③ 보험금 지급대상 확인 (재정식 · 재파종 전조사)

　　㉠ 보상하는 재해여부 심사

　　　　ⓐ 농지 및 작물상태 등을 감안하여 약관에서 정한 보상하는 재해로 인한 피해가
　　　　　맞는지 확인하다.

　　　　ⓑ 이때 필요시에는 이에 대한 근거자료(피해사실 확인조사 참조)를 확보할 수 있다.

　　㉡ 실제 경작면적 확인

　　　　ⓐ GPS 면적측정기 또는 지형도 등을 이용하여 보험가입 면적과 실제 경작면적을
　　　　　비교한다.

　　　　ⓑ 이때 실제 경작면적이 보험가입 면적 대비 10%이상 차이가 날 경우 계약사항
　　　　　을 변경해야 한다.

　　㉢ 피해면적 확인 : GPS 면적측정기 또는 지형도 등을 이용하여 실제 경작면적대비
　　　피해면적을 비교 및 조사한다.

　　㉣ 피해면적의 판정기준 : 작물이 고사되거나 살아있으나 수확이 불가능할 것으로 판
　　　단된 면적이다.

④ 재정식 · 재파종 이행완료 여부 조사 (재정식 · 재파종 후조사)

　　㉠ 재정식 · 재파종 보험금 대상 여부 조사(전조사) 시 재정식 · 재파종 보험금 지급대
　　　상으로 확인된 농지에 대하여 재정식 · 재파종이 완료되었는지를 조사한다.

ⓒ 피해면적 중 일부에 대해서만 재정식·재파종이 이루어진 경우에는 재정식·재파종이 이루어지지 않은 면적은 피해면적에서 제외한다.

⑤ 단, 농지별 상황에 따라 재정식·재파종 전조사를 생략하고 재정식·재파종 후조사 시 면적조사(실제 경작면적 및 피해면적)를 실시할 수 있다.

3) 경작불능조사

① 적용 품목 : 배추(고랭지·가을배추·월동), 무(고랭지·월동), 단호박, 파(대파, 쪽파·실파), 당근, 메밀, 시금치(노지), 양상추 등이다.

② 조사 대상 : 피해사실 확인조사 시 경작불능조사가 필요하다고 판단된 농지 또는 사고 접수 시 이에 준하는 피해가 예상되는 농지이다.

③ 조사 시기 : 피해사실 확인조사 직후 또는 사고 접수 직후 실시한다.

④ 경작불능 보험금 지급 대상 여부 조사(경작불능 전(前) 조사) 다음에 해당하는 사항을 확인한다.

ⓖ 보험기간 확인 : 경작불능보장의 보험기간은 '계약체결일 24시'와 '정식·파종완료일 24시(단, 각 품목별 아래의 일자를 초과할 수 없음)' 중 늦은 때부터 수확 개시일 직전(다만, 약관에서 정하는 보장 종료일을 초과할 수 없음)까지로 해당 기간 내 사고인지 확인한다.

<경작불능보장의 보험기간[보장개시]>

품목	정식 완료일 (판매개시연도)						파종 완료일(판매개시연도)					
	배추			대파	단호박	양상추	무		쪽파·실파 ([1형],[2형])	시금치 (노지)	당근	메밀
	고랭지	가을	월동				고랭지	월동				
일자	7월 31일	9월 10일	9월 25일	5월 20일	5월 29일	8월 31일	7월 31일	10월 15일	10월15일	10월 31일	8월 31일	9월 15일

<경작불능보장의 보험기간[보장종료]>

품목	정식 일로부터						파종 일로부터						
	배추			대파	단호박	양상추	무		쪽파·실파		시금치 (노지)	당근	메밀
	고랭지	가을	월동				고랭지	월동	[1형]	[2형]			
일자	70일째 되는날 24시	110일째 되는날 24시다만, 판매개시 연도 12월 15일	최초수확 직전 다만, 이듬해 3월 31일	200일 째 되는날 24시	90일째 되는날 24시	70일째 되는날 24시다만, 판매개시 연도 11월 10일	80일째 되는날 24시	최초수확 직전 다만, 이듬해 3월 31일	최초수확 직전 다만, 판매개시 연도 12월 31일	최초수확 직전 다만, 이듬해 5월 31일	최초수확 직전 다만, 이듬해 1월 15일	최초수확 직전 다만, 이듬해 2월 29일	최초수확 직전 다만, 판매개시 연도 11월 20일

    ⓛ 보상하는 재해 여부 심사

       ⓐ 농지 및 작물 상태 등을 감안하여 보상하는 재해로 인한 피해가 맞는지 확인한다.

       ⓑ 이때 필요시에는 이에 대한 근거자료(피해사실 확인조사 참조)를 확보한다.

    ⓒ 실제 경작면적 확인

       ⓐ GPS 면적측정기 또는 지형도 등을 이용하여 보험 가입 면적과 실제 경작면적을 비교한다.

       ⓑ 이때 실제 경작면적이 보험 가입 면적 대비 10% 이상 차이가 날 경우에는 계약사항을 변경해야 한다.

    ⓔ 식물체 피해율 조사 : 목측 조사를 통해 조사 대상 농지에서 보상하는 재해로 인한 식물체 피해율이 65% 이상 여부를 조사한다.

> ※ 고사식물체(수 또는 면적)를 보험 가입식물체(수 또는 면적)로 나눈 값을 의미하며, 고사식물체 판정의 기준은 해당 식물체의 수확 가능 여부이다.

    ⓜ 생산비보장 손해조사 대상 확인 : 식물체 피해율이 65% 미만이거나, 식물체 피해율이 65% 이상이 되어도 계약자가 경작불능보험금을 신청하지 않은 경우에는 향후 생산비보장 손해조사가 필요한 농지로 결정한다.

    ⓗ 산지폐기 여부 확인(경작불능 후(後) 조사) : 배추(고랭지, 월동), 무(고랭지, 월동), 단호박, 파(대파, 쪽파·실파), 당근, 메밀, 시금치(노지), 양상추 품목에 대하여 1차 조사(경작불능 전 조사)에서 보상하는 재해로 식물체 피해율이 65% 이상인 농지에 대하여, 산지폐기 등으로 작물이 시장으로 유통되지 않은 것을 확인한다.

4) 생산비보장 손해조사

  ① 적용 품목

    ㉠ 고추, 브로콜리 등이다.

    ㉡ 배추(고랭지, 월동), 무(고랭지, 월동), 단호박, 파(대파, 쪽파·실파), 당근, 메밀, 시금치(노지), 양상추 중

       ⓐ 피해사실 확인조사 시 추가조사가 필요하다고 판단된 농지 또는 경작불능 조사 결과 추가 조사를 실시하는 것으로 결정된 농지(식물체 피해율이 65% 미만이거나, 65% 이상이어도 계약자가 경작불능 보험금을 신청하지 않는 경우)

       ⓑ ※ 단, 생산비보장 손해조사 전 계약자가 피해 미미(자기부담비율 이내의 사고) 등의 사유로 수확량조사 실시를 취소한 농지는 생산비보장 손해조사 미실시(실시하지 않는다.)

② 조사 시기

　ㄱ 사고 접수 직후 : 고추, 브로콜리 등이다.

　ㄴ 수확 직전 : 배추(고랭지ㆍ월동), 무(고랭지ㆍ월동), 단호박, 파(대파, 쪽파ㆍ실파), 당근, 메밀, 시금치(노지), 양상추 등이다.

③ 조사 방법 : 다음 각 목에 해당하는 사항을 확인한다.

　ㄱ 보상하는 재해 여부 심사

　　ⓐ 농지 및 작물 상태 등을 감안하여 보상하는 재해로 인한 피해가 맞는지 확인한다.

　　ⓑ 이때 필요시에는 이에 대한 근거자료(피해사실 확인조사 참조)를 확보한다.

　ㄴ 일자 조사

　　ⓐ 사고 일자 확인 : 재해가 발생한 일자를 확인한다.

　　　㉮ 한해(가뭄), 폭염 및 병충해와 같이 지속되는 재해의 사고일자는 재해가 끝나는 날을 사고 일자로 한다. ※ 가뭄(예) : 가뭄 이후 첫 강우일의 전날

　　　㉯ 재해가 끝나기 전에 조사가 이루어질 경우에는 조사가 이루어진 날을 사고 일자로 하며, 조사 이후 해당 재해로 추가 발생한 손해는 보상하지 않는다.

　　ⓑ 수확 예정 일자, 수확 개시 일자, 수확 종료 일자 확인

　　　㉮ 사고 일자를 기준으로 사고 일자 전에 수확이 시작되지 않았다면 수확 예정 일자를 확인한다.

　　　㉯ 사고 일자 전에 수확이 시작되었다면 최초 수확을 시작한 일자와 수확 종료 (예정) 일자를 확인한다.

　ㄷ 실제 경작면적 확인

　　ⓐ GPS 면적측정기 또는 지형도 등을 이용하여 보험가입 면적과 실제 경작면적을 비교한다.

　　ⓑ 이때 실제 경작면적이 보험 가입 면적 대비 10% 이상 차이가 날 경우에는 계약 사항을 변경해야 한다.

　ㄹ 피해면적조사

　　ⓐ GPS 면적측정기 또는 지형도 등을 이용하여 피해 이랑 또는 식물체 피해면적을 확인한다.

　　ⓑ 단, 메밀 품목은 도복으로 인한 피해면적과 도복 이외 피해면적을 나누어 조사한다.

　ㅁ 손해정도비율 조사

　　ⓐ 고추

㉮ 표본이랑수 선정 : 조사된 피해면적에 따라 표본이랑수 〈별표1〉를 선정한다.

<품목별 표본주(구간)수 <별표1> 표>

※ 고추, 메밀, 브로콜리, 배추, 무, 단호박, 파, 당근, 시금치(노지), 양상추

실제경작면적 또는 피해면적	표본구간(이랑)수
3,000㎡ 미만	4
3,000㎡ 이상 7,000㎡ 미만	6
7,000㎡ 이상 15,000㎡ 미만	8
15,000㎡ 이상	10

㉯ 표본이랑 선정

Ⓐ 선정한 표본이랑 수를 바탕으로 피해 이랑 중에서 동일한 간격으로 골고루 배치될 수 있도록 표본이랑을 선정한다.

Ⓑ 다만, 선정한 이랑이 표본으로 부적합한 경우(해당 지점 작물의 상태가 현저히 좋거나 나빠서 표본으로 대표성을 가지기 어려운 경우 등)에는 가까운 위치의 다른 피해 이랑을 표본이랑으로 선정한다.

㉰ 표본이랑 내 작물 상태 조사

Ⓐ 표본이랑별로 식재된 작물(식물체 단위)을 손해정도비율표 〈별표 6〉와 고추 병충해 등급별 인정비율 〈별표 7〉에 따라 구분하여 조사한다.

Ⓑ 이때 피해가 없거나 보상하는 재해 이외의 원인으로 피해가 발생한 작물 및 타작물은 정상으로 분류하며, 가입 이후 추가로 정식한 식물체 등 보장 대상과 무관한 식물체도 정상으로 분류하여 조사한다.

<손해정도에 따른 손해정도비율 <별표 6>>

손해정도	1%~20%	21%~40%	41%~60%	61%~80%	81%~100%
손해정도비율	20%	40%	60%	80%	100%

<고추 병충해 등급별 인정비율 <별표 7>>

등급	종류	인정비율
1등급	역병, 풋마름병, 바이러스병, 탄저병, 세균성점무늬병	70%
2등급	잿빛곰팡이병, 시들음병, 담배가루이, 담배나방	50%
3등급	흰가루병, 균핵병, 무름병, 진딧물 및 기타	30%

㉒ 미보상비율 조사 : 품목별 미보상비율 적용표 〈별표2〉에 따라 미보상비율을 조사한다.

<감자, 고추 품목 <별표 2>>

구분	제초 상태	기타
해당 없음	0%	0%
미흡	10% 미만	10% 미만
불량	20% 미만	20% 미만
매우 불량	20% 이상	20% 이상

※ 미보상 비율은 보상하는 재해 이외의 원인이 조사 농지의 수확량 감소에 영향을 준 비율을 의미하여 제초 상태, 병해충 상태 및 기타 항목에 따라 개별 적용한 후 해당 비율을 합산하여 산정한다.

ⓑ 브로콜리

㉮ 표본구간수 선정 : 실제경작면적에 따라 최소 표본구간 수 이상의 표본구간 수 〈별표1〉를 선정한다.

<품목별 표본주(구간)수 <별표1> 표>

※ 고추, 메밀, 브로콜리, 배추, 무, 단호박, 파, 당근, 시금치(노지), 양상추

실제경작면적 또는 피해면적	표본구간(이랑)수
3,000㎡ 미만	4
3,000㎡ 이상 7,000㎡ 미만	6
7,000㎡ 이상 15,000㎡ 미만	8
15,000㎡ 이상	10

㉯ 표본 선정

Ⓐ 선정한 표본구간수를 바탕으로 재배 방법 및 품종 등을 감안하여 조사 대상 면적에 동일한 간격으로 골고루 배치될 수 있도록 표본구간을 선정한다.

Ⓑ 다만, 선정한 구간이 표본으로 부적합한 경우(해당 지점 작물의 수확량 이 현저히 많거나 적어서 표본으로 대표성을 가지기 어려운 경우 등)에 는 가까운 위치의 다른 구간을 표본구간으로 선정한다.

Ⓒ 대상 이랑을 연속해서 잡거나 1~2이랑씩 간격을 두고 선택한다.

㉰ 표본구간 내 작물 상태 조사

Ⓐ 각 표본구간 내에서 연속하는 10구의 작물피해율 조사를 진행한다.

Ⓑ 각 표본구간 내에서 식재된 작물을 브로콜리 피해정도에 따른 피해인정 계수표에 따라 조사를 진행한다. 작물피해율조사 시, 보상하는 재해로 인한 작물이 훼손된 경우 피해 정도에 따라 정상, 50%형 피해송이, 80%

형 피해송이, 100%형 피해송이로 구분하여 조사한다.

<브로콜리 피해정도에 따른 피해인정계수>

구분	정상발작물	50%형 피해발작물	80%형 피해발작물	100%형 피해발작물
피해인정계수	0	0.5	0.8	1

ⓒ 메밀 (도복 이외의 피해면적만을 대상으로 함)

㉮ 표본구간수 선정 : 피해면적에 따라 표본구간수 〈별표1〉를 선정한다.

<품목별 표본주(구간)수 <별표1> 표>

※ 고추, 메밀, 브로콜리, 배추, 무, 단호박, 파, 당근, 시금치(노지), 양상추

실제경작면적 또는 피해면적	표본구간(이랑)수
3,000㎡ 미만	4
3,000㎡ 이상 7,000㎡ 미만	6
7,000㎡ 이상 15,000㎡ 미만	8
15,000㎡ 이상	10

㉯ 표본구간 선정

Ⓐ 선정한 표본구간수를 바탕으로 피해면적에 골고루 배치될 수 있도록 표본 구간을 선정한다.

Ⓑ 다만, 선정한 구간이 표본으로 부적합한 경우(해당 작물의 수확량이 현저히 많거나 적어서 표본으로 대표성을 가지기 어려운 경우 등)에는 가까운 위치의 다른 구간을 표본구간으로 선정한다.

㉰ 표본구간 내 작물 상태 조사

Ⓐ 선정된 표본구간에 규격의 원형(1㎡) 이용 또는 표본구간의 가로·세로 길이 1m×1m를 구획하여, 표본 구간 내 식재된 메밀을 손해정도비율표에 따라 구분하여 조사한다.

Ⓑ 이때 피해가 없거나 보상하는 재해 이외의 원인으로 피해가 발생한 메밀 및 타작물은 정상으로 분류하여 조사한다. 다만, 기 조사시 100%형 피해로 보험금 지급완료 후 새로 파종한 메밀 등 보장대상과 무관한 작물은 평가제외로 분류하여 조사한다.

<손해 정도에 따른 손해정도비율>

손해정도	1%~20%	21%~40%	41%~60%	61%~80%	81%~100%
손해정도비율	20%	40%	60%	80%	100%

ⓓ 배추(고랭지, 가을배추, 월동), 무(고랭지, 월동), 파(대파, 쪽파·실파), 당근, 시금치(노지), ★양상추 등

㉮ 표본구간수 선정 : 조사된 피해면적에 따라 표본구간 수 〈별표1〉를 산정한다.

<품목별 표본주(구간)수 <별표1> 표>

※ 고추, 메밀, 브로콜리, 배추, 무, 단호박, 파, 당근, 시금치(노지), 양상추

실제경작면적 또는 피해면적	표본구간(이랑)수
3,000㎡ 미만	4
3,000㎡ 이상 7,000㎡ 미만	6
7,000㎡ 이상 15,000㎡ 미만	8
15,000㎡ 이상	10

㉯ 표본구간 선정 및 표식

Ⓐ 선정한 표본구간수를 바탕으로 피해면적에 골고루 배치될 수 있도록 표본 구간을 선정한다.

Ⓑ 다만, 선정한 구간이 표본으로 부적합한 경우(해당 작물의 수확량이 현저히 많거나 적어서 표본으로 대표성을 가지기 어려운 경우 등)에는 가까운 위치의 다른 구간을 표본구간으로 선정한다. 표본구간마다 첫 번째 작물과 마지막 작물에 리본 등으로 표시한다.

㉰ 표본구간 내 작물 상태 조사

Ⓐ 표본구간 내에서 연속하는 10구의 손해정도 비율 조사를 진행한다.

Ⓑ 손해정도비율 조사 시, 보상하는 재해로 인한 작물이 훼손된 경우 손해정도비율표〈별표 6〉에 따라 구분하여 조사한다.

<손해정도에 따른 손해정도비율 <별표 6>>

손해정도	1%~20%	21%~40%	41%~60%	61%~80%	81%~100%
손해정도비율	20%	40%	60%	80%	100%

ⓔ 단호박

㉮ 표본구간수 선정 : 조사된 피해면적에 따라 표본구간수 〈별표 1〉를 선정한다.

<품목별 표본주(구간)수 <별표1> 표>

※ 고추, 메밀, 브로콜리, 배추, 무, 단호박, 파, 당근, 시금치(노지), 양상추

실제경작면적 또는 피해면적	표본구간(이랑)수
3,000㎡ 미만	4
3,000㎡ 이상 7,000㎡ 미만	6
7,000㎡ 이상 15,000㎡ 미만	8
15,000㎡ 이상	10

㉮ 표본구간 선정

ⓐ 선정한 표본구간수를 바탕으로 피해면적에 골고루 배치될 수 있도록 표본구간을 선정한다.

ⓑ 다만, 선정한 구간이 표본으로 부적합한 경우(해당 작물의 수확량이 현저히 많거나 적어서 표본으로 대표성을 가지기 어려운 경우 등)에는 가까운 위치의 다른 구간을 표본구간으로 선정한다.

㉯ 표본구간 내 작물 상태 조사 : 선정된 표본구간에 표본구간의 가로(이랑폭)·세로(1m) 길이를 구획하여, 표본 구간 내 식재된 단호박을 손해정도비율표 〈별표 6〉에 따라 구분하여 조사한다.

<손해정도에 따른 손해정도비율 <별표 6>>

손해정도	1%~20%	21%~40%	41%~60%	61%~80%	81%~100%
손해정도비율	20%	40%	60%	80%	100%

(3) 보험금 산정 방법 및 지급기준

★1) 재파종·재정식보험금 산정

① 지급사유 : 보상하는 재해로 면적 피해율이 자기부담비율을 초과하고, 재파종·재정식을 한 경우 보험금을 1회 지급한다.

② 지급금액

> 지급금액 = 보험가입금액 × 20% × 면적피해율*
>
> *면적피해율 = 피해면적 ÷ 보험 가입면적

2) 경작불능보험금의 산정

① 지급 사유 : 보험기간 내에 보상하는 재해로 식물체 피해율이 65% 이상이고, 계약자가 경작불능보험금을 신청한 경우 경작불능보험금은 자기부담비율에 따라 아래 표와 같이 보험 가입금액의 일정 비율을 곱하여 계산한다.

<자기부담비율별 경작불능보험금표>

자기부담비율	경작불능보험금
20%형	보험 가입금액 × 40%
30%형	보험 가입금액 × 35%
40%형	보험 가입금액 × 30%

② **지급거절 사유** : 보험금 지급 대상 농지 품목이 산지폐기 등의 방법을 통해 시장으로 유통되지 않게 된 것이 확인되지 않으면 경작불능보험금을 지급하지 않는다.

③ **보험계약의 소멸** : 경작불능보험금을 지급한 때에는 그 손해보상의 원인이 생긴 때로부터 해당 농지에 대한 보험계약은 소멸되며, 이 경우 환급보험료는 발생하지 않는다.

그림 2-27 생산비보장방식 식물체 손해정도 비율 조사

2) 생산비보장보험금 산정

보험기간 내에 보상하는 재해로 피해가 발생한 경우 아래와 같이 계산한 생산비보장보험 금을 지급한다.

① **고추**

㉠ 생산비보장보험금 : 보험기간 내에 보상하는 재해로 피해가 발생한 경우 아래와 같이 계산한 생산비보장보험금을 지급한다.

ⓐ 병충해가 없는 경우
생산비보장보험금 = (잔존보험 가입금액 × 경과비율 × 피해율) - 자기부담금 ※ 잔존보험가입금액 = 보험가입금액-보상액(기발생 생산비보장보험금합계액) ※ 자기부담금 = 잔존보험가입금액 × 보험 가입을 할 때 계약자가 선택한 비율
ⓑ 병충해가 있는 경우
생산비보장보험금 = (잔존보험 가입금액 × 경과비율 × 피해율 × 병충해 등급별 인정비율) - 자기부담금 ※ 잔존보험가입금액 = 보험가입금액-보상액(기발생 생산비보장보험금합계액) ※ 자기부담금 = 잔존보험가입금액 × 보험 가입을 할 때 계약자가 선택한 비율★

<고추 병충해 등급별 인정비율 <별표 7>>

등 급	종류	인정비율
1등급	역병, 풋마름병, 바이러스병, 탄저병, 세균성점무늬병	70%
2등급	잿빛곰팡이병, 시들음병, 담배가루이, 담배나방	50%
3등급	흰가루병, 균핵병, 무름병, 진딧물 및 기타	30%

ⓛ 경과비율

ⓐ 수확기 이전에 보험사고가 발생한 경우

> **경과비율** = 준비기생산비계수 + {(1 - 준비기생산비계수)
> × (생장일수 ÷ 표준생장일수)}
>
> 1. 준비기생산비계수는 ★52.7%로 한다.
> 2. 생장일수는 정식일로부터 사고발생일까지 경과일수로 한다.
>   ※★ 정식일 당일 사고의 경우 "0"일 다음날 사고의 경우 "1"일
> 3. 표준생장일수(정식일로부터 수확개시일까지 표준적인 생장일수)는 사전에 설정된 값으로 100일로 한다.
> 4. 생장일수를 표준생장일수로 나눈 값은 1을 초과할 수 없다.

ⓑ 수확기 중에 보험사고가 발생한 경우

> **경과비율** = 1 - (수확일수 ÷ 표준수확일수)
>
> 1. 수확일수는 수확개시일부터 사고발생일까지 경과일수로 한다.
> 2. 표준수확일수는 수확개시일부터 수확종료일까지의 일수로 한다.

ⓒ 피해율

> **피해율** = 피해비율 × 손해정도비율 × (1 - 미보상비율)
> ※ 피해비율 = 피해면적(주수) ÷ 재배면적(주수)

ⓓ 손해정도비율

<손해정도에 따른 손해정도비율 <별표 6>>

손해정도	1%~20%	21%~40%	41%~60%	61%~80%	81%~100%
손해정도비율	20%	40%	60%	80%	100%

> ※ 손해정도비율 = {(20%형 피해작물 개수 × 0.2) + (40%형 피해작물 개수 × 0.4) + (60%형 피해작물 개수 × 0.6) + (80%형 피해작물 개수 × 0.8) + (100%형 피해작물 개수)} ÷ {(정상작물 개수 + 20%형 피해작물 개수 + 40%형 피해작물 개수 + 60%형 피해작물 개수 + 80%형 피해작물 개수 + 100%형 피해작물 개수}

② 브로콜리

　　㉠ 생산비보장보험금 : 보험기간 내에 보상하는 재해로 피해가 발생한 경우 아래와 같이 계산한 생산비보장보험금을 지급한다.

> **생산비보장보험금** = (잔존보험가입금액 × 경과비율 × 피해율) - 자기부담금
>
> ※ 잔존보험가입금액 = 보험가입금액 - 보상액(기 발생 생산비보장 보험금 합계액)
> ※ 자기부담금 = 잔존보험가입금액 × 보험 가입을 할 때 계약자가 선택한 비율

　　㉡ 경과비율

　　　　ⓐ 수확기 이전에 보험사고가 발생한 경우

> **경과비율** = 준비기생산비계수 + {(1 - 준비기생산비계수) × (생장일수 ÷ 표준생장일수)}
>
> 1. 준비기생산비계수는 ★49.2%로 한다.
> 2. 생장일수는 정식일로부터 사고발생일까지 경과일수로 한다.
>   ※ 정식일 당일 사고의 경우 "0"일 다음날 사고의 경우 "1"일★
> 3. 표준생장일수(정식일로부터 수확개시일까지 표준적인 생장일수)는 사전에 설정된 값으로 130일로 한다.
> 4. 생장일수를 표준생장일수로 나눈 값은 1을 초과할 수 없다.

　　　　ⓑ 수확기 중에 보험사고가 발생한 경우

> **경과비율** = 1 - (수확일수 ÷ 표준수확일수)
>
> 1. 수확일수는 수확개시일부터 사고발생일까지 경과일수로 한다.
> 2. 표준수확일수는 수확개시일부터 수확종료일까지의 일수로 한다.

　　㉢ 피해율

> **피해율** = 면적피해율 × 작물피해율
>
> ⓐ 면적피해율 = 피해면적(㎡) ÷ 재배면적(㎡)
> ⓑ 작물피해율은 피해면적 내 피해송이 수를 총 송이 수로 나누어 산출한다.
> ※ 피해송이는 송이별로 피해 정도에 따라 피해인정계수를 정하며, 피해송이 수는 피해송이별 피해인정계수의 합계로 산출합니다.

<브로콜리 피해정도에 따른 피해인정 계수>

구분	정상발작물	50%형 피해발작물	80%형 피해발작물	100%형 피해발작물
피해인정계수	0	0.5	0.8	1

③ 메밀

　　㉠ **생산비보장보험금**은 보험 가입금액에 피해율에서 자기부담비율을 뺀 값을 곱하여 산출한다.

$$\text{생산비보장보험금 = 보험가입금액} \times \text{(피해율 − 자기부담비율)}$$

ⓒ 피해율은 피해면적(㎡)을 실제 재배면(㎡)으로 나누어 산정한다.

$$\text{피해율 = 피해면적 ÷ 실제 재배면적}$$

ⓒ **피해면적**은 도복으로 인한 피해면적에 70%를 곱한 값과 도복 이외 피해면적에 손해정도비율을 곱한 값을 더하여 산정한다.

$$\text{피해면적 = (도복으로 인한 피해면적} \times 70\%\text{) +(도복 이외 피해면적} \times \text{손해정도비율)}$$

ⓔ 자기부담비율은 보험 가입을 할 때 계약자가 선택한 비율로 한다.

ⓜ ★평균손해정도비율은 도복 이외 피해면적을 일정 수의 표본구간으로 나누어 각 표본구간의 손해정도비율을 조사한 뒤 평균값으로, 각 표본구간별 손해정도비율 〈별표 6〉은 손해정도에 따라 결정한다.

<손해정도에 따른 손해정도비율 <별표 6>>

손해정도	1%~20%	21%~40%	41%~60%	61%~80%	81%~100%
손해정도비율	20%	40%	60%	80%	100%

④ ★배추, 무, 파, 시금치

㉠ 생산비보장보험금 : 보험가입금액에 피해율에서 자기부담비율을 뺀 값을 곱하여 산출한다.

$$\text{생산비보장보험금 = 보험가입금액} \times \text{(피해율 − 자기부담비율)}$$

㉡ 피해율 : 피해비율에 손해정도비율, (1 - 미보상비율)을 곱하여 산정하며, 각 요소는 아래 목과 같이 산출한다.

$$\text{피해율 = 피해비율} \times \text{손해정도비율} \times \text{(1 − 미보상비율)}$$

ⓐ 면적피해율 : 면적피해율 산정시 보상하지 않는 손해에 해당하는 피해면적(주수)는 제외하여 산출한다.

$$\text{피해비율 = 피해면적(주수) ÷ 실제 재배면적}$$

ⓑ 평균손해정도비율 : ★ 피해면적을 일정 수의 표본구간으로 나누어 각 표본구간의 손해정도비율을 조사한 뒤 평균값으로, 각 표본구간별 손해정도비율은 손해 정도에 따라 〈별표 6〉과 같이 결정한다.

<손해정도에 따른 손해정도비율 <별표 6>>

손해정도	1%~20%	21%~40%	41%~60%	61%~80%	81%~100%
손해정도비율	20%	40%	60%	80%	100%

※ 손해정도비율 = {(20%형 피해작물 개수 × 0.2) + (40%형 피해작물 개수 × 0.4) + (60%형 피해작물 개수 × 0.6) + (80%형 피해작물 개수 × 0.8) + (100%형 피해작물 개수)} ÷ {(정상작물 개수 + 20%형 피해작물 개수 + 40%형 피해작물 개수 + 60%형 피해작물 개수 + 80%형 피해작물 개수 + 100%형 피해작물 개수}

ⓒ 미보상비율 : 품목별 미보상비율 적용표 〈별표 2〉에 따라 조사한 미보상비율을 적용한다.

농작물재해보험 미보상비율 적용표 <감자, 고추 제외 전 품목<별표 2>>

구분	제초 상태	병해충 상태	기타
해당 없음	0%	0%	0%
미흡	10% 미만	10% 미만	10% 미만
불량	20% 미만	20% 미만	20% 미만
매우 불량	20% 이상	20% 이상	20% 이상

ⓒ 자기부담비율은 보험 가입을 할 때 계약자가 선택한 비율로 한다.

⑤ ★단호박, 당근, 양상추

ㄱ 생산비보장보험금 : 보험가입금액에 피해율에서 자기부담비율을 뺀 값을 곱하여 산출한다.

생산비보장보험금 = 보험가입금액 × (피해율 - 자기부담비율)

ㄴ 피해율 : 피해비율에 손해정도비율, (1 - 미보상비율)을 곱하여 산정하며, 각 요소는 아래 목과 같이 산출한다.

피해율 = 피해비율 × 손해정도비율 × (1 - 미보상비율)

ⓐ 피해비율 : 피해면적(주수) ÷ 재배면적(주수)

피해비율 산정시 보상하지 않는 손해에 해당하는 피해면적(주수)는 제외하여 산출한다.

ⓑ 손해정도비율 : 손해정도에 따라 〈별표6〉과 같이 결정한다.

<손해정도에 따른 손해정도비율 <별표 6>>

손해정도	1%~20%	21%~40%	41%~60%	61%~80%	81%~100%
손해정도비율	20%	40%	60%	80%	100%

※ 손해정도비율 = {(20%형 피해작물 개수 × 0.2) + (40%형 피해작물 개수 × 0.4) + (60%형 피해작물 개수 × 0.6) + (80%형 피해작물 개수 × 0.8) + (100%형 피해작물 개수)} ÷ {(정상작물 개수 + 20%형 피해작물 개수 + 40%형 피해작물 개수 + 60%형 피해작물 개수 + 80%형 피해작물 개수 + 100%형 피해작물 개수}

ⓒ 미보상비율 : 품목별 미보상비율 적용표 〈별표2〉에 따라 조사한 미보상비율을 적용한다.

농작물재해보험 미보상비율 적용표 <감자, 고추 제외 전 품목<별표 2>>

구분	제초 상태	병해충 상태	기타
해당 없음	0%	0%	0%
미흡	10% 미만	10% 미만	10% 미만
불량	20% 미만	20% 미만	20% 미만
매우 불량	20% 이상	20% 이상	20% 이상

ⓒ 자기부담비율은 보험을 가입할 때 계약자가 선택한 비율로 한다.

3. 작물특정 및 시설종합위험 인삼손해보장방식

(1) 작물특정 인삼손해보장

보상하는 재해(태풍(강풍), 폭설, 집중호우, 침수, 화재, 우박, 냉해, 폭염)로 인삼(작물)에 직접적인 피해가 발생하여 자기부담비율 (자기부담금)을 초과하는 손해가 발생한 경우 보험금이 지급된다.

(2) 시설(해가림시설) 종합위험 손해보장

보상하는 재해(자연재해, 조수해(鳥獸害), 화재)로 해가림시설(시설)에 직접적인 피해가 발생하여 자기부담비율(자기부담금)을 초과하는 손해가 발생한 경우 보험금이 지급된다. 보험 가입금액이 보험가액과 같거나 클 때에는 발생한 손해액에 자기부담금을 차감하여 보험금을 산정한다. 단, 보험 가입금액이 보험가액보다 작을 때에는 보험 가입금액을 한도로 비례 보상하여 산정한다.

(3) 시기별 조사 종류

생육시기	재해	조사내용	조사시기	조사방법	비고
보험 기간 내	태풍(강풍)·폭설·집중호우·침수·화재·우박·냉해·폭염	수확량 조사	피해 확인이 가능한 시기	보상하는 재해로 인하여 감소된 수확량 조사 · 조사방법: 전수조사 또는 표본조사	인삼
	보상하는 재해 전부	해가림시설 조사	사고접수 후 지체 없이	보상하는 재해로 인하여 손해를 입은 시설 조사	해가림 시설

(4) 손해평가 현지조사 종류 및 방법

1) 피해사실 확인조사

① 적용 품목 : 인삼, 해가림시설 등이다.

② 조사 대상 : 대상 재해로 사고 접수 농지 및 조사 필요 농지이다.

③ 대상 재해

   ㉠ 인삼 : 태풍(강풍), 폭설, 집중호우, 침수, 화재, 우박, 냉해, 폭염 (특정위험) 등이다.

   ㉡ 해가림시설 : 자연재해, 조수해(鳥獸害), 화재 (종합위험) 등이다.

④ 조사 시기 : 사고 접수 직후 실시한다.

⑤ 조사 방법 : ★「피해사실 "조사 방법" 준용」★다음에 해당하는 사항을 확인한다.

   ㉠ 보상하는 재해로 인한 피해 여부 확인 : 기상청 자료 확인 및 현지 방문 등을 통하여 보상하는 재해로 인한 피해가 맞는지 확인하며, 필요시에는 이에 대한 근거로 다음의 자료를 확보한다.

      ⓐ 기상청 자료, 농업기술센터 의견서 및 손해평가인 소견서 등 재해 입증자료를 확보한다.

      ⓑ 피해 농지 사진 : 농지의 전반적인 피해 상황 및 세부 피해 내용이 확인 가능하도록 촬영한다.

   ㉡ 추가조사 필요 여부 판단

      ⓐ 보상하는 재해 여부 및 피해 정도 등을 감안하여 추가조사(수확량조사 및 해가림시설손해조사)가 필요한지 여부를 판단하여 해당 내용에 대하여 계약자에게 안내한다.

      ⓑ 이때 추가조사가 필요할 것으로 판단된 경우에는 손해평가반 구성 및 추가조사 일정을 수립한다.

2) 수확량조사

① 적용 품목 : 인삼이다.

② 조사 대상 : 피해사실 확인조사 시 수확량조사가 필요하다고 판단된 농지이다.

③ 조사 시기 : 수확량 확인이 가능한 시기이다.

④ 조사 방법 : 다음에 해당하는 사항을 확인한다.

   ㉠ 보상하는 재해 여부 심사

      ⓐ 농지 및 작물 상태 등을 감안하여 보상하는 재해로 인한 피해가 맞는지 확인한다.

      ⓑ 이때 필요시에는 이에 대한 근거자료(피해사실 확인조사 참조)를 확보할 수 있다.

   ㉡ 수확량조사 적기 판단 및 시기 결정 : 조사 시점이 인삼의 수확량을 확인하는데 적절한지 검토하고, 부적절한 경우 조사 일정을 조정한다.

ⓒ 전체 칸수 및 칸 넓이 조사

ⓐ 전체 칸수조사

> 농지 내 경작 칸수를 센다. (단, 칸수를 직접 세는 것이 불가능할 경우에는 경작 면적을 이용한 칸수조사 (경작면적 ÷ 칸 넓이)도 가능하다)

ⓑ 칸 넓이 조사

> 지주목 간격, 두둑 폭 및 고랑 폭을 조사하여 칸 넓이를 구한다.
> [칸 넓이 = 지주목 간격 × (두둑 폭 + 고랑 폭)]

ⓒ 조사 방법에 따른 수확량 확인

ⓐ 전수조사

㉮ 칸수 조사 : 금번 수확칸수, 미수확칸수 및 기수확칸수를 확인한다.

㉯ 실 수확량 확인 : 수확한 인삼 무게를 확인한다.

ⓑ 표본조사

㉮ 칸수 조사 : 정상 칸수 및 피해 칸수를 확인한다.

㉯ 표본칸 선정 : 피해칸수에 따라 적정 표본칸수를 선정하고, 해당 수의 칸이 피해칸에 골고루 배치될 수 있도록 표본칸을 선정한다. 〈별표 1〉

인삼<품목별 표본주(구간)수 표<별표 1>>★

피해칸수	표본칸수	피해칸수	표본칸수
300칸 미만	3칸	900칸 이상 1,200칸 미만	7칸
300칸 이상 500칸 미만	4칸	1,200칸 이상 1,500칸 미만	8칸
500칸 이상 700칸 미만	5칸	1,500칸 이상 1,800칸 미만	9칸
700칸 이상 900칸 미만	6칸	1,800칸 이상	10칸

㉰ 인삼 수확 및 무게 측정 : 표본칸 내 인삼을 모두 수확한 후 무게를 측정한다.

3) 인삼 해가림시설 손해조사

① **적용 품목** : 해가림시설 이다.

② **조사 대상** : 인삼 해가림시설 사고가 접수된 농지

③ **조사 시기** : 사고접수 직후

④ **조사 방법** : 다음에 해당하는 사항을 확인한다.

㉠ 보상하는 재해 여부 심사

ⓐ 농지 및 작물 상태 등을 감안하여 보상하는 재해로 인한 피해가 맞는지 확인한다.

ⓑ 필요시에는 이에 대한 근거자료(피해사실 확인조사 참조)를 확보한다.

ⓛ 전체 칸수 및 칸 넓이 조사

ⓐ 전체 칸수조사

> 농지 내 경작 칸수를 센다. (단, 칸수를 직접 세는 것이 불가능할 경우에는 경작 면적을 이용한 칸수조사 (경작면적 ÷ 칸 넓이)도 가능하다.)

ⓑ 칸 넓이 조사

> 지주목 간격, 두둑 폭 및 고랑 폭을 조사하여 칸 넓이를 구한다.
> ★[칸 넓이 = 지주목 간격 × (두둑 폭 + 고랑 폭)]

ⓒ 피해 칸수 조사 : 피해 칸에 대하여 전체파손 및 부분파손(20%형, 40%형, 60%형, 80%형)으로 나누어 각 칸수를 조사한다.

그림 2-28 해가림시설 손해조사

시설손해조사(종합위험) 해가림시설

칸 넓이 확인 (통상 1평당 1칸)
1.8m   1.8m

전체칸수 / 피해칸수 확인

피해가 없는 칸

ⓔ 손해액 산정

ⓐ 단위면적당 시설가액표, 파손 칸수 및 파손 정도 등을 참고하여 실제 피해에 대한 복구비용을 기평가한 재조달가액으로 산출한 피해액을 산정한다.

ⓑ 산출된 피해액에 대하여 감가상각을 적용하여 손해액을 산정한다.

> ※ 다만, ㉮ 피해액이 보험가액의 20% 이하인 경우에는 감가를 적용하지 않는다.
> ㉯ 피해액이 보험가액의 20%를 초과하면서 감가 후 피해액이 보험가액의 20% 미만인 경우에는 보험가액의 20%를 손해액으로 산출한다.

4) 미보상비율 조사(모든 조사 시 동시 조사)

상기 모든 조사마다 미보상비율 적용표 〈별표 2〉에 따라 미보상비율을 조사한다.

농작물재해보험 미보상비율 적용표 <감자, 고추 제외 전 품목 <별표 2>>★

구분	제초 상태	병해충 상태	기타
해당 없음	0%	0%	0%
미흡	10% 미만	10% 미만	10% 미만
불량	20% 미만	20% 미만	20% 미만
매우 불량	20% 이상	20% 이상	20% 이상

(5) 보험금 산정방법 및 지급기준

1) 인삼보험금 산정

① **지급 사유** : 보험기간 내에 보상하는 재해로 피해율이 자기부담비율을 초과하는 경우 보험금은 아래에 따라 계산한다.

$$지급보험금 = 보험가입금액 \times (피해율 - 자기부담비율)$$

② 2회 이상 보험사고가 발생하는 경우의 지급보험금은 ①)호에 따라 산정된 보험금에서 기발생지급보험금을 차감하여 계산한다.

③ **피해율** : 보상하는 재해로 피해가 발생한 경우 연근별기준수확량에서 수확량을 뺀 후 연근별기준수확량으로 나눈 값에 피해면적을 재배면적으로 나눈 값을 곱하여 산출한다.

$$피해율 = \left(1 - \frac{수확량}{연근별기준수확량}\right) \times \frac{피해면적}{재배면적}$$

[연근별 기준수확량(가입 당시 년근 기준] (단위 : kg/m²)

구분	2년근	3년근	4년근	5년근
불량	0.45	0.57	0.64	0.66
표준	0.50	0.64	0.71	0.73
우수	0.55	0.70	0.78	0.81

※ 수확량 계산

> 수확량 = 단위면적당 조사수확량 + 미보상감수량방법★
> ※ 단위면적당 조사수확량 = 총수확량 ÷ 금차수확면적 (금차수확칸수 × 조사칸넓이)
> ※ 단위면적당 미보상감수량 = (기준수확량 - 단위면적당 조사수확량) × 미보상비율

1. 단위면적당 조사수확량과 단위면적당 미보상감수량을 합하여 계산한다.
2. 단위면적당 조사수확량은 총수확량을 금차수확면적 (금차수확칸수×조사칸넓이)으로 나누어 계산한다.
3. 단위면적당 미보상감수량은 기준수확량에서 단위면적당 조사수확량을 뺀 값과 미보상비율을 곱하여 계산한다.

④ **자기부담비율** : 자기부담비율은 보험 가입을 할 때 계약자가 선택한 비율로 한다.

⑤ **보험금 등의 지급한도**는 다음과 같다.

㉠ 재해보험사업자가 지급하여야 할 보험금은 상기 ① ·② ·③ ·④를 적용하여 계산하며 보험증권에 기재된 인삼의 보험가입금액을 한도로 한다.

㉡ 손해방지비용, 대위권 보전비용, **잔존물 보전비용**(단, 재해보험사업자가 잔존물을 취득할 의사표시를 하고 잔존물을 취득한 경우에 한하여 지급한다.)은 보험가입금액을 초과하는 경우에도 지급한다.(보험의 목적이 인삼일 경우, 잔존물 제거비용은 지급하지 않는다.)

단, **손해방지비용**은 20만원을 한도로 지급한다.

㉢ 비용손해 중 기타 협력비용은 보험가입금액을 초과한 경우에도 전액 지급한다.

2) 인삼 해가림시설 보험금 산정

① **지급 사유** : 보험기간 내에 보상하는 재해로 피해율이 자기부담비율을 초과하는 경우 보험금은 아래에 따라 계산한다.

㉠ 보험 가입금액이 보험가액과 같거나 클 때 : 보험 가입금액을 한도로 손해액에서 자기부담금을 차감한 금액 그러나, 보험 가입금액이 보험가액보다 클 때에는 보험가액을 한도로 한다.

㉡ 보험 가입금액이 보험가액보다 작을 때 : 보험 가입금액을 한도로 다음과 같이 비례보상

지급보험금 = (손해액 - 자기부담금) × (보험 가입금액 ÷ 보험가액)

* 자기부담금은 최소자기부담금(10만원)과 최대자기부담금(100만원)을 한도로 손해액의 10%에 해당하는 금액을 적용한다.

㉢ 위 ㉠과 ㉡에서 손해액이란 그 손해가 생긴 때와 곳에서의 보험가액을 말한다.

② 동일한 계약의 목적과 동일한 사고에 관하여 보험금을 지급하는 다른 계약[공제계약(각종 공제회에 가입되어 있는 계약)을 포함한다.]이 있고 이들의 보험 가입금액의 합계액이 보험가액보다 클 경우에는 〈별표 8〉에 따라 보험금을 계산한다. 이 경우 보험자 1인에 대한 보험금 청구를 포기한 경우에도 다른 보험자의 보험금 결정에는 영향을 미치지 않는다.

[<별표8> 동일한 계약의 목적과 사고에 관한 보험금 계산방법★]

㉠ 다른 계약이 이 계약과 보험금의 계산방법이 같은 경우

지급보험금 = 손해액 × (이 계약의 보험가입금액 ÷ 다른 계약이 없는 것으로 하여 각각 계산한 보험 가입금액의 합계액)

ⓛ 다른 계약이 이 계약과 보험금의 계산 방법이 다른 경우

> 지급보험금 = 손해액 × (이 계약에 의한 보험금 ÷ 다른 계약이 없는 것 으로 하여 각각 계산한 보험금의 합계액)

③ 보험금 등의 지급한도

  ㉠ **보상하는 손해**(자연재해, 조수해(鳥獸害), 화재★)로 재해보험사업자가 지급할 보험금과 잔존물 제거비용은 각각 상기 ①·②를 적용하여 계산하며, 그 합계액은 보험증권에 기재된 해가림시설의 보험가입금액을 한도로 한다. 단, 잔존물 제거비용은 손해액의 10%를 초과할 수 없다.

  ㉡ 비용손해 중 손해방지비용, 대위권 보전비용, **잔존물 보전비용**(단, 재해보험사업자가 잔존물을 취득할 의사표시를 하고 잔존물을 취득한 경우에 한하여 지급한다.)은 상기 ①·②를 적용하여 계산한 금액이 보험가입금액을 초과하는 경우에도 지급한다. 단, 농지별 손해방지비용은 20만원을 한도로 지급한다.

  ㉢ 비용손해 중 기타 협력비용은 보험가입금액을 초과한 경우에도 전액 지급한다.

제5절 ┃ 종합위험 시설작물 손해평가 및 보험금 산정(대상 : 원예시설 및 시설작물, 버섯재배사 및 버섯작물)

1. 보험의 목적

(1) 원예시설

1) 농업용 시설물

단동하우스(광폭형하우스를 포함한다), 연동하우스 및 유리(경질판)온실의 구조체 및 피복재 등이다.

2) 부대시설 : 보험의 목적인 부대시설은 아래의 물건 등을 말한다.

① 시설재배 농작물의 재배를 위하여 농업용 시설물 내부 구조체에 연결, 부착되어 외부에 노출되지 않은 시설물을 말한다.

② 시설재배 농작물의 재배를 위하여 농업용 시설물 내부 지면에 고정되어 이동 불가능한 시설물을 말한다.

③ 시설재배 농작물의 재배를 위하여 지붕 및 기둥 또는 외벽을 갖춘 외부 구조체 내에 고정·부착된 시설물을 말한다.

3) 시설재배 농작물

① 화훼류 : 국화, 장미, 백합, 카네이션 등이다.

② 비화훼류 : 딸기, 오이, 토마토, 참외, 풋고추, 호박, 수박, 멜론, 파프리카, 상추, 부추, 시금치, 가지, 배추, 파(대파·쪽파), 무, 쑥갓, 미나리, ★감자 등이다.

<보장대상 제외 품종(목)>★

농작물	보장대상 제외 품종(목)
배추(시설재배)	얼갈이 배추, 쌈배추, 양배추
딸기(시설재배)	산딸기
수박(시설재배)	애플수박, 미니수박, 복수박
고추(시설재배)	홍고추
오이(시설재배)	노각
상추(시설재배)	양상추, 프릴라이스, 버터헤드(볼라레), 오비레드, 이자벨, 멀티레드, 카이피라, 아지르카, 이자트릭스, 크리스피아노

(2) 버섯

1) 농업용 시설물(버섯재배사)

단동하우스(광폭형하우스를 포함한다), 연동하우스 및 경량철골조 등 버섯작물 재배용으로 사용하는 구조체, 피복재 또는 벽으로 구성된 시설 등이다.

2) 부대시설

버섯작물 재배를 위하여 농업용 시설물(버섯재배사)에 부대하여 설치한 시설(단, 동산시설은 제외함) 등이다.

① 버섯작물 재배를 위하여 농업용 시설물(버섯재배사) 내부 구조체에 연결, 부착되어 외부에 노출되지 않은 시설물을 말한다.

② 버섯작물의 재배를 위하여 농업용 시설물(버섯재배사) 내부 지면에 고정되어 이동 불가능한 시설물을 말한다.

③ 버섯작물의 재배를 위하여 지붕 및 기둥 또는 외벽을 갖춘 외부 구조체 내에 고정·부착된 시설물을 말한다.

3) 시설재배 버섯

농업용 시설물(버섯재배사) 및 부대시설을 이용하여 재배하는 느타리버섯(균상재배, 병

재배), 표고버섯(원목재배, 톱밥배지재배), 새송이버섯(병재배), 양송이버섯(균상재배) 등
이다.

2. 손해평가 및 보험금 산정

(1) 손해평가 현지조사 방법

1) 농업용 시설물 및 부대시설 손해조사

① 조사기준

㉠ 손해가 생긴 때와 곳에서의 가액에 따라 손해액을 산출하며, 손해액 산출 시에는
농업용시설물 감가율을 적용한다.

〈농업용 시설물 감가율〉

1. 고정식 하우스

구분		내용연수	경년감가율
구조체	단동하우스	10년	8%
	연동하우스	15년	5.3%
피복재	장수PE, 삼중EVA, 기능성필름, 기타	1년	40% 고정감가
	장기성PO	5년	16%

2. 이동식 하우스(최초 설치년도 기준)

구분	경과기간			
	1년 이하	2~4년	5~8년	9년 이상
구조체 (고정감가)	0%	30%	50%	70%
피복재	40%(고정감가)			

3. 유리온실 부대시설

구분		내용연수	경년감가율
부대시설		8년	10%
유리온실	철골조/석조/연와석조	60년	1.33%
	블록조/경량철골조/단열판넬조	40년	2.0%

※ 유리온실은 손해보험협회가 발행한 『보험가액 및 손해액의 평가기준』건물의 추정
내용년수 및 경년감가율표를 준용한다.
※ 경년감가율은 월단위로 적용(경과년수=사고년월-취득년월)하여 월단위 감가 적용
한다. 다만, 고정식하우스의 피복재(내용년수 1년)와 이동식하우스의 구조체, 피
복재는 고정감가를 적용한다.

㉡ 재조달가액 보장 특별약관에 가입한 경우에는 재조달가액(보험의 목적과 동형 동
질의 신품을 조달하는데 소요되는 금액)기준으로 계산한 손해액을 산출한다. 단,
보험의 목적이 손해를 입은 장소에서 실제로 수리 또는 복구되지 않은 때에는 재

조달가액에 의한 보상을 하지 않고 시가(감가상각된 금액)로 보상한다.

② **평가단위** : 물리적으로 분리 가능한 시설 1동을 기준으로 계약 원장에 기재된 목적물별로 평가한다.

③ **조사 방법**

　㉠ 계약사항 확인

　　ⓐ 계약 원장 및 현지 조사표를 확인하여 사고 목적물의 소재지 및 보험시기 등을 확인한다.

　　ⓑ 계약 원장 상의 하우스 규격(단동, 연동, 피복재 종류 등)을 확인한다.

　㉡ 사고 현장 방문

　　ⓐ 계약 원장 상의 목적물과 실제 목적물 소재지 일치 여부를 확인한다.

　　ⓑ 면담을 통해 사고 경위, 사고 일시 등을 확인한다.

　　ⓒ 면담 결과, 사고 경위, 기상청 자료 등을 감안하여 보상하는 재해로 인한 손해가 맞는지를 판단한다.

　㉢ 손해평가

　　ⓐ 피복재 : 다음을 참고하여 하우스 폭에 피해길이를 감안하여 피해 범위를 산정한다.

　　　㉮ 전체 교체가 필요하다고 판단되어 전체 교체를 한 경우 전체 피해로 인정 산정한다.

　　　㉯ 전체 교체가 필요하다고 판단되지만 부분 교체를 한 경우 교체한 부분만 피해로 인정 산정한다.

　　　㉰ 전체 교체가 필요하지 않는다고 판단되는 경우 피해가 발생한 부분만 피해로 인정 산정한다.

　　ⓑ 구조체 및 부대시설 : 다음을 참고하여 교체수량(비용), 보수 및 수리 면적(비용)을 산정하되, 재사용할 수 없는 경우(보수 불가) 또는 수리 비용이 교체비용보다 클 경우에는 재조달비용을 산정한다.

　　　㉮ 손상된 골조(부대시설)를 재사용할 수 없는 경우는 교체수량 확인 후 교체비용 산정한다.

　　　㉯ 손상된 골조(부대시설)를 재사용할 수 있는 경우는 수리 및 보수비용 산정한다.

　　ⓒ 인건비 : 실제 투입된 인력, 시방서, 견적서, 영수증 및 시장조사를 통해 피복재 및 구조체 시공에 소모된 인건비 등을 감안하여 산정한다.

<그림 2-29> 시설하우스 손해조사

조사방법	관련사진

조사방법

■ 손해액 조사
- 피복재 : 피복재의 피해면적 조사
- 구조체
  • 손상된 골조를 재사용할 수 없는 경우
    : 교체 수량
  • 손상된 골조를 재사용할 수 있는 경우
    : 보수면적 확인
- 부대시설
  : 보상 가능한 목적물 중 피해목적물에 대한
  피해정도 조사 후 수리 및 보수비용 확인

■ 잔존물 확인
- 피해목적물을 재사용(수리 · 복구) 할 수
  없는 경우 경제적 가치 확인

관련사진

침수로 매몰된 하우스

강풍 피해 하우스

화재 피해 하우스

2) 원예시설작물 · 시설재배 버섯 손해조사

① 조사기준

　㉠ 1사고 마다 생산비보장 보험금을 보험 가입금액 한도 내에서 보상한다.

　㉡ 평가단위는 목적물 단위로 한다.

　㉢ 동일 작기에서 2회 이상 사고가 난 경우 동일 작기 작물의 이전 사고의 피해를
　　 감안하여 산정한다.

　㉣ 평가 시점은 피해의 확정이 가능한 시점에서 평가한다.

② 조사 방법

　㉠ 계약사항 확인

　　ⓐ 계약 원장 및 현지 조사표를 확인하여 사고 목적물의 소재지 및 보험시기 등을
　　　 확인한다.

　　ⓑ 계약 원장 상의 하우스 규격 및 재배면적 등을 확인한다.

　㉡ 사고 현장 방문

　　ⓐ 면담을 통해 사고 경위, 사고 일자 등을 확인한다.

　　ⓑ 기상청 자료 확인, 계약자 면담, 작물의 상태 등을 고려하여 보상하는 재해로
　　　 인한 피해 여부를 확인하며, 필요시 계약자에게 아래의 자료를 요청하여 보상
　　　 하는 재해 여부를 판단한다.

　　　㉮ 농업기술센터 의견서을 확인한다.

④ 출하내역서(과거 출하내역 포함)을 확인한다.
　　　⑤ 기타 정상적인 영농활동을 입증할 수 있는 자료 등을 확인한다.
　　ⓒ 재배 일정 확인(정식 · 파종 · 종균접종일, 수확개시 · 수확종료일 확인)
　　　㉮ 문답 조사를 통하여 확인한다.
　　　㉯ 필요 시 재배 일정 관련 증빙서류(모종 구매내역, 출하 관련 증명서, 영농일
　　　　지 등)를 확인한다.
　　ⓓ 사고 일자 확인 : 계약자 면담, 기상청 자료 등을 토대로 사고 일자를 특정한다.
　　　㉮ 수확기 이전 사고 : 연속적인 자연재해(폭염, 냉해 등)로 사고 일자를 특정할
　　　　수 없는 경우에는 기상특보 발령 일자를 사고 일자로 추정한다. 다만 지역적
　　　　재해 특성, 계약자별 피해 정도 등을 고려하여 이를 달리 정할 수 있다.
　　　㉯ 수확기 중 사고 : 연속적인 자연재해(폭염, 냉해 등)로 사고 일자를 특정할
　　　　수 없는 경우에는 최종 출하 일자를 사고 일자로 추정한다. 다만 지역적 재
　　　　해 특성, 계약자별 피해 정도 등을 고려하여 이를 달리 정할 수 있다.
　③ 손해조사
　　ⓐ 경과비율 산출 : 사고 현장 방문 시 확인한 정식일자(파종 · 종균접종일), 수확개시
　　　일자, 수확종료일자, 사고 일자를 토대로 작물별 경과비율을 산출한다.
　　ⓑ 재배비율 및 피해비율 확인 : 해당 작물의 재배면적(주수) 및 피해면적(주수)를 조
　　　사한다.
　　ⓒ 손해정도비율 : 보험목적물의 뿌리, 줄기, 잎 과실 등에 발생한 부분의 손해정도비
　　　율 〈별표 6〉을 산정한다.

[<별표 6>손해정도에 따른 손해정도비율]★					
손해정도	1%~20%	21%~40%	41%~60%	61%~80%	81%~100%
손해정도비율	20%	40%	60%	80%	100%

3) 화재대물배상책임 조사

　손해평가는 피보험자가 보험증권에 기재된 농업용 시설물 및 부대시설 내에서 발생한
화재사고로 타인의 재물을 망그러뜨려 법률상의 배상책임이 발생한 경우에 한하여 조사
한다.

(2) 보험금 산정 방법 및 지급기준

1) 농업용 시설물 및 부대시설 보험금 산정

　① 시설하우스의 손해액은 구조체(파이프, 경량철골조) 손해액에 피복재 손해액을 합하
　　여 산정하고 부대시설 손해액은 별도로 산정한다.

② 손해액 산출 기준

　㉠ 손해가 생긴 때와 곳에서의 가액에 따라 농업용시설물 감가율을 적용한 손해액을 산출한다.

　㉡ **재조달가액 보장 특별약관에 가입한 경우**에는 감가율을 적용하지 않고 재조달가액 기준으로 계산한 손해액을 산출한다. 단, 보험의 목적이 손해를 입은 장소에서 실제로 수리 또는 복구되지 않은 때에는 재조달가액에 의한 보상을 하지 않고 시가(감가상각된 금액)로 보상한다.

③ 보상하는 재해로 인하여 손해가 발생한 경우 계약자 또는 피보험자가 지출한 아래의 비용을 추가로 지급한다. 단, 보험의 목적 중 농작물의 경우 잔존물 제거비용은 지급하지 않는다.

　㉠ 잔존물 제거비용 : 사고현장에서의 잔존물의 해체비용, 청소비용 및 차에 싣는 비용. 보험금과 잔존물 제거비용의 합계액은 보험증권에 기재된 보험가입금액을 한도로 하며 잔존물 제거비용은 손해액의 10%를 초과할 수 없다.

　㉡ 손해방지비용 : 손해의 방지 또는 경감을 위하여 지출한 필요 또는 유익한 비용.

　㉢ 대위권 보전비용 : 제3자로부터 손해의 배상을 받을 수 있는 경우에는 그 권리를 지키거나 행사하기 위하여 지출한 필요 또는 유익한 비용.

　㉣ 잔존물 보전비용 : 잔존물을 보전하기 위하여 지출한 필요 또는 유익한 비용. 다만, 재해보험사업자가 보험금을 지급하고 잔존물의 취득한 경우에 한함.

　㉤ 기타 협력비용 : 회사의 요구에 따르기 위하여 지출한 필요 또는 유익한 비용

④ 손해방지비용, 대위권 보전비용 및 잔존물보전비용은 보험 가입금액을 초과하는 경우에도 지급한다. ★

⑤ 지급보험금의 계산

　㉠ 지급 **보험금**은 1사고마다 손해액이 자기부담금을 초과하는 경우 **보험가입금액을 한도로 손해액에서 자기부담금을 차감**하여 계산한다.

> **지급보험금 = (손해액 - 자기부담금)**
>
> ※ 손해액은 그 손해가 생긴 때와 곳에서의 가액에 따라 계산한다.

　㉡ 동일한 계약의 보험목적과 동일한 사고에 관하여 보험금을 지급하는 다른 계약(공제계약을 포함한다)이 있고 이들의 보험가입금액의 합계액이 보험가액보다 클 경우에는 아래⟨별표 8⟩에 따라 계산한다. 이 경우 보험자 1인에 대한 보험금 청구를 포기한 경우에도 다른 보험자의 지급보험금 결정에는 영향을 미치지 않는다.

[**⟨별표8⟩ 동일한 계약의 목적과 사고에 관한 보험금 계산방법★**]

ⓐ 다른 계약이 이 계약과 보험금의 계산방법이 같은 경우

> • **지급보험금** = 손해액 × (이 계약의 보험가입금액 ÷ 다른 계약이 없는 것으로 하여 각각 계산한 보험 가입금액의 합계액)

ⓑ 다른 계약이 이 계약과 보험금의 계산 방법이 다른 경우

> • **지급보험금** = 손해액 × (이 계약에 의한 보험금 ÷ 다른 계약이 없는 것 으로 하여 각각 계산한 보험금의 합계액)

ⓒ 이 보험계약이 타인을 위한 보험계약이면서 보험계약자가 다른 계약으로 인하여 상법 제682조에 따른 대위권 행사의 대상이 된 경우에는 실제 그 다른 계약이 존재함에도 불구하고 그 다른 계약이 없다는 가정하에 계산한 보험금을 그 다른 보험계약에 우선하여 이 보험계약에서 지급한다.

ⓓ 이 보험계약을 체결한 재해보험사업자가 타인을 위한 보험에 해당하는 다른 계약의 보험계약자에게 상법 제682조에 따른 대위권을 행사할 수 있는 경우에는 이 보험계약이 없다는 가정하에 다른 계약에서 지급받을 수 있는 보험금을 초과한 손해액을 이 보험계약에서 보상한다.

ⓒ 하나의 보험가입금액으로 둘 이상의 보험의 목적을 계약한 경우에는 전체가액에 대한 각 가액의 비율로 보험가입금액을 비례배분하여 상기 ㉠과 ㉡의 규정에 따라 지급보험금을 계산한다.

⑥ **자기부담금**

㉠ 최소자기부담금(30만원)과 최대자기부담금(100만원)을 한도로 보험사고로 인하여 발생한 손 해액의 10%에 해당하는 금액을 적용한다.

㉡ 피복재단독사고는 최소자기부담금(10만원)과 최대자기부담금(30만원)을 한도로 한다.

㉢ 농업용 시설물과 부대시설 모두를 보험의 목적으로 하는 보험계약은 두 보험의 목적의 손해액 합계액을 기준으로 자기부담금을 산출하고 두목적물의 손해액 비율로 자기부담금을 적용한다.

㉣ 자기부담금은 단지 단위, 1사고 단위로 적용한다.

㉤ 화재로 인한 손해는 자기부담금을 적용하지 않는다.

⑦ **보험금 등의 지급한도**

㉠ 재해보험사업자가 지급하여야 할 보험금과 잔존물 제거비용은 상기 ⑤의 ㉠,㉡,㉢을 적용하여 계산하며, 그 합계액은 보험증권에 기재된 농업용시설물 및 부대시설의 보험가입금액을 한도로 한다. 단, 잔존물 제거비용은 손해액의 10%를 초과할 수 없다.

    ⓛ 비용손해 중 손해방지비용, 대위권 보전비용 및 잔존물 **보전비용**(단, 재해보험사업
      자가 잔존물을 취득할 의사표시를 하고 잔존물을 취득한 경우에 한하여 지급)은
      상기 ⑤의 ㉠,ⓛ,ⓒ을 적용하여 계산한 금액이 농업용 시설물 및 부대시설의 보험
      가입금액을 초과하는 경우에도 지급한다. **단, 이 경우에 자기부담금은 차감하지
      않는다.**
    ⓒ 비용손해 중 기타 협력비용은 보험가입금액을 초과한 경우에도 전액 지급한다.

2) 원예시설작물 및 시설재배 버섯 보험금 산정

① 보험금 지급기준

    ㉠ 보상하는 재해로 1사고마다 1동 단위로 생산비보장보험금이 10만원을 초과하는
      경우에 그 전액을 보험가입금액 내에서 보상한다.
    ⓛ 동일 작기에서 2회 이상 사고가 난 경우 동일 작기 작물의 이전 사고의 피해를
      감안하여 산출한다.

② 보험금 등의 지급한도

    ㉠ 생산비보장보험금은 다음 ③의 품목별 보험금 산출 계산식을 적용하여 계산하며
      하나의 작기(한 작물의 생육기간)에서 지급하는 보험금은 보험증권에 기재된 시설
      재배 농작물의 보험가입금액을 한도로 한다.
    ⓛ 비용손해 중 손해방지비용, 대위권 보전비용 및 **잔존물 보존비용**(단, 재해보험사업
      자가 잔존물을 취득할 의사표시를 하고 잔존물을 취득한 경우에 한하여 지급)은
      다음 ③의 품목별 보험금 산출 계산식을 적용하여 계산한 금액이 해당 작기(작물
      의 생육기간)에서 재배하는 보험증권 기재 농작물의 보험가입금액을 초과하는 경
      우에도 지급한다.(농작물의 경우 잔존물 제거비용은 지급하지 않는다.)**단, 손해방
      지비용**은 20만원을 초과할 수 없다.
    ⓒ 비용손해 중 기타 협력비용은 보험가입금액을 초과한 경우에도 전액 지급한다.

③ 보험금 산출방법

    ㉠ 적용 품목 : 딸기, 오이, 토마토, 참외, 풋고추, 호박, 수박, 멜론, 파프리카, 상추,
      가지, 배추, 파(대파), 미나리, ★감자, 국화, 백합, 카네이션 등이다.
    ⓐ 생산비보장보험금 : 보상하는 재해로 1사고마다 1동 단위로 생산비보장보험금
      이 10만원을 초과하는 경우에 그 전액을 보험가입금액 내에서 보상한다.

> • 생산비보장보험금 = 피해작물 재배면적 × 피해작물 단위 면적당 보장생산비
>   × 경과비율 × 피해율

ⓑ 경과비율

㉮ 수확기 이전 사고

> • 경과비율 = α + [(1-α) × (생장일수 ÷ 표준생장일수)]

• 준비기 생산비 계수 = α (40%, 국화·카네이션 재절화재배는 20%)
  ※ 재절화재배 : 절화를 채취하고 난뒤 모주에서 곧바로 싹을 키워 절화하는 방법
• 생장일수 : 정식(파종)일로부터 사고발생일까지 경과일수
• 표준생장일수 : 정식일로부터 수확개시일까지 표준적인 생장일수
• 생장일수를 표준생장일수로 나눈 값은 1을 초과할 수 없음

㉯ 수확기 중 사고

> • 경과비율 = [1- (수확일수 ÷ 표준수확일수)]

• 수확일수 : 수확개시일부터 사고발생일까지 경과일수
• 표준수확일수 : 수확개시일부터 수확종료일까지의 일수
  ※ 사전에 설정된 값이며 오이·토마토·풋고추·호박·상추의 표준수확일수는 수확개시일로부터 수확종료일까지의 일수로 한다.
• 위 계산식에도 불구하고 국화·수박·멜론의 경과비율은 1
• ★위 계산식에 따라 계산된 경과비율이 10% 미만인 경우 경과비율을 10%로 한다.
  ※ 단, 표준수확일수보다 실제 수확개시일부터 수확종료일까지의 일수가 적은 경우는 제외한다.
  ※ 오이·토마토·풋고추·호박·상추의 경우는 제외한다.

㉰ 피해율

> • 피해율 = 피해비율 × 손해정도비율 × ★(1 - 미보상비율)

* 피해비율 = 피해면적(주수) ÷ 재배면적(주수)
* 손해정도에 따른 손해정도비율(아래〈별표 6〉)

손해정도	1%~20%	21%~40%	41%~60%	61%~80%	81%~100%
손해정도비율	20%	40%	60%	80%	100%

㉱ 단, 위 ⓐ의 경우에도 불구하고 피해작물 재배면적에 피해작물 단위면적당 보장생산비를 곱한 값이 보험가입금액보다 큰 경우에는 위에서 계산된 생산비보장보험금을 아래와 같이 다시 계산하여 지급한다.

> • 위 ⓐ에서 계산된 생산비보장보험금
> × $\dfrac{보험가입금액}{피해작물 단위면적당 보장생산비 × 피해작물 재배면적}$

ⓛ 적용 품목 : 장미

ⓐ 생산비보장보험금 : 보상하는 재해로 1사고마다 1동 단위로 생산비보장보험금이 10만원을 초과하는 경우에 그 전액을 보험가입금액 내에서 보상한다.

ⓑ 보상하는 재해로 인하여 줄기, 잎, 꽃 등에 손해가 발생하였으나 **나무가 죽지 않은 경우**

㉮ 생산비보장보험금

> • 생산비보장보험금 = 장미 재배면적 × 장미 단위면적당 **나무생존시** 보장생산비 × 피해율

㉯ 피해율

> •피해율 = 피해비율 × 손해정도비율 × ★(1 - 미보상비율)
> ※ 피해비율 = 피해면적(주수) ÷ 재배면적(주수)
> * 손해정도에 따른 손해정도비율(아래〈별표 6〉)
>
> | 손해정도 | 1%~20% | 21%~40% | 41%~60% | 61%~80% | 81%~100% |
> |---|---|---|---|---|---|
> | 손해정도비율 | 20% | 40% | 60% | 80% | 100% |

ⓒ 보상하는 재해로 인하여 나무가 죽은 경우

㉮ 생산비보장보험금

> • 생산비보장보험금 = 장미 재배면적 × 장미 단위 면적당 나무고사 보장생산비 × 피해율

㉯ 피해율

> • 피해율 = 피해비율 × 손해정도비율
> ※ 피해비율 = 피해면적(주수) ÷ 재배면적(주수)
> * 손해정도비율은 100%로 한다.

ⓓ 단, 위 ⓑ의 경우에도 불구하고 장미 재배면적에 장미 단위면적당 나무고사 보장생산비를 곱한 값이 보험가입금액보다 큰 경우에는 위에서 계산된 생산비보장보험금을 아래와 같이 다시 계산하여 지급한다.

> • 위 ⓑ 에서 계산된 생산비보장보험금
> $$\times \frac{\text{보험가입금액}}{\text{장미 단위면적당 나무고사 보장생산비} \times \text{장미 재배면적}}$$

ⓒ 적용 품목 : 부추

ⓐ 생산비보장보험금 : 보상하는 재해로 1사고마다 1동 단위로 아래와 같이 계산한 생산비보장 보험금이 10만원을 초과하는 경우에 한하여 그 전액을 보험증권에 기재된 보험가입금액의 70% 내에서 보상한다.

- 생산비보장보험금 = 부추 재배면적 × 부추 단위면적당 보장생산비 × 피해율 × 70%

ⓑ 피해율

- 피해율 = 피해비율 × 손해정도비율 × ★(1 - 미보상비율)
- ※ 피해비율 = 피해면적(주수) ÷ 재배면적(주수)
- * 손해정도에 따른 손해정도비율(아래〈별표 6〉)

손해정도	1%~20%	21%~40%	41%~60%	61%~80%	81%~100%
손해정도비율	20%	40%	60%	80%	100%

ⓒ 단, 위 ⓐ의 경우에도 불구하고 부추 재배면적에 부추 단위면적당 보장생산비를 곱한 값이 보험가입금액보다 큰 경우에는 위에서 계산된 생산비보장보험금을 아래와 같이 다시 계산하여 지급한다.

- 위 ⓐ 에서 계산된 생산비보장보험금
  × $\dfrac{보험가입금액}{부추 단위면적당 보장생산비 × 부추 재배면적}$

ⓔ 적용 품목 : 시금치 · 파(쪽파) · 무 · 쑥갓

ⓐ 생산비보장보험금 : 보상하는 재해로 1사고마다 1동 단위로 생산비보장보험금이 10만원을 초과하는 경우에 그 전액을 보험가입금액 내에서 보상한다.

- 생산비보장보험금 = 피해작물 재배면적 × 단위 면적당 보장생산비 × 경과비율
  × 피해율

ⓑ 경과비율

㉮ 수확기 이전 사고

- 경과비율 = α + [(1-α) × (생장일수 ÷ 표준생장일수)]
- 준비기 생산비 계수 = α (10%)
- 생장일수 : 파종일로부터 사고발생일까지 경과일수
- 표준생장일수 : 파종일로부터 수확개시일까지 표준적인 생장일수
- 생장일수를 표준생장일수로 나눈 값은 1을 초과할 수 없음

㉯ 수확기 중 사고

- 경과비율 = 1 - (수확일수 ÷ 표준수확일수)
- 수확일수 : 수확개시일부터 사고발생일까지 경과일수
- 표준수확일수 : 수확개시일부터 수확종료일까지의 일수
- 위 계산식에 따라 계산된 경과비율이 10% 미만인 경우 경과비율을 10%로 한다.
  - ※ ★ 단, 표준수확일수보다 실제 수확개시일부터 수확종료일까지의 일수가 적은 경우는 제외한다.

ⓒ 피해율

> • 피해율 = 피해비율 × 손해정도비율 × ★(1 − 미보상비율)
> ※ 피해비율 = 피해면적(주수) ÷ 재배면적(주수)
> * 손해정도에 따른 손해정도비율(아래〈별표 6〉)

손해정도	1%~20%	21%~40%	41%~60%	61%~80%	81%~100%
손해정도비율	20%	40%	60%	80%	100%

ⓓ 단, 위 ⓐ의 경우에도 불구하고 피해작물 재배면적에 피해작물 단위면적당 보장생산비를 곱한 값이 보험가입금액보다 큰 경우에는 위에서 계산된 생산비보장보험금을 아래와 같이 다시 계산하여 지급

> • 위 ⓐ 에서 계산된 생산비보장보험금
> $\times \dfrac{\text{보험가입금액}}{\text{피해작물 단위면적당 보장생산비} \times \text{피해작물 재배면적}}$

<시설작물별 표준생장일수 및 표준수확일수>

품목		표준생장일수	표준수확일수
딸기		90일	182일
오이		45일(75일)	-
토마토		80일(120일)	-
참외		90일	224일
풋고추		55일	-
호박		40일	-
수박		100일	-
멜론		100일	-
파프리카		100일	223일
상추		30일	-
시금치		40일	30일
국화	스탠다드형	120일	-
	스프레이형	90일	-
가지		50일	262일
배추		70일	50일
파	대파	120일	64일
	쪽파	60일	19일
무	일반	80일	28일
	기타	50일	28일
백합		100일	23일
카네이션		150일	224일

미나리	130일	88일
쑥갓	50일	51일
★감자	110일	9일

※ 단, 괄호안의 표준생장일수는 9월~11월에 정식하여 겨울을 나는 재배일정으로 3월 이후에 수확을 종료하는 경우에 적용

※ 무 품목의 기타 품종은 알타리무, 열무 등 큰 무가 아닌 품종의 무임.

ⓜ 적용 품목 : 표고버섯(원목재배)

  ⓐ 생산비보장보험금 : 보상하는 재해로 1사고마다 생산비보장보험금이 10만원을 초과하는 경우에 그 전액을 보험가입금액 내에서 보상한다.

> • 생산비보장보험금 = 재배원목(본)수 × 원목(본)당 보장생산비 × 피해율

  ⓑ 원목(본)당 보장생산비는 별도 정하는 바에 따른다.

  ⓒ 피해율

> • 피해율 = 피해비율 × 손해정도비율 × ★(1 - 미보상비율)
>
> ※ 피해비율 = 피해원목(본)수 ÷ 재배원목(본)수
> * 손해정도비율 = 원목(본)의 피해면적 ÷ 원목의 면적

<표본원목 수표 또는 표본원목 선정기준>

피해 원목수	1,000본 이하	1,300본 이하	1,500본 이하	1,800본 이하	2,000본 이하	2,300본 이하	2,300본 초과
조사 표본수	10	14	16	18	20	24	26

  ⓓ 단, 위 ⓐ의 경우에도 불구하고 재배원목(본)수에 원목(본)당 보장생산비를 곱한 값이 보험가입금액보다 큰 경우에는 위에서 계산된 생산비보장보험금을 아래와 같이 다시 계산하여 지급한다.

> • 위 ⓐ에서 계산된 생산비보장보험금
>
> $$\times \frac{보험가입금액}{원목(본)당 보장생산비 \times 재배원목(본)수}$$

ⓗ 적용 품목 : 표고버섯(톱밥배지재배)

  ⓐ 생산비보장보험금 : 보상하는 재해로 1사고마다 생산비보장보험금이 10만원을 초과하는 경우에 그 전액을 보험가입금액 내에서 보상한다.

> • 생산비보장보험금 = 재배배지(봉)수 × 배지(봉)당 보장생산비 × 경과비율 × 피해율

ⓑ 경과비율

① 수확기 이전 사고

㉮ 경과비율 = α + [(1 - α) × (생장일수 ÷ 표준생장일수)]

㉯ 준비기 생산비 계수 = α (★66.3%)

㉰ 생장일수 = 종균접종일로부터 사고발생일까지 경과일수

㉱ 표준생장일수 : 종균접종일로부터 수확개시일까지 표준적인 생장일수

㉲ 생장일수를 표준생장일수로 나눈 값은 1을 초과 할 수 없음

② 수확기 중 사고

㉮ 경과비율 = 1 - (수확일수 ÷ 표준수확일수)

㉯ 수확일수 = 수확개시일로부터 사고발생일까지 경과일수

㉰ 표준수확일수 = 수확개시일부터 수확종료일까지의 일수

ⓒ 피해율

• 피해율 = 피해비율 × 손해정도비율 × ★(1 - 미보상비율)

＊ 피해비율 = 피해배지(봉)수 ÷ 재배배지(봉)수

＊ 손해정도비율은 손해정도에 따라 50%, 100%에서 결정

ⓓ 단, 위 ⓐ의 경우에도 불구하고 재배배지(봉)수에 배지(봉)당 보장생산비를 곱한 값이 보험가입금액보다 큰 경우에는 위에서 계산된 생산비보장보험금을 아래와 같이 다시 계산하여 지급한다.

• 위 ⓐ 에서 계산된 생산비보장보험금

× $\dfrac{\text{보험가입금액}}{\text{배지(봉)당 보장생산비} \times \text{재배배지(봉)수}}$

㉐ 적용 품목 : 느타리버섯(균상재배)

ⓐ 생산비보장보험금 : 보상하는 재해로 1사고마다 생산비보장보험금이 10만원을 초과하는 경우에 그 전액을 보험가입금액 내에서 보상한다.

• 생산비보장보험금 = 재배면적 × 단위 면적당 보장생산비 × 경과비율 × 피해율

★ⓑ 단위 면적당 보장생산비는 별도로 정한 바에 따른다.

ⓒ 경과비율

① 수확기 이전 사고

㉮ 경과비율 = α + [(1 - α) × (생장일수 ÷ 표준생장일수)]

㉯ 준비기 생산비 계수 = α (★67.6%)

㉰ 생장일수 = 종균접종일로부터 사고발생일까지 경과일수

㉱ 표준생장일수 : 종균접종일로부터 수확개시일까지 표준적인 생장일수

㉙ 생장일수를 표준생장일수로 나눈 값은 1을 초과 할 수 없음

② 수확기 중 사고

㉮ 경과비율 = 1 - (수확일수 ÷ 표준수확일수)

㉯ 수확일수 = 수확개시일로부터 사고발생일까지 경과일수

㉰ 표준수확일수 = 수확개시일부터 수확종료일까지의 일수

ⓓ 피해율

- 피해율 = 피해비율 × 손해정도비율 × ★(1 − 미보상비율)
- * 피해비율 = 피해면적(㎡) ÷ 재배면적(균상면적, ㎡)
- * 손해정도에 따른 손해정도비율(아래 〈별표 6〉)

손해정도	1%~20%	21%~40%	41%~60%	61%~80%	81%~100%
손해정도비율	20%	40%	60%	80%	100%

ⓔ 단, 위 ⓐ의 경우에도 불구하고 재배면적에 단위면적당 보장생산비를 곱한 값이 보험가입금액보다 큰 경우에는 위에서 계산된 생산비보장보험금을 아래와 같이 다시 계산하여 지급한다.

- 위 ⓐ에서 계산된 생산비보장보험금 × $\dfrac{\text{보험가입금액}}{\text{단위면적당 보장생산비} \times \text{재배면적}}$

◎ 적용 품목 : 느타리버섯(병재배)

ⓐ 생산비보장보험금

- 생산비보장보험금 = 재배병수 × 병당 보장생산비 × 경과비율 × 피해율

ⓑ 경과비율 = 일자와 관계없이 88.7%

ⓒ 피해율

- 피해율 = 피해비율 × 손해정도비율 × ★(1 − 미보상비율)
- * 피해비율 = 피해병수 ÷ 재배병수
- * 손해정도에 따른 손해정도비율(아래 〈별표 6〉)

손해정도	1%~20%	21%~40%	41%~60%	61%~80%	81%~100%
손해정도비율	20%	40%	60%	80%	1100%

ⓓ 단, 위 ⓐ의 경우에도 불구하고 재배병수에 병당 보장생산비를 곱한 값이 보험가입금액보다 큰 경우에는 위에서 계산된 생산비보장보험금을 아래와 같이 다시 계산하여 지급한다.

- 위 ⓐ에서 계산된 생산비보장보험금 × $\dfrac{\text{보험가입금액}}{\text{병당 보장생산비} \times \text{재배병수}}$

★ⓔ 병당 보장생산비는 별도로 정한 바에 따른다.

ⓩ 적용 품목 : 새송이버섯(병재배)

  ⓐ 생산비보장보험금

> • 생산비보장보험금 = 재배병수 × 병당 보장생산비 × 경과비율 × 피해율

★ⓑ 병당 보장생산비는 별도로 정한 바에 따른다.

  ⓒ 경과비율 = 일자와 관계없이 ★91.7%

  ⓓ 피해율

> • 피해율 = 피해비율 × 손해정도비율 × ★(1 - 미보상비율)
> * 피해비율 = 피해병수 ÷ 재배병수
> * 손해정도에 따른 손해정도비율(아래 〈별표 6〉)

손해정도	1%~20%	21%~40%	41%~60%	61%~80%	81%~100%
손해정도비율	20%	40%	60%	80%	100%

  ⓔ 단, 위 (가)의 경우에도 불구하고 재배병수에 병당 보장생산비를 곱한 값이 보험가입금액보다 큰 경우에는 위에서 계산된 생산비보장보험금을 아래와 같이 다시 계산하여 지급한다.

$$\text{• 위 (가)에서 계산된 생산비보장보험금} \times \frac{\text{보험가입금액}}{\text{병당 보장생산비} \times \text{재배병수}}$$

ⓩ 적용 품목 : 양송이버섯(균상재배)

  ⓐ 생산비보장보험금 : 보상하는 재해로 1사고마다 생산비보장보험금이 10만원을 초과하는 경우에 그 전액을 보험가입금액 내에서 보상한다.

> • 생산비보장보험금 = 재배면적 × 단위 면적당 보장생산비 × 경과비율 × 피해율

★ⓑ 단위 면적당 보장생산비는 별도로 정한 바에 따른다.

  ⓒ 경과비율

    ① 수확기 이전 사고

      ㉮ 경과비율 = α + [(1 - α) × (생장일수 ÷ 표준생장일수)]

      ㉯ 준비기 생산비 계수 = α (★75.3%)

      ㉰ 생장일수 = 종균접종일로부터 사고발생일까지 경과일수

      ㉱ 표준생장일수 : 종균접종일로부터 수확개시일까지 표준적인 생장일수

      ㉲ 생장일수를 표준생장일수로 나눈 값은 1을 초과 할 수 없음

    ② 수확기 중 사고

      ㉮ 경과비율 = 1 - (수확일수 ÷ 표준수확일수)

ⓝ 수확일수 = 수확개시일로부터 사고발생일까지 경과일수

ⓓ 표준수확일수 = 수확개시일부터 수확종료일까지의 일수

ⓓ 피해율

- 피해율 = 피해비율 × 손해정도비율 × ★(1 - 미보상비율)
- * 피해비율 = 피해면적(㎡) ÷ 재배면적(㎡)
- * 손해정도에 따른 손해정도비율(아래 〈별표 6〉)

손해정도	1%~20%	21%~40%	41%~60%	61%~80%	81%~100%
손해정도비율	20%	40%	60%	80%	100%

ⓔ 단, 위 ⓐ의 경우에도 불구하고 재배면적에 단위면적당 보장생산비를 곱한 값이 보험가입금액보다 큰 경우에는 위에서 계산된 생산비보장보험금을 아래와 같이 다시 계산하여 지급한다.

- 위 ⓐ에서 계산된 생산비보장보험금 × $\dfrac{\text{보험가입금액}}{\text{단위면적당 보장생산비} \times \text{재배면적}}$

[참조]

<버섯작물별 표준생장일수>

품목	품종	표준생장일수
표고버섯(톱밥배지재배)	전체	90일
느타리버섯(균상재배)	전체	28일
양송이버섯(균상재배)	전체	30일

<버섯작물별 준비기 생산비 계수>★

품목	준비기 생산비 계수	비고
표고버섯(톱밥배지재배)	★66.3%	봉 기준
느타리버섯(균상재배)	★67.6%	㎡ 기준
느타리버섯(병재배)	★88.7%	병 기준
새송이버섯(병재배)	★91.7%	
양송이버섯(균상재배)	★75.3%	㎡ 기준

제6절 | 농업수입보장방식의 손해평가 및 보험금 산정

- 농업수입보장보험이란 기존 농작물재해보험에 농산물 가격하락을 반영한 농업수입 감소를 보장하는 보험이다.
- 농업수입감소보험금의 산출시가격은 기준가격과 수확기가격 중 낮은 가격을 적용한다.
- 즉, 수확기가격이 상승한 경우 보험금 지급에 적용되는 가격은 가입할 때 결정된 기준가격이다.
- 따라서, 실제수입을 산정할 때 실제수확량이 평년수확량보다 적은 상황이 발생한다면 수확기가격이 기준가격을 초과하더라도 수확량 감소에 의한 손해는 농업수입감소보험금으로 지급된다.
- 결과적으로 농업수입보장보험은 수확량감소에 따른 계약자의 손해에 농산물 가격하락에 의한 손해까지 더하여 보상한다.

1. 과수(포도, 비가림시설)

(1) 시기별 조사종류

(종합위험방식과 동일) 피해사실 확인조사, 착과수조사, 과중조사, 착과피해조사, 낙과피해조사, 고사나무조사, 비가림시설피해 조사

(2) 손해평가 현지조사 방법

1) 피해사실 확인조사

① 조사 대상 : 대상 재해로 사고 접수 농지 및 조사 필요 농지이다.

② 대상 재해 : 자연재해, 조수해(鳥獸害), 화재, 가격하락 등이다.

③ 조사 시기 : 사고 접수 직후 실시한다.

④ 조사 방법 : 「피해사실 "조사 방법" 준용」 다음 각 목에 해당하는 사항을 확인한다.

　㉠ 보상하는 재해로 인한 피해 여부 확인 : 기상청 자료 확인 및 현지 방문 등을 통하여 보상하는 재해로 인한 피해가 맞는지 확인하며, 필요시에는 이에 대한 근거로 다음의 자료를 확보한다.

　　ⓐ 기상청 자료, 농업기술센터 등 농업 전문기관 의견서 및 손해평가인 소견서 등 재해 입증 자료

　　ⓑ 피해농지 사진 : 농지의 전반적인 피해 상황 및 세부 피해 내용이 확인 가능하도록 촬영

　　ⓒ 단, 태풍 등과 같이 재해 내용이 명확하거나 사고 접수 후 바로 추가조사가 필요한 경우 등에는 피해사실 확인조사를 생략할 수 있다.

ⓛ 수확량조사 필요 여부 판단

   ⓐ 보상하는 재해 여부 및 피해 정도 등을 감안하여 추가조사(수확량조사)가 필요한지를 판단하여 해당 내용에 대하여 계약자에게 안내한다.

   ⓑ 이때 추가조사가(수확량조사) 필요할 것으로 판단된 경우에는 수확기에 손해평가반구성 및 추가조사 일정을 수립한다.

2) 수확량조사

본 항의 수확량조사는 포도 품목에만 해당하며, 다음 호의 조사 종류별 방법에 따라 실시한다. ※ 또한, 수확량조사 시 따거나 수확한 과실은 계약자의 비용 부담으로 한다. ★

① 착과수조사

  ㉠ 조사 대상 : 사고 여부와 관계없이 보험에 가입한 농지이다.

  ㉡ 대상 재해 : 해당 없음

  ㉢ 조사 시기 : 최초 수확 품종 수확기 직전이다.

  ㉣ 조사 방법

   ⓐ 주수 조사 : 농지내 품종별·수령별 실제결과주수, 미보상주수 및 고사나무주수를 파악한다.

   ⓑ 조사 대상주수 계산 : 품종별·수령별 실제결과주수에서 미보상주수 및 고사나무주수를 빼서 조사 대상주수를 계산한다.

> • 조사 대상주수 = 품종별·수령별 실제결과주수 - 미보상주수 및 고사나무주수

   ⓒ 표본주수 산정

    ㉮ 과수원별 전체 조사 대상주수를 기준으로 품목별 표본주수표 〈별표 1〉에 따라 농지별 전체 표본주수를 산정한다.

    ㉯ 적정 표본주수는 품종별·수령별 조사 대상주수에 비례하여 산정하며, 품종별·수령별 적정표본주수의 합은 전체 표본주수 보다 크거나 같아야 한다.

   ⓓ 표본주 선정

    ㉮ 조사대상주수를 농지별 표본주수로 나눈 표본주 간격에 따라 표본주 선정 후 해당 표본주에 표시리본을 부착한다.

    ㉯ 동일품종·동일재배방식·동일수령의 농지가 아닌 경우에는 품종별·재배방식별·수령별 조사대상주수의 특성이 골고루 반영될 수 있도록 표본주를 선정한다.

   ⓔ 착과된 전체 과실수 조사 : 선정된 표본주별로 착과된 전체 과실수를 조사하되, 품종별 수확 시기 차이에 따른 자연낙과를 감안한다.

   ⓕ 품목별 미보상비율 적용표 〈별표 2〉에 따라 미보상비율을 조사한다.

② **과중 조사**(단, 수입보장 포도는 가입된 모든 농지 실시)

　㉠ 조사 대상 : 사고 접수가 된 농지(단, 수입보장 포도는 가입된 모든 농지 실시)

　㉡ 조사 시기 : 품종별 수확시기에 각각 실시한다.

　㉢ 조사 방법

　　ⓐ 표본 과실 추출

　　　㉮ 품종별로 착과가 평균적인 3주 이상의 나무에서 크기가 평균적인 과실을 20개 이상 추출한다.

　　　㉯ 표본 과실수는 농지 당 60개(포도는 30개) 이상 이어야한다.

　　ⓑ 품종별 과실 개수와 무게 조사 : 추출한 표본 과실을 품종별로 구분하여 개수와 무게를 조사한다.

　　ⓒ 미보상비율 조사 : 품목별 미보상비율 적용표 〈별표 2〉에 따라 미보상비율을 조사하며, 품종별로 미보상비율이 다를 경우에는 품종별 미보상비율 중 가장 높은 미보상비율을 적용한다. 다만, 재조사 또는 검증조사로 미보상비율이 변경된 경우에는 재조사 또는 검증조사의 미보상비율을 적용한다.

　　ⓓ 위 사항에도 불구하고 현장에서 과중 조사를 실시하기가 어려운 경우, 품종별 평균과중을 적용(자두 제외)하거나 증빙자료가 있는 경우에 한하여 농협의 품종별 출하 자료로 과중 조사를 대체할 수 있다.

　　　※ 수확 전 대상 재해 발생 시 계약자는 수확 개시 최소 10일 전에 보험 가입 대리점으로 수확 예정일을 통보하고 최초 수확 1일 전에는 조사를 실시한다.

③ **착과피해조사**

　㉠ 착과피해조사는 착과피해를 유발하는 재해가 있을 경우에만 시행하며, 해당 재해 여부는 재해의 종류와 과실의 상태 등을 고려하여 조사자가 판단한다.

　㉡ 착과된 과실에 대한 피해 정도를 조사하는 것으로 해당 피해에 대한 확인이 가능한 시기에 실시하며, 필요 시 품종별로 각각 실시할 수 있다.

　㉢ 조사 방법

　　ⓐ 착과수조사 : 착과피해조사에서는 가장 먼저 착과수를 확인하여야 하며, 이때 확인할 착과수는 수확 전 착과수조사와는 별개의 조사를 의미한다. 다만, 이전 실시한 착과수조사(이전 착과피해조사 시 실시한 착과수조사 포함)의 착과수와 착과피해조사 시점의 착과수가 큰 차이가 없는 경우에는 별도의 착과수 확인 없이 이전에 실시한 착과수조사 값으로 대체 할 수 있다.

　　　㉮ 주수 조사 : 농지내 품종별·수령별 실제결과주수, 수확완료주수, 미보상주수 및 고사나무주수를 파악한다.

ᄂ 조사 대상주수 계산 : 실제결과주수에서 수확 완료주수, 미보상주수 및 고사
나무주수를 뺀 조사 대상주수를 계산한다.

> • 조사 대상주수 = 실제결과주수 - 수확 완료주수 - 미보상주수 및 고사나무주수

ᄃ 적정 표본주수 산정 : 조사 대상주수를 기준으로 적정 표본주수를 산정한다.
ᄅ 이후 조사 방법은 이전 착과수조사 방법과 같다.
ⓑ 품종별 표본과실 선정 및 피해구성조사
㉮ 표본과실 추출 : 착과수 확인이 끝나면 수확이 완료되지 않은 품종별로 표
본 과실을 추출한다. 이때 추출하는 표본 과실수는 품종별 20개 이상 (포도
농지당 30개 이상)으로 하며 표본 과실을 추출할 때에는 품종별 3주 이상의
표본주에서 추출한다.
㉯ 피해구성조사 : 추출한 표본 과실을 "과실 분류에 따른 피해인정계수표" 〈별
표 3〉 에 따라 품종별로 구분하여 해당 과실 개수를 조사한다.
ⓒ 조사 당시 수확이 완료된 품종이 있거나 피해가 경미하여 피해구성조사가 의미
가 없을 때에는 품종별로 피해구성조사를 생략할 수 있다.
④ 낙과피해조사
㉠ 낙과피해조사는 착과수조사 이후 낙과피해가 발생한 농지에 대하여 실시한다.
㉡ 조사 방법
ⓐ 보상하는 재해 여부 심사 : 농지 및 작물 상태 등을 감안하여 보상하는 재해로
인한 피해가 맞는지 확인하며, 필요시에는 이에 대한 근거자료(피해사실 확인
조사 참조)를 확보한다.
ⓑ 표본조사 : 낙과피해조사는 표본조사로 실시한다(단, 계약자 등이 낙과된 과실
을 한 곳에 모아 둔 경우 등 표본조사가 불가능한 경우에 한하여 전수조사를
실시한다).
㉮ 주수 조사 : 농지내 품종별·수령별 실제결과주수, 수확완료주수, 미보상주
수 및 고사나무주수를 파악한다.
㉯ 조사 대상주수 계산 : 실제결과주수에서 수확 완료주수, 미보상주수 및 고사
나무주수를 뺀 조사 대상주수를 계산한다.

> • 조사 대상주수 = 실제결과주수 - 수확 완료주수 - 미보상주수 및 고사나무주수

㉰ 적정표본주수 산정 : 조사 대상주수를 기준으로 농지별 전체 적정표본주수를
산정하되, 품종별·수령별 표본주수는 품종별·수령별 조사 대상주수에 비례
하여 산정한다. 선정된 품종별·수령별 표본주수를 바탕으로 품종별·수령별
조사 대상주수의 특성이 골고루 반영될 수 있도록 표본주를 선정하고, 표본주

별로 수관면적 내에 있는 낙과수를 조사한다(이때 표본주의 수관면적 내의 낙과는 표본주와 품종이 다르더라도 해당 표본주의 낙과로 본다).

ⓒ 전수조사 : 낙과수 전수조사 시에는 농지 내 전체 낙과를 품종별로 구분하여 조사한다. 단, 전체 낙과에 대하여 품종별 구분이 어려운 경우에는 전체 낙과수를 세고 전체 낙과수 중 100개 이상의 표본을 추출하여 해당 표본의 품종을 구분하는 방법을 사용한다.

ⓓ 품종별 표본과실 선정 및 피해구성조사 : 낙과수 확인이 끝나면 낙과 중 품종별로 표본 과실을 추출한다. 이때 추출하는 표본 과실수는 품종별 20개 이상(포도는 농지당 30개 이상)으로 하며, 추출한 "표본 과실을 과실 분류에 따른 피해인정계수표"〈별표 3〉에 따라 품종별로 구분하여 해당 과실 개수를 조사한다(다만, 전체 낙과수가 30개 미만일 경우 등에는 해당 기준 미만으로도 조사가 가능하다).

ⓔ 조사 당시 수확기에 해당하지 않는 품종이 있거나 낙과의 피해 정도가 심해 피해 구성 조사가 의미가 없는 경우 등에는 품종별로 피해 구성 조사를 생략할 수 있다.

3) 고사나무조사

본 항의 고사나무조사는 다음 각 호의 조사 방법에 따라 실시한다.

① 나무손해보장 특약 가입 여부 및 사고 접수 여부 확인 해당 특약을 가입한 농지 중 사고가 접수된 모든 농지에 대해서 고사나무조사를 실시한다.

② 조사 시기의 결정 : 고사나무조사는 수확 완료 시점 이후에 실시하되, 나무손해보장특약 종료 시점을 고려하여 결정한다.

③ 보상하는 재해 여부 심사 : 농지 및 작물 상태 등을 감안하여 보상하는 재해로 인한 피해가 맞는지 확인하며, 필요시에는 이에 대한 근거 자료(피해사실 확인조사 참조)를 확보할 수 있다.

④ 주수 조사

㉠ 품종별·수령별로 실제결과주수, 수확 완료 전 고사주수, 수확 완료 후 고사주수 및 미보상 고사주수를 조사한다.

ⓐ 수확 완료 전 고사주수 : 고사나무조사 이전 조사(착과수조사, 착과피해조사, 낙과피해조사 및 수확개시 전·후 수확량조사)에서 보상하는 재해로 고사한 것으로 확인된 주수를 말한다.

ⓑ 수확 완료 후 고사주수 : 보상하는 재해로 고사한 나무 중 고사나무조사 이전 조사에서 확인되지 않은 나무주수를 말한다.

ⓒ 미보상 고사주수 : 보상하는 재해 이외의 원인으로 고사한 나무주수를 의미하며 고사나무조사 이전 조사(착과수조사, 착과피해조사 및 낙과피해조사)에서 보상하는 재해 이외의 원인으로 고사하여 미보상주수로 조사된 주수를 포함한다.

⑤ 수확 완료 후 고사주수가 없는 경우(계약자 유선 확인 등)에는 고사나무조사를 생략할 수 있다.

4) 비가림시설 피해조사

본 항의 비가림시설 피해조사는 다음 각 호의 조사 방법에 따라 실시한다.

① **조사 기준** : 해당 목적물인 비가림시설의 구조체와 피복재의 재조달가액을 기준금액으로 수리비를 산출한다.

② **평가 단위** : 물리적으로 분리 가능한 시설 1동을 기준으로 보험목적물별로 평가한다.

③ **조사 방법**

㉠ 피복재 : 피복재의 피해면적을 조사한다.

㉡ 구조체

ⓐ 손상된 골조를 재사용할 수 없는 경우 : 교체 수량 확인 후 교체비용을 산정한다.

ⓑ 손상된 골조를 재사용할 수 있는 경우 : 보수면적 확인 후 보수비용을 산정한다.

(3) 보험금 산정 방법 및 지급기준

1) 농업수입감소 보험금 산정

① 보험기간 내에 보상하는 재해로 피해율이 자기부담비율을 초과하는 경우 아래와 같이 계산한 농업수입감소보험금을 지급한다.

> • 농업수입감소보험금 = 보험가입금액 × (피해율 − 자기부담비율)
>
> ※ 피해율 = (기준수입 − 실제수입) ÷ 기준수입

② 기준수입은 평년수확량에 농지별 기준가격을 곱하여 산출한다.

> • 기준수입 = 평년수확량 × 기준가격

③ 실제 수입은 수확기에 조사한 수확량(다만, 수확량조사를 하지 아니한 경우에는 평년수확량)에 미보상감수량을 더한 값에 **농지별 기준가격**과 농지별 **수확기가격** 중 작은 값을 곱하여 산출한다.

1) 기준가격 산정방법은 1권 〈농작물재해보험 및 가축재해보험의 이론과 실무〉의 농업수입감소보험 부분 참고

> 2) 수확기가격 산정방법은 1권 〈농작물재해보험 및 가축재해보험의 이론과 실무〉의 농업수입감소보험 부분 참고

④ 계약자 또는 피보험자의 고의 또는 중대한 과실로 수확량조사를 하지 못하여 수확량을 확인할 수 없는 경우에는 농업수입감소보험금을 지급하지 않는다.

⑤ 자기부담비율은 보험 가입할 때 계약자가 선택한 비율로 한다.

⑥ 포도의 경우 착색 불량된 송이는 상품성 저하로 인한 손해로 보아 감수량에 포함되지 않는다.

2) 수확량감소 추가보장 특약의 보험금

보상하는 재해로 피해율이 자기부담비율을 초과하는 경우 적용한다.

> • 보험금 = 보험가입금액 × (피해율 × 10%)
>
> ※ 피해율 = (평년수확량 − 수확량 − 미보상감수량) ÷ 평년수확량

3) 나무손해보장특약의 보험금은 다음과 같다.

① 보험금

> • 보험금 = 보험 가입금액 × (피해율 − 자기부담비율)
>
> ※ 피해율 = 피해주수(고사된 나무) ÷ 실제결과주수

② 피해주수는 수확 전 고사주수와 수확 완료 후 고사주수를 더하여 산정하며, 미보상 고사주수는 피해주수에서 제외한다.

> • 피해주수 = 수확 전 고사주수 + 수확 완료 후 고사주수
>
> ※ 미보상고사주수는 피해주수에서 제외한다.

③ 대상품목 및 자기부담비율은 약관에 따른다.

4) 비가림시설 보험금 산정

① 손해액이 자기부담금을 초과하는 경우 아래와 같이 계산한 보험금을 지급한다.

　㉠ 재해보험사업자가 보상할 손해액은 그 손해가 생긴 때와 곳에서의 가액에 따라 계산한다.

　㉡ 재해보험사업자는 1사고 마다 재조달가액(보험의 목적과 동형·동질의 신품을 조달하는데 소요되는 금액을 말한다. 이하 같다) 기준으로 계산한 손해액에서 자기부담금을 차감한 금액을 보험가입금액 내에서 보상한다.

> • 지급보험금 = MIN(손해액 −자기부담금, 보험가입금액)

② 동일한 계약의 목적과 동일한 사고에 관하여 보험금을 지급하는 다른 계약(공제계약을 포함한다)이 있고 이들의 보험 가입금액의 합계액이 보험가액보다 클 경우에는 아래에 따라 지급보험금을 계산한다. 이 경우 보험자 1인에 대한 보험금 청구를 포기한 경우에도 다른 보험자의 지급보험금 결정에는 영향을 미치지 않는다.

ⓐ 다른 계약이 이 계약과 지급보험금의 계산 방법이 같은 경우

$$보험금 = 손해액 \times \frac{이\ 계약의\ 보험가입금액}{다른\ 계약이\ 없는\ 것으로\ 하여\ 각각\ 계산한\ 보험가입금액의\ 합계액}$$

ⓑ 다른 계약이 이 계약과 지급보험금의 계산 방법이 다른 경우

$$보험금 = 손해액 \times \frac{이\ 계약의\ 보험금}{다른\ 계약이\ 없는\ 것으로\ 하여\ 각각\ 계산한\ 보험금의\ 합계액}$$

ⓒ 이 보험계약이 타인을 위한 보험계약이면서 보험계약자가 다른 계약으로 인하여 상법 제682조에 따른 대위권 행사의 대상이 된 경우에는 실제 그 다른 계약이 존재함에도 불구하고 그 다른 계약이 없다는 가정하에 계산한 보험금을 그 다른 보험계약에 우선하여 이 보험계약에서 지급한다.

ⓓ 이 보험계약을 체결한 재해보험사업자가 타인을 위한 보험에 해당하는 다른 계약의 보험계약자에게 상법 제682조에 따른 대위권을 행사할 수 있는 경우에는 이 보험계약이 없다는 가정하에 다른 계약에서 지급받을 수 있는 보험금을 초과한 손해액을 이 보험계약에서 보상한다.

③ 하나의 보험 가입금액으로 둘 이상의 보험의 목적을 계약한 경우에는 전체가액에 대한 각 가액의 비율로 보험 가입금액을 비례배분하여 ②의 ⓐ 또는 ⓑ의 규정에 따라 지급보험금을 계산한다.

④ 재해보험사업자는 보험의 목적이 손해를 입은 장소에서 실제로 수리 또는 복구되지 않은 때에는 재조달가액에 의한 보상을 하지 않고 시가(감가상각된 금액)로 보상한다.

⑤ 계약자 또는 피보험자는 손해 발생 후 늦어도 180일 이내에 수리 또는 복구 의사를 재해보험사업자에 서면으로 통지해야 한다.

⑥ 자기부담금을 다음과 같이 산정한다.

ⓐ 재해보험사업자는 최소자기부담금(30만원)과 최대자기부담금(100만원)을 한도로 보험사 고로 인하여 발생한 손해액의 10%에 해당하는 금액을 자기부담금으로 한다. 다만, 피복재 단독사고는 최소자기부담 금(10만원)과 최대자기부담금(30만 원)을 한도로 한다.

ⓑ ⓐ의 자기부담금은 단지 단위, 1사고 단위로 적용한다.

⑦ 보험금 등의 지급한도는 다음과 같다.

㉠ 보상하는 손해로 지급할 보험금과 잔존물 제거비용은 상기 ①~⑤의 방법을 적용하여 계산하고, 그 합계액은 보험증권에 기재된 보험가입금액을 한도로 한다. 단, 잔존물 제거비용은 손해액의 10%를 초과할 수 없다.

㉡ 비용손해 중 손해방지비용, 대위권 보전비용, **잔존물 보전비용**[1]은 상기 ①~⑥의 방법을 적용하여 계산한 금액이 보험가입금액을 초과하는 경우에도 지급한다.

㉢ 비용손해 중 기타 협력비용은 보험가입금액을 초과한 경우에도 전액 지급한다.

2. 밭작물 [마늘, 양파, 양배추, 감자(가을재배), 고구마, 콩]

(1) 시기별 조사종류

(종합위험방식과 동일): 피해사실 확인조사, 재파종조사(마늘만 해당), 재정식조사(양배추만 해당), 경작불능조사, 수확량조사 등이다.

(2) 손해평가 현지조사 방법

1) 피해사실 확인조사

① 조사 대상 : 대상 재해로 사고 접수 농지 및 조사 필요 농지이다.

② 대상 재해 : 자연재해, 조수해(鳥獸害), 화재, 병해충(감자 품목만 해당) 등을 조사한다.

③ 조사 시기 : 사고 접수 직후 실시한다.

④ 조사 방법 :「피해사실 "조사 방법" 준용」다음 각 목에 해당하는 사항을 확인한다.

㉠ 보상하는 재해로 인한 피해 여부 확인 : 기상청 자료 확인 및 현지 방문 등을 통하여 보상하는 재해로 인한 피해가 맞는지 확인하며, 필요시에는 이에 대한 근거로 다음의 자료를 확보한다.

ⓐ 기상청 자료, 농업기술센터 의견서 및 손해평가인 소견서 등 재해 입증 자료

ⓑ 피해농지 사진 : 농지의 전반적인 피해 상황 및 세부 피해 내용이 확인 가능하도록 촬영

㉡ 추가조사 필요 여부 판단 : 보상하는 재해 여부 및 피해 정도 등을 감안하여 추가조사(재정식조사, 재파종조사, 경작불능조사 및 수확량조사)가 필요한지 여부를 판단하여 해당 내용에 대하여 계약자에게 안내하고, 추가조사가 필요할 것으로 판단된 경우에는 손해평가반 구성 및 추가조사 일정을 수립한다.

---

1) 단, 재해보험사업자가 잔존물을 취득할 의사표시를 하고 잔존물을 취득한 경우에 한하여 지급

2) 재파종조사(마늘)

① **적용 품목** : 마늘

② **조사 대상** : 피해사실 확인조사 시 재파종 조사가 필요하다고 판단된 농지이다.

③ **조사 시기** : 피해사실 확인조사 직후 또는 사고 접수 직후이다.

④ **조사 방법** : 다음 각 목에 해당하는 사항을 확인한다.

  ㉠ 보상하는 재해 여부 심사 : 농지 및 작물 상태 등을 감안하여 보상하는 재해로 인한 피해가 맞는지 확인하며, 필요시에는 이에 대한 근거자료(피해 사실확인조사 참조)를 확보한다.

  ㉡ 실제 경작면적 확인 : GPS 면적측정기 또는 지형도 등을 이용하여 보험 가입 면적과 실제 경작면적을 비교한다. 이때 실제 경작면적이 보험 가입 면적 대비 10% 이상 차이가 날 경우에는 계약 사항을 변경해야 한다.

  ㉢ 재파종 보험금 지급 대상 여부 조사(재파종 전(前) 조사)

   ⓐ 표본구간수 산정 : 조사대상 면적 규모에 따라 적정 표본구간수 〈별표1〉이상의 표본구간수를 산정한다. 다만 가입면적과 실제 경작면적이 10% 이상 차이가 날 경우(계약 변경 대상 건)에는 실제 경작면적을 기준으로 표본구간수를 산정한다.

> • 조사대상 면적 = 실제 경작면적 – 고사면적 - 타작물 및 미보상면적 - 기수확면적

   ⓑ 표본구간 선정 : 선정한 표본구간수를 바탕으로 재배 방법 및 품종 등을 감안하여 조사 대상 면적에 동일한 간격으로 골고루 배치될 수 있도록 표본구간을 선정한다. 다만, 선정한 지점이 표본으로 부적합한 경우(해당 지점 마늘의 출현율이 현저히 높거나 낮아서 표본으로 대표성을 가지기 어려운 경우 등)에는 가까운 위치의 다른 지점을 표본구간으로 선정한다.

   ⓒ 표본구간 길이 및 출현주수 조사 : 선정된 표본구간별로 이랑 길이 방향으로 식물체 8주 이상(또는 1m)에 해당하는 이랑 길이, 이랑 폭(고랑 포함) 및 출현주수를 조사한다.

  ㉣ 재파종 이행 완료 여부 조사(재파종 후(後) 조사)

   ⓐ 조사 대상 농지 및 조사 시기 확인 : 재파종 보험금 대상 여부 조사(1차 조사) 시 재파종 보험금 대상으로 확인된 농지에 대하여, 재파종이 완료된 이후 조사를 진행한다.

   ⓑ 표본구간 선정 : 재파종 보험금 대상 여부 조사(재파종 전 조사)에서와 같은 방법으로 표본구간을 선정한다.

ⓒ 표본구간 길이 및 파종주수 조사 : 선정된 표본구간별로 이랑 길이, 이랑 폭 및 파종주수를 조사한다.

3) 재정식조사(양배추)

① **적용 품목** : 양배추

② **조사 대상** : 피해사실 확인조사 시 재정식조사가 필요하다고 판단된 농지이다.

③ **조사 시기** : 피해사실 확인조사 직후 또는 사고 접수 직후이다.

④ **조사 방법** : 다음 각 목에 해당하는 사항을 확인한다.

ⓐ 보상하는 재해 여부 심사 : 농지 및 작물 상태 등을 감안하여 보상하는 재해로 인한 피해가 맞는지 확인하며, 필요시에는 이에 대한 근거자료(피해사실 확인조사 참조)를 확보할 수 있다.

ⓑ 실제 경작면적 확인 : GPS 면적측정기 또는 지형도 등을 이용하여 보험 가입 면적과 실제 경작면적을 비교한다. 이때 실제 경작면적이 보험 가입 면적 대비 10% 이상 차이가 날 경우에는 계약 사항을 변경해야 한다.

ⓒ 재정식 보험금 지급 대상 여부 조사(재정식 전(前) 조사)

ⓐ 피해면적 확인 : GPS 면적측정기 또는 지형도 등을 이용하여 실제 경작면적 대비 피해면적을 비교 및 조사한다.

ⓑ 피해면적의 판정 기준 : 작물이 고사되거나 살아 있으나 수확이 불가능할 것으로 판단된 면적

ⓓ 재정식 이행완료 여부 조사(재정식 후(後)조사) : 재정식 보험금 지급 대상 여부 조사(전(前)조사) 시 재정식 보험금 지급 대상으로 확인된 농지에 대하여, 재정식이 완료되었는지를 조사한다. 피해면적 중 일부에 대해서만 재정식이 이루어진 경우에는, 재정식이 이루어지지 않은 면적은 피해 면적에서 제외한다.

ⓔ 농지별 상황에 따라 재정식 전 조사를 생략하고 재정식 후(後) 조사 시 면적조사(실제경작면적 및 피해면적)를 실시할 수 있다.

4) 경작불능조사

① **적용 품목** : 마늘, 양파, 양배추, 감자(가을재배), 고구마, 콩

② **조사 대상** : 피해사실 확인조사 시 경작불능조사가 필요하다고 판단된 농지 또는 사고 접수 시 이에 준하는 피해가 예상되는 농지이다.

③ **조사 시기** : 피해사실 확인조사 직후 또는 사고 접수 직후이다.

④ **경작불능 보험금 지급 대상 여부 조사(경작불능 전(前) 조사)**
다음에 해당하는 사항을 확인한다.

㉠ 보상하는 재해 여부 심사 : 농지 및 작물 상태 등을 감안하여 보상하는 재해로 인한 피해가 맞는지 확인하며, 필요시에는 이에 대한 근거자료(피해사실 확인조사 참조)를 확보한다.

㉡ 실제 경작면적 확인 : GPS 면적측정기 또는 지형도 등을 이용하여 보험 가입 면적과 실제 경작면적을 비교한다. 이때 실제 경작면적이 보험 가입면적 대비 10% 이상 차이가 날 경우에는 계약 사항을 변경해야 한다.

㉢ 식물체 피해율 조사 : 목측 조사를 통해 조사 대상 농지에서 보상하는 재해로 인한 식물체 피해율이 65% 이상 여부를 조사한다. ※ 식물체 피해율 : 고사식물체(수 또는 면적)를 보험 가입식물체(수 또는 면적)로 나눈 값을 의미하며, 고사식물체 판정의 기준은 해당 식물체의 수확 가능 여부이다.

㉣ 계약자의 경작불능보험금 신청 여부 확인 : 식물체 피해율이 65% 이상인 경우 계약자에게 경작불능보험금 신청 여부를 확인한다.

㉤ 수확량조사 대상 확인 : 식물체 피해율이 65% 미만이거나, 식물체 피해율이 65% 이상이 되어도 계약자가 경작불능보험금을 신청하지 않은 경우에는 향후 수확량조사가 필요한 농지로 결정한다. (콩, 팥 제외)

㉥ 산지폐기 여부 확인(경작불능 후(後) 조사) : 마늘, 양파, 양배추, 감자(봄재배, 가을재배, 고랭지재배), 고구마, 옥수수, 사료용 옥수수, 콩, 팥 품목에 대하여 경작불능 전(前) 조사에서 보상하는 재해로 식물체 피해율이 65% 이상인 농지에 대하여, 산지폐기 등으로 작물이 시장으로 유통되지 않은 것을 확인한다.

5) 수확량조사

① **적용 품목** : 마늘, 양파, 양배추, 감자(가을재배), 고구마, 콩

② **조사 대상**

㉠ 피해사실 확인조사 시 수확량조사가 필요하다고 판단된 농지 또는 경작불능조사 결과 수확량조사를 실시하는 것으로 결정된 농지이다.

㉡ 수확량조사 전 계약자가 피해 미미(자기부담비율 이내의 사고) 등의 사유로 수확량조사 실시를 취소한 농지는 수확량조사를 실시하지 않는다.

③ **손해조사 방법** : 다음에 해당하는 사항을 확인한다.

㉠ 보상하는 재해 여부 심사 : 농지 및 작물 상태 등을 감안하여 보상하는 재해로 인한 피해가 맞는지 확인하며, 필요시에는 이에 대한 근거자료(피해사실 확인조사 참조)를 확보할 수 있다.

㉡ 수확량조사 적기 판단 및 시기 결정 : 해당 작물의 특성에 맞게 아래 표에서 수확량조사 적기 여부를 확인하고 이에 따른 조사 시기를 결정한다.

[품목별 수확량조사 적기]

품목	수확량조사 적기
콩	콩잎이 누렇게 변하여 떨어지고 꼬투리의 80~90% 이상이 고유한 성숙(황색)색깔로 변하는 시기인 생리적 성숙기로부터 7~14일이 지난 시기
양배추	결구 형성이 완료된 때
양파	양파의 비대가 종료된 시점 (식물체의 도복이 완료된 때)
감자 (가을재배)	감자의 비대가 종료된 시점 (파종일로부터 제주지역은 110일 이후, 이외 지역은 95일 이후)
마늘	마늘의 비대가 종료된 시점(잎과 줄기가 1/2 ~ 2/3 황변하여 말랐을 때와 해당 지역의 통상 수확기가 도래하였을 때)
고구마	고구마의 비대가 종료된 시점(삽식일로부터 120일 이후에 농지별로 적용)

ⓒ 수확량조사 재조사 및 검증조사 : 수확량 조사 실시 후 2주 이내에 수확을 하지 않을 경우 재조사 또는 검증조사를 실시할 수 있다.

ⓔ 면적 확인

   ⓐ 실제 경작면적 확인 : GPS 면적측정기 또는 지형도 등을 이용하여 보험 가입 면적과 실제 경작면적을 비교한다. 이때 실제 경작면적이 보험 가입 면적 대비 10% 이상 차이가 날 경우에는 계약 사항을 변경해야 한다.

   ⓑ 수확불능(고사)면적 확인 : 보상하는 재해로 인하여 해당 작물이 수확될 수 없는 면적을 확인한다.

   ⓒ 타작물 및 미보상 면적 확인 : 해당 작물 외의 작물이 식재되어 있거나 보상하는 재해 이외의 사유로 수확이 감소한 면적을 확인한다.

   ⓓ 기수확면적 확인 : 조사 전에 수확이 완료된 면적을 확인한다.

   ⓔ 조사대상 면적 확인 : 실제경작면적에서 고사면적, 타작물 및 미보상면적, 기수확면적을 제외하여 조사 대상 면적을 확인한다.

> 조사대상 면적 = 실제경작면적 − 고사면적 - 타작물 및 미보상면적 - 기수확면적

ⓜ 조사 방법 결정 : 품목 및 재배 방법 등을 참고하여 다음의 적절한 조사 방법을 선택한다.

   ⓐ 표본조사 방법

      ㉮ 적용 품목 : 마늘, 양파, 양배추, 감자(가을재배), 고구마, 콩

      ㉯ 표본구간수 산정 : 조사대상 면적 규모에 따라 적정 표본구간수 이상의 표본구간수를 산정한다. 다만, 가입면적과 실제 경작면적이 10% 이상 차이가 날 경우(계약 변경 대상)에는 실제 경작면적을 기준으로 표본구간수를 산정한다.

ⓒ 표본구간 선정 : 선정한 표본구간수를 바탕으로 재배 방법 및 품종 등을 감안하여 조사 대상 면적에 동일한 간격으로 골고루 배치될 수 있도록 표본구간을 선정한다. 다만, 선정한 구간이 표본으로 부적합한 경우(해당 지점 작물의 수확량이 현저히 많거나 적어서 표본으로 대표성을 가지기 어려운 경우 등)에는 가까운 위치의 다른 구간을 표본구간으로 선정한다.

ⓡ 표본구간 면적 및 수확량 조사 : 해당 품목별로 선정된 표본구간의 면적을 조사하고, 해당 표본구간에서 수확한 작물의 수확량을 조사한다.

ⓜ 양파, 마늘의 경우 : 지역별 수확 적기보다 일찍 조사를 하는 경우, 수확 적기까지 잔여일수별 비대지수를 추정하여 적용할 수 있다.

[품목별 표본구간 면적조사 방법]

품목	표본구간 면적 조사 방법
콩	○ 점파 : 이랑 길이(4주 이상) 및 이랑 폭 조사 ○ 산파 : 규격의 원형(1㎡) 이용 또는 표본구간의 가로·세로 길이 조사
양배추, 양파, 마늘 감자(가을재배), 고구마	이랑 길이(5주 이상) 및 이랑 폭 조사

ⓑ 전수조사 방법

㉮ 적용 품목 : 콩

㉯ 전수조사 대상 농지 여부 확인 : 전수조사는 기계수확(탈곡 포함)을 하는 농지 또는 수확 직전 상태가 확인된 농지 중 자른 작물을 농지에 그대로 둔 상태에서 기계 탈곡을 시행하는 농지에 한한다.

㉰ 중량 조사 : 대상 농지에서 수확한 전체 콩(종실)의 무게를 조사하며, 전체 무게 측정이 어려운 경우에는 10포대 이상의 포대를 임의로 선정하여 포대당 평균 무게를 구한 후 해당 수치에 수확한 전체 포대 수를 곱하여 전체 무게를 산출한다.

㉱ 콩(종실)의 함수율 조사 : 10회 이상 종실의 함수율을 측정 후 평균값을 산출한다. 단, 함수율을 측정할 때에는 각 횟수마다 각기 다른 포대에서 추출한 콩을 사용한다.

6) 미보상비율 조사(모든 조사 시 동시 조사)

상기 모든 조사마다 미보상비율 적용표〈별표 2〉에 따라 미보상비율을 조사한다.

[품목별 표본구간별 수확량 조사 방법]

품목	표본구간별 수확량 조사 방법
콩	표본구간 내 콩을 수확하여 꼬투리를 제거한 후 콩 종실의 무게 및 함수율(3회 평균) 조사
양배추	표본구간 내 작물의 뿌리를 절단하여 수확(외엽 2개 내외 부분을 제거)한 후, 정상 양배추와 80%피해 양배추(일반시장에 출하할 때 정상과실에 비해 50% 정도의 가격이 예상되는 품질이거나 일반시장 출하는 불가능하나 가공용으로 공급될 수 있는 품질), 100%피해 양배추(일반시장 및 가공용 출하 불가)로 구분하여 무게를 조사
양파	표본구간 내 작물을 수확한 후, 종구 5cm 윗부분 줄기를 절단하여 해당 무게를 조사(단, 양파의 최대 지름이 6cm 미만인 경우에는 80%(보상하는 재해로 인해 피해가 발생하여 일반시장 출하가 불가능하나, 가공용으로는 공급될 수 있는 작물을 말하며, 가공공장 공급 및 판매 여부와는 무관), 100%(보상하는 재해로 인해 피해가 발생하여 일반시장 출하가 불가능하고 가공용으로도 공급될 수 없는 작물) 피해로 인정하고 해당 무게의 20%, 0%를 수확량으로 인정)
마늘	표본구간 내 작물을 수확한 후, 종구 3cm 윗부분을 절단하여 무게를 조사(단, 마늘통의 최대 지름이 2cm(한지형), 3.5cm(난지형) 미만인 경우에는 80%(보상하는 재해로 인해 피해가 발생하여 일반시장 출하가 불가능하나, 가공용으로는 공급될 수 있는 작물을 말하며, 가공공장 공급 및 판매 여부와는 무관), 100%(보상하는 재해로 인해 피해가 발생하여 일반시장 출하가 불가능하고 가공용으로도 공급될 수 없는 작물) 피해로 인정하고 해당 무게의 20%, 0%를 수확량으로 인정)
감자 (가을재배)	표본구간 내 작물을 수확한 후 정상 감자, 병충해별 20% 이하, 21%~40% 이하, 41%~60% 이하, 61%~80% 이하, 81%~100% 이하 발병 감자로 구분하여 해당 병충해명과 무게를 조사하고 최대 지름이 5cm 미만이거나 피해 정도 50% 이상인 감자의 무게는 실제 무게의 50%를 조사 무게로 함.
고구마	표본구간 내 작물을 수확한 후 정상 고구마와 50%형 고구마 (일반시장에 출하할 때, 정상 고구마에 비해 50% 정도의 가격 하락이 예상되는 품질. 단, 가공공장 공급 및 판매 여부와 무관), 80% 피해 고구마(일반시장에 출하가 불가능하나, 가공용으로 공급될 수 있는 품질. 단, 가공공장 공급 및 판매 여부와 무관), 100% 피해 고구마(일반시장 출하가 불가능하고 가공용으로 공급될 수 없는 품질)로 구분하여 무게를 조사

(3) 보험금 산정방법 및 지급기준

1) 재파종보험금 산정(마늘)

① **지급 사유** : 보험기간 내에 보상하는 재해로 10a당 출현주수가 30,000주보다 작고, 10a 당 30,000주 이상으로 재파종한 경우 재파종보험금은 아래에 따라 계산하며 1회에 한 하여 보상한다.

② 보험금

> • 지급보험금 = 보험 가입금액 × 35% × 표준출현 피해율
> ※ 표준출현 피해율(10a기준) = (30,000 - 출현주수) ÷ 30,000

2) 재정식보험금 산정(양배추)

① 지급 사유 : 보험기간 내에 보상하는 재해로 면적 피해율이 자기 부담비율을 초과하고, 재정식한 경우 재정식보험금은 아래에 따라 계산하며 1회 지급한다.

② 보험금

> • 지급보험금 = 보험 가입금액 × 20% × 면적 피해율
> ※ 면적 피해율 = 피해면적 ÷ 보험 가입면적

3) 경작불능보험금 산정(마늘, 양파, 양배추, 감자(가을재배), 고구마, 콩)

① 지급 사유 : 보험기간 내에 보상하는 재해로 식물체 피해율이 65% 이상이고, 계약자가 경작불능보험금을 신청한 경우 경작불능보험금은 자기부담비율에 따라 보험 가입금액의 일정 비율로 계산한다.

<품목별 자기부담비율별 경작불능보험금 지급 비율>

품목	자기부담비율		
	20%형	30%형	40%형
마늘, 양파, 양배추, 감자(가을재배), 고구마, 콩	보험가입금액 × 40%	보험가입금액 × 35%	보험가입금액 × 30%

② 지급거절 사유 : 보험금 지급 대상 농지 품목이 산지폐기 등의 방법을 통해 시장으로 유통되지 않게 된 것이 확인되지 않으면 경작불능보험금을 지급하지 않는다.

③ 경작불능보험금을 지급한 때에는 그 손해보상의 원인이 생긴 때로부터 해당 농지에 대한 보험계약은 소멸되며, 이 경우 환급보험료는 발생하지 않는다.

4) 농업수입감소 보험금 산정

① 보험기간 내에 보상하는 재해로 피해율이 자기부담비율을 초과하는 경우 아래와 같이 계산한 농업수입감소보험금을 지급한다. 다만, 콩 품목은 경작불능 보험금 지급대상인 경우 농업수입감소보험금을 지급하지 아니한다.

> • 농업수입감소보험금 = 보험 가입금액 × (피해율 - 자기부담비율)
> ※ 피해율 = (기준수입 - 실제수입) ÷ 기준수입

② 기준수입은 평년수확량에 농지별 기준가격을 곱하여 산출한다.

③ 실제 수입은 수확기에 조사한 수확량(다만, 수확량조사를 하지 아니한 경우에는 평년 수확량)에 미보상감수량을 더한 값에 농지별 기준가격과 농지별 수확기가격 중 작은 값을 곱하여 산출한다.

④ 미보상감수량은 평년수확량에서 수확량을 뺀 값에 미보상비율을 곱하여 산출하며, 평년수확량 보다 수확량이 감소하였으나 보상하는 재해로 인한 감소가 확인되지 않는 경우에는 감소한 수량을 모두 미보상감수량으로 한다.

⑤ 계약자 또는 피보험자의 고의 또는 중대한 과실로 수확량조사를 하지 못하여 수확량을 확인할 수 없는 경우에는 농업수입감소보험금을 지급하지 않는다.

⑥ 자기부담비율은 보험 가입할 때 계약자가 선택한 비율로 한다.

[별표 1]

농작물의 보험금 산정

구분	보장 범위	산정내용	비고
특정위험 방식	인삼	보험가입금액 × (피해율 - 자기부담비율) ※ 피해율 = $(1- \dfrac{수확량}{연근별기준수확량}) \times \dfrac{피해면적}{재배면적}$	인삼
적과전 종합위험 방식	착과 감소	(착과감소량 - 미보상감수량 - 자기부담감수량) × 가입가격 × 80%	
	과실 손해	(적과종료 이후 누적감수량 - 미보상감수량 - 자기부담감수량) × 가입 가격	
	나무손해 보장	보험가입금액 × (피해율 - 자기부담비율) ※ 피해율 = 피해주수(고사된 나무) ÷ 실제결과주수	

종합위험
방식
	해가림
	시설
		- 보험가입금액이 보험가액과 같거나 클 때 : 보험가입금액을 한도로
		  손해액에서 자기부담금을 차감한 금액
		- 보험가입금액이 보험가액보다 작을 때 : (손해액 - 자기부담금)
		  × (보험가입금액 ÷ 보험가액)
			인삼

	비가림 시설	MIN(손해액 - 자기부담금, 보험가입금액)	

	수확
	감소
		보험가입금액 × (피해율 - 자기부담비율)
		※ 피해율(벼·감자·복숭아 제외) = (평년수확량 - 수확량 - 미보상감수
		  량) ÷ 평년수확량
		※ 피해율(벼) = (보장수확량 - 수확량 - 미보상감수량) ÷ 보장수확량
		※ 피해율(감자·복숭아) = {(평년수확량 - 수확량 - 미보상감수량)
		  + 병충해감수량} ÷ 평년수확량
			옥수수
			외

	수확 감소	MIN(보험가입금액, 손해액) - 자기부담금 ※ 손해액 = 피해수확량 × 가입가격 ※ 자기부담금 = 보험가입금액 × 자기부담비율	옥수수
	수확량 감소 추가보장	보험가입금액 × (피해율 × 10%) 단, 피해율이 자기부담비율을 초과하는 경우에 한함 ※ 피해율 = (평년수확량 - 수확량 - 미보상감수량) ÷ 평년수확량	
	나무 손해	보험가입금액 × (피해율 - 자기부담비율) ※ 피해율 = 피해주수(고사된 나무) ÷ 실제결과주수	
	이앙·직파 불능	보험가입금액 × 15%	벼
	재이앙· 재직파	보험가입금액 × 25% × 면적피해율 단, 면적피해율이 10%를 초과하고 재이앙(재직파) 한 경우 ※ 면적피해율 = 피해면적 ÷ 보험가입면적	벼

재파종	보험가입금액 × 35% × 표준출현피해율 단, 10a당 출현주수가 30,000주보다 작고, 10a당 30,000주 이상으로 재파종한 경우에 한함 ※ 표준출현피해율(10a 기준) = (30,000 − 출현주수) ÷ 30,000		마늘
재정식	보험가입금액 × 20% × 면적피해율 단, 면적피해율이 자기부담비율을 초과하는 경우에 한함 ※ 면적피해율 = 피해면적 ÷ 보험가입면적		양배추
경작 불능	보험가입금액 × 일정비율(자기부담비율에 따라 비율상이)		
수확 불능	보험가입금액 × 일정비율(자기부담비율에 따라 비율상이)		벼
생산비 보장	(잔존보험가입금액 × 경과비율 × 피해율) − 자기부담금 ※ 잔존보험가입금액 = 보험가입금액 − 보상액(기 발생 생산비보장보험금 합계액) ※ 자기부담금 = 잔존보험가입금액 × 계약 시 선택한 비율		브로콜리

	- 병충해가 없는 경우 = (잔존보험가입금액 × 경과비율 × 피해율)
	  - 자기부담금
	- 병충해가 있는 경우 = (잔존보험가입금액 × 경과비율 × 피해율
	  × 병충해 등급별 인정비율) − 자기부담금
	※ 피해율 = 피해비율 × 손해정도비율 × (1 − 미보상비율)
	※ 자기부담금 = 잔존보험가입금액 × 계약 시 선택한 비율
			고추
			(시설 고추
			제외)

	보험가입금액 × (피해율 − 자기부담비율) ※ 피해율 = 피해비율 × 손해정도비율		배추, 파, 무, 단호박, 당근 (시설무 제외)
	보험가입금액 × (피해율 − 자기부담비율) ※ 피해율 = 피해면적(㎡)÷재배면적(㎡) - 피해면적 : (도복으로 인한 피해면적×70%) + (도복 이외 피해면적 × 손해정도비율)		메밀
	보험가입면적 × 피해작물 단위면적당 보장생산비 × 경과비율 × 피해율 ※ 피해율 = 재배비율 × 피해비율 × 손해정도비율 ※ 단, 장미, 부추, 버섯은 별도로 구분하여 산출		시설 작물
농업 시설물· 버섯재배사 ·부대시설	1사고마다 재조달가액 기준으로 계산한 손해액에서 자기부담금을 차감한 금액에 보험증권에 기재된 보상비율(50% ~ 100%, 10%단위) 만큼을 보험가입금액 내에서 보상 ※ Min(손해액 − 자기부담금, 보험가입금액) × 보상비율 다만, 보험의 목적이 손해를 입은 장소에서 실제로 수리 또는 복구를 하지 않은 때에는 재조달가액에 의한 보상을 하지 않고 시가(감가상각된 금액)로 보상		

과실손해 보장	보험가입금액 × (피해율 - 자기부담비율) ※ 피해율(7월 31일 이전에 사고가 발생한 경우) = (평년수확량 - 수확량 - 미보상감수량) ÷ 평년수확량 ※ 피해율(8월 1일 이후에 사고가 발생한 경우) = (1 - 수확전사고 피해율) × 경과비율 × 결과지 피해율		무화과
과실손해 보장	보험가입금액 × (피해율 - 자기부담비율) ※ 피해율 = 고사결과모지수 ÷ 평년결과모지수		복분자
	보험가입금액 × (피해율 - 자기부담비율) ※ 피해율 = (평년결실수 - 조사결실수 - 미보상감수결실수) ÷ 평년결실수		오디
	과실손해보험금 = 손해액 - 자기부담금 ※ 손해액 = 보험가입금액 × 피해율 ※ 자기부담금 = 보험가입금액 × 자기부담비율 ※ 피해율 = (등급내 피해과실수 + 등급외 피해과실수 × 70%) ÷ 기준과실수		감귤 (온주 밀감류)
	동상해손해보험금 = 손해액 - 자기부담금 ※ 손해액 = {보험가입금액 - (보험가입금액 × 기사고 피해율)} × 수확기 잔존비율 × 동상해피해율 × (1 - 미보상비율) ※ 자기부담금 = |보험가입금액 × min(주계약피해율 - 자기부담비율, 0)| ※ 동상해 피해율 = 수확기 동상해 피해 과실수 ÷ 기준과실수		
과실손해 추가보장	보험가입금액 × (피해율 × 10%) 단, 손해액이 자기부담금을 초과하는 경우에 한함 ※ 피해율 = (등급 내 피해 과실수 + 등급 외 피해 과실수 × 70%) ÷ 기준과실수		감귤 (온주 밀감류)
농업수입 감소	보험가입금액 × (피해율 - 자기부담비율) ※ 피해율 = (기준수입 - 실제수입) ÷ 기준수입		

[별표 2]

농작물의 품목별 · 재해별 · 시기별 손해수량 조사방법

1. 특정위험방식 상품(인삼)

생육시기	재해	조사내용	조사시기	조사방법	비고
보험기간	태풍(강풍) · 폭설 · 집중호우 · 침수 · 화재 · 우박 · 냉해 · 폭염	수확량 조사	피해 확인이 가능한 시기	보상하는 재해로 인하여 감소된 수확량 조사 · 조사방법: 전수조사 또는 표본조사	

2. 적과전종합위험방식 상품(사과, 배, 단감, 떫은감)

생육시기	재해	조사내용	조사시기	조사방법	비고
보험계약 체결일 ~ 적과전	보상하는 재해 전부	피해사실 확인 조사	사고접수 후 지체 없이	보상하는 재해로 인한 피해발생여부 조사	피해사실이 명백한 경우 생략 가능
	우박		사고접수 후 지체 없이	우박으로 인한 유과(어린과실) 및 꽃(눈)등의 타박비율 조사 · 조사방법: 표본조사	적과종료 이전 특정위험 5종 한정 보장 특약 가입건에 한함
6월1일 ~ 적과전	태풍(강풍), 우박, 집중호우, 화재, 지진		사고접수 후 지체 없이	보상하는 재해로 발생한 낙엽피해 정도 조사 - 단감 · 떫은감에 대해서만 실시 · 조사방법: 표본조사	
적과 후	-	적과 후 착과수 조사	적과 종료 후	보험가입금액의 결정 등을 위하여 해당 농지의 적과종료 후 총 착과 수를 조사 · 조사방법: 표본조사	피해와 관계없이 전 과수원 조사
적과후 ~ 수확기 종료	보상하는 재해	낙과피해 조사	사고접수 후 지체 없이	재해로 인하여 떨어진 피해과실수 조사 - 낙과피해조사는 보험약관에서 정한 과실피해분류기준에 따라 구분하여 조사 · 조사방법: 전수조사 또는 표본조사	
				낙엽률 조사(우박 및 일소 제외) - 낙엽피해정도 조사 · 조사방법: 표본조사	단감 · 떫은감
	우박, 일소, 가을동상해	착과피해 조사	수확직전	재해로 인하여 달려있는 과실의 피해과실 수 조사 - 착과피해조사는 보험약관에서 정한 과실피해분류기준에 따라 구분 하여 조사 · 조사방법: 표본조사	

수확완료 후 ~ 보험종기	보상하는 재해 전부	고사 나무 조사	수확완료 후 보험 종기 전	보상하는 재해로 고사되거나 또는 회생이 불가능한 나무 수를 조사 - 특약 가입 농지만 해당 · 조사방법: 전수조사	수확완료 후 추가 고사나무가 없는 경우 생략 가능

* 전수조사는 조사대상 목적물을 전부 조사하는 것을 말하며, 표본조사는 손해평가의 효율성 제고를 위해 재해보험사업자가 통계이론을 기초로 산정한 조사표본에 대해 조사를 실시하는 것을 말함.

3. 종합위험방식 상품(농업수입보장 포함)

① 해가림시설·비가림시설 및 원예시설

생육시기	재해	조사내용	조사시기	조사방법	비고
보험 기간 내	보상하는 재해 전부	해가림 시설조사	사고접수 후 지체 없이	보상하는 재해로 인하여 손해를 입은 시설 조사 · 조사방법: 전수조사	인삼
		비가림 시설조사			
		시설조사			원예시설, 버섯재배사

② 수확감소보장·과실손해보장 및 농업수입보장

생육시기	재해	조사내용	조사시기	조사방법	비고
수확 전	보상하는 재해전부	피해사실 확인조사	사고접수 후 지체 없이	보상하는 재해로 인한 피해발생 여부 조사(피해사실이 명백한 경우 생략 가능)	
		이앙(직파) 불능피해 조사	이앙 한계일 (7.31)이후	이앙(직파)불능 상태 및 통상적인영농활동 실시여부조사 · 조사방법 : 전수조사 또는 표본조사	벼만 해당
		재이앙 (재직파) 조사	사고접수 후 지체 없이	해당농지에 보상하는 손해로 인하여 재이앙(재직파)이 필요한 면적 또는 면적비율 조사 · 조사방법 : 전수조사 또는 표본조사	벼만 해당
		재파종 조사	사고접수 후 지체 없이	해당농지에 보상하는 손해로 인하여 재파종이 필요한 면적 또는 면적비율 조사 · 조사방법 : 전수조사 또는 표본조사	마늘만 해당
		재정식 조사	사고접수 후 지체 없이	해당농지에 보상하는 손해로 인하여 재정식이 필요한 면적 또는 면적비율 조사 · 조사방법 : 전수조사 또는 표본조사	양배추만 해당
		경작불능 조사	사고접수 후 지체 없이	해당 농지의 피해면적비율 또는 보험목적인 식물체 피해율 조사 · 조사방법 : 전수조사 또는 표본조사	벼·밀·밭작물[차(茶)제외]·복분자만 해당

	과실 손해조사	수정 완료 후	살아있는 결과모지수 조사 및 수정불량(송이)피해율 조사 · 조사방법: 표본조사	복분자만 해당
		결실 완료 후	결실수 조사 · 조사방법: 표본조사	오디만 해당
	수확전 사고조사	사고접수 후 지체 없이	표본주의 과실 구분 · 조사방법: 표본조사	감귤 (온주밀감류) 만 해당
수확 직전	-	착과수 조사	수확 직전	해당농지의 최초 품종 수확 직전 총 착과수를 조사 -피해와 관계없이 전 과수원 조사 · 조사방법: 표본조사	포도, 복숭아, 자두만 해당
	보상하는 재해전부	수확량 조사	수확 직전	사고발생 농지의 수확량 조사 · 조사방법: 전수조사 또는 표본조사	
		과실손해 조사	수확 직전	사고발생 농지의 과실피해조사 · 조사방법: 표본조사	무화과, 감귤 (온주밀감류) 만 해당
수확 시작 후 ~ 수확종료	보상하는 재해전부	수확량 조사	조사 가능일	사고발생농지의 수확량조사 · 조사방법: 표본조사	차(茶)만 해당
			사고접수 후 지체 없이	사고발생 농지의 수확 중의 수확량 및 감수량의 확인을 통한 수확량조사 · 조사방법: 전수조사 또는 표본조사	
		동상해 과실손해 조사	사고접수 후 지체 없이	표본주의 착과피해 조사 12월1일~익년 2월말일 사고 건에 한함 · 조사방법: 표본조사	감귤 (온주밀감류) 만 해당
		수확불능 확인조사	조사 가능일	사고발생 농지의 제현율 및 정상 출하 불가 확인 조사 · 조사방법 : 전수조사 또는 표본조사	벼만 해당
	태풍 (강풍), 우박	과실 손해조사	사고접수 후 지체 없이	전체 열매수(전체 개화수) 및 수확 가능 열매수 조사 6월1일~6월20일 사고 건에 한함 · 조사방법: 표본조사	복분자만 해당
				표본주의 고사 및 정상 결과지수 조사 · 조사방법: 표본조사	무화과만 해당
수확 완료 후 ~ 보험종기	보상하는 재해전부	고사나무 조사	수확완료 후 보험 종기 전	보상하는 재해로 고사되거나 또는 회생이 불가능한 나무 수를 조사 - 특약 가입 농지만 해당 · 조사방법: 전수조사	수확완료 후 추가 고사나무가 없는 경우 생략 가능

③ 생산비 보장

생육시기	재해	조사내용	조사시기	조사방법	비고
정식 (파종) ~ 수확종료	보상하는 재해전부	생산비 피해조사	사고발생시 마다	① 재배일정 확인 ② 경과비율 산출 ③ 피해율 산정 ④ 병충해 등급별 인정비율 확인(노지 고추만 해당)	
수확 전	보상하는 재해전부	피해사실 확인조사	사고접수 후 지체 없이	보상하는 재해로 인한 피해발생 여부 조사(피해사실이 명백한 경우 생략 가능)	메밀, 단호박, 배추, 당근, 파, 무, 시금치 (노지)만 해당
		경작불능 조사	사고접수 후 지체 없이	해당 농지의 피해면적비율 또는 보험목적인 식물체 피해율 조사 ㆍ조사방법: 전수조사 또는 표본조사	
수확 직전		생산비 피해조사	수확직전	사고발생 농지의 피해비율 및 손해정도 비율 확인을 통한 피해율 조사 ㆍ조사방법: 표본조사	

[별표 3]

업무정지·위촉해지 등 제재조치의 세부기준

1. 일반기준

가. 위반행위가 둘 이상인 경우로서 각각의 처분기준이 다른 경우에는 그 중 무거운 처분기준을 적용한다. 다만, 각각의 처분기준이 업무정지인 경우에는 무거운 처분기준의 2분의 1까지 가중할 수 있으며, 이 경우 업무정지 기간은 6개월을 초과할 수 없다.

나. 위반행위의 횟수에 따른 제재조치의 기준은 최근 1년간 같은 위반행위로 제재조치를 받는 경우에 적용한다. 이 경우 제재조치 기준의 적용은 같은 위반행위에 대하여 최초로 제재조치를 한 날과 다시 같은 위반행위로 적발한 날을 기준으로 한다.

다. 위반행위의 내용으로 보아 고의성이 없거나 특별한 사유가 인정되는 경우에는 그 처분을 업무정지의 경우에는 2분의 1의 범위에서 경감할 수 있고, 위촉해지인 경우에는 업무정지 6개월로, 경고인 경우에는 주의 처분으로 경감할 수 있다.

2. 개별기준

위반행위	근거조문	처분기준		
		1차	2차	3차
1. 법 제11조제2항 및 이 요령의 규정을 위반한 때	제6조 제2항제1호			
1) 고의 또는 중대한 과실로 손해평가의 신뢰성을 크게 악화 시킨 경우		위촉해지		
2) 고의로 진실을 숨기거나 거짓으로 손해평가를 한 경우		위촉해지		
3) 정당한 사유없이 손해평가반구성을 거부하는 경우		위촉해지		
4) 현장조사 없이 보험금 산정을 위해 손해평가행위를 한 경우		위촉해지		
5) 현지조사서를 허위로 작성한 경우		위촉해지		
6) 검증조사 결과 부당·부실 손해평가로 확인된 경우		경고	업무정지 3개월	위촉해지
7) 기타 업무수행상 과실로 손해평가의 신뢰성을 악화 시킨 경우		주의	경고	업무정지 3개월
2. 법 및 이 요령에 의한 명령이나 처분을 위반한 때	제6조 제2항제2호	업무정지 6개월	위촉해지	
3. 업무수행과 관련하여 「개인정보보호법」, 「신용정보의 이용 및 보호에 관한 법률」 등 정보보호와 관련된 법령을 위반한 때	제6조 제2항제3호	위촉해지		

적중예상 및 단원평가문제

01. 손해평가가 이루어지는 일련의 과정에 대하여 서술하시오.

【손해평가 과정】

정답 및 해설

사고발생의 통지 → 사고 발생 보고 전산입력 → 손해평가반 구성 → 현지조사실시 → 현지조사 결과 전산입력 → 현지조사 및 검증조사

02. 포도, 복숭아, 자두 품목에 공통된 현지조사의 종류 5가지를 기술하시오.

【공통된 현지조사의 종류】

(1)   , (2)   , (3)   , (4)   , (5)

정답 및 해설

(1) 착과수조사, (2) 과중조사, (3) 착과피해조사, (4) 낙과피해조사, (5) 고사나무조사(나무손해특약 가입건)

03. 적과전종합위험의 "가을동상해"에 대한 다음 각 질문에 답하시오.

【가을동상해】

(1) 정의 :

(2) 피해 인정 조건 :

(3) 단감, 떫은감의 잎피해 인정 조건:

(1) 정의 : 서리 또는 기온의 하강으로 인하여 과실 또는 잎이 얼어서 생기는 피해
(2) 피해 인정 조건 : 육안으로 판별 가능한 결빙증상이 지속적으로 남아 있는 경우에 피해를 인정
(3) 단감, 떫은감의 잎피해 인정 조건: 10월 31일까지 발생한 가을동상해로 나무의 전체 잎 중 50%이상이 고사한 경우에 피해를 인정.

04. 업무방법서에 따른 다음 각 보장방식(밭작물) 품목을 쓰시오.

【보장방식(밭작물) 품목】	
보장방식	품목
(1) 종합위험 수확감소보장(9개 품목)	
(2) 종합위험 생산비보장(10개 품목)	
(3) 작물특정 및 시설종합위험 인삼손해보장방식(1개 품목)	
(4) 농업수입감소보장(6개 품목)	

【보장방식(밭작물) 품목】	
보장방식	품목
(1) 종합위험 수확감소보장(9개 품목)	마늘, 양파, 감자(고랭지재배, 봄재배, 가을재배), 고구마, 옥수수(사료용 옥수수), 양배추, 콩, 팥, 차(茶)
(2) 종합위험 생산비보장(10개 품목)	고추, 브로콜리, 메밀, 단호박, 당근, 배추(고랭지배추, 월동배추, 가을배추), 무(고랭지무, 월동무), 시금치(노지), 파(대파, 쪽파 · 실파), ★양상추
(3) 작물특정 및 시설종합위험 인삼손해보장방식(1개 품목)	인삼
(4) 농업수입감소보장(6개 품목)	마늘, 양파, 감자(가을재배), 고구마, 양배추, 콩

05. 적과전종합위험 과수 4종의 "적과후 착과수 조사시기"에 대하여 서술하시오.

【적과후 착과수 조사시기】

통상적인 적과 및 자연 낙과(떫은감은 1차 생리적 낙과) 종료 시점(통상적인 적과 및 자연낙과 종료라 함은 과수원이 위치한 지역(시ㆍ군 등)의 기상여건 등을 감안하여 통상적으로 해당 지역에서 해당 과실의 적과가 종료되거나 자연낙과가 종료되는 시점을 말함)

06. 적과전종합위험 과수 4종의 "적과후 착과수조사방법"에 대하여 서술하시오.

【적과후 착과수 조사방법】

(1) 나무 조사 : 과수원 내 품종ㆍ재배방식ㆍ수령별 실제결과주수, 미보상주수, 고사주수, 수확불능주수를 파악한다.
(2) 조사 대상주수 계산 : 품종ㆍ재배방식ㆍ수령별 실제결과주수에서 미보상주수, 고사주수, 수확불능주수를 빼고 조사 대상주수를 계산한다.
(3) 적정표본주수 산정
 ① 조사 대상주수 기준으로 품목별 표본주수표(별표1)에 따라 과수원별 전체 적정표본주수를 산정한다.
 ② 적정표본주수는 품종ㆍ재배방식ㆍ수령별 조사 대상주수에 비례하여 배정하며, 품종ㆍ재배방식ㆍ수령별 적정 표본주수의 합은 전체 표본주수보다 크거나 같아야 한다.

> 적정표본주수 = 전체표본주수 × (품종별 조사 대상주수 / 조사 대상주수 합) (소수점 첫째 자리에서 올림)

(4) 표본주 선정 및 리본 부착 : 품종ㆍ재배방식ㆍ수령별 표본주수를 기준으로 표본주를 선정 후 조사용 리본을 부착한다.
(5) 조사 및 조사 내용 현지조사서 등 기재 : 선정된 표본주의 품종, 재배방식, 수령 및 착과수(착과과실수)를 조사하고 현지 조사서 및 리본에 조사 내용을 기재한다.
(6) 품종ㆍ재배방식ㆍ수령별 착과수는 다음과 같이 산출한다.

> 품종ㆍ재배방식ㆍ수령별 착과수
> $= \left[\dfrac{\text{품종ㆍ재배방식ㆍ수령별 표본주의 착과수 합계}}{\text{품종ㆍ재배방식ㆍ수령별 표본주합계}} \right] \times$ 품종ㆍ재배방식ㆍ수령별 조사대상주수
> ※ 품종ㆍ재배방식ㆍ수령별 착과수의 합계를 과수원별 『적과 후 착과수』로 함

(7) 미보상비율 확인(별표 2 참고) : 보상하는 손해 이외의 원인으로 인해 감소한 과실의 비율을 조사한다.

07. 종합위험 수확감소보장방식 "포도" 품목의 수확량 조사시 "착과수조사방법"에 대하여 서술하시오.

【착과수조사방법】

정답 및 해설

(1) 나무수 조사 : 농지내 품종별 · 수령별 실제결과주수, 미보상주수 및 고사나무주수를 파악한다.
(2) 조사 대상주수 계산 : 품종별 · 수령별 실제결과주수에서 미보상주수 및 고사나무주수를 빼서 조사대상주수를 계산한다.
(3) 표본주수 산정
  ① 과수원별 전체 조사 대상주수를 기준으로 품목별 표본주수표〈별표 1〉에 따라 농지별 전체 표본주수를 산정한다.
  ② 적정 표본주수는 품종별 · 수령별 조사 대상주수에 비례하여 산정하며, 품종별 · 수령별 적정표본주수의 합은 전체 표본주수보다 크거나 같아야 한다.
(4) 표본주 선정 : 산정한 품종별 · 수령별 표본주수를 바탕으로 품종별 · 수령별 조사 대상주수의 특성이 골고루 반영될 수 있도록 표본주를 선정한다.
(5) 착과된 전체 과실수 조사 : 선정된 표본주별로 착과된 전체 과실수를 조사하되, 품종별 수확시기 차이에 따른 자연낙과를 감안한다.
(6) 품목별 미보상비율 적용표〈별표 2〉에 따라 미보상비율을 조사한다.

08. 적과전종합위험방식의 계약사항과 조사내용을 근거로 착과감소보험금을 구하시오(단, 일수는 초일 산입, 과실수와 수량은 소수점 첫째자리에서 반올림하고, 피해율은 %단위로 소수점 셋째 자리에서 반올림하여 둘째자리까지 다음 예시 : 0.12345 → 12.35%와 같이 구한다).

【계약사항과 조사내용】

○ [계약사항]

상품명	특약가입	평년착과수	가입과실수	보장수준
단감	미가입	70,000개	70,000개	70%
자기부담비율	가입가격	가입과중	실제결과주수	
20%	10,000원/kg	0.4kg	A품종	B품종
			200주	300주

○ [조사내용]

구분	재해종류	사고일자	조사일자	조사내용
적과 종료 이전	우박	5.10	5.11	• 표본주 피해유과 : 138개, 정상유과 :322개 • 미보상비율 : 10%
	강풍	6.10	6.11	• 낙엽피해 표본주 낙엽수 : 100개, 착엽수 500개 • 유실주수 : A품종 10주 • 미보상주수 : A품종 10주, B품종 10주 • 미보상비율 : 20%
적과후 착과수	-	-	7.5	• A품종 : 표본주(4주) 착과수 합 280개 • B품종 : 표본주(7주) 착과수 합 700개

정답 및 해설

1. 착과감소보험금 : **16,576,000(천육백오십칠만육천)원**

○ 착과감소보험금
= (착과감소량 − 미보상감수량 − 자기부담감수량) × 가입가격 × 보장수준
= (11,360kg − 3,392kg − 5,600kg) × 10,000원/kg × 0.7
= 16,576,000(천육백오십칠만육천)원

① 착과감소량 = 착과감소과실수 × 가입과중
= 28,400개 × 0.4kg
= 11,360kg

※ 착과감소과실수 = 평년착과수 − 적과후착과수
= 70,000개 − 41,600개
= 28,400개

* 최대인정피해율 미적용 : 5종특약 미가입시 조수해, 화재의 나무피해에서만 적용

※ 적과후착과수 = $\left[\dfrac{(품종 \cdot 재배방식 \cdot 수령별) 표본주의 착과수 합계}{(품종 \cdot 재배방식 \cdot 수령별) 표본주 합계}\right]$ × (품종 · 재배방식 · 수령별) 조사대상주수
= A품종(280 ÷ 4 × 180주) + B품종(700 ÷ 7 × 290주)
= **41,600개**

② 미보상감수량 = 미보상감수과실수 × 가입과중
= 8,480개 × 0.4kg
= **3,392kg**

※ 미보상감수과실수 = (착과감소과실수 × 미보상비율) + 미보상주수감수과실수
= (28,400개 × 20%) + 2,800개
= 8,480개

○ 미보상주수감수과실수 = 미보상주수 × 1주당 평년착과수
= 20주 × 140개
= 2,800개

○ 1주당 평년착과수 = 평년착과수 ÷ 실제결과주수
= 70,000개 ÷ 500개 = 140개

③ 자기부담감수량 = 기준수확량 × 자기부담비율

= 28,000kg × 20%

= 5,600kg

○ 기준수확량 = (적과후착과수 + 착과감소과실수) × 가입과중

= (41,600개 + 28,400개) × 0.4kg

= 28,000kg

09. 다음은 적과전종합위험사과(부사) 품목의 계약내용과 조사내용이다. 이 내용을 근거로 착과감소보험금을 구하시오(단, 특약가입은 하지 않았고, 과실수와 수량은 소수점 첫째자리에서 반올림하고, 피해율은 %단위로 소수점 셋째 자리에서 반올림하여 둘째자리까지 다음 예시: 0.12345 → 12.35% 와 같이 구한다).

【계약사항과 조사내용】

○ [계약내용]

보험가입금액	가입과실수	평년착과수	가입과중
4천만원	16,000개	16,000개	0.4kg
실제결과주수	가입가격	자기부담비율	보장수준
160주	10,000원/kg	20%	70%

○ [조사내용]

구분	재해종류	사고일자	조사일자	조사내용
적과 종료 이전	우박	5.10	5.11	• 표본주 피해유과 : 20개, 정상유과 : 80개 • 미보상비율 : 10%
	화재	6.10	6.11	• 나무고사 : 50주 • 미보상주수 : 10주
적과후 착과수	-	-	7.5	• 적과후착과수 : 10,000개

1. 착과감소보험금 : **3,360,000(삼백삼십육만)원**

> ○ 착과감소험금
> = (착과감소량 – 미보상감수량 – 자기부담감수량) × 가입가격 × 보장수준
> = (2,400kg – 640kg – 1,280kg) × 10,000원 × 0.7
> = 3,360,000(삼백삼십육만)원

① 착과감소량 = 착과감소과실수 × 가입과중
   = 6,000개 × 0.4kg
   = 2,400kg
* 착과감소과실수 = 평년착과수 – 적과후착과수
   = 16,00개 – 10,000개
   = 6,000개
* 적과후착과수 = 10,000개

> [최대인정피해율 적용 기준]
> 1. 조수해, 화재에 의한 나무피해 발생시 적용
> 2. 피해대상주수 : 고사주수, 수확불능주수, 일부피해주수
> 3. 일부피해주수는 대상 재해로 피해를 입은 나무수 중에서 고사주수 및 수확불능주수를 제외한 나무수를 의미
> 4. 자연재해와 조수해, 화재가 적과전에 발생한 경우에는 나무피해율(최대인정피해율) 적용 제외
> ※ 따라서 이 문제의 경우 우박(자연재해)과 화재 사고가 적과전에 발생한 경우이니 최대인정피해율을 적용하지 않습니다.

② 미보상감수량 = 미보상감수과실수 × 가입과중
   = 1,600개 × 0.4kg
   = 640kg
※ 미보상감수과실수 = (착과감소과실수 × 미보상비율) + 미보상주수감수과실수
   = (6,000개 × 10%) + 1,000개
   = 1,600개
   ○ 미보상주수감수과실수 = 미보상주수 × 1주당 평년착과수
   = 10주 × 100개
   = 1,000개
   ○ 1주당 평년착과수 = 평년착과수 ÷ 실제결과주수
   = 16,000개 ÷ 160주
   = 100개
③ 자기부담감수량 = 기준착과량 × 자기부담비율
   = 6,400kg × 20%
   = 1,280kg
   ○ 기준착과량 = (적과후착과수 + 착과감소과실수) × 가입과중
   = (10,000개 + 6,000개) × 0.4kg
   = 6,400kg

10. 적과전종합위험 단감(부유 7년생)품목의 계약내용과 조사내용을 근거로 1) 착과감소보험금, 2) 과실손해보험금을 구하시오(단, 착과수와 낙과수는 소수점 첫째자리에서 반올림하고, 착과율과 피해율은 %단위로 소수점 셋째자리에서 반올림한다. 주어진 조건 외 다른 것은 고려하지 않는다).

【계약사항과 조사내용】

○ [계약내용]

특약가입	가입금액	평년착과수	가입가격
미가입	8천만원	80,000개	5,000원/kg
실제결과주수	가입과중	자기부담비율	보장수준
600주	200g	10%	70%

○ [조사내용]

구분	재해종류	사고일자	조사일자	조사내용
적과종료 이전	냉해	4.3	4.4	• 과수원 전체에 냉해피해 확인 • 미보상비율 : 10%
	우박	5.10	5.11	• 유과타박율 : 20% • 미보상비율 : 15%
적과후 착과수 조사			7.10	• 미보상주수 : 15주 • 적과후착과수 : 60,000개
적과종료 이후	태풍	8.24	8.28	• 총낙과수 : 5,000개 • 고사주수 : 10주 • 수확불능주수 : 30주 • 낙과피해과실분류(전수조사) 정상과 5개 / 피해과 50% 20개, 80% 30개, 100% 45개 • 무피해나무 1주당 평균착과수 : 133주 • 낙엽피해 : 낙엽율 25%, 경과일수 75일 • 미보상비율 : 10%
	우박	5.10	9.30	• 수확직전 착과피해조사(표본조사) 정상과 6개 / 피해과 50% 30개, 80% 30개, 100% 34개

낙과피해과실분류(전수조사)

정상과	피해과		
	50%	80%	100%
5개	20개	30개	45개

수확직전 착과피해조사(표본조사)

정상과	피해과		
	50%	80%	100%
6개	30개	30개	34개

1) 착과감소보험금 : **4,903,500(사백구십만삼천오백)원**

> ○ 착과감소험금
> = (착과감소량 – 미보상감수량 – 자기부담감수량) × 가입가격 × 보장수준
> = (4,000kg – 999 kg – 1,600kg) × 5,000원 × 70%
> = 4,903,500(사백구십만삼천오백)원

  ① 착과감소량 = 착과감소과실수 × 가입과중
               = 20,000개 × 0.2kg
               = **4,000kg**
    ※ 착과감소과실수 = 평년착과수 – 적과후착과수
                   = 80,000개 – 60,000개
                   = 20,000개

  ② 미보상감수량 = 미보상감수과실수 × 가입과중
                = 4,995개 × 0.2kg
                = **999kg**
    ※ 미보상감수과실수 = (착과감소과실수 × 미보상비율) + 미보상주수감수과실수
                     = (20,000개 × 15%) + 1,995개
                     = 4,995개
    ○ 미보상주수감수과실수 = 미보상주수 × 1주당 평년착과수
                      = 15주 × 133개
                      = 1,995개
    ○ 1주당 평년착과수 = 평년착과수 ÷ 실제결과주수
                   = 80,000개 ÷ 600주
                   = 133개
  ③ 자기부담감수량 = 기준착과량 × 자기부담비율
                = 16,000kg × 10%
                = 1,600kg
    ○ 기준착과량 = (적과후착과수 + 착과감소과실수) × 가입과중
               = (60,000개 + 20,000개) × 0.2kg
               = 16,000kg

2) 과실손해보험금 : **44,954,000(사천사백구십오만사천)원**

> ○ 과실손해보험금
> = (누적감수과실수 – 미보상감수과실수 – 자기부담감수과실수) × 가입과중 × 가입가격
> = (44,954개 – 0개 – 0개) × 0.2kg × 5,000원/kg
> = 44,954,000(사천사백구십오만사천)원

  ① 적과종료 이전 자연재해로 인한 적과종료 이후 착과손해 감수과실수
    ※ 착과율 = 적과후착과수 ÷ 평년착과수
           = 60,000개 ÷ 80,000개
           = 0.75
           = 75%
    * 착과율 60% 이상

※ 감수과실수 = 적과후착과수 × 5% × (100% − 착과율) ÷ 40%
  = 60,000개 × 0.05 × (100% − 75%) ÷ 40%
  = 1,875개

※ 인정착과피해율 = 0.05 × (100% − 75%) ÷ 40%
  = 0.0313
  = 3.13%
  = maxA

② 태풍 낙과피해 감수과실수 = 총낙과수 × (낙과피해구성률 − maxA)
  = 5,000개 × (0.79 − 0.0313)
  = 3,794개

※ 낙과피해구성률 = {(50%*20개) + (80%*30개) + (100%*45개)} ÷ 100
  = 79%

③ 나무피해감수과실수 = (고사주수 + 수확불능주수) × 무피해 1주당 평균착과수 × (1 − maxA)
  = (10주 + 30주) × 133주 × (1 − 0.0313)
  = 5,153개

④ 태풍 낙엽피해감수과실수 = 사고당시 착과과실수 × (인정피해율 − maxA) × (1 − 미보상비율)
  = 49,680개 × (0.1479 − 0.0313) × (1 − 0.1)
  = 5,213개

※ 사고당시 착과과실수 = 적과후착과수 − 총낙과과실수 − 총 적과후 나무피해과실수 − 기수확과실수
  = 60,000개 − 5,000개 − (40개 × 133개) − 0개
  = 49,680개

※ 인정피해율 = [1.0115 × 낙엽율(25%)] − [0.0014 × 경과일수(75일)]
  = 14.79%

품목	낙엽률에 따른 인정피해율 계산식
단감	(1.0115 × 낙엽률) − (0.0014 × 경과일수) ※경과일수 : 6월 1일부터 낙엽피해 발생 일까지 경과된 일수
떫은감	0.9662 × 낙엽률 − 0.0703

※ 인정피해율의 계산 값이 0보다 적은 경우 인정피해율은 0으로 한다.

⑤ 우박 착과피해감수과실수 = 사고당시착과과실수 × (착과피해구성률 − maxA)
  = 49,680개 × (0.73 − 0.1479)
  = 28,919개

※ 착과피해구성률 = {(50%*30개) + (80%*30개) + (100%*34개)} ÷ 100
  = 73%

⑥ 누적감수과실수 = 1,875개 + 3,794개 + 5,153개 + 5,213개 + 28,919개
  = 44,954개

⑦ 자기부담감수량 = 기준수확량 × 자기부담비율
  = (80,000개 × 0.2) × 0.1
  = 1,600kg

        * 자기부담감수량의 조정감수량 = 자기부담감수량 - (적과전착과감수량 - 전과전미보상감수량)
                                = 1,600kg - (4,000kg - 1,600kg)
                                = -4,000 => 0처리

    ⑧ 미보상감수량 : 낙엽피해감수과실수에서 적용되었음 => 0처리

11. 특정위험방식 인삼품목에 대한 다음[전수조사] 내용을 근거로 1. 피해율과 2. 지급보험금을
    구하시오(단, 피해율은 %단위로 소수점 셋째자리에서 반올림한다).

○ [조사내용]

보험가입금액	실제경작칸수	금차수확칸수	4년근(표준) 기준수확량	자기부담비율
4천만원	200칸	120칸	0.71kg/m²	10%
총 조사수확량	두둑폭	고랑폭	지주목간격	미보상비율
318kg	2m	0.5m	2m	20%

정답 및 해설

1. 피해율 : **12.17%**

$$\text{피해율} = (1 - \frac{\text{수확량}}{\text{연근별기준수확량}}) \times \frac{\text{피해면적}}{\text{재배면적}} = (1 - \frac{0.566}{0.71}) \times \frac{120}{200} = 12.17\%$$

  ① 수확량 = 단위면적당 조사수확량 + 단위면적당 미보상감수량
          = 0.53kg + 0.036kg
          = 0.566kg
  ② 단위면적당 조사수확량 = 총조사수확량 ÷ 금차 수확면적
                      = 318kg ÷ 600m²
                      = 0.53kg
  ③ 금차 수확면적 = 금차 수확칸수 × 지주목간격 × (두둑폭 + 고랑폭)
                = 120칸 × 2m × (2m + 0.5m)
                = 600m²
  ④ 단위면적당 미보상감수량 = (기준수확량 - 단위면적당 조사수확량) × 미보상비율
                        = (0.71kg/m² - 0.53kg) × 20%
                        = 0.036kg
  ⑤ 피해면적 = 금차 수확칸수 = 120칸
  ⑥ 재배면적 = 실제경작칸수 = 200칸

2. 지급보험금 : **868,000(팔십육만팔천)원**

  지급보험금 = 보험가입금액 × (피해율 - 자기부담비율)
           = 40,000,000(사천만)원 × (0.1217% - 0.1%)
           = 868,000(팔십육만팔천)원

12. 특정위험담보 인삼품목 해가림시설에 관한 내용이다. 태풍으로 인삼 해가림시설에 일부 파손 사고가 발생하여 아래와 같은 피해를 입었다. 가입조건이 아래와 같을 때 ①감가율, ②손해액, ③자기부담금, ④보험금, ⑤잔존보험가입금액을 계산 과정과 답을 쓰시오.

○ [보험가입내용]

재배칸수	칸당 면적(m²)	시설재료	설치비용(원/m²)	설치 년 월	가입금액(원)
2,200	3.3	목재	5,500	2017.06	39,930,000

○ [보험사고내용]

파손칸수	사고원인	사고 년월
800칸(전부 파손)	태풍	2019.07

* 2019년 설치비용은 설치년도와 동일한 것으로 함
* 손해액과 보험금은 원단위 이하 버림

정답 및 해설

① 감가율 : **26.66%**

> 감가율 = 경년감가율 × 년수
>   = 13.33% × 2
>   = 26.66%
> 보험가액 = 재배칸수 × 칸당 면적(m²) × 설치비용(원/m²) × 감가적용(20%초과)
>   = 2,200칸 × 3.3m² × 5,500원/m² × (1 - 0.2666)
>   = 29,284,662(이천구백이십팔만사천육백육십이)원

유형	내용연수	경년감가율
목재	6년	13.33%
철재	18년	4.44%

② 손해액 : **10,648,960(천육십사만팔천구백육십)원**(원단위 이하 버림)

> 손해액 = 800칸 × 3.3m² × 5,500원
>   = 14,520,000원 보험가액의 20% 초과로 감가
>   = 14,520,000 × (1 - 0.2666)
>   = 10,648,968원
>   = 10,648,960원(원단위 이하 버림)

> * 감가적용 : 산출된 피해액에 대하여 감가상각을 적용하여 손해액을 산정한다. 다만, 피해액이 보험가액의 20% 이하인 경우에는 감가를 적용하지 않고, 피해액이 보험가액의 20%를 초과하면서 감가 후 피해액이 보험가액의 20% 미만인 경우에는 보험가액의 20%를 손해액으로 산출한다.

③ 자기부담금 : **1,000,000(백만)원**(최댓값)

> 자기부담금 = 손해액의 10% (최소 10만원 최대 100만원)
>   = 손해액[10,648,960 × 0.1] = 1,064,896 = 1,000,000(백만)원(최댓값)

④ 보험금 : 9,648,960(구백육십사만팔천구백육십)원

> 보험금 = 손해액 - 자기부담금 = 10,648,960원 - 1,000,000원 = 9,648,960(구백육십사만팔천구백육십)원

〈참고〉 보험가입금액이 보험가액보다 작을 경우에는 보험가입금액을 한도로 다음과 같이 비례보상한다.

> (손해액 - 자기부담금) × (보험가입금액 ÷ 보험가액)

⑤ 잔존보험가입금액 : 30,281,040(삼천이십팔만천사십)원

> 잔존보험가입금액 = 보험가입금액 - 보상액
> = 39,930,000(삼천구백구십삼만)원 - 9,648,960(구백육십사만팔천구백육십)원
> = 30,281,040(삼천이십팔만천사십)원

13. 종합위험 감귤 품목의 다음 조사내용에 따라 1. 과실손해 피해율과 2. 과실손해보험금을 산정하시오. (단, 피해율은 %단위로 소수점 셋째자리에서 반올림한다. 주어진 조건 외 다른 것은 고려하지 않는다).

○ [수확전 사고조사 내용]

품종	보험가입금액	가입면적	표본주 조사
온주(5년생)	1천만원	4,000m²	4주
정상과	100%형 피해과	미보상비율	자기부담비율
565	70개	15%	20%

○ [과실손해조사 내용]

미보상비율	등급내피해과	등급외피해과	정상과
10%	68개	60개	172개

※ 수식[별표] 참고사항

■ 수확 전 사고조사가 결과가 있는 경우

과실손해 피해율

$= [(A ÷ (1 - A^{'})) + \{(1 - (A ÷ (1 - A^{'}))) × (X ÷ (1 - X^{'}))\}] × \{1 - Max(B, Y)\}$

A : 최종수확전 과실손해 피해율 $= \dfrac{(이전 + 금차)100\% 피해과실수}{정상과실수 + 100\%피해과실수} × (1 - 미보상비율)$

$A^{'}$: 최종 수확전 과실손해 조사 미보상비율
X : 과실손해피해율 = (피해인정과실수 ÷ 기준과실수) × (1 - 미보상비율)
$X^{'}$: 과실손해 미보상비율

과실손해 피해율
= {(등급 내 피해과실수 + 등급 외 피해과실수 × 50%) ÷ 기준과실수} × (1 - 미보상비율)

피해 인정 과실수 = 등급 내 피해 과실수 + 등급 외 피해과실수 × 50%

1) 등급 내 피해 과실수
   = (등급 내 30%형 과실수 합계 × 0.3) + (등급 내 50%형 과실수 합계 × 0.5) + (등급 내 80%형 과실수 합계 × 0.8) + (등급 내 100%형 과실수 × 1)

2) 등급 외 피해 과실수
   = (등급 외 30%형 과실수 합계 × 0.3) + (등급 외 50%형 과실수 합계 × 0.5) + (등급 외 80%형 과실수 합계 × 0.8) + (등급 외 100%형 과실수 × 1)
   ※ 만감류는 등급 외 피해 과실수를 피해 인정 과실수 및 과실손해 피해율에 반영하지 않음

3) **기준과실수** : 모든 표본주의 과실수 총 합계

정답 및 해설

1. (수확 전 사고조사 결과가 있는 경우)과실손해 피해율 : **36.82%**

   ○ 과실손해 피해율
   = [(최종수확전 과실손해 피해율A ÷ (1 - 최종 수확전 과실손해 조사 미보상비율A$'$)) + {(1 - (최종수확전 과실손해 피해율A ÷ 1 - 최종 수확전 과실손해 조사 미보상비율A$'$))) × (과실손해피해율X ÷ (1 - 과실손해 미보상비율X$'$))}] × {1 - Max(최종 수확전 과실손해 조사 미보상비율A$'$, 과실손해 미보상비율X$'$)}
   = [(A ÷ (1 - A$'$)) + {(1 - (A ÷ (1 - A$'$))) × (X ÷ (1 - X$'$))}] × {1 - Max(A$'$, X$'$)}
   = [(0.0937 ÷ (1 - 0.15)) + {(1 - (0.0937 ÷ (1 - 0.15))) × (0.3267 ÷ (1 - 0.1))}] × {1 - 0.15}
   = {(0.1102 + (0.8898 × 0.363)} × 0.85
   = 36.82%

   ① 최종 수확전 과실손해피해율(A) = $\frac{70}{565 + 70}$ × (1 - 0.15) = 9.37%

   ② 과실손해피해율(X) = (68 + 60*0.5) ÷ 300 = 32.67%

2. 보험금 : **1,682,000(백육십팔만이천)원**

   보험금 = 손해액 - 자기부담금
   = 3,682,000(삼백육십팔만이천)원 - 2,000,000(이백만)원
   = 1,682,000(백육십팔만이천)원

   ① 손해액 = 보험가입금액 × 피해율 = 10,000,000원 × 0.3682 = 3,682,000(삼백육십팔만이천)원
   ② 자기부담금 = 보험가입금액 × 자기부담비율 = 10,000,000원 × 0.2 = 2,000,000(이백만)원

14. 종합위험 과실손해보장방식 복분자 품목의 (1) 고사결과모지수와 (2) 피해율 및 (3) 과실손해보험금을 구하시오.

【계약 및 조사사항】

○ 보험가입금액 : 1,000만원
○ 기준 살아있는 고사결과모지수 : 120개
○ 미보상 고사결과모지수 : 60개
○ 자기부담비율 : 20%

○ 평년결과모지수 : 300개
○ 수정불량환산 고사결과모지수 : 30개
○ 수확감소환산 고사결과모지수 : 90개

정답 및 해설

(1) 고사결과모지수 : **180개**

> 고사결과모지수 = (종합+특정)위험 과실손해 고사결과모지수
> = 150개 + 30개 = 180개

① 종합위험 과실손해 고사결과모지수[*암기법 : 평생수정불량 미보상]
= {평년결과모지수 − (기준 살아있는 결과모지수 − 수정불량환산 고사결과모지수 + 미보상 고사결과모지수)}
= {300개 − (120개 − 30개 + 60개)} = 150개

> 피해율 = 고사결과모지수 ÷ 평년결과모지수
> **고사결과모지수 = (종합+특정)위험 과실손해 고사결과모지수**

② 특정위험 과실손해 고사결과모지수[*암기법 : 환산고사 미고사]
= 수확감소환산 고사결과모지수 − 미보상 고사결과모지수 = 90개 − 60개 = 30개

(2) 피해율 : **60%**

> 피해율 = 고사결과모지수 ÷ 평년결과모지수 = 180개 ÷ 300개 = 60%

(3) 과실손해보험금 : **400만원**

> 과실손해보험금 = 보험가입금액 × (피해율 − 자기부담비율) = 10,000,000(천만)원 × (0.6 − 0.2)
> = 4,000,000(사백만)원

15. 종합위험 수확감소보장방식 '양파' 상품에 대한 다음 자료를 이용하여 지급보험금을 구하시 오(단, 표본구간 수확량과 표본구간 단위면적당 수확량은 kg단위로 소수점 이하 다섯째 자리에서 반올림하여 넷째 자리까지 구하고, 수확량과 미보상감수량은 kg단위로 소수점 첫째 자리에서 반올림하여 정수단위로, 피해율은 %단위로 소수점 셋째 자리에서 반올림하여 둘째 자리까지 구하여 계산하시오).

○ [계약사항]

상품명	보험가입금액	가입면적	평년수확량	자기부담비율
종합위험보장 양파	3,000만원	5,000m^2	20,000kg	10%

○ [조사내용]

조사내용	실제경작면적	수확불능면적	기수확면적	타작물면적	미보상비율
수확량조사	5,000m^2	200m^2	200m^2	100m^2	10%
표본구간	표본구간면적	표본구간 수확량(중량)		수확적기 잔여일수	일자별 비대추정지수
7개	14m^2	정상양파 40kg	80%피해양파 20kg	5일	2.2%

○ 지급보험금 : 1,188,000(백십팔만팔천)원

> 보험금 = 보험가입금액 × (피해율 - 자기부담비율) = 30,000,000원 × (0.1396 - 0.1) = 1,188,000(백십팔만팔천)원

1. 피해율 = (평년수확량 - 수확량 - 미보상감수량) ÷ 평년수확량
   = (20,000kg - 16,899kg - 310kg) ÷ 20,000kg = 0.13955 = 13.96%

2. 수확량 = (표본구간 단위면적당 수확량 × 조사대상면적) + {단위면적당 평년수확량 × (타작물 및 미보상면적 + 기수확면적)
   = (3.4886kg × 4,500m^2) + (4kg/m^2 × (100m^2 + 200m^2)) = 16,899kg

3. 표본구간 단위면적당 수확량 = 표본구간 수확량 ÷ 표본구간면적
   = 48.84kg ÷ 14m^2 = 3.4886kg/m^2
   * 표본구간 수확량 = (표본구간 정상양파 중량 + 80%피해 양파중량×20%) × (1 + 누적비대추정지수)
   = (40kg + 4kg) × (1 + 0.11) = 48.84kg
   * 누적비대추정지수 = 수확적기잔여일수 × 일자별비대추정지수
   = 5일 × 0.022% = 0.11

4. 조사대상면적(*암기법 : 실수타기) = 실제경작면적 - 수확불능(고사)면적 - 타작물면적 - 기수확면적
   = 5,000m^2 - 200m^2 - 100m^2 - 200m^2 = 4,500m^2

5. 단위면적당 평년수확량 = 평년수확량 ÷ 실제경작면적 = 20,000kg ÷ 5,000m^2 = 4kg/m^2

6. 미보상감수량 = (평년수확량 - 수확량) × 미보상비율 = (20,000kg - 16,899kg) × 10% = 310kg

16. 손해평가사 A는 B씨의 포도 품목 과수원 농지에 대하여 미보상비율을 정하려고 한다. 아래 〈보기〉의 기준에 따라 미보상비율 적용 기준을 각각 정하여 쓰시오.

	제초상태ㆍ병해충 상태ㆍ기타	미보상비율
(1)	잡초가 농지 면적의 20% 이상 40% 미만으로 분포한 경우	(1)
(2)	병해충 상태 조사에서 정상적인 영농활동 시행을 증빙하는 자료(비료 및 농약 영수증 등)가 부족한 경우	(2)
(3)	영농기술 부족으로 인한 피해가 20% 미만으로 판단되는 경우	(3)

정답 및 해설

(1) 10% 미만(미흡), (2) 20% 미만(불량), (3) 20% 미만(불량)
※ 농작물재해보험 미보상비율 적용표(감자, 고추 제외 전품목)

구분	제초 상태	병해충 상태	기타
해당 없음	0%	0%	0%
미흡	10% 미만	10% 미만	10% 미만
불량	20% 미만	20% 미만	20% 미만
매우 불량	20% 이상	20% 이상	20% 이상

※ [미보상비율 적용기준]
㉠ 제초 상태(과수품목은 피해율에 영향을 줄 수 있는 잡초만 해당)
  (a) 해당 없음 : 잡초가 농지 면적의 20% 미만으로 분포한 경우
  (b) 미흡 : 잡초가 농지 면적의 20% 이상 40% 미만으로 분포한 경우
  (c) 불량 : 잡초가 농지 면적의 40% 이상 60% 미만으로 분포한 경우 또는 경작불능 조사 진행 건이나 정상적인 영농활동 시행을 증빙하는 자료(비료 및 농약 영수증 등)가 부족한 경우
  (d) 매우 불량 : 잡초가 농지 면적의 60% 이상으로 분포한 경우 또는 경작불능 조사 진행 건이나 정상적인 영농활동 시행을 증빙하는 자료(비료 및 농약 영수증 등)가 없는 경우
㉡ 병해충 상태(각 품목에서 별도로 보상하는 병해충은 제외)
  (a) 해당 없음 : 병해충이 농지 면적의 20% 미만으로 분포한 경우
  (b) 미흡 : 병해충이 농지 면적의 20% 이상 40% 미만으로 분포한 경우
  (c) 불량 : 병해충이 농지 면적의 40% 이상 60% 미만으로 분포한 경우 또는 경작불능 조사 진행 건이나 정상적인 영농활동 시행을 증빙하는 자료(비료 및 농약 영수증 등)가 부족한 경우
  (d) 매우 불량 : 병해충이 농지 면적의 60% 이상으로 분포한 경우 또는 경작불능 조사 진행 건이나 정상적인 영농활동 시행을 증빙하는 자료(비료 및 농약 영수증 등)가 없는 경우
㉢ 기타 : 영농기술 부족, 영농 상 실수 및 단순 생리장애 등 보상하는 손해 이외의 사유로 피해가 발생한 것으로 추정되는 경우 [해거리, 생리장애(원소결핍 등), 시비관리, 토양관리(연작 및 PH과다ㆍ과소 등), 전정(강전정 등), 조방재배, 재식밀도(인수기준이하), 농지상태(혼식, 멀칭, 급배수 등), 가입이전사고 및 계약자 중과실손해, 자연감모, 보상재해이외(종자불량, 일부가입 등)]에 적용
  (a) 해당 없음 : 위 사유로 인한 피해가 없는 것으로 판단되는 경우
  (b) 미흡 : 위 사유로 인한 피해가 10% 미만으로 판단되는 경우
  (c) 불량 : 위 사유로 인한 피해가 20% 미만으로 판단되는 경우
  (d) 매우 불량 : 위 사유로 인한 피해가 20% 이상으로 판단되는 경우

17. 농업수입감소보장 마늘 품목에 한해와 조해(潮害) 피해가 발생하여 아래와 같이 수확량조사를 하였다. 계약사항과 조사내용을 토대로 하여 ① 표본구간 단위면적당 수확량, ② 수확량, ③ 실제 수입, ④ 피해율, ⑤ 보험가입금액 및 농업수입감소보험금의 계산과정과 값을 각각 구하시오(단, 소수점 셋째자리에서 반올림하여 둘째자리까지 다음 예시: 수확량 3.456kg → 3.46kg, 피해율 0.12345 → 12.35%로 기재와 같이 구하시오(단, 환산계수는 적용하지 않음).

○ <계약사항>
- 품종: 남도
- 가입면적: 3,300m²
- 자기부담비율: 20%
- 평년수확량: 10,000kg
- 가입수확량: 10,000kg
- 기준가격: 3,000원

○ <조사내용>
- 실 경작면적: 3,300m²
- 타 작물 면적: 500m²
- 표본구간면적: 10.50m²
- 미 보상 비율: 20%
- 수확불능 면적: 300m²
- 표본구간: 7구간
- 표본구간수확량: 30kg
- 수확기 가격: 2,500원

① 표본구간 단위면적당 수확량 :

② 수확량 :

③ 실제수입 :

④ 피해율 :

⑤ 보험가입금액 및 농업수입감소보험금 :

① 표본구간 단위면적당 수확량 : 2.86kg

> 표본구간 단위면적당 수확량 = 표본구간수확량 ÷ 표본구간면적
> = 30kg ÷ 10.50m²
> = 2.86kg

② 수확량 : 8,665kg

> 수확량 = (표본구간 단위면적당 수확량 × 조사대상면적) + {단위면적당 평년수확량 × (타작물 및 미보상면적 + 기수확면적)}
> = (2.86kg × 2,500m²) + (3.03kg × 500m²)
> = 8,665kg
> * 단위면적당 평년수확량 = 평년수확량 ÷ 실제경작면적 = 10,000kg ÷ 3,300m² = 3.03kg
> * 조사대상면적 = 실제경작면적 − 수확불능면적 − 타작물 및 미보상면적 − 기수확면적

③ 실제수입 : 22,330,000(이천이백삼십삼만)원

> 실제수입 = (수확량 + 미보상감수량) × min(기준가격, 수확기가격)
> = (8,665kg + 267kg) × 2,500원
> = 22,330,000(이천이백삼십삼만)원
> * 미보상감수량 = (평년수확량 − 수확량) × 미보상비율 = (10,000kg − 8,665kg) × 0.2 = 267kg

④ 피해율 : 25.57%

> 피해율 = (기준수입 − 실제수입) ÷ 기준수입
> = (30,000,000(삼천만)kg/원 − 22,330,000(이천이백삼십삼만)kg/원) ÷ 30,000,000(삼천만)kg/원
> = 0.25566 = 25.57%
> * 기준수입 = 평년수확량 × 기준가격
> = 10,000kg × 3,000원
> = 30,000,000(삼천만)kg/원
> * 실제수입 = (수확량 + 미보상감수량) × 수확기가격
> = (8,665kg + 267kg) × 2,500원
> = 22,330,000(이천이백삼십삼만)kg/원

⑤ 보험가입금액 : 30,000,000(삼천만)kg/원, 농업수입감소보험금 : 1,671,000(백육십칠만천)원

> ㉠ 보험가입금액 = 가입수확량 × 기준가격
> = 10,000kg × 3,000원
> = 30,000,000(삼천만)kg/원
> ㉡ 농업수입감소보험금 = 보험가입금액 × (피해율 − 자기부담비율)
> = 30,000,000(삼천만)kg/원 × (0.2557 − 0.2)
> = 1,671,000(백육십칠만천)원

18. 다음 〈보기〉의 조건을 기준으로 ①"보험가입금액의 감액 사유"와 ②"보험료" 및 ③"환급보험료"를 구하여 쓰시오(단, 풀이과정을 쓰시오).

보 기

- 보험가입품목 : 사과
- 보험가입금액 : 10,000,000원
- 순보험요율 : 10%
- 적과종료이전 특정위험 5종 한정특약 가입
  * 한정보장 특약 할인율 : 5%
- 평년착과량 : 2,500kg
- 가입수확량 : 2,500kg
- 적과후착과량 : 2,000kg
- 미납입보험료 없음
- 적과전 사고 없었음
  ※ 주어진 조건 외 고려하지 않음

※ 적과전착과감소보험금 보장수준 : 50%

정답 및 해설

① **보험가입금액의 감액 사유** : 적과전 사고가 없었으나 적과 종료 후 적과후착과량(약관상 '기준수확량')이 평년착과량(약관상 '가입수확량')보다 적은 경우 가입수확량 조정을 통해 보험가입금액을 감액한다.

② **보험료** : 950,000(구십오만)원

> 보험료 = 보통약관 보험가입금액 × 지역별 보통약관 영업(순보험)요율 × (1 − 부보장 및 한정보장 특약 할인율) × (1 ± 손해율에 따른 할인 할증률) × (1 − 방재시설할인율)
> = 10,000,000(천만)원 × 0.1 × (1 − 0.05)
> = 950,000(구십오만)원

③ **환급보험료** : 157,700(십오만칠천칠백)원

> 환급보험료 = (감액분계약자부담보험료 × 감액미경과비율) − 미납입보험료
> = 190,000(십구만)원 × 0.83
> = 157,700(십오만칠천칠백)원
>
> * 감액분계약자부담보험료 = 기보험료의 20%
> = {(2,500 − 2,000) ÷ 2,500}
> = 950,000(구십오만)원 × 0.2
> = 190,000(십구만)원

> 차액보험료 = (감액분 계약자부담보험료 × 감액미경과비율) − 미납입보험료
> ※ 감액분 계약자부담보험료는 감액한 가입금액에 해당하는 계약자부담보험료

* 감액미경과비율

구분		착과감소보험금 보장수준	
		50%형	70%형
5종특약미가입	사과 배	70%	63%
	단감 떫은감	84%	79%
5종특약 가입	사과 배	83%	78%
	단감 떫은감	90%	88%

19. 다음의 계약사항 및 조사내용에 따라 참다래 수확량(kg)을 구하시오(단, 수확량은 소수점 첫째자리에서 반올림하여 다음 예시 : 1.6kg → 2kg로 기재와 같이 구하시오).

【계약사항 및 조사내용】

○ [계약사항]

실제결과주수(주)	고사주수(주)	재식면적	
		주간거리(m)	열간거리(m)
300	50	4	5

○ [조사내용(수확전 사고)]

표본 주수	표본구간 면적조사			표본구간 착과수합계	착과피해 구성율(%)	과중조사	
	윗변(m)	아랫변(m)	높이(m)			50g이하	50g초과
8주	1.2	1.8	1.5	850	30	1,440g/36개	2,160g/24개

○ 수확량 : 8,727kg

수확량 = [품수별 m²착과수 × 개당과중 × 품수별표본조사대상면적 × (1 − 피해구성률)] + (품수별 m²당 평년수확량 × 미보상주수 × 재식면적)

$$= \frac{850}{18} \times 0.0528 \times (250 \times 20) \times (1 − 0.3)$$

$$= 8,726.6kg$$

① m²당 착과수 = 품수별 표본구간착과수 ÷ 품수별 표본구간 넓이
= 850개 ÷ 18m²

개당과중 : 품종별로 과실 개수를 파악하고, 개별 과실 과중이 50g 초과하는 과실과 50g 이하인 과실을 구분하여 무게를 조사한다. 이때, 개별 과실 중량이 50g 이하인 과실은 해당 과실의 무게를 실제 무게의 70%로 적용한다.

② 품수별 표본구간넓이 = 표본구간 넓이 × 표본주수 = {(1.2m +1.8m) × 1.5m ÷ 2} × 8주 = 18m²

③ 개당과중 = (50g 이하[1.44kg × 0.7]) + 50g 초과[2.16kg]) ÷ 60개[36+24]
= (1.44kg × 0.7 + 2.16kg) ÷ 60개
= 0.0528kg

④ 품수별 표본조사대상면적 = 품수별표본조사대상주수250 × 재식면적20 =
= 250주 × 재식면적20m²(= 4m × 5m)
= 5,000m²

⑤ 미보상주수 = 0

20. 종합위험보장 밭작물 "감자" 품목에 대한 다음 계약사항과 조사내용을 근거로 지급보험금을 계산하시오(단, 수확량과 미보상감수량은 소수점 셋째자리에서 반올림하여 kg단위로 계산하고, 피해율은 %단위로 소수점 셋째자리에서 반올림하여 둘째자리까지 다음예시 : 0.12345 → 12.35%와 같이 구하시오).

【계약조건 및 조사내용】

○ [계약사항]

상품명	보험가입금액	가입면적	실제경작면적	평년수확량	자기부담비율
감자(가을재배)	13,000,000원	6,000m²	6,000m²	9,000kg	20%

○ [조사내용]

조사내용	수확량조사
조사방식	표본조사
고사면적	500m²
기수확면적	700m²
타작물면적	300m²

표본구간 면적		12m²
표본구간 수확량	정상감자 무게	2.2kg
	50%형 피해과	4kg
	병충해 감자중량	3kg
	병충해(탄저병) 인정비율	50%
	미보상비율	10%

※ 표본구간 병충해감자 손해정도별 중량 : 총 3kg

1-20%	21-40%	41-60%	61-80%	81-100%
1kg	0.6kg	0.4kg	0.7kg	0.3kg

○ 보험금 : 4,057,300(사백오만칠천삼백)원

> 보험금 = 보험가입금액 × (피해율 − 자기부담비율)
> = 13,000,000(천삼백만)원 × (0.5121 − 0.2)
> = 4,057,300(사백오만칠천삼백)원

① 피해율 = {(평년수확량 − 수확량 − 미보상감수량) + 병충해감수량} ÷ 평년수확량
= {(9,000kg − 4,200kg − 480kg) + 288.73kg} ÷ 9,000kg
= 51.21%

② 수확량 = (표본구간 단위면적당 수확량 × 조사대상면적) + {단위면적당 평년수확량 × (타작물면적 + 기수확면적)}
= (0.6kg × 4,500m²) + {1.5kg/m² × (300m² + 700m²)}
= 4,200kg

㉠ 표본구간 단위면적당 수확량 = 표본구간수확량 ÷ 표본구간면적
= 7.2kg ÷ 12m²
= 0.6kg/m²

※ 표본구간수확량 = 정상감자무게 + (50%형감자무게4kg × 0.5) + 병충해감자무게
= 2.2kg + 2kg + 3kg
= 7.2kg

㉡ 조사대상면적 = 실제경작면적 − 고사면적 − 타작물면적 − 기수확면적
= 6,000m² − 500m² − 300m² − 700m²
= 4,500m²

㉢ 단위면적당 평년수확량 = 평년수확량 ÷ 실제경작면적
= 9,000kg ÷ 6,000m²
= 1.5kg/m²

③ 미보상감수량 = (평년수확량 − 수확량) × 미보상비율
= (9,000kg − 4,200kg) × 0.1
= 480kg

④ 병충해감수량 = 병충해 괴경무게kg × 손해정도비율 × 인정비율
= 1,125kg × 0.5133% × 0.5%
= 288.73kg

㉠ 병충해괴경무게 = (표본구간병충해중량 ÷ 표본구간면적) × 조사대상면적
= (3kg ÷ 12m²) × 4,500kg
= 1,125kg

㉡ 손해정도비율 = 표본구간별 병충해감자 손해정도별 중량 합계 ÷ 표본구간 병충해감자 손해정도별 총 중량
= (1kg × 0.2 + 0.6kg × 0.4 + 0.4kg × 0.6 + 0.7kg × 0.8 + 0.3kg × 1) ÷ 3kg
= 1.54kg ÷ 3kg = 51.33%

※ 표본구간 병충해감자 손해정도별 중량 : 총 3kg

1~20%	21~40%	41~60%	61~80%	81~100%
1kg	0.6kg	0.4kg	0.7kg	0.3kg

21. 종합위험생산비보장방식 "고추"의 계약조건 및 조사내용을 이용하여 (1) 피해율과 (2) 경과비율 및 (3) 보험금을 산출하시오(단, % 단위는 소숫점 셋째자리에서 반올림하고, 보험금 1만원 단위 미만은 절사한다).

【계약조건 및 조사내용】

○ 계약조건 (1) 보험가입금액 : 1,000만원 (2) 계약면적 : 2,000m²	○ 조사내용 (1) 재배방식 : 노지재배 (2) 정식일 : 5월 1일 (3) 집중호우 피해발생일 : 6월 19일 (4) 피해면적 : 1,000m² (5) 100주의 손해정도구성비율

정상	100%	80%	60%	40%	20%
30주	10주	10주	10주	20주	20주

(6) 최근 2년간 보험에 가입하고 보험료 대비 수령한 보험금이 120%임

(1) 피해율 :

(2) 경과비율 :

(3) 보험금 :

(1) 피해율 : 18%

　　피해율 = 피해비율 × 손해정도비율 × (1 - 미보상비율)

　　　　　= 0.5 × 0.36 = 18%

　* 피해비율 = 피해면적(주수) ÷ 경작면적(주수)

　　　　　　 = 1,000 ÷ 2,000

　　　　　　 = 50%

　* 손해정도비율 = 100주의 손해정도구성비율(10 + 8 + 6 + 8 + 4)/100

　　　　　　　　 = 36 ÷ 100 = 36%

(2) 경과비율 : 76.4%

　※수확기 이전에 보험사고가 발생한 경우

경과비율 = 준비기생산비계수 + {(1 - 준비기생산비계수) × (생장일수 ÷ 표준생장일수)}

　= 0.527 + {(1 - 0.527) × (50 ÷ 100)}

　= 0.7635(76.4)

　* 준비기생산비계수 : 52.7%

　* 표준생장일수 : **사전설정된 값으로** 100일로 한다.

(3) 보험금 : 1,075,200(백칠만오천이백)원

　　보험금 = (잔존보험가입금액 × 경과비율 × 피해율) - 자기부담금

　　　　　= (10,000,000(천만)원 × 0.764 × 0.18) - 300,000(삼십만)원

　　　　　= 1,075,200(백칠만오천이백)원

　* 자기부담금 = 잔존보험가입금액 × 자기부담비율

　　　　　　　 = 10,000,000(천만)원 × 3%

　　　　　　　 = 300,000(삼십만)원

22. 다음의 계약사항과 보상하는 손해에 따른 조사내용에 관하여 (1) 피해수확량, (2) 손해액, (3) 수확감소보험금을 구하시오(조사내용 외 다른 조건은 고려하지 않음).

○ 계약사항

상품명	보험가입금액	가입면적	표준가격 가입면적	표준수확량	자기부담비율
수확감소보장 옥수수(미백2호)	15,000,000원	10,000m²	2,000원	5,000kg	20%

○ 조사내용

조사종류	표준중량	실제경작면적	수확불능(고사)면적	기수확면적
수확량조사	180g	10,000m²	1,000m²	2,000m²

표본구간 '상'옥수수개수	표본구간 '중'옥수수개수	표본구간 '하'옥수수개수	표본구간 면적 합계	미보상비율
10개	10개	20개	10m²	10%

(1) 피해수확량(kg단위로 소수점 셋째자리에서 반올림하여 둘째자리까지 다음 예시와 같이 구하시오. 예시 : 3.456kg → 3.46kg로 기재)

(2) 손해액 :

(3) 수확감소보험금 :

정답 및 해설

(1) 피해수확량 : **3,650kg**
- 피해수확량 = (표본구간 단위면적당 피해수확량 × 표본조사대상면적) + (단위면적당 표준수확량 × 고사면적)
  - = (0.45kg × 7,000m²) + (0.5kg × 1,000m²)
  - = 3,150kg + 500kg = 3,650kg
- ※ 표본구간 단위면적당 피해수확량 = 표본구간 피해수확량 ÷ 표본구간 면적
  - = 4.5kg × 10m²
  - = 0.45kg/m²
- ※ 표본구간 피해수확량 = (표본구 '하' 옥수수 개수 + 표본구 '중' 옥수수 개수 × 0.5) × 표준중량 × ~~재식시기지수 × 재식밀도지수~~
  - = (20개 + 10 × 0.5) × 0.18
  - = 4.5kg/m²
- ※ 조사대상면적 = 실제경작면적 − 고사면적 − 타작물면적 − 기수확면적
  - = 10,000m² − 1,000m² − 0m² − 2,000m²
  - = 7,000m²
- ※ 단위면적당 표준수확량 = 표준수확량 ÷ 실제경작면적
  - = 5,000kg ÷ 10,000m²
  - = 0.5kg/m²

(2) 손해액 : **6,570,000(육백오십칠만)원**
- 손해액 = (피해수확량 − 미보상감수량) × 표준가격
  - = (3,650kg − 365kg) × 2,000원
  - = 6,570,000(육백오십칠만)원
- ※ 미보상감수량 = 피해수확량 × 미보상비율 = 3,650kg × 0.1 = 365kg

(3) 수확감소보험금 : **3,570,000(삼백오십칠만)원**
- 보험금 = MIN[보험가입금액, 손해액] − 자기부담금
  - = MIN[손해액6,570,000(육백오십칠만)원] − 3,000,000(삼백만)원
  - = 3,570,000(삼백오십칠만)원
- ※ 자기부담금 = 보험가입금액 × 자기부담비율 = 1,500만원 × 0.2 = 3,000,000(삼백만)원

- **수확감소보험금 = MIN(보험가입금액, 손해액) − 자기부담금**
- 손해액 = (피해수확량-미보상감수량) × 표준가격 − 피해수확량
  - = (표본구간 단위면적당 피해수확량 × 표본조사대상면적) + (단위면적당 표준수확량 × 고사면적)
  - · 단위면적당 표준수확량 = 표준수확량 ÷ 실제경작면적
  - · 조사대상면적 = 실제경작면적 − 고사면적 − 타작물면적·미보상면적− 기수확면적
  - · 표본구간 단위면적당 피해수확량 = 표본구간 피해수확량 ÷ 표본구간 면적
  - · 표본구간 피해수확량 = (표본구 '하' 옥수수 개수 + 표본구 '중' 옥수수 개수 × 0.5) × 표준중량 × 재식시기지수 × 재식밀도지수
    - - 미보상감수량 = 피해수확량 × 미보상비율
    - - 자기부담금 = 보험가입금액 × 자기부담비율

적중예상 및 단원평가문제 **215**

23. 수확감소보장방식 벼 품목에 관한 다음 계약사항과 조사내용을 근거로 (1) 수량요소보험금 (2) 표본조사보험금 (3) 전수조사보험금을 각각 구하시오(단, 유효중량은 g단위로, 수확량 및 미보상감수량은 소수점 첫째자리에서 반올림, 피해율은 %단위로 소수점 셋째자리에서 반올림 할 것).

(1) 수량요소보험금

○ 계약사항

보험가입금액	가입면적	품종	자기부담비율	표준수확량	평년수확량
400만원	2,500m²	메벼	20%	1,500kg	1,815kg

【수량요소조사】
○ 조사내용

재해	조사수확비율	피해면적	미보상비율
자연재해	65%	625m²	10%

(2) 표본조사보험금

○ 조사내용

면적조사		표본구간조사			표본구간 중량합계	함수율	미보상 비율
고사면적	기수확 면적	4포기 거리	줄간격	표본구간수	534g	18%	10%
100m²	100m²	0.8m	0.3m	4			

• 각 표본구간별 거리 및 간격은 모두 동일함

(3) 전수조사보험금

면적조사			작물중량 합계	함수율	미보상비율
고사면적	기수확면적	타작물 및 미보상면적	163kg	20%	10%
800m²	100m²	100m²			

정답 및 해설

【 (1) 수량요소(수확감소)보험금 】
보험금 = 보험가입금액(원) × (피해율% − 자기부담비율%)
= 4,000,000(사백만)원 × (0.368 − 0.2)
= **672,000(육십칠만이천)원**
㉠ 피해율 = (평년수확량 − 수확량 − 미보상감수량) ÷ 평년수확량
= (1,815kg − 1,073kg − 74kg) ÷ 1,815kg
= 36.8%
※ 수확량 = 표준수확량kg × 조사수확비율% × 피해면적보정계수 = 1,500kg × 0.65 × 1.1 = 1,073kg

* 피해면적보정계수 = 1.1

피해정도	피해면적비율	보정계수
매우경미	10% 미만	1.2
경미	**10% 이상 30% 미만**	**1.1**
보통	30% 이상	1

　　* 피해면적비율 = 피해면적m² ÷ 가입면적m² = 625m² ÷ 2,500m² = 25%
　　※ 미보상감수량 = (평년수확량kg − 수확량kg) × 미보상비율% = (1,815kg − 1,073kg) × 0.1 = 74kg

【 (2) 표본조사(수확감소)보험금 】
보험금 = 보험가입금액 × (피해율 − 자기부담비율)
　　　　= 4,000,000(사백만)원 × (0.2948 − 0.2)
　　　　= **379,200(삼십칠만구천이백)원**
　㉠ 피해율 = (평년수확량kg − 수확량kg − 미보상감수량kg) ÷ 평년수확량kg
　　　　　= (1,815kg − 1,221kg − 59kg) ÷ 1,815kg
　　　　　= 29.48%
　※ 수확량 = (표본구간단위면적당 유효중량 × 조사대상면적) + (단위면적당평년수확량 × 타작물 및 미보상
　　　　　　면적, 기수확면적)
　　　　　= (0.499kg × 2,300m²) + (0.73kg × 100m²) = 1,221kg
　　* 표본구간유효중량 = 표본구간 작물중량합계 × (1 − Loss율) × {(1−함수율) ÷ (1 − 기준함수율)
　　　　　　　　　　　= 534kg × (1 − 0.07) × {(1 − 0.18) ÷ (1 − 0.15)} = 479g
　　* 표본구간단위면적당 유효중량 = 표본구간유효중량 ÷ 표본구간면적 = 479g ÷ 0.96m² = 499g
　　* 조사대상면적 = 실제경작면적 − 고사면적 − 타작물 및 미보상면적 − 기수확면적
　　　　　　　　　= 2,500m² − 100m² − 100m² = 2,300m²
　　* 단위면적당 평년수확량 = 평년수확량 ÷ 실제경작면적 = 1,815kg ÷ 2,500m² = 0.73g
　※ 미보상감수량 = (평년수확량 − 수확량) × 미보상비율 = (1,815kg − 1,221kg) × 0.1 = 59kg

【 (3) 전수조사(수확감소)보험금 】
보험금 = 보험가입금액 × (피해율 − 자기부담비율)
　　　　= 4,000,000(사백만)원 × (0.7515 − 0.2)
　　　　= **2,206,000(이백이십만육천)원**
　㉠ 피해율 = (평년수확량kg − 수확량kg − 미보상감수량kg) ÷ 평년수확량kg
　　　　　　= (1,815kg − 299kg − 152kg) ÷ 1,815kg
　　　　　　= 75.15%
　　* 수확량 = 조사대상면적 수확량 + (단위면적당 평년수확량 × 타작물 및 미보상면적, 기수확면적)
　　　　　　= 153kg + (0.73kg × 200m²)
　　　　　　= 299kg
　　* 조사대상면적 수확량 = 작물중량kg × {(1 − 함수율) ÷ (1 − 기준함수율)}
　　　　　　　　　　　　= 163kg × (1 − 0.2) ÷ (1 − 0.15) = 153kg
　　* 단위면적당평년수확량 = 평년수확량 ÷ 실제경작면적
　　　　　　　　　　　　= 1,815kg ÷ 2,500m² = 0.73kg
　　* 미보상감수량 = (평년수확량 − 수확량) × 미보상비율
　　　　　　　　　= (1,815kg − 299kg) × 0.1
　　　　　　　　　=152kg

24. 농작물재해보험 "유자"상품에서 보험계약사항 및 조사내용이 다음과 같다. 유자상품의 '보험금'을 구하시오(단, 풀이과정은 쓰시오).

평년수확량	실제결과주수	미보상주수	고사나무주수	피해구성(피해과)			
12,000kg	300주	50주	50주	50%	80%	100%	정상과
미보상비율	자기부담비율	표본주수	표본주착과무게	10	20	30	40
10%	10%	8주	240kg	보험가입금액 : 4,000만원			

• 종합위험수확감소보험금 = 보험가입금액 × (피해율 − 자기부담비율)

　　　　　　　　　　　= 4,000,000(사백만)원 × (0.5295 − 0.1)

　　　　　　　　　　　= **1,718,000(백칠십일만팔천)원**

※ 수확량 = {① 표본조사 대상 주수 × ②표본주당 착과량kg × (1 − ③ 착과피해구성률)} + (④ 주당 평년수확량 × ⑤ 미보상주수)

　　　　= {① 200주 × ② 30kg × (1 − ③ 0.51)} + (④ 40kg/주 × ⑤ 50주)

　　　　= 4,940kg

① 표본조사 대상주수 = 실제결과주수 − 미보상주수 − 고사나무주수 = 300주 − 50주 − 50주 = 200주

② 주당착과량 = 표본주의 착과무게 합계 ÷ 표본주수 = 240kg ÷ 8주 = 30kg

③ 착과피해구성률 = $\dfrac{(10*0.5)+(20*0.8)+(30*1)}{100}$ = 0.51

④ 주당 평년수확량 = 평년수확량 ÷ 실제결과주수 = 12,000kg ÷ 300kg = 40kg/주

⑤ 미보상주수 = 50주

⑥ 미보상감수량 = (평년수확량 − 수확량) × 미보상비율 = (12,000kg − 4,940kg) × 0.1 = 706kg

※ 피해율 = (평년수확량 − 수확량 − 미보상감수량) ÷ 평년수확량

　　　　= (12,000kg − 4,940kg − 706kg) ÷ 12,000kg

　　　　= 0.5295

25. 종합위험생산비보장방식 '느타리버섯(균상재배)'에 대한 다음 조사표를 이용하여 (1) 피해율, (2) 경과비율 및 (3) 보험금을 산출하시오(단, 수확기 이전사고이며, % 단위는 소수점 셋째자리에서 반올림한다. 보험금 천원 단위 미만 절사).

【조사표】
- 가입면적 : 1,000m²
- 단위면적당 보장생산비 : 10,000원/m²
- 재배면적 : 800m²
- 피해면적 : 400m²
- 준비기생산비계수 : 67.8%
- 표준생장일수 : 28일
- 생장일수 : 10일
- 손해정도 : 50%

(1) 피해율

(2) 경과비율

(3) 보험금

정답 및 해설

(1) 피해율 : 0.3(30%)

　피해율 = 피해비율 × 손해정도비율 × (1 - 미보상비율) = 0.5 × 0.6 = 0.3(30%)

　* 피해비율 = 피해면적m² ÷ 재배면적(균상면적)m²

　　　　　 = 400m² ÷ 800m²

　　　　　 = 50%

　* 손해정도비율 = 60%

<손해정도에 따른 손해정도비율>

손해정도	1~20%	21~40%	41~60%	61~80%	81~100%
손해정도비율	20%	40%	60%	80%	100%

(2) 경과비율 : 79.2%

　* 수확기 이전사고

　1) 경과비율 = 준비기 생산비 계수α + (1 - 준비기 생산비 계수α) × (생장일수 ÷ 표준생장일수)

　　　　　 = 0.676 + (1 - 0.676) × (10 ÷ 28)

　　　　　 = 79.2%(0.7917)

　2) 준비기 생산비 계수α : 67.6%

(3) 생산비보장보험금 : 1,900,000(백구십만)원

　생산비보장보험금 = 재배면적 × 단위면적당 보장 생산비 × 경과비율 × 피해율

　　　　　　　　 = 800m² × 10,000원 × 0.792 × 0.3

　　　　　　　　 = 1,900,800(백구십만팔백)원

　　　　　　　　 = 1,900,000(백구십만)원 ※천원 단위 미만은 절사

26. 농작물재해보험 종합위험보장 "대추"에 대한 다음 "수확개시 전 수확량 조사" 결과 내용을 보고 (1) 수확감소보험금 (2) 피해율 (3) 수확량을 구하시오(단, 풀이과정을 쓰시오).

【조사표】

평년수확량	실제결과주수	미보상주수	고사나무주수	피해구성(피해과)			
8,000kg	800주	50주	50주	50%	80%	100%	정상과
미보상비율	자기부담비율	표본주수	표본주착과무게	10	20	30	40
10%	10%	10주	80kg	보험가입금액 : 5,000만원			

(1) 수확감소보험금 :

(2) 피해율 :

(3) 수확량 :

정답 및 해설

(1) 수확감소보험금 : **22,200,000(이천이백이십만)원**
  - 수확감소보험금 = 보험가입금액 × (피해율 - 자기부담비율)
    = 5,000만원 × (0.54 - 0.1)
    = 22,200,000(이천이백이십만)원

(2) 피해율 : **54%**
  - 피해율 = (평년수확량 - 수확량 - 미보상감수량) ÷ 평년수확량
    = (8,000kg - 3,244kg - 475.6kg) ÷ 8,000kg = 0.53505 = **0.54**

(3) 수확량 : **3,244kg**
  - 수확량 = {① 표본조사 대상 주수 × ② 표본주당 착과량kg × (1 - ③ 착과피해구성률)} + (④ 주당 평년수확량 × ⑤ 미보상주수)
    = {① 700주 × ② 8kg × (1 - ③ 0.51)} + (④ 10kg/주 × ⑤ 50주)
    = **3,244kg**
  ① 표본조사 대상주수 = 실제결과주수 - 미보상주수 - 고사나무주수 = 800주 - 50주 - 50주 = 700주
  ② 주당착과량 = 표본주의 착과무게 합계 ÷ 표본주수 = 80kg ÷ 10주 = 8kg
  ③ 착과피해구성률 = $\dfrac{(10*0.5)+(20*0.8)+(30*1)}{100}$ = 0.51
  ④ 주당 평년수확량 = 평년수확량 ÷ 실제결과주수 = 8,000kg ÷ 800kg = 10kg/주
  ⑤ 미보상주수 = 50주
  ⑥ 미보상감수량 = (평년수확량 - 수확량) × 미보상비율 = (8,000kg - 3,244kg) × 0.1 = 475.6kg

27. 업무방법에서 정하는 종합위험방식 벼 상품에 관한 다음 2가지 물음에 답하시오.

(1) 재이앙·재직파 보험금, 경작불능 보험금, 수확감소 보험금의 "지급사유"를 각각 서술하시오.

【지급 사유】

재이앙·재직파 보험금	
경작불능 보험금	
수확감소 보험금	

(2) 아래 조건(1, 2, 3)에 따른 "보험금"을 산정하시오(단, 아래의 조건들은 지급사유에 해당된다고 가정한다).

【조 건 1 : 재이앙·재직파 보험금】

○ 보험가입금액: 2,000,000(이백만)원   ○ 자기부담비율: 20 %
○ (면적)피해율: 50 %   ○ 미보상감수면적: 없음

1) 계산과정 :

2) 보 험 금 :

【조 건 2 : 경작불능 보험금】

○ 보험가입금액: 2,000,000원   ○ 자기부담비율: 15 %   ○ 식물체 80% 고사

1) 계산과정 :

2) 보 험 금 :

【조 건 3 : 수확감소 보험금】

○ 보험가입금액: 2,000,000(이백만)원   ○ 자기부담비율: 20 %
○ 평년수확량: 1,400kg   ○ 수확량: 500kg
○ 미보상감수량: 200kg

1) 계산과정 :

2) 보 험 금 :

정답 및 해설

(1)【지급 사유】

재이앙·재직파 보험금	보험기간 내에 보상하는 재해로 면적 피해율이 10%를 초과하고, 재이앙(재직파)한 경우 보험금을 1회 지급한다.
경작불능 보험금	보험기간 내에 보상하는 재해로 식물체 피해율이 65% 이상(벼(조곡) 분질미는 60%)이고, 계약자가 경작불능보험금을 신청한 경우
수확감소 보험금	보험기간 내에 보상하는 재해로 피해율이 자기부담비율을 초과하는 경우
※수확불능 보험금	보상하는 재해로 벼(조곡) 제현율이 65% 미만(벼(조곡) 분질미는 70%)으로 떨어져 정상벼로서 출하가 불가능하게 되고, 계약자가 수확불능보험금을 신청한 경우 · 수확불능보험금 = 보험가입금액 × 일정비율 ※ 하기 주7)의 〈자기부담비율에 따른 수확불능보험금〉 표 참조수확불능보험금 지급비율 (벼(조곡)) <자기부담비율에 따른 수확불능보험금> {표}

<자기부담비율에 따른 수확불능보험금>

자기부담비율	수확불능보험금
10%형	보험가입금액의 60%
15%형	보험가입금액의 57%
20%형	보험가입금액의 55%
30%형	보험가입금액의 50%
40%형	보험가입금액의 45%

(2) 조건 1
1) 계산과정 : 지급금액 = 보험가입금액 × 25% × 면적피해율
            = 2,000,000(이백만)원 × 0.25 × 0.5
            = 250,000(이십오만)원
※ (면적피해율 = 피해면적 ÷ 보험가입면적)

2) 보 험 금 : 250,000(이십오만)원

(2) 조건 2
1) 계산과정 : 보험금 = 보험가입금액 × 42% = 2,000,000(이백만)원 × 0.42 = **840,000(팔십사만)원**

2) 보 험 금 : **840,000(팔십사만)원**

(3) 조건 3
1) 계산과정 : 지급금액 = 보험가입금액 × (피해율 – 자기부담비율)
 = 2,000,000(이백만)원 × (50 – 20) = **600,000(육십만)원**
 ※ 피해율 = (평년수확량 – 수확량 – 미보상감수량) ÷ 평년수확량
 = (1,400kg – 500kg – 200kg) ÷ 1,400kg = **50%**

2) 보 험 금 : **600,000(육십만)원**

28. 농작물재해보험 원예시설 업무방법서에서 정하는 (1) 자기부담금과 (2) 소손면책금에 대하여 서술하시오.

(1) 자기부담금 :

(2) 소손해면책금 :

(1) 자기부담금
보상하는 재해로 농업용시설물 및 부대시설에 사고발생시 최소자기부담금 (30만원)과 최대자기부담금 (100만원)을 한도로 보험사고로 인하여 손해액의 10%에 해당하는 금액을 자기부담금으로 한다. 단, 피복재단독사고인 경우 최소자기부담금 (10만원)과 최대자기부담금 (30만원)을 한도로 한다.
① 농업용 시설물(버섯재배사 포함)과 부대시설 모두를 보험목적으로 하는 보험계약은 두 보험목적의 손해액 합계액을 기준으로 자기부담금 산출한다.
② 자기부담금은 단지 단위, 1사고 단위로 적용한다.
③ 화재손해는 자기부담금을 미적용한다.(농업용 시설물 및 버섯재배사, 부대시설에 한함)

(2) 소손해면책금(시설작물 및 버섯작물에 적용)
보장하는 재해로 1사고당 생산비보험금이 10만원 이하인 경우 보험금이 지급되지 않고, 소손해면책금을 초과하는 경우 손해액 전액을 보험금으로 지급한다.

29. 업무방법서에 정하는 종합위험방식 "마늘품목"에 관한 다음 2가지 물음에 답하시오.

(1) 재파종보험금 산정방법을 서술하시오.

(2) 다음의 계약사항과 보상하는 손해에 따른 조사내용에 관하여 재파종보험금을 구하시오 (단, 10a는 1000m²이다).

○ 계약사항

상품명	보험가입금액	가입면적	평년수확량	자기부담비율
종합위험방식마늘	1,000만원	4,000m²	5,000kg	20%

○ 조사내용

조사종류	조사방식	1m²당 출현주수(1차조사)	1m²당 재파종주수(2차조사)
재파종조사	표본조사	18주	32주

정답 및 해설

(1) 재파종보험금 산정방법을 서술하시오.

1) 재파종보험금은 재파종조사 결과 10a당 출현주수가 30,000주 미만이었으나, 10a당 30,000주 이상으로 재파종을 한 경우에 지급하며, 보험금은 보험가입금액에 35%를 곱한 후 다시 표준출현 피해율을 곱하여 산정한다.

보험금 = 보험가입금액 × 35% × 표준출현 피해율

2) 표준출현 피해율은 10a 기준 출현주수를 30,000에서 뺀 후 이 값을 30,000으로 나누어 산출한다.

(2) 다음의 계약사항과 보상하는 손해에 따른 조사내용에 관하여 재파종보험금을 구하시오(단, 10a는 1000m²이다).

○ 계약사항

상품명	보험가입금액	가입면적	평년수확량	자기부담비율
종합위험방식마늘	1,000만원	4,000m²	5,000kg	20%

○ 조사내용

조사종류	조사방식	1m²당 출현주수(1차조사)	1m²당 재파종주수(2차조사)
재파종조사	표본조사	18주	32주

1) 계산과정 : 보험금 = 보험가입금액 × 35% × 표준출현 피해율
  = 10,000,000(천만)원 × 0.35 × 0.4 = 1,400,000(백사십만)원

  ※ 표준출현피해율 = (30,000주 − 10a 기준 출현주수) ÷ 30,000주
    = (30,000주 − 18,000주) ÷ 30,000주 = 40%

2) 재파종보험금 : 1,400,000(백사십만)원

30. 아래 조건에 의해 농업수입감소보장 포도 품목의 피해율 및 농업수입감소보험금을 산출하시오. [15점]

- 평년수확량 : 1,000kg
- 미보상감수량 : 100kg
- 수확기 가격 : 3,000원/kg
- 자기부담비율 : 20%

- 조사수확량 : 500kg
- 농지별 기준가격 : 4,000원/kg
- 보험가입금액 ; 4,000,000원

정답 및 해설

1) 피해율 : **55%**
(피해율은 %단위로 소수점 셋째자리에서 반올림하여 둘째자리까지 다음 예시: 0.12345 -〉 12.35%로 기재와 같이 구하시오).
○ 계산과정
  1. 기준수입 = 평년수확량 × 농지별 기준가격 = 1,000kg × 4,000원/kg = 4,000,000(사백만)원
  2. 실제수입 = (조사수확량 + 미보상감수량) × Min(수확기가격, 기준가격)
           = (500kg + 100kg) ×3,000원/kg = 1,800,000(백팔십만)원
  3. 피해율 = (기준수입 − 실제수입) ÷ 기준수입
        = {(4,000,000(사백만)원 − 1,800,000(백팔십만)원 ÷ 4,000,000(사백만)원} × 100
        = 55%
2) 농업수입감소보험금 : 1,400,000(백사십만)원
○ 계산과정
  농업수입감소보험금 = 보험가입금액 × (피해율 − 자기부담비율)
             = 4,000,000(사백만)원 × (55% − 20%)
             = 1,400,000(백사십만)원

31. 농업수입감소보장방식 포도 품목 캠벨얼리(노지)의 기준가격(원/kg)과 수확기가격(원/kg)을 구하고 산출식을 답란에 서술하시오(단, 2017년에 수확하는 포도를 2016년 11월에 보험가입 하였고, 농가수취비율은 80.0%로 정함). [15점]

년도	서울 가락도매시장 캠벨얼리(노지) 연도별 평균 가격(원/kg)	
	중품	상품
2011	3,500	3,700
2012	3,000	3,600
2013	3,200	5,400
2014	2,500	3,200
2015	3,000	3,600
2016	2,900	3,700
2017	3,000	3,900

정답 및 해설

(1) 기준가격 : 2,640원
   산출식 기준가격
   = [(3,000원 + 3,600원)÷2 + (3,000원 + 3,600원) ÷ 2 + (2,900원 + 3,700원) ÷ 2] ÷ 3 × 80%
   * 전년도(가입연도포함) 5년분 중 최소값과 최고값을 버리고 가중평균한 값

(2) 수확기가격 : 2,760원
   산출식 수확기가격
   = [(2017년도 수확기 중품가격 + 상품가격) ÷ 2] × 농가수취비율 = (3,000원 + 3,900원) ÷ 2 × 80%

32. 아래의 계약사항과 조사내용에 따른 (1) 표본구간 유효중량, (2) 피해율 및 (3) 보험금을 구하시오.

○ 계약사항

품목명	가입특약	가입금액	가입면적
벼	병해충보장특약	5,500,000원	5,000m²

가입수확량	평년수확량	자기부담비율	품종구분
3,850kg	3,850kg	15%	새누리(메벼)

○ 조사내용

조사종류	재해내용	실제경작면적	고사면적
수확량(표본)조사	병해충(도열병)/호우	5,000m²	1,000m²

타작물 및 미보상면적	기수확면적	표본구간면적	표본구간작물중량합계	함수율
0	0	0.5m²	300g	23.5%

(1) 표본구간 유효중량(표본구간 유효중량은 g단위로 소수점 첫째자리에서 반올림하여 다음 예시와 같이 구하시오(예시 : 123.4g → 123g로 기재).

(2) 피해율(피해율은 % 단위로 소수점 셋째자리에서 반올림하여 둘째자리까지 다음 예시와 같이 구하시오(예시:0.12345는 → 12.35%로 기재).

(1) 표본구간 유효중량(표본구간 유효중량은 g단위로 소수점 첫째자리에서 반올림하여 다음 예시와 같이 구하시오(예시 : 123.4g → 123g로 기재).

1) 계산과정

표본구간유효중량 = 표본구간작물중량합계 × (1−Loss율) × (1−함수율)÷(1−기준함수율)

= 300g × (1−0.07) × (1−0.235) ÷ (1−0.15)

= 251g

* Loss율 : 7%
* 기준함수율 : 메벼(15%), 찰벼(13%), 밀(13%)

2) 유효중량 : 251g

(2) 피해율(피해율은 % 단위로 소수점 셋째자리에서 반올림하여 둘째자리까지 다음 예시와 같이 구하시오(예시:0.12345는 → 12.35%로 기재).

○ 계산과정

1) 수확량 = (표본구간 단위면적당 유효중량 × 표본조사대상면적) + [(단위면적당 평년수확량 × (타작물 및 미보상면적 + 기수확면적)]

= [(251kg ÷ 0.5m²) × (5,000kg − 1,000m²)] + [(3,850kg ÷ 5,000m²) × 0m²]

= 2,008kg

* 표본구간 단위면적당 유효중량 = 표본구간유효중량 ÷ 표본구간면적 = 251kg ÷ 0.5m²
* 단위면적당 평년수확량 = 평년수확량 ÷ 실제경작면적 = 3,850kg ÷ 5,000m²

2) 미보상감수량 = (평년수확량 − 수확량) × 미보상비율 = (3,850kg − 2,008kg) × 0% = 0

3) 피해율 = (평년수확량 − 수확량 − 미보상감수량) ÷ 평년수확량

= (3,850kg − 2,008kg − 0) ÷ 3,850kg

= 47.84%

(3) 수확감소 보험금

1) 계산과정

보험금 = 보험가입금액 × (피해율 −자기부담비율)

= 55,000,000(오천오백만)원 × (47.84% − 15%)

= 18,062,000(천팔백육만이천)원

2) 보험금 = 18,062,000(천팔백육만이천)원

33. 다음의 계약사항과 보상하는 손해에 따른 조사내용에 관하여 수확량, 기준수입, 실제수입, 피해율, 농업수입감소보험금을 구하시오. (단, 피해율은 % 단위로 소수점 셋째자리에서 반올림하여 둘째자리까지 다음 예시와 같이 구하시오. 예시 : 0.12345 → 12.35 %) [15점]

○ 계약사항

상품명	보험가입금액	가입면적	평년수확량	자기부담비율	기준가격
농업수입보장보험 콩	900만원	10,000m²	2,470 kg	20 %	3,900원/kg

○ 조사내용

조사종류	조사방식	실경작면적	수확불능면적	타작물면적
수확량조사	표본조사	10,000m²	1,000m²	0

기수확면적	표본구간 유효중량 합계	표본구간 면적 합계	미보상감수량	수확기가격
2,000 m²	1.2 kg	12 m²	200 kg	4,200원/kg

(1) 수확량 :

(2) 기준수입 :

(3) 실제수입 :

(4) 피해율 :

(5) 농업수입감소보험금 :

정답 및 해설

(1) 수확량
1) 계산과정 : 수확량(표본조사) = (표본구간 단위면적당 유효중량 × 조사대상면적)
  + {단위면적당 평년수확량 × (타작물 및 미보상면적 + 기수확면적)}
  = (0.1 kg × 7,000m²) + (0.247kg × 2,000kg)
  = 1,194kg

* 조사대상면적 = 실경작면적 − 수확불능면적 − 타작물 및 미보상면적 − 기수확면적 = 7,000m²
* 표본구간 단위면적당 유효중량 = 표본구간유효중량합계 ÷ 표본구간면적합계 = 1.2kg ÷ 12m² = 0.1kg/m²
* 단위면적당 평년수확량 = 평년수확량 ÷ 가입면적 = 2,470kg ÷ 10,000m² = 0.247kg/m²

2) 수확량 : 1,194kg

(2) 기준수입
1) 계산과정 : 기준수입 = 평년수확량 × 농지별 기준가격 = 2,470kg × 3,900원 = 9,663,000원

2) 기준수입 : 9,663,000(구백육십육만삼천)원

(3) 실제수입
1) 계산과정 : 실제수입 = (수확량 + 미보상감수량) × min(농지별기준가격, 농지별수확기가격)
  = (1,194kg + 200kg) × 3,900원
  = 5,436,600(오백사십삼만육천육백)원

2) 실제수입 : 5,436,600(오백사십삼만육천육백)원

(4) 피해율
1) 계산과정 : 피해율 = (기준수입 − 실제수입) ÷ 기준수입
  = (9,663,000원 − 5,435,000원) ÷ 9,663,000원
  = 43.56%

2) 피해율 : 43.56%

(5) 농업수입감소보험금
1) 계산과정 : 농업수입감소보험금 = 가입금액 × (피해율 − 자기부담비율) = 900만원 × 0.2356 = 2,120,400원

2) 농업수입감소보험금 : 2,120,400(이백십이만사백)원

34. 농작물재해보험 업무방법서에서 '종합위험 수확감소보장(콩)'의 전수조사 방법에 대하여 기술하시오.

【전수조사 방법】

(1) 전수조사 대상 농지 여부 확인 :

(2) 콩(종실)의 중량 조사 :

(3) 콩(종실)의 함수비 조사 :

정답 및 해설

(1) 전수조사 대상 농지 여부 확인 : 전수조사는 기계수확(탈곡 포함)을 하는 농지 또는 수확직전 상태가 확인된 농지 중 자른 작물을 농지에 그대로 둔 상태에서 기계탈곡을 시행하는 농지에 한한다.
(2) 콩(종실)의 중량 조사 : 대상 농지에서 수확한 전체 콩(종실)의 무게를 조사하며, 전체 무게 측정이 어려운 경우에는 10포대 이상의 포대를 임의로 선정하여 포대 당 평균 무게를 구한 후 해당 수치에 수확한 전체 포대 수를 곱하여 전체 무게를 산출한다.
(3) 콩(종실)의 함수비 조사 : 10회 이상 종실의 함수비를 측정 후 평균값을 산출한다. 단, 함수비를 측정할 때에는 각 횟수마다 각기 다른 포대에서 추출한 콩을 사용한다.

35. 벼 상품의 수확량 조사 3가지 유형을 구분하고, 각 유형별 수확량 조사시기와 조사방법에 관하여 서술하시오.

【유형별 수확량 조사시기와 조사방법】

유 형	조사시기	조사방법

정답 및 해설

【유형별 수확량 조사시기와 조사방법】

유 형	조사시기	조사방법

○ 수량요소 조사	수확전 14일 전후	1. 표본포기 수 선정 : 4포기(가입면적과 무관함)
		2. 표본포기 조사 : 선정한 표본 포기별로 이삭상태 점수 및 완전낟알상태 점수를 조사한다.
		  - 이삭상태 점수 조사　　　　　　- 수확비율 산정
		  - 완전낟알상태 점수 조사　　　　- 병해충 단독사고 여부 확인

○ 표본조사	수확이 가능한 시기	1. 표본구간 수 선정 2. 표본구간 선정 3. 표본구간 면적 및 수량 조사 4. 병해충 단독사고 여부 확인
○ 전수조사	수확시	1. 전수조사 대상 농지 여부 확인 : 전수조사는 기계수확(탈곡 포함)을 하는 농지에 한한다. 2. 조곡의 중량 조사 3. 조곡의 함수율 조사 : 수확한 작물에 대하여 함수율을 3회 이상 실시하여 평균값을 산출한다. 4. 병해충 단독사고 여부 확인 : 병해충 단독사고로 판단될 경우에는 가장 주된 병해충명을 조사한다.

36. 다음의 계약사항과 조사내용에 관한 (1) 적과후착과수를 산정한 후 (2) 적과후 감수과실수를 구하시오(단, 감수과실수는 소수점 첫째자리에서 반올림하여 정수단위로, 비율은 %단위로 소수점 셋째자리에서 반올림하여 둘째자리까지 다음 예시와 같이 구하시오. 예시: 0.12345 → 12.35%로 기재).

○ 계약사항

상품명	가입특약	평년착과수	가입과실수	실제결과주수
단감	미가입	15,000개	15,000개	100주

○ 적과후착과수 조사내용(조사일자 : 7월 25일)

품종	수령	실제결과주수	표본주수	표본주 착과수 합
부유	10년	20주	3주	240개
부유	15년	60주	8주	960개
서촌조생	20년	20주	3주	330개

구분	재해종류	사고일자	조사일자	조사내용
발아기 ~적과전	우박	5월 15일	5월 16일	• 유과타박피해 확인
적과 이후	태풍	7월 30일	7월 31일	• 낙과피해조사(전수조사) 총낙과수1,000개, 나무피해없음, 미보상감수과실수0개 <table><tr><td>피해과실구분</td><td>100%</td><td>80%</td><td>50%</td><td>정상</td></tr><tr><td>과실수</td><td>1,000개</td><td>0</td><td>0</td><td>0</td></tr></table> • 낙엽피해조사 낙엽률 50%(경과일수 60일) / 미보상비율 0%
	우박	5월 15일	10월 29일	• 수확전 착과피해조사(표본조사) 단, 태풍사고 이후 착과수는 변동 없음 <table><tr><td>피해과실구분</td><td>100%</td><td>80%</td><td>50%</td><td>정상</td></tr><tr><td>과실수</td><td>20개</td><td>20개</td><td>20개</td><td>40개</td></tr></table>
	가을 동상해	11월 5일	11월 6일	• 가을동상해 착과피해조사(표본조사) 사고당시 착과과실수 : 3,000개 가을동상해로 입은 잎 피해율 : 70% 잔여일수 :10일 <table><tr><td>피해과실구분</td><td>100%</td><td>80%</td><td>50%</td><td>정상</td></tr><tr><td>과실수</td><td>10개</td><td>20개</td><td>20개</td><td>50개</td></tr></table>

정답 및 해설

(1) 적과후착과수 : **11,000개**(표본주 착과수 합 ÷ 표본주수) × 실제결과주수 총합
○ 적과후착과수 계산과정 = {(240개 ÷ 3주) × 20주} + {(960개 ÷ 8주) × 60주} + {(330개 ÷ 3주) × 20주}
  = 1,600 + 7,200 + 2,200
  = 11,000개

(2) 감수과실수 : **5,601개**
  누적감수과실수 = 적과전인정착과감수량 + 태풍(강풍)낙과 감수과실수 + 낙엽피해감수과실수 + 우박감수과실수
  = 367개 + 967개 + 3,885개 + 382개 = 5,601개

○ 계산과정
1. 적과전인정착과감수량 = 적과후착과수 × 5% × (100% − 착과율) ÷ 40%
  = 11,000개 × 5% × (100% − 73.33%) ÷ 40%
  = **367개**
  * 착과율 = 적과후착과수11,000개 ÷ 평년착과수15,000개
    = 11,000개 ÷ 15,000개
    = 73.33%
  * 인정착과피해율(maxA) = 3.33%

2. 강풍
① 낙과감수과실수 = 총낙과수 × (낙과피해구성률100% − maxA0.0333) = 1,000개 × (1 − 0.0333) = **967개**
② 낙엽피해감수과실수 = 사고당시착과과실수 × (인정피해율 − maxA) × (1−미보상 비율)
  = 10,000개 × (0.4218 − 0.0333)
  = **3,885개**
  * 인정피해율 = (1.0115 × 0.5) − (0.0014 × 60) = 42.18%
  * 사고당시착과실수 = 적과후착과수 − 총낙과수 = 10,000개

품목	낙엽률에 따른 인정피해율 계산식
단감	(1.0015 × 낙엽률) − (0.0014 × 경과일수) ※경과일수 : 6월 1일부터 낙엽피해 발생일까지 경과된 일수
떫은감	0.9662 × 낙엽률 − 0.0703

3. 우박
  우박감수과실수 = 사고당시착과과실수10,000 × (착과피해구성률46%−maxA42.18%)
  = 10,000개 × (0.46 − 0.4218) = **382개**

4. 가을동상해 = 사고당시착과과실수 × (착과피해구성률 − maxA)
  = 3,000개 × (0.3755 − 0.4218) = −값 ⇒ 0처리
  = 0개
  * 착과피해구성률 = {(10 × 1) + (20 × 0.8) + (20 × 0.5) + (50 × 0.0031 × 10)} ÷ 100
    = 37.55%

5. 누적감수과실수 = 367개 + 967개 + 3,885개 + 382개 = **5,601개**

37. 업무방법에서 정하는 종합위험 수확감소보장방식 과수품목 중 자두 품목 수확량조사의 착과수조사조사방법에 관하여 서술하시오.

【자두 품목 수확량조사의 착과수조사조사방법】

(1)

(2)

(3)

(4)

(5)

(6)

정답 및 해설

(1) 착과수조사는 사고여부와 상관없이 계약된 농지 전 건에 대하여 실시한다.
  * 조사시기 : 최초 수확 품종 수확기 직전
(2) 품종별·수령별로 실제결과주수, 미보상주수 및 고사나무주수를 파악하고 실제결과주수에서 미보상주수 및 고사나무주수를 빼서 조사대상주수를 계산한다.
(3) 농지별 전체 대상주수를 기준으로 품목별 표준주수표에 따라 농지별 전체 표본주수를 산정하되, 품종별·수령별 표본주수는 품종별·수령별 조사대상주수에 비례하여 산정한다.
(4) 산정한 품종별·수령별 표본주수를 바탕으로 품종별·수령별 대상주수의 특성이 골고루 반영될 수 있도록 표본주를 선정한다.
(5) 선정된 표본주별로 착관된 전체 과실수를 조사하되, 품종별 수확 시기 차이에 따른 자연낙과를 감안한다.
(6) 품목별 미보상비율 적용표에 따라 미보상비율을 조사한다.

38. 다음은 농작물재해보험 업무방법서에서 정한 '종합위험 수확감소보장'의 각 품목별 '표본구간 수확량 합계 산정방법'을 기술하시오.

품목	표본구간 수확량 합계 산정 방법
감자	
양배추	
양파	
마늘	
고구마	
옥수수 (피해수확량)	
콩	

정답 및 해설

품목	표본구간 수확량 합계 산정 방법
감자	표본구간별 작물 무게의 합계
양배추	= 정상 양배추 무게 + (80%형 양배추 무게 × 0.2)
양파	= {정상 양파 무게 합계 + (80%형 양파 무게 × 0.2)} × (1+비대추정지수)
마늘	= {정상 마늘 무게 합계 + (80%형 마늘 무게 × 0.2)} × (1+비대추정지수) × 환산계수 ※ 품종별 환산계수 : 난지형(0.72), 한지형(0.7)
고구마	= 정상 고구마 무게 합계 + (50%형 고구마의 무게 × 0.5) + (80%형 고구마 무게 × 0.2)
옥수수 (피해수확량)	= ['하'항목개수 + ('중'항목개수 × 0.5)] × 표준중량
콩	= 종실중량 × (1- 함수비) ÷ 0.86

39. 종합위험보장방식 "인삼"의 피해율(전수조사)을 구하기 위한 산출식에 알맞은 내용을 순서 대로 쓰시오.

피해율	
수확량	
단위면적당 조사수확량	
금차수확면적	
단위면적당 미보상감수량	

정답 및 해설

피해율	$= (1 - \dfrac{수확량}{연근별기준수확량}) \times \dfrac{피해면적}{재배면적}$
수확량	= 단위면적당 조사수확량 + 단위면적당 미보상감수량
단위면적당 조사수확량	= 총조사수확량 ÷ 금차 수확면적
금차수확면적	= 금차 수확칸수 × 지주목간격 × (두둑폭 + 고랑폭)
단위면적당 미보상감수량	= (기준수확량 - 단위면적당 조사수확량) × 미보상비율

40. 종합위험수확감소보장방식 "복숭아"에 대한 조사자료가 보기와 같다. 이 자료를 이용하여 다음 각 경우의 지급보험금을 산출하시오.

【조사자료】

보험가입금액(보통약관)	수확량감소추가보장 특약 보험가입금액	나무손해보장 특약 보험가입금액
10,000,000원	2,000,000원	2,000,000원
평년수확량	조사수확량	미보상감수량
1,000kg	600kg	100kg
수확량감소 자기부담비율		
10%		
수확전후 고사주수	미보상 고사주수	실제결과주수
30주	10주	200주

【지급보험금】

(1) 농지별 산정 (보통약관)	
(2) 나무손해보장 특약	
(3) 수확량감소 추가보장 특약	

정답 및 해설

【지급보험금】

(1) 농지별 산정 (보통약관)	○ 지급보험금 : 2,000,000(이백만)원
	가. 보험금 = 보험가입금액 × (피해율 - 자기부담비율)
	  = 10,000,000(천만)원 × (0.3 - 0.1) =2,000,000(이백만)원
	나. 피해율 = (평년수확량 - 수확량 - 미보상감수량) ÷ 평년수확량
	  = (1,000kg - 600kg - 100kg) ÷ 1,000kg = 30%

(2) 나무손해보장 특약	○ 지급보험금 : 1,900,000(백구십만)원 가. 보험금 = 보험가입금액 × (피해율 - 자기부담비율) = 2,000,000(이백만)원 × (0.1 - 0.05) = 1,900,000(백구십만)원 나. 피해율 = 피해주수(고사된 나무) ÷ 실제결과주수 = 20주 ÷ 200주 = 10% ※ 피해주수 = 수확 전 고사주수 + 수확 완료 후 고사주수 - 미보상 고사주수 = 20주 ※ 나무손해 자기부담비율 = 5%

(3) 수확량감소 추가보장 특약	○ 지급보험금 : 60,000(육만)원
	가. 보험금 = 보험가입금액 × (피해율 × 10%) = 2,000,000(이백만)원 × (0.3 × 0.1)
	  = 60,000(육만)원
	나. 피해율 = (평년수확량 - 수확량 - 미보상감수량) ÷ 평년수확량
	  = (1,000kg - 600kg - 100kg) ÷ 1,000kg = 30%
	※ 보상하는 재해로 피해율이 자기부담비율을 초과하는 경우 적용한다.

41. 종합위험보장 시설작물 중 다음 각 작물별 산출식을 순서대로 답란에 쓰시오.

(1) 시설작물(딸기.토마토.오이.참외) 보험금 산출식	
(2) 시설작물(딸기.토마토.오이.참외) 수확기 이전사고 경과비율 계산식	
(3) 시설작물(느타리버섯-균상재배) 피해율 산출식	
(4) 시설작물 중 '장미'(나무가 죽지 않음) 보험금 산출식	

정답 및 해설

(1) 시설작물(딸기.토마토.오이.참외) 보험금 산출식	생산비보장보험금 = 피해작물 재배면적 × 단위 면적당 보장생산비 × 경과비율 × 피해율
(2) 시설작물(딸기.토마토.오이.참외) 수확기 이전사고 경과비율 계산식	경과비율 = α + (1-α) × (생장일수 ÷ 표준생장일수) ※ α (준비기생산비계수) : 40%
(3) 시설작물(느타리버섯-균상재배) 피해율 산출식	피해율 = 피해비율 × 손해정도비율 × (1 − 미보상비율) ※ 피해비율 = 피해면적 ÷ 재배면적(균상면적)
(4) 시설작물 중 '장미'(나무가 죽지 않음) 보험금 산출식	생산비보장보험금 = 장미 재배면적 × 장미 단위면적 당 나무생존시 보장생산비 × 피해율

42. 농작물재해보험 업무방법서상 비가림시설 피해조사 방법에 대하여 서술하시오.

【비가림시설 피해조사 방법】

(1) 조사 기준 :

(2) 평가 단위 :

(3) 조사 방법

　　1) 피복재 :

　　2) 구조체

　　　　①

　　　　②

정답 및 해설

(1) 조사 기준 : 해당 목적물인 비가림시설의 구조체와 피복재의 재조달가액을 기준금액으로 수리비를 산출한다.
(2) 평가 단위 : 물리적으로 분리 가능한 시설 1동을 기준으로 보험목적물별로 평가한다.
(3) 조사 방법
　　1) 피복재 : 피복재의 피해 면적을 조사한다.
　　2) 구조체
　　　　① 손상된 골조를 재사용할 수 없는 경우 : 교체 수량 확인 후 교체 비용 산정
　　　　② 손상된 골조를 재사용할 수 있는 경우 : 보수 면적 확인 후 보수 비용 산정

43. 종합위험생산비보장방식 '표고버섯(톱밥배지재배)'에 대한 다음 조사표를 이용하여 (1)피해율, (2)경과비율 및 (3)보험금을 산출하시오.(단, 수확기 이전사고이며, % 단위는 소수점 셋째자리에서 반올림한다. 보험금 ★천원 단위 미만 절사)

【조사표】

○ 배지 한 봉당 보장생산비 : 2,600원	○ 준비기생산비계수 : ★66.3%
○ 재배배지(봉)수 : 1,000개	○ 표준생장일수 : 90일
○ 피해배지(봉)수 : 400개	○ 생장일수 : 45일
	○ 손해정도 : 50%

(1) 피해율 :

(2) 경과비율 :

(3) 보험금 :

정답 및 해설

(1) 피해율 : **20%**
피해율 = 피해비율 × 손해정도비율 × (1 - 미보상비율) = 0.4 × 0.5 = 20%
　※ 피해비율 = 피해배지(봉)수 ÷ 재배배지(봉)수 = 400 ÷ 1,000 = 40%
　※ 손해정도비율 = 50% (손해정도에따라 50%와 100%에서 결정)

(2) 경과비율 : **83.15%**
· 수확기 이전 사고
　(1) 경과비율 = α + (1 - α) × (생장일수 ÷ 표준생장일수)
　　　　　 = 0.663 + (1 - 0.663) × (45일 ÷ 90일)
　　　　　 = 0.8315 (83.15%)
　(2) 준비기 생산비 계수 = ★α (66.3%)

(3) 생산비보장보험금 : **432,000(사십삼만이천)원**
· 생산비보장보험금 = 재배배지(봉)수 × 배지(봉)당 보장생산비 × 경과비율 × 피해율
　　　　　　 = 1,000개 × 2,600원 × 0.8315 × 0.2
　　　　　　 = 432,380원 = 432,000(사십삼만이천)원

44. 종합위험방식 "원예시설"의 '시설하우스' 손해평가 현지조사 방법에 대하여 아래 질문에 각각 기술하시오.

【손해평가 현지조사 방법】

(1) 조사기준 :

(2) 평가단위 :

(3) 손해평가 :

정답 및 해설

(1) 조사기준 :
  1) 손해가 생긴 때와 곳에서의 가액에 따라 손해액을 산출하며, 손해액 산출 시에는 농업용시설물 감가율을 적용한다.
  2) 재조달가액 보장 특별약관에 가입한 경우에는 재조달가액(보험의 목적과 동형 동질의 신품을 조달하는데 소요되는 금액)기준으로 계산한 손해액을 산출한다. 단, 보험의 목적이 손해를 입은 장소에서 실제로 수리 또는 복구되지 않은 때에는 재조달가액에 의한 보상을 하지 않고 시가(감가상각된 금액)로 보상한다.

(2) 평가단위 : 물리적으로 분리 가능한 시설 1동을 기준으로 계약 원장에 기재된 목적물별로 평가한다.

(3) 손해평가 :
  1) 피복재 : 다음을 참고하여 하우스 폭에 피해길이를 감안하여 피해 범위를 산정한다.
      ① 전체 교체가 필요하다고 판단되어 전체 교체를 한 경우 전체 피해로 인정
      ② 전체 교체가 필요하다고 판단되지만 부분 교체를 한 경우 교체한 부분만 피해로 인정
      ③ 전체 교체가 필요하지 않는다고 판단되는 경우 피해가 발생한 부분만 피해로 인정
  2) 구조체 및 부대시설 : 다음을 참고하여 교체수량(비용), 보수 및 수리 면적(비용)을 산정하되, 재사용할 수 없는 경우(보수 불가) 또는 수리 비용이 교체비용보다 클 경우에는 재조달비용을 산정한다.
      ① 손상된 골조(부대시설)를 재사용할 수 없는 경우는 교체수량 확인 후 교체 비용 산정
      ② 손상된 골조(부대시설)를 재사용할 수 있는 경우는 수리 및 보수비용 산정
  3) 인건비 : 실제 투입된 인력, 시방서, 견적서, 영수증 및 시장조사를 통해 피복재 및 구조체 시공에 소모된 인건비 등을 감안하여 산정한다.

45. 종합위험 수정완료시점에서 수확전 과실손해보장 "복분자"의 피해율 산정표에서 정한 각 결과모지수와 수정불량환산계수 산정식을 쓰시오.

【결과모지수와 수정불량환산계수 산정식】

(1) 종합위험 과실손해 고사결과모지수	
(2) 기준 살아있는 결과모지수	
(3) 수정불량환산 고사결과모지수	
(4) 표본구간 수정불량 고사결과모지수	
(5) 수정불량환산계수	
(6) 미보상 고사결과모지수	

【결과모지수와 수정불량환산계수 산정식】

(1) 종합위험 과실손해 고사결과모지수	= 평년결과모지수 - (기준 살아있는 결과모지수 - 수정불량환산 고사결과모지수 + 미보상결과모지수) * = (평년결과모지수 - 기준 살아있는 결과모지수) + 수정불량환산 고사결과모지수 - 미보상결과모지수
(2) 기준 살아있는 결과모지수	= Σ표본구간 살아있는 결과모지수의 합 ÷ (표본구간수 × 5)
(3) 수정불량환산 고사결과모지수	= Σ표본구간 수정불량 고사결과모지수의 합 ÷ (표본구간수 × 5)
(4) 표본구간 수정불량 고사결과모지수	= 표본구간 살아있는 결과모지수 × 수정불량환산계수
(5) 수정불량환산계수	= (수정불량결실수 ÷ 전체결실수) - 자연수정불량률 = 최댓값((표본포기 6송이 피해 열매수의 합 ÷ 표본포기 6송이 열매수의 합계)-15%, 0) * 자연수정불량률 : 15% (2014 복분자 수확량 연구용역 결과반영)
(6) 미보상 고사결과모지수	= Max[{평년결과모지수 - (기준 살아있는 결과모지수 - 수정불량환산 고사결과모지수)} × 미보상비율, 0] * 수확감소환산 고사결과모지수 × 최댓값(특정위험 과실손해조사별 미보상비율)

46. 종합위험 수입감소보장방식 "콩"에 대한 다음 조사표를 이용하여 '(1)기준수입'과 '(2)실제수입'을 구하고 (3)보험금을 산출하시오.

【조사자료】

○ 보험가입금액 : 1,000만원
○ 자기부담비율 : 10%
○ 평년수확량 : 1,000kg
○ 조사수확량 : 800kg

○ 미보상감수량 : 200kg
○ 농지별 수확기 가격 : 8,000원/kg
○ 농지별 기준가격 : 10,000원/kg

---

    (1) 기준수입 :

    (2) 실제수입 :

    (3) 수입감소 보험금 :

.

정답 및 해설

(1) 기준수입 : **10,000,000(천만)원**
· 기준수입 = 평년수확량 × 농지별 기준가격 = 1,000kg × 10,000원/kg = 10,000,000(천만)원

(2) 실제수입 : **8,000,000(팔백만)원**
· 실제수입 = (수확량 + 미보상감수량) × Min(농지별 기준가격10,000원/kg, <u>농지별 수확기가격8,000원/kg</u> 중 작은 값)
           = (800kg + 200kg) × 8,000원/kg,
           = 8,000,000(팔백만)원
(3) 수입감소 보험금 : **1,000,000(백만)원**
   · 농업수입감소보험금 = 보험가입금액 × (피해율 − 자기부담비율)
                  = 10,000,000(천만)원 × (0.2 − 0.1)
                  = 1,000,000(백만)원
     * 피해율 = (기준수입 − 실제수입) ÷ 기준수입
             = (10,000,000(천만)원 − 8,000,000(팔백만)원) ÷ 10,000,000(천만)원
             = 20%

47. 종합위험 '인삼해가림시설'의 (1)피해조사와 (2)손해액산정방법에 대하여 기술하시오.

(1) 피해조사절차 :

(2) 손해액 산정방법 :

(1) 피해조사절차
 1) 보상하는 재해 여부 심사
  농지 및 작물 상태 등을 감안하여 약관에서 정한 보상하는 재해로 인한 피해가 맞는지 확인하며, 이에 대한 근거 자료(피해사실확인조사 참조)를 확보한다.
 2) 전체 칸수 및 칸 넓이 조사
  ① 전체 칸수조사 : 농지 내 경작 칸수를 센다.(단, 칸수를 직접 세는 것이 불가능할 경우에는 경작면적을 이용한 칸수조사(경작면적 ÷ 칸 넓이)도 가능하다.)
  ② 칸 넓이 조사 : 지주목간격, 두둑폭 및 고랑폭을 조사하여 칸 넓이를 구한다.
   ★[칸 넓이 = 지주목 간격 × (두둑 폭 + 고랑 폭)]
  ③ 피해 칸수 조사
   피해 칸에 대하여 전체파손 및 부분파손(20%형, 40%형, 60%형, 80%형)로 나누어 각 칸수를 조사한다.
(2) 손해액 산정
 1) 단위면적당 시설가액표, 파손 칸수 및 파손 정도 등을 참고하여 실제 피해에 대한 복구비용을 기평가한 재조달가액으로 산출한 피해액을 산정한다.
 2) 감가상각의 적용
  ① 산출된 피해액에 대하여 감가상각을 적용하여 손해액을 산정한다.
  ② 피해액이 보험가액의 20% 이하인 경우에는 감가를 적용하지 않는다.
  ③ 피해액이 보험가액의 20%를 초과하면서 감가 후 피해액이 보험가액의 20% 미만인 경우에는 보험가액의 20%를 손해액으로 산출한다.
 3) 잔존물 제거비용 및 잔존물 가액 조사
  잔존물 제거비용과 잔존물 가액을 조사하며, 이 때 잔존물 제거비용은 손해액의 10%를 한도로 한다.

48. 다음은 8월 20일 태풍피해를 입은 논벼(메벼) 작물 전수조사 결과이다. 계약조건에 따른 (1)피해율과 (2)보험금을 계산하시오(단, % 단위로 소수점 셋째자리에서 반올림하여 둘째자리까지 다음 예시와 같이 구하시오. 예시 : 0.12345 → 12.35%).

┌───┐
│ 【조사자료】   │
│ ○ 계약조건   │ ○ 전수조사내용   │
│   1. 보험가입금액 : 20,000,000원   │   1. 작물중량 : 1,000kg   │
│   2. 실제경작면적 : 2,000m²   │   2. 함수율 : 20%   │
│   3. 자기부담비율 : 10%   │   3. 기타 다른 조건은 고려하지 않음   │
│   4. 평년수확량 : 1,500kg   │   │
└───┘

(1) 피해율

(2) 보험금

정답 및 해설

(1) 피해율 : **37.27%**
  1) 피해율 = (평년수확량 − 수확량 − 미보상감수량) ÷ 평년수확량
      = (1,500kg − 941kg − 0kg) ÷ 1,500kg
      = 559kg ÷ 1,500kg
      = 37.27%
   * 수확량 = 조사대상면적수확량 +[(단위면적당평년수확량 × (타작물면적 +기수확면적))
        = 941kg
     * 조사대상면적수확량 = 작물중량 × [(1 − 함수율) ÷ (1 − 기준함수율)]
           = 1,000kg × [(1 − 0.2) ÷ (1 − 0.15)]
           = 941kg
     * 메벼의 기준함수율 = 15%
   * 미보상감수량 = 0kg

(2) 수확감소보험금 : **5,454,000(오백사십오만사천)원**
  2) 수확감소보험금 = 보험가입금액 × (피해율 − 자기부담비율)
            = 20,000,000(이천만)원 × (0.3727 − 0.1)
            = 5,454,000(오백사십오만사천)원

49. 종합위험생산비보장방식 "고추"의 계약조건 및 조사내용을 이용하여 (1)피해율과 (2)경과
비율 및 (3)보험금을 산출하시오(단, % 단위는 소숫점 셋째자리에서 반올림하고, 보험금
천원 단위 미만은 절사한다).

【계약 및 조사자료】

○ 계약조건
1) 보험가입금액 : 1,000만원
2) 계약면적 : 2,000m²
3) 자기부담비율 : 5%

○ 조사내용
1) 재배방식 : 노지재배
2) 정식일 : 5월 1일
3) 집중호우 피해발생일 : 6월 19일
4) 피해면적 : 1,000m²
5) 100주의 손해정도구성비율

정상	100%	80%	60%	40%	20%
30주	10주	10주	10주	20주	20주

6) 병충해 : 탄저병
7) 기타 다른 요소는 고려하지 않음

(1) 피해율 :

(2) 경과비율 :

(3) 보험금 :

정답 및 해설

(1) 피해율 : **18%**
· 피해율 = 피해비율 × 손해정도비율 × (1 – 미보상비율) = 0.5 × 0.36 = 18%
  * 피해비율 = 피해면적(주수) ÷ 재배면적(주수)
    = 1,000m² ÷ 2,000m² = 50%
  * 손해정도비율 = {(10주 * 1)+(10주 * 0.8)+(10주 * 6)+(20주 * 0.4)+(20주 * 0.2)}÷100주
    = (10+8+6+8+4) ÷ 100 = 36 ÷ 100 = 36%
  * 5) 100주의 손해정도구성비율

정상	100%	80%	60%	40%	20%
30주	10주	10주	10주	20주	20주

(2) 경과비율 : **76.4%**
· 수확기 이전에 보험사고가 발생한 경우
  경과비율 = 준비기생산비계수 + (1 – 준비기생산비계수) × (생장일수 ÷ 표준생장일수)
    = 0.527 + (1 – 0.527) × (50 ÷ 100)
    = 0.7635 = 76.4%(소수점 셋째자리에서 반올림)

* 준비기생산비계수 : ★52.7%
* 표준생장일수 : 100일

(3) 생산비보장 보험금 : **462,000(사십육만이천)원**

 ※ 병충해가 있는 경우

· 생산비보장 보험금 = (잔존보험가입금액 × 경과비율 × 피해율 × 병충해 등급별 인정비율) − 자기부담금

 = (10,000,000(천만)원 × 0.764 × 0.18 × 0.7) − 500,000(오십만)원

 = 462,640원(천원 단위 미만 절사) = 462,000(사십육만이천)원

<고추 병충해 등급별 인정비율>

등급	종류	인정비율
1등급	역병, 풋마름병, 바이러스병, 세균성점무늬병, 탄저병	70%
2등급	잿빛곰팡이병, 시들음병, 담배가루이, 담배나방	50%
3등급	흰가루병, 균핵병, 무름병, 진딧물 및 기타	30%

* 자기부담금 = 잔존보험가입금액 × 자기부담비율 = 10,000,000(천만)원 × 5% = 500,000(오십만)원

50. 종합위험방식 밭작물 고추에 관하여 수확기 이전에 보험사고가 발생한 경우 보기의 조건에 따른 생산비보장보험금을 산정하시오.

【보기 - 계약 및 조사자료】

○ 보험가입금액: 10,000,000원   ○ 기지급보험금: 5,000,000원
○ 재배면적 : 2,000m²   ○ 자기부담비율 : 5%
○ 생장일수: 50일   ○ 피해면적 : 1,000m²
○ 손해정도 : 80%   ○ 병충해 : 세균성점무늬병

(1) 계산과정 :

(2) 생산비보장보험금 :

정답 및 해설

(1) 계산과정 : ※ 병충해가 있는 경우
 생산비보장보험금 = (잔존가입금액 × 경과비율 × 피해율) × 병충해인정비율 - 자기부담금
     = (5,000,000(오백만)원 × 0.763 × 0.4 × 0.7) - 250,000(이십오만)원
     = 818,200(팔십일만팔천이백)원

(2) 생산비보장보험금 : **818,200(팔십일만팔천이백)원**
  ㉠ 잔존가입금액 = 보험가입금액 - 기지급보험금
           = 10,000,000(천만)원 - 5,000,000(오백만)원
           = 5,000,000(오백만)원
  * 자기부담금 = 잔존가입금액 × 자기부담비율 = 5,000,000(오백만)원 × 5% = 250,000(이십오만)원
  ※ 수확기 이전에 보험사고가 발생한 경우
  ㉡ 경과비율 = 준비기생산비계수 + (1 - 준비기생산비계수) × (생장일수 ÷ 표준생산일수)
          = 0.527 + (1 - 0.527) × 50 ÷ 100
          = 0.7635
  ㉢ 피해율 = 피해비율 × 손해정도비율 = 0.5 × 0.8 = 0.4
   - 피해비율 = 피해면적 ÷ 재배면적 = 1,000m² ÷ 2,000m² = 0.5
  * 준비기생산비계수 = 52.7%
  * 표준생장일수 = 100일

<고추 병충해 등급별 인정 비율>

등 급	종류	인정비율
1등급	역병, 풋마름병, 바이러스병, 세균성점무늬병, 탄저병	70%
2등급	잿빛곰팡이병, 시들음병, 담배가루이, 담배나방	50%
3등급	흰가루병, 균핵병, 무름병, 진딧물 및 기타	30%

51. 농작물재해보험 종합위험방식 벼(조곡) 품목의 업무방법에서 정하는 보험금 1)지급사유와 2) 지급금액 산출식을 답란에 서술하시오(단, 자기부담비율은 15%형 기준임).

구분	1) 지급사유	2) 지급금액 산출식
(1) 경작불능 보험금		
(2) 수확감소 보험금		
(3) 수확불능 보험금		

정답 및 해설

구분	1) 지급사유	2) 지급금액 산출식
(1) 경작불능 보험금	보상하는 재해로 식물체 피해율이 65% 이상★ (벼(조곡) 분질미는 60%)이고, 계약자가 경작불능 보험금을 신청한 경우 (보험계약소멸)	• 보험가입금액 × 일정비율 = 보험가입금액 × 42% 〈자기부담비율 15%형〉
(2) 수확감소 보험금	보상하는 재해로 피해율이 자기부담비율을 초과하는 경우	• 보험가입금액 × (피해율 − 자기부담비율 0.15) ※ 피해율 = (평년수확량 − 수확량 − 미보상감수량) ÷ 평년수확량
(3) 수확불능 보험금	보상하는 재해로 벼(조곡) 제현율이 65% 미만★ (벼(조곡) 분질미는 70%)으로 떨어져 정상벼로서 출하가 불가능하게 되고, 계약자가 수확불능보험금을 신청한 경우 (보험계약소멸)	• 보험가입금액 × 일정비율 = 보험가입금액 × 57% 〈자기부담비율 15%형〉

52. 벼 상품의 (1)수확량 조사 3가지 유형을 구분하고, 각 유형별 (2)수확량 조사시기와 (3)조사
    방법에 관하여 서술하시오.

【벼 상품의 수확량】

유 형	조사시기	조사방법
1)		
2)		
3)		

정답 및 해설

【벼 상품의 수확량】

유 형	조사시기	조사방법
1) 수량요소 조사	수확전 14일 전후	1. 표본포기 수 선정 : 4포기(가입면적과 무관함) 2. 표본포기 조사 : 선정한 표본 포기별로 이삭상태 점수 및 완전낟알상태 점수를 조사한다. - 이삭상태 점수 조사 - 완전낟알상태 점수 조사 - 수확비율 산정 - 피해면적 보정계수 산정 - 병해충 단독사고 여부 확인
2) 표본조사	알곡이 여물어 수확이 가능한 시기	1. 표본구간 수 선정 2. 표본구간 선정 3. 표본구간 면적 및 수량 조사(표본구간 면적, 표본 중량 조사, 함수율 조사) 4. 병해충 단독사고 여부 확인(벼만해당)
3) 전수조사	수확시	1. 전수조사 대상 농지 여부 확인 : 전수조사는 기계수확(탈곡 포함)을 하는 농지에 한한다. 2. 조곡의 중량 조사 3. 조곡의 함수율 조사 : 수확한 작물에 대하여 함수율을 3회 이상 실시하여 평균값을 산출한다. 4. 병해충 단독사고 여부 확인 : 병해충 단독사고로 판단될 경우에는 가장 주된 병해충명을 조사한다.

53. 업무방법서에서 정하는 종합위험방식 마늘 품목에 관한 다음 2가지 물음에 답하시오.

(1) 재파종보험금 산정방법을 서술하시오.

(2) 다음의 계약사항과 보상하는 손해에 따른 조사내용에 관하여 재파종보험금을 구하시오 (단, 10a는 1,000m²이다).

【계약사항 및 조사내용】

○ 계약사항

상품명	보험가입금액	가입면적	평년수확량	자기부담비율
종합위험방식 마늘	1,000만원	4,000 m²	5,000 kg	20 %

○ 조사내용

조사종류	조사방식	1m²당 출현주수(1차조사)	1m²당 재파종주수(2차조사)
재파종조사	표본조사	18주	32주

정답 및 해설

(1) 재파종보험금 산정방법을 서술하시오.

1) 재파종보험금은 재파종조사 결과 10a당 출현주수가 30,000주 미만이었으나, 10a당 30,000주 이상으로 재파종을 한 경우에 지급하며, 보험금은 보험가입금액에 35%를 곱한 후 다시 표준출현 피해율을 곱하여 산정한다.

> 보험금 = 보험가입금액 × 35% × 표준출현 피해율

2) 표준출현 피해율은 10a 기준 출현주수를 30,000에서 뺀 후 이 값을 30,000으로 나누어 산출한다.
   ※ 표준출현 피해율(10a 기준) = (30,000 − 출현주수) ÷ 30,000

2) 다음의 계약사항과 보상하는 손해에 따른 조사내용에 관하여 재파종보험금을 구하시오 (단, 10a는 1,000m²이다).

【계약사항 및 조사내용】

○ 계약사항

상품명	보험가입금액	가입면적	평년수확량	자기부담비율
종합위험방식 마늘	1,000만원	4,000 m²	5,000 kg	20 %

○ 조사내용

조사종류	조사방식	1m²당 출현주수(1차조사)	1m²당 재파종주수(2차조사)
재파종조사	표본조사	18주	32주

1) 계산과정 :

   재파종보험금 = 보험가입금액 × 35% × 표준출현 피해율 = 10,000,000(천만)원 × 0.35 × 0.4
   　　　　　　 = 1,400,000(백사십만)원
   ※ 표준출현피해율 = (30,000주 − 10a 기준 출현주수) ÷ 30,000주
   　　　　　　　　 = (30,000주 − 18,000주) ÷ 30,000주 = 40%

2) 재파종보험금 : **1,400,000(백사십만)원**

54. 종합위험 수확감소보장 밭작물 옥수수 품목의 수확감소보험금을 구하시오(단, 피해수확량 및 미보상감수량 산정시 소수점 셋째자리에서 반올림할 것).

【계약사항 및 조사내용】

○ 계약사항

품종	표준수확량	가입면적	표준(가입)가격	표준중량
미백2호	1,400kg	2,800m²	2,500원/kg	0.18kg
보험가입금액	재식시기지수	재식밀도지수	자기부담비율	
350만원	0.95	1.1	20%	

○ 조사내용

표본구간			면적	
이랑길이	이랑폭	표본구간수	실제경작면적	고사면적
1.2m	1.5m	5	2,800m²	500m²
표본구간내 수확 옥수수			타작물면적	기수확면적
상옥수수14개	중옥수수4개	하옥수수12개	100m²	200m²

※ 미보상비율 : 10%

정답 및 해설

수확감소보험금 : 1,167,500(백십육만칠천오백)원

○ 계산과정 :

• 수확감소보험금 = min(보험가입금액, 손해액 중 작은 값) − 자기부담금
　　　　　　　　　 = 1,867,500(백팔십육만칠천오백)원 − 700,000(칠십만)원
　　　　　　　　　 = 1,167,500(백십육만칠천오백)원

　※ 손해액 = (피해수확량 − 미보상감수량) × 표준가격 = (830kg − 83kg) × 2,500원/kg
　　　　　　 = 1,867,500(백팔십육만칠천오백)원

　　* 피해수확량 = (표본구간 단위면적당 피해수확량 × 표본조사 대상면적) + (단위면적당 표준수확량 × 고사면적)
　　　　　　　　 = (0.29kg × 2,000m²) + (0.5kg × 500m²)
　　　　　　　　 = 830kg

　　* 표본구간 단위면적당 피해수확량 = 표본구간 피해수확량 ÷ 표본구간면적
　　　　　　　　　　　　　　　　 = 2.63kg ÷ 9m²
　　　　　　　　　　　　　　　　 = 0.29kg

　　* 표본구간 피해수확량 =(표본구간 하옥수수+표본구간 중옥수수)× 표준중량 × 재식시기지수 × 재식밀도지수
　　　　　　　　　　　　 = (12개 + 4*0.5) × 0.18kg × 0.95 × 1.1
　　　　　　　　　　　　 = 2.63kg

　　* 표본구간면적 = (이랑길이1m × 이랑폭5m) × 표본구간수
　　　　　　　　　 = (1.2m × 1.5m) × 5개
　　　　　　　　　 = 9m²

* 표본조사 대상면적 = 실제경작면적 - 고사면적 - 타작물면적미 - 기수확면적
$$= 2,800m^2 - 500m^2 - 100m^2 - 200m^2$$
$$= 2,000m^2$$
* 단위면적당 표준수확량 = 표준수확량 ÷ 실제경작면적
$$= 1,400kg ÷ 2,800m^2$$
$$= 0.5kg$$
※ 미보상감수량 = 피해수확량 × 미보상비율
$$= 830kg × 0.1$$
$$= 83kg$$
※ 자기부담금 = 보험가입금액 × 자기부담비율
$$= 3,500,000(삼백오십만)원 × 0.2$$
$$= 700,000(칠십만)원$$

○ 손해액 = (피해수확량 - 미보상감수량) × 가입가격
▷ 피해수확량 = (표본구간 단위면적당 피해수확량 × 표본조사대상면적) + (단위면적당 표준수확량 × 고사면적)
　- 단위면적당 표준수확량 = 표준수확량 ÷ 실제경작면적
　- 조사대상면적 = 실제경작면적 - 고사면적 - 타작물 및 미보상면적 - 기수확면적
　- 표본구간 단위면적당 피해수확량 = 표본구간 피해수확량 합계 ÷ 표본구간 면적
　- 표본구간 피해수확량 합계 = (표본구간 "하"품 옥수수 개수 + "중"품 옥수수 개수 × 0.5) × 표준중량
　　　　　　　　　　× 재식시기지수 × 재식밀도지수
▷ 미보상감수량 = 피해수확량 × 미보상비율

55. 작물특정 및 시설위험 인삼손해보장방식 "인삼" 품목에 대한 표본조사에서 다음 계약사항과 조사내용을 근거로 수확감소보험금을 구하시오.

【계약사항 및 조사내용】

보험가입금액	피해칸	표본칸수	표본칸 인삼수확무게	기준수확량	미보상비율
22,000,000원	180칸	3칸	3kg	0.64kg/m²	10%
실제경작면적	가입면적	칸넓이			
2,000m²	2,000m²	지주목간격 : 2.5m, 두둑폭 : 1.5m, 고랑폭 : 0.5m			

※ 비율은 %단위로 소수점 셋째자리에서 반올림하고, 수량은 소수점 셋째자리에서 반올림하여 kg단위로 표시
※ 자기부담비율 20%

정답 및 해설

(1) 수확감소보험금 : 1,788,600(백칠십팔만팔천육백)원

(2) 계산과정 : 수확감소보험금 = 보험가입가격 × (피해율 – 자기부담비율)

$$= 22,000,000(이천이백만)원 × (0.2813 - 0.2)$$

$$= 1,788,600(백칠십팔만팔천육백)원$$

* 피해율 = $(1 - \dfrac{수확량}{연근별기준수확량}) × \dfrac{피해면적}{재배면적} = (1 - \dfrac{0.24}{0.64}) × (900 ÷ 2,000) = 28.13\%$

* 수확량 = 단위면적당 조사수확량 + 단위면적당 미보상감수량 = 0.2kg + 0.04kg = 0.24kg

* 표본칸넓이 = 지주목간격 × (두둑폭 × 고랑폭) = 2.5m × (1.5m + 0.5m) = 5m²

* 피해면적 = 피해칸수 × 표본칸넓이 = 180 × 5m² = 900m²

* 표본칸 단위면적당 수확량 = 3kg ÷ (3 * 5) = 0.2kg

* 단위면적당 미보상감수량 = (기준수확량 – 표본칸 단위면적당 수확량) × 미보상비율

$$= (0.64kg - 0.2kg) × 0.1$$

$$= 0.04kg$$

○ 표본조사

○ 피해율 = $(1 - \dfrac{수확량}{연근별기준수확량}) × \dfrac{피해면적}{재배면적}$

○ 수확량 = 단위면적당 조사수확량 + 단위면적당 미보상감수량
  – 단위면적당 조사수확량 = 표본수확량 합계 ÷ 표본칸 면적
    ▷표본칸 면적 = 표본칸 수 × 지주목간격 × (두둑폭＋고랑폭)
  – 단위면적당 미보상감수량 = (기준수확량 – 단위면적당 조사수확량) × 미보상비율
○ 피해면적 = 피해칸수
○ 재배면적 = 실제경작칸수

56. 종합위험 수확감소보장방식 '마늘' 상품에 대한 아래 계약사항과 조사내용을 이용하여 지급 보험금을 구하시오(단, 수확량과 미보상감수량은 소수점 첫째자리에서 반올림하여 정수처리 하고, 피해율은 %단위로 소수점 셋째자리에서 반올림하여 다음 예시와 같이 구하시오 0.12345 → 12.35%).

【계약사항 및 조사내용】
○ 계약사항

상품명	보험가입금액	가입면적	평년수확량	자기부담비율
종합위험 마늘(한지형)	5,000만원	10,000m^2	13,000kg	10%

○ 조사내용

조사방법	실제경작면적	수확불능면적	기수확면적	타작물면적	미보상비율
표본조사	10,000m^2	500m^2	500m^2	1,000m^2	10%
표본구간	표본구간면적	표본구간 수확량		수확적기 잔여일수	일자별 비대추정지수
7개	14m^2	정상마늘10kg	80%피해마늘2kg	10일	0.8%

정답 및 해설

○ 수확감소지급 보험금 : **17,695,000(천칠백육십구만오천)원**
　수확감소지급 보험금 = 보험가입금액 × (피해율 - 자기부담비율)
　　　　　　　　　　 = 50,000,000(오천만)원 × (0.4539 - 0.1)
　　　　　　　　　　 = 17,695,000(천칠백육십구만오천)원

1. 피해율 = (평년수확량 - 수확량 - 미보상감수량) ÷ 평년수확량
　　　　 = (13,000kg - 6,443kg - 656kg) ÷ 13,000kg
　　　　 = 45.39%

2. 수확량 = (표본구간 단위면적당 수확량 × 표본조사대상면적) + {단위면적당 평년수확량 × (타작물 및 미보상면적 + 기수확면적)}
　　　　 = (0.5616kg × 8,000m^2) + (1.3kg/m^2 × 1,500m^2)
　　　　 = 6,443kg

3. 표본구간 단위면적당 수확량 = (표본구간 수확량*환산계수) ÷ 표본구간 면적
　　　　　　　　　　　　　 = (11.232kg × 0.7) ÷ 14m^2
　　　　　　　　　　　　　 = 0.5616kg
　* 표본구간 수확량 = {표본구간 정상마늘 중량 + (80%피해마늘 중량2kg × 0.2)}
　　　　　　　　　　 × (1 + 일자별 누적비대추정지수0.8%)
　　　　　　　　　 = (10kg + 0.4kg) × 1.08 = 11.232kg
　* 일자별 누적비대추정지수 = 10일 × 0.8% = 8%

4. 표본조사 대상면적(실수타기) = 실제경작면적 - 수확불능면적 - 타작물면적 - 기수확면적
   $$= 10,000m^2 - 500m^2 - 1,000m^2 - 500m^2$$
   $$= 8,000m^2$$

5. 단위면적당 평년수확량 = 평년수확량 ÷ 가입면적
   $$= 13,000kg ÷ 10,000m^2$$
   $$= 1.3kg/m^2$$

6. 미보상감수량 = (평년수확량 - 수확량) × 미보상비율 = (13,000kg - 6,443kg) × 10% = 656kg

---

○ 피해율 = (평년수확량 - 수확량 - 미보상감수량) ÷ 평년수확량
  ▷수확량 = (표본구간 단위면적당 수확량 × 조사대상면적) + {단위면적당 평년수확량 × (타작물 및 미보상
      면적 + 기수확면적)}
    - 단위면적당 평년수확량 = 평년수확량 ÷ 실제경작면적
    - 조사대상면적 = 실제경작면적 - 고사면적 - 타작물 및 미보상면적 - 기수확면적
    - 표본구간 단위면적당 수확량 = 표본구간 수확량 합계 ÷ 표본구간 면적
      • 표본구간 수확량 합계 = 표본구간 정상 작물 중량 + (80% 피해 작물 중량 × 0.2)) × (1 + 비대추
        정 지수) × 환산계수
      • 환산계수는 마늘에 한하여 0.7(한지형), 0.72(난지형)를 적용
      • 누적비대추정지수 = 지역별 수확적기까지 잔여일수 × 일자별 비대추정지수
  ▷미보상감수량 = (평년수확량 - 수확량) × 미보상비율

57. 종합위험 수확감소보장방식 '양파' 상품에 대한 다음 자료를 이용하여 지급보험금을 구하시오(단, 표본구간 수확량과 표본구간 단위면적당 수확량은 kg단위로 소수점 이하 다섯째 자리에서 반올림하여 넷째 자리까지 구하고, 수확량과 미보상감수량은 kg단위로 소수점 첫째 자리에서 반올림하여 정수단위로, 피해율은 %단위로 소수점 셋째 자리에서 반올림하여 둘째 자리까지 구하여 계산하시오).

【계약사항 및 조사내용】

○ 계약사항

상품명	보험가입금액	가입면적	평년수확량	자기부담비율
종합위험보장 양파	2,500만원	7,000m²	70,000kg	20%

○ 조사내용

조사내용	실제경작면적	수확불능면적	기수확면적	타작물면적	미보상비율
수확량조사	7,000m²	200m²	500m²	500m²	10%
표본구간	표본구간면적	표본구간 수확량(중량)		수확적기 잔여일수	일자별 비대추정지수
7개	14m²	정상양파 50kg	80%피해양파 20kg	5일	2.2%

정답 및 해설

○ 수확감소 지급보험금 : **7,877,500(칠백팔십칠만칠천오백)원**

수확감소 보험금 = 보험가입금액 × (피해율 – 자기부담비율)
　　　　　　　 = 25,000,000(이천오백만)원 × (0.5151 – 0.2)
　　　　　　　 = 7,877,500(칠백팔십칠만칠천오백)원

1. 피해율 = (평년수확량 – 수확량 – 미보상감수량) ÷ 평년수확량
　　　　 = (70,000kg – 24,932kg – 9,014kg) ÷ 70,000kg
　　　　 = 51.51%

2. 수확량 = (표본구간 단위면적당 수확량 × 표본조사대상면적)
　　　　　 + {단위면적당 평년수확량 × (타작물면적 + 기수확면적)
　　　　 = (4.2814kg × 5,800m²) + (0.1kg/m² × (500m² + 500m²))
　　　　 = 2,832.12kg/m² + 100m²
　　　　 = 24,932kg

3. 표본구간 단위면적당 수확량 = 표본구간 수확량 ÷ 표본구간면적
　　　　　　　　　　　　　 = 59.94kg ÷ 14m²
　　　　　　　　　　　　　 = 4.2814kg/m²

* 표본구간 수확량 = (표본구간 정상양파 중량50 + 80%피해 양파중량20 × 20%) × (1+ 누적비대추정지수)

                 = (50kg + 4kg) × (1.11)

                 = **59.94kg**

* 누적비대추정지수 = 잔여일수 × 일자별비대추정지수

                  = 5일 × 0.022

                  = **0.11**

4. 표본조사대상면적(실수타미기)

   = 실제경작면적 − 수확불능면적 − 타미작물면적 − 기수확면적

   = $7,000m^2$ − $200m^2$ − $500m^2$ − $500m^2$

   = $5,800m^2$

5. 단위면적당 평년수확량 = 평년수확량 ÷ 가입면적

                       = 70,000kg ÷ $7,000m^2$

                       = $0.1kg/m^2$

6. 미보상감수량 = (평년수확량 − 수확량) × 미보상비율

               = (70,000kg − 24,932kg) × 20%

               = 9,014kg

종합위험보장 밭작물 수확감소보험금 산정방식		
보험금 = 보험가입금액×(①피해율-자기부담비율)		보험금 ; 가피자
①피해율 = (평년수확량-②수확량-③미보상감수량)÷평년수확량		피해율 : 평수미평
②수확량 = ((④표본구간 단위면적당 수확량×⑤표본조사 대상면적) **+{⑥단위면적당 평년수확량×(타작물면적+기수확면적)}**		수확량 : 단수대면+단평타기
③미보상감수량 = (평년수확량-수확량)×미보상비율		
④표본구간 단위면적당 수확량 = ⑦표본구간 수확량 ÷ 표본구간면적		
⑤표본조사 대상면적=실제경작면적-(수확불능-타미작물-기수확)면적		표본조사 대상면적 (대면) : 실수타기
⑥단위면적당 평년수확량 = 평년수확량÷가입면적		
⑦ 표본구간 수확량	마늘	=(정상마늘 중량 + 80%피해 마늘중량×20%)×(1+ 누적비대추정지수) × 환산계수
	양파	=(정상양파 중량 + 80%피해 양파중량×20%)×(1+ 누적비대추정지수)
	고구마	=정상고구마중량+(50%형고구마중량×0.5)+(80%형고구마×0.2)
	감자	= 정상감자 중량+(5cm미만, 50%형감자중량×0.5)+**병충해감자중량** * 병충해 감수량=병충해 입은 괴경무게×손해정도비율×인정비율 * 병충해괴경무게=(표본병충해감자중량÷표본구간면적) × 조사대상면적

58. 다음 감귤(온주밀감류) 조사내용에 근거하여 (1)과실손해조사 피해율과 (2)동상해조사 피해율을 구하고, (3)지급보험금을 산정하시오 (단, 보험가입금액은 20,000,000(이천만) 원, 자기부담비율은 10%이다).

○ 조사내용

구분	재해 종류	사고 일자	조사 일자	조사내용
과실 손해 조사 발아기 ~ 수확기 종료 시점	자연 재해	11월 15일	11월 16일	○ 표본주 4주의 주지별과 아주지 수확후 착과수 및 피해조사 - 착과수 : 1,000개 - 등급내 과실 : 800개 ○ 등급내 과실 착과피해구성조사 <table><tr><td>피해구분</td><td>50%</td><td>80%</td><td>100%</td><td>정상과실</td></tr><tr><td>과실수(개)</td><td>90</td><td>100</td><td>110</td><td>500</td></tr></table> - 등급외 과실 : 200개 ○ 등급외 과실 착과피해구성조사 <table><tr><td>피해구분</td><td>50%</td><td>80%</td><td>100%</td><td>정상과실</td></tr><tr><td>과실수(개)</td><td>-</td><td>-</td><td>200</td><td>-</td></tr></table> ○ 미보상비율 : 10%
동상해 조사	동상해	12월 10일	12월 11일	- 표본주 2주 동서남북 각 4가지 기수확과실수 조사 후 착과과실수를 모두 수확한 후 피해과 구분 - 기수확과실수 : 40개 - 수확기잔존비율표 적용 <table><tr><td>사고발생월</td><td colspan="2">수확기 잔존비율(%)</td></tr><tr><td>12월</td><td colspan="2">(100 − 38) - (1 ×사고 발생일자)</td></tr></table> - 동상해착과과실 착과피해구성조사 <table><tr><td>피해구분</td><td>80%</td><td>100%</td><td>정상과실</td></tr><tr><td>과실수(개)</td><td>50</td><td>30</td><td>120</td></tr></table>

총지급보험금은 = 과실손해보험금 + 동상해보험금
$$= 4,700,000원 + 4,841,200$$
$$= 9,541,200(구백오십사만천이백)원$$

1. 과실손해보험금 : **4,700,000(사백칠십만)원**
   1) 보험금 = 손해액 - 자기부담금
      $$= 6,700,000(육백칠십만)원 - 2,000,000(이백만)원$$
      $$= 4,700,000(사백칠십만)원$$
   2) 손해액 = 보험가입금액 × 피해율
      $$= 20,000,000(이천만)원 × 0.335$$
      $$= 6,700,000(육백칠십만)원$$
   * 과실손해조사 피해율 = {등급내 피해과실수 +(등급외 피해과실수) × 0.5}÷기준과실수
      $$= (235개 + 200개*0.5) ÷ 1,000개$$
      $$= 0.335$$
      - 등급내 피해과실수 = (90*0.5 + 100*0.8 + 110*1) = 235개
      - 등급외 피해과실수 = 200개
      - 기준과실수 = 착과수 = 1,000개
   * 자기부담금 = 보험가입금액 × 자기부담비율 = 2,000,000(이백만)원

2. 동상해보험금 : **4,841,200(사백팔십사만천이백)원**
   보험금 = 손해액 - 자기부담금
   $$= 4,841,200(사백팔십사만천이백)원 - 0$$
   $$= 4,841,200(사백팔십사만천이백)원$$
   1) 손해액 = {보험가입금액 - (보험가입금액 × 기사고 피해율)} × 수확기 잔존비율 × 동상해 피해율
      $$× (1 - 미보상비율)$$
      $$= \{20,000,000(이천만)원 - (20,000,000(이천만) × 0.335)\} × 0.52 × 0.70 × (1 - 0)$$
      $$= 4,841,200(사백팔십사만천이백)원$$
      ※ 기사고피해율 = 주계약피해율(미보상비율미적용값) + 이전동상해피해율
   ① 수확기잔존비율 = (100 - 38) - (1 × 사고 발생일자10일)
      $$= 52\%$$

★**<수확기잔존비율>**

사고발생월	수확기 잔존비율(%)
12월	(100 - 38) - (1 ×사고 발생일자)
1월	(100 - 68) - (0.8 ×사고 발생일자)
2월	(100 - 93) - (0.3 ×사고 발생일자)

② 동상해피해율 = (50*0.8 + 30*1) ÷ 200
   $$= 70\%$$
   ※ 동상해피해율 = {(80%형피해과 × 0.8)+(100%형피해과 × 1)} ÷ (정상과+피해과)

2) 자기부담금 = 절대값|보험가입금액 × min{(주계약피해율0.335 − 자기부담비율0.1, 0)}| = 0

- ○ 과실손해보험금 = 손해액 − 자기부담금
- ○ 손해액 = 보험가입금액 × 피해율
- ○ 자기부담금 = 보험가입금액 × 자기부담비율

- ○ 과실손해 피해율 = {(등급 내 피해과실수 + 등급 외 피해과실수 × 50%) ÷ 기준과실수} × (1 − 미보상비율)
- ○ 피해 인정 과실수 = 등급 내 피해 과실수 + 등급 외 피해과실수 × 50%
  1) 등급 내 피해 과실수 = (등급 내 30%형 과실수 합계×0.3) + (등급 내 50%형 과실수 합계×0.5)
     + (등급 내 80%형 과실수 합계×0.8) + (등급 내 100%형 과실수×1)
  2) 등급 외 피해 과실수 = (등급 외 30%형 과실수 합계×0.3) + (등급 외 50%형 과실수 합계×0.5)
     + (등급 외 80%형 과실수 합계×0.8) + (등급 외 100%형 과실수×1)

     ※ 만감류는 등급 외 피해 과실수를 피해 인정 과실수 및 과실손해 피해율에 반영하지 않음
  3) 기준과실수 : 모든 표본주의 과실수 총 합계

동상해손해보험금 = 손해액 − 자기부담금
※ 손해액 = {보험가입금액 − (보험가입금액 × 기사고피해율)} × 수확기잔존비율 × 동상해피해율 × (1−미보상비율)
※ 자기부담금 = 절대값|보험가입금액×min{(주계약피해율−자기부담비율), 0}|
※ 동상해피해율 = {(80%형피해과 × 0.8)+(100%형피해과 × 1)} ÷ (정상과+피해과)
※ 기사고피해율 = 주계약피해율(미보상비율미적용값) + 이전동상해피해율

59. 종합위험 수확감소보장방식 "마늘"품목에 대한 재파종 조사절차에 대하여 서술하시오.

【마늘 품목에 대한 재파종 조사절차정답】

1. 조사시기 :

2. 조사절차 :

---

1. 조사시기

피해사실확인조사 시 재파종조사가 필요하다고 판단된 농지에 대하여, 피해사실 확인조사 직후 또는 사고접수 직후에 실시

2. 조사절차

(1) [1차조사] 재파종 보험금 대상 여부 심사

→ 1) 보상하는 재해 여부 심사

→ 2) 실제경작면적 확인

→ 3) 재파종 보험금 지급 대상 여부 조사(재파종 전(前) 조사)

① 표본구간 수 산정 : 가입면적 규모에 따라 적정 수 즉, 조사대상 면적 규모에 따라 적정 표본구간수〈별표1〉이상의 표본구간수를 산정한다. 다만 가입면적과 실제 경작면적이 10%이상 차이가나 계약 변경 대상일 경우에는 실제 경작면적을 기준으로 표본구간을 산정한다.

> 조사대상면적 = 실제 경작면적 - 고사면적 - 타작물 및 미보상면적 - 기수확면적

② 표본구간 선정 : 선정한 표본구간수를 바탕으로 재배방법 및 품종 등을 감안하여 조사 대상 면적에 동일한 간격으로 골고루 배치될 수 있도록 즉, 대표성을 갖도록 표본구간을 선정한다.

③ 표본구간 길이 및 출현주수 조사

선정된 표본구간별로 이랑 길이 방향으로 식물체 8주(또는 1m)에 해당하는 <u>이랑 길이, 이랑 폭(고랑 포함) 및 출현주수를</u> 조사한다.

(2) [2차조사] 재파종 이행완료 여부 조사(재파종 후(後) 조사)

① 조사 대상 농지 및 조사 시기 확인 : 1차 조사에서 재파종 보험금으로 확인된 농지에 대하여 재파종이 완료된 이후 조사를 실시한다.

② 표본구간 선정 : 1차 조사와 동일한 방법으로 표본구간을 선정한다.

③ 표본구간 길이 및 파종주수 조사 : 선정된 표본구간별로 조사표본구간 이랑 길이, 이랑 폭 및 파종주수를 조사한다.

60. 차(茶)를 제외한 밭작물에 대하여 경작불능조사를 실시하고자 할 때 다음 각 질문에 대하여 올바르게 서술하시오.

    (1) 식물체 피해율 조사방법

    (2) 경작불능보험금 대상임에도 불구하고 수확량조사를 실시하는 조건

정답 및 해설

(1) 식물체 피해율 조사방법

    목측 조사를 통해 조사 대상 농지에서 보상하는 재해로 인한 식물체 피해율이 65% 이상인지(여부)를 조사한다.

    – 식물체 피해율 $= \dfrac{\text{고사식물체(수또는면적)}}{\text{보험가입식물체(수또는면적)}}$

    – 고사식물체 판정기준 : 해당 식물체의 수확가능성이다.

(2) 경작불능보험금 대상임에도 불구하고 수확량조사를 실시하는 조건

    – 식물체 피해율이 65% 이상이나 계약자가 경작불능보험금을 신청하지 않은 경우에는 향후 수확량조사가 필요한 농지로 결정한다. (콩, 팥 제외)

61. 밭작물의 수확량 조사시 대상 농지의 면적을 조사하고자 한다. 면적확인 대상에 대하여 쓰고, 그 내용을 간략하게 서술하시오.

【면적확인 대상】

1.
2.
3.
4.
5.

1. 실제경작면적 확인 : GPS 면적측정기 또는 지형도 등을 이용하여 보험가입면적과 실제경작면적을 비교한다. 이때 10%이상 차이가 날 경우에는 계약 사항을 변경한다.
2. 수확불능(고사)면적 확인 : 보상하는 재해로 인하여 해당 작물이 수확될 수 없는 면적을 확인한다.
3. 타작물 및 미보상면적 확인 : 해당 작물 외의 작물이 식재되어 있거나, 보상하는 재해 이외의 사유로 수확이 감소한 면적을 확인한다.
4. 기수확면적 확인 : 조사전에 수확이 완료된 면적을 확인한다.
5. 조사대상 면적 확인 : 실제경작면적에서 고사면적, 타작물 및 미보상 면적, 기수확면적을제외하여 조사대상 면적을 확인한다.
6. 수확면적율 확인(차(茶)품목에만 해당) : 목측을 통해 보험 가입 시 수확면적율과 실제 수확면적율을 비교한다. 이때 현저한 차이가 날 경우에는 계약사항을 변경할 수 있다.

62. 업무방법서상 아래 보기의 빈칸에 알맞은 내용을 쓰시오.

───── 보 기 ─────

양파, 마늘의 경우 지역별 수확적기보다 일찍 조사를 하는 경우, 수확적기까지의 (   )를 추정하여 조사수확량에 가산할 수 있다.

잔여일수별 비대지수

[해설]
양파, 마늘의 경우 지역별 수확 적기보다 일찍 조사를 하는 경우, 수확적기까지의 (잔여일수별 비대지수)를 추정하여 조사수확량에 가산할 수 있다.

63. 농작물재해보험 업무방법서상 다음 각 작물별 수확적기 판정기준에 대하여 약술하시오(단, 해당 작물의 비대가 종료된 시점은 생략하시오).

【각 작물별 수확적기 판정기준】

품목	수확적기 판정기준
양파	
마늘	
고구마	
감자(고랭지재배)	
감자(봄재배)	
감자(가을재배)	
옥수수	
콩	
양배추	

정답 및 해설

【각 작물(품목)별 수확량조사 적기 판정기준】

품목	수확적기 판정기준
양파	양파의 비대가 종료된 시점(식물체의 도복이 완료된 시점)
마늘	마늘 비대가 종료된 시점(잎과 줄기가 1/2~2/3 황변하여 말랐을 때와 해당 지역의 통상 수확기가 도래하였을 때)
고구마	고구마의 비대가 종료된 시점(삽식일로부터 120일 이후에 농지별로 적용)
감자(고랭지재배)	파종일로부터 110일 이후
감자(봄재배)	파종일로부터 95일 이후
감자(가을재배)	감자의 비대가 종료된 시점 (파종일로부터 제주 110일 이후, 그 외 지역 95일 이후)
옥수수	수염이 나온 후 25일 이후
콩	콩잎이 누렇게 변하여 떨어지고, 꼬투리의 80~90% 이상이 고유한 성숙(황색)색깔로 변하는 시기인 생리적 성숙기로부터 7~14일이 지난 시기
팥	꼬투리의 70~80% 이상이 성숙한 시기
양배추	결구형성이 완료된 때

64. 업무방법서상 "고구마" 품목의 표본구간별 수확량(무게조사) 조사방법에 대하여 서술하시오.

【고구마 품목의 표본구간별 수확량(무게조사) 조사방법】

(1)

(2)

(3)

표본구간 내 작물을 수확한 후 정상 고구마와 피해 고구마를 다음과 같이 구분한다.

(1) 50% 피해 고구마 : 일반시장에 출하할 때, 정상 고구마에 비해 50% 정도의 가격하락이 예상되는 품질. (단, 가공공장 공급 및 판매 여부와 무관).

(2) 80% 피해 고구마 : 일반시장에 출하가 불가능하나, 가공용으로 공급될 수 있는 품질. (단, 가공공장 공급 및 판매 여부와 무관).

(3) 100% 피해 고구마 : 일반시장 출하가 불가능하고 가공용으로 공급될 수 없는 품질

65. 다음 계약사항과 조사내용을 조건으로 종합위험[포도]의 (1)수확감소보험금과 (2)추가보장특약보험금을 산정하시오(단, 농지 내 포도나무의 품종과 수령은 동일함).

【계약사항 및 조사내용】

○ 계약사항

특약	보험가입금액	평년수확량	표준수확량	가입주수	자기부담비율
추가보장특약	25,000,000원	3,000kg	3,200kg	200주	20%

○조사내용

구분	재해종류	사고일자	조사일자	조사내용
착과수 조사	-	-	7월 25일	실제결과주수 : 200주 미보상주수 : 10주 착과수 : 8,000개 미보상비율 : 10%
과중조사 착과 피해조사	집중 호우 태풍	8월 15일	8월 30일	• 과중조사 : 평균과중 300g • 착과피해조사(표본조사) • 총 착과수 : 4,800개

낙과 피해조사				피해구분	정상	50%	80%	100%
				과실수	14	3	6	2

- 낙과피해조사(전수조사)
- 총낙과수 : 3,000개

피해구분	정상	50%	80%	100%
과실수	10	4	7	4

정답 및 해설

1. 수확감소보험금 : **5,092,500(오백구만이천오백)원**
   ① 수확감소보험금 = 보험가입금액 × (피해율 - 자기부담비율)
   　　　　　　　　 = 25,000,000(이천오백만)원 × (0.4037 - 0.2)
   　　　　　　　　 = 5,092,500(오백구만이천오백)원
   ② 피해율 = (평년수확량 - 수확량 - 미보상감수량) ÷ 평년수확량
   　　　　　 = (3,000kg - 1,654kg - 135kg) ÷ 3,000kg = 40.37%
   ③ 수확량 = 착과량 - 사고당 감수량의 합(착과감수량 + 낙과감수량)
   　　　　　 = 2,550kg - (478kg + 418kg) = 1,654kg

   > ※ 품종별 개당 과중이 모두 있는 경우
   > 수확량 = 착과량 - 사고당 감수량의 합

   ④ 착과량 = (착과수 × 개당과중) + (주당 평년수확량 × 미보상주수)
   　　　　　 = (8,000개 × 0.3kg) + (15kg × 10주) = 2,400kg + 150kg = 2,550kg
   　* 주당 평년수확량 = 평년수확량 ÷ 실제결과주수 = 3,000kg ÷ 200개 = 15kg
   ⑤ 감수량 = 착과감수량 + 낙과감수량 + 고사주수 감수량
   　* 착과감수량 = 착과수 × 개당과중 × 착과피해구성률 = 4,800kg × 0.3kg × 0.332 = 478kg
   　* 착과피해구성률 = (50%*3개 + 80%*6개 + 100%*2개) ÷ 총과실수(25개)
   　　　　　　　　　 = (1.5 + 4.8 + 2) ÷ 25
   　　　　　　　　　 = 0.332
   　* 낙과감수량 = 낙과수 × 개당과중 × 낙과피해구성률 = 3,000kg × 0.3kg × 0.464 = 418kg
   　* 낙과피해구성률 = (50%*4 + 80%*7 + 100%*4) ÷ 총과실수(25개) = (2 + 5.6 + 4) ÷ 25 = 0.464
   ⑥ 미보상감수량 = (평년수확량 - 수확량) × 미보상비율 = (3,000kg - 1,654kg) × 0.1 = 135kg

2. 추가보장보험금 : **1,009,250(백만구천이백오십)원**
   = 보험가입금액 × 피해율 × 10%
   = 25,000,000(이천오백만)원 × 0.4037 × 0.1
   = 1,009,250(백만구천이백오십)원

66. 종합위험 수확감소보장방식 복숭아(1품종, 동일수령)에 대한 다음 계약사항과 조사내용을 조건으로 (1)수확감소보험금, (2)추가보장특약보험금 및 (3)나무손해보장보험금을 구하시오(단, 착과감수량과 낙과감수량은 정수단위로, 피해율은 소수점 셋째 자리에서 반올림하여 둘째 자리까지 다음 예시 : 피해율 0.12345 → 12.35%와 같이 구하시오)

【계약사항 및 조사내용】

○ 계약사항

특약	보험가입금액	평년수확량	표준수확량	실제결과주수	자기부담비율
추가보장특약 나무손해보장	15,000,000원	7,400kg	7,200kg	370주	10%

○조사내용

구분	재해종류	사고일자	조사일자	조사내용
착과수 조사	-	-	7월 28일	미보상주수 : 10주 고사나무주수 : 10주 착과수 : 20,000개 미보상비율 : 10%
과중조사 착과피해 조사 낙과피해 조사	집중호우 태풍	8월 15일	8월 30일	• 과중조사 : 평균과중 300g • 착과피해조사(표본조사) • 총 착과수 : 19,250개(주당착과수 55개) {표1} • 낙과피해조사(표본조사) • 총 낙과수 : 2,380개(주당낙과수 7개) {표2} • 고사주수 : 30주(금차고사주수 20주)

{표1}

피해구분	정상	50%	80%	100%	보장 병충해
과실수	32	10	10	2	6

{표2}

피해구분	정상	50%	80%	100%	보장 병충해
과실수	16	24	10	4	6

(1) 수확감소보험금 :

(2) 추가보장특약보험금 :

(3) 나무손해보장보험금 :

정답 및 해설

(1) 수확감소보험금 : **4,965,000(사백구십육만오천)원**

 ① 수확감소보험금 = 보험가입금액 × (피해율 − 자기부담비율)

           = 15,000,000(천오백만)원 × (0.441 − 0.1)

           = 4,965,000(사백구십육만오천)원

 ② 피해율 = (평년수확량 − 수확량 − 미보상감수량) ÷ 평균수확량

      = (7,400kg − 3,773kg − 363kg) ÷ 7,400kg

      = 44.1%

 ③ 수확량 = 착과량 − 사고당 감수량의 합 = 6,200kg − 2,427kg = 3,773kg

> ※ 품종별 개당 과중이 모두 있는 경우
> 수확량 = 착과량 − 사고당 감수량의 합

 ④ 착과량 = (착과수 × 개당과중) + (주당 평년수확량 × 미보상주수)

      = (20,000개 × 0.3kg) + (20kg × 10주)

      = 6,200kg

 * 주당 평년수확량 = 평년수확량 ÷ 실제결과주수 = 7,400kg ÷ 370개 = 20kg

 ⑤ 감수량 = 착과감수량 + 낙과감수량 + 병충해감수량 + 금차 고사주수 감수량

      = 1,444kg + 286kg + 325kg + 372kg

      = 2,427kg

 * 착과감수량 = 총착과수 × 개당과중 × 착과피해구성률 = 19,250개 × 0.3kg × 0.25 = 1,444kg

 * 착과피해구성률 = (10 + 10 + 5) ÷ 60 = 25%

 * 낙/과감수량 = 낙과수 × 개당과중 × 낙과피해구성률 = 2,380kg × 0.3kg × 0.4 = 286kg

 * 낙과피해구성률 = (4 + 8 + 12) ÷ 60 = 40%

 * 병충해 착과 · 낙과감수량 = (병충해착과과실수 × 개당과중 × 0.5)+(병충해낙과과실수 × 개당과중 × 0.5)

            = (1,925개 × 0.3kg × 0.5) + (238개 × 0.3kg × 0.5)

            = 289+36

            = 325kg

  ※ 병충해착과과실수 = 착과과실수 × (병충해착과표본수 ÷ 표본과실수)

           = 19,250개 × (6 ÷ 60)

           = 1,925개

  ※ 병충해낙과과실수 = 낙과과실수 × (병충해낙과표본수 ÷ 표본과실수)

           = 2,380개 × (6 ÷ 60)

           = 238개

 * 금차 고사주수 감수량 = 금차고사주수 × (주당착과수 + 주당낙과수) × 개당과중

           = 20주 × (55개 + 7개) × 0.3kg

           = 372kg

 ⑥ 미보상감수량 = (평년수확량 − 수확량) × 미보상비율 = (7,400kg − 3,773kg) × 0.1 = 363kg

(2) 추가보장보험금 : **661,500(육십육만천오백)원**

 = 보험가입금액 × 피해율 × 10% = 15,000,000(천오백만)원 × 0.441 × 0.1 = 661,500(육십육만천오백)원

(3) 나무손해보험금 : **465,000(사십육만오천)원**

 = 보험가입금액 × (피해율 − 자기부담비율) = 15,000,000(천오백만)원 × (0.081 − 0.05) = 465,000(사십육만오천)원

 * 피해율 = 30 ÷ 370 = 8.1%

67. 종합위험 수확감소보장방식 밤(1품종, 동일수령)에 대한 다음 계약사항과 조사내용을 조건으로 수확감소보험금을 구하시오(단, 수확량, 착과감수량과 낙과감수량은 정수단위로, 피해율은 소수점 셋째 자리에서 반올림하여 둘째 자리까지 다음 예시 : 피해율 0.12345 → 12.35%와 같이 구하시오).

【계약사항 및 조사내용】
○ 계약사항

특약	보험가입금액	평년수확량	표준수확량	실제결과 주수	자기부담비율
없음	20,000,000원	14,000kg	14,200kg	550주	20%

○조사내용

구분	재해종류	사고일자	조사일자	조사내용
수확직전 수확량 조사	태풍	9월 13일	9월 14일	- 미보상주수 10주 • 과중조사 : 60개 	구분	과립지름30mm이하	과립지름30mm초과
무게	10개 500g	50개 3,200g	 • 착과피해조사(표본조사) • 표본주 착과수 합계 : 4,500개(표본주 12주) 	피해구분	정상	50%	80%	100%
과실수	40	20	10	30 | • 낙과피해조사(전수조사) • 총 낙과수 : 27,000개 | 피해구분	정상	50%	80%	100%
과실수	20	40	10	30 | - 미보상비율 : 10%

정답 및 해설

(1) 수확감소보험금 : **4,682,000(사백육십팔만이천)원**

수확감소보험금 = 보험가입금액 × (피해율 − 자기부담비율) = 20,000,000원 × (0.4341 − 0.2)

= 4,682,000(사백육십팔만이천)원

* 피해율 = (평년수확량 − 수확량 − 미보상감수량) ÷ 평년수확량

= (14,000kg − 7,248kg − 675kg) ÷ 14,000kg

= 43.41%

* 수확량(품종별) = [{조사대상 주수 × 주당 착과수 × (1 − 착과피해구성률)} × 과중] + [{조사대상 주수
× 주당 낙과수 × (1 − 낙과피해구성률)} × 과중] + (주당 평년수확량 × 미보상주수)

= [{540주 × 375개 × (1 − 0.48)} × 0.06kg] + [{540주 × 50개 × (1 − 0.58)} × 0.06kg]
+ (25kg × 10주)

= 6,318kg + 680kg + 250kg

= 7,248kg

* (품종별)주당 평년수확량 = 평년수확량 ÷ 실제결과주수 = 14,000kg ÷ 550주 = 25kg
* 품종별조사대상주수 = 품종별(실제결과주수 − 미보상주수 − 고사나무주수) = 품종별(550주 − 10주 − 0) = 540주
* 품종별 주당착과수 = 품종별 표본주의 착과수 ÷ 품종별 표본주수 = 4,500개 ÷ 12주 = 375개
* 품종별 주당낙과수(전수조사) = 품종별(낙과수 ÷ 조사대상 주수) = 품종별(27,000개 ÷ 540주) = 50개
* 착과피해구성률 = {(20*0.5) + (10*0.8) + (30*1)} ÷ 100 = 48%
* 낙과피해구성률 = {(40*0.5) + (10*0.8) + (30*1)} ÷ 100 = 58%
* 과중조사 = 품종별{정상과실무게 + (소과무게 × 0.8)} ÷ 표본과실수

= 품종별{3,200kg + (500kg × 0.8)} ÷ 60개

= 60g
* 미보상감수량 = (평년수확량 − 수확량) × 미보상비율 = (14,000kg − 7,248kg) × 0.1 = 675kg

68. 수확감소보장방식 벼 품목에 관한 다음 계약사항과 조사내용을 근거로 (1) 수량요소보험금
(2) 표본조사보험금 (3) 전수조사보험금을 각각 구하시오(단, 유효중량은 g단위로, 수확량
및 미보상감수량은 소수점 첫째자리에서 반올림, 피해율은 %단위로 소수점 셋째자리에서
반올림 할 것).

(1) 수량요소보험금 :

【계약사항 및 조사내용】
○ 계약사항

보험가입금액	가입면적	품종	자기부담비율	표준수확량	평년수확량
400만원	2,500m²	메벼	20%	1,500kg	1,815kg

1) 수량요소조사
○ 조사내용

재해	조사수확비율	피해면적	미보상비율
자연재해	65%	625m²	10%

(2) 표본조사보험금 :

○ 조사내용
각 표본구간별 거리 및 간격은 모두 동일함

면적조사		표본구간조사			표본구간 중량합계	함수율	미보상 비율
고사면적	기수확 면적	4포기 거리	줄간격	표본구간수			
100m²	100m²	0.8m	0.3m	4	534g	18%	10%

※ 각 표본구간별 거리 및 간격은 모두 동일함

(3) 전수조사보험금 :

【전수조사】

면적조사			작물중량 합계	함수율	미보상비율
고사면적	기수확면적	타작물 및 미보상면적			
800m²	100m²	100m²	163kg	20%	10%

정답 및 해설

(1) 수량요소보험금 : **672,000(육십칠만이천)원**

= 보험가입금액 × (피해율 − 자기부담비율) = 4,000,000(사백만)원 × (0.368 − 0.2) = 672,000(육십칠만이천)원

* 피해율 = (보장수확량(평년수확량) − 수확량 − 미보상감수량) ÷ 보장수확량(평년수확량)

= (1,815kg − 1,073kg − 74kg) ÷ 1,815kg

= 36.8%

* 수확량 = 표준수확량 × 조사수확비율 × 피해면적보정계수 = 1,500kg × 0.65 × 1.1 = 1,073kg

* 피해면적보정계수 = 1.1

피해정도	피해면적비율	보정계수
매우경미	10% 미만	1.2
경미	10% 이상 30% 미만	1.1
보통	30% 이상	1

* 피해면적비율 = 피해면적 ÷ 가입면적 = 625m² ÷ 2,500m² = 25%

* 미보상감수량 = (보장수확량 − 수확량) × 미보상비율 = (1,815kg − 1,073kg)× 0.1 = 74kg

(2) 표본조사보험금 : **378,000(삼십칠만팔천)원**

표본조사보험금 = 보험가입금액 × (피해율 − 자기부담비율)

= 4,000,000(사백만)원 × (0.2945 − 0.2)

= 378,000(삼십칠만팔천)원

* 피해율 = (평년수확량 − 수확량 − 미보상감수량) ÷ 평년수확량

= (1,815kg − 1,221kg − 59.4kg) ÷ 1,815kg

= 29.45%

* 수확량 = (표본구간단위면적당 유효중량 × 표본조사대상면적) + (단위면적당보장수확량 × 타작물면적, 미보상
면적, 기수확면적)

= (0.499kg × 2,300m²)+ (0.73kg × 100m²)

= 1,221kg

* 표본구간유효중량 = 표본구간 작물중량합계 × (1−Loss율) × {(1 − 함수율) ÷ (1 − 기준함수율)

= 534 × (1− 0.07) × {(1 − 0.18) ÷ (1 − 0.15)}

= 479g

* 표본구간단위면적당 유효중량 = 표본구간유효중량 ÷ 표본구간면적

= 479kg ÷ 0.96m² = 499g

* 표본조사대상면적 = 실제경작면적 − 고사면적 − 타작물 및 미보상면적 − 기수확면적

= 2,500m² − 100m² − 100m²

= 2,300m²

* 단위면적당 평년수확량 = 평년수확량 ÷ 실제경작면적

= 1,815kg ÷ 2,500m²

= 0.73g

* 미보상감수량 = (평년수확량 − 수확량) × 미보상비율 = (1,815kg − 1,221kg) × 0.1 = 59.4kg

(3) 전수조사보험금 : **2,206,000(이백이십만육천)원**

전수조사 보험금 = 보험가입금액 × (피해율 − 자기부담비율)

= 4,000,000(사백만)원 × (0.7515 − 0.2)

= 2,206,000(이백이십만육천)원

* 피해율 = (평년수확량 − 수확량 − 미보상감수량) ÷ 평년수확량

    = (1,815kg − 299kg − 152kg) ÷ 1,815kg

    = 75.15%

* 수확량 = 조사대상면적 수확량 + (단위면적당 보장수확량 × 타작물재배면적 수확량, 미보상재배면적 수확량,
    기수확량)

    = 153kg + (0.73kg × 200kg)

    = 299kg

* 조사대상면적 수확량 = 작물중량 × {(1 − 함수율) ÷ (1 − 기준함수율)}

                    = 163kg ×(1 − 0.2) ÷ (1 − 0.15)

                    = 153kg

* 단위면적당 평년수확량 = 평년수확량 ÷ 실제경작면적

                    = 1,815kg ÷ 2,500m^2

                    = 0.73kg

* 미보상감수량 = (평년수확량 − 수확량) × 미보상비율

            = (1,815kg − 299kg) × 0.1

            = 152kg

농작물재해보험 및
가축재해보험 손해평가의
이론과 실무

제 3 장

가축재해보험
손해평가

제3장 | 가축재해보험 손해평가

제1절 | 손해의 평가

1. 의의

가축재해보험에서 보험사고로 인한 보험금의 산정은 손해발생 사실을 확인하는 과정 이후 손해액과 보험가액의 평가가 이루어지고 확정된 손해액 및 보험가액을 기준으로 피보험자에게 지급되어야 하는 보험금을 산정하게 되는데 보험계약자 등의 사고 접수로 시작되는 손해평가에서 손해발생 사실의 확인 후 손해의 조사를 통하여 손해액을 확정하게 되는 과정은 손해평가에서 가장 중요한 과정으로 축종별로 손해액을 확정하는 다양한 방식이 있을 수 있으나 가축재해보험약관에서는 축종별로 손해액을 확정하는 방식을 별도로 규정하고 있으며 손해액 평가와 관련하여 보험계약자, 피보험자에게 다양한 의무를 부여하고 있다.

2. 보험계약자 등의 의무

(1) 계약 전 알릴 의무

계약자, 피보험자 또는 이들의 대리인은 보험계약을 청약할 때 청약서에서 질문한 사항에 대하여 알고 있는 사실을 반드시 사실대로 알려야 할 의무이다.

보험계약자 또는 피보험자가 고의 또는 중대한 과실로 계약 전 알릴 의무를 이행하지 않은 경우에 보험자는 그 사실을 안 날로부터 1월 내에, 계약을 체결한 날로부터 3년 내에 한하여 계약을 해지할 수 있다. 그러나 보험자가 계약 당시에 그 사실을 알았거나 중대한 과실로 인하여 알지 못한 때에는 그러하지 아니하다.

(2) 계약 후 알릴 의무

가축재해보험에서는 계약을 맺은 후 보험의 목적에 다음과 같은 사실이 생긴 경우에 계약자나 피보험자는 지체 없이 서면으로 보험자에게 알려야 할 의무로 재해보험사업자는 계약

후 알릴 의무의 통지를 받은 때에 위험이 감소된 경우에는 그 차액보험료를 돌려주고, 위험이 증가된 경우에는 통지를 받은 날부터 1개월 이내에 보험료의 증액을 청구하거나 계약을 해지할 수 있으며 보험계약자 또는 피보험자가 보험기간 중에 계약 후 알릴 의무를 위반한 경우에 보험자는 그 사실을 안 날로부터 1월 내에 계약을 해지할 수 있다.

가축재해보험에서는 모든 부문 축종에 적용되는 계약 후 알릴 의무와 특정 부분의 가축에게만 추가로 적용되는 계약 후 알릴 의무가 있다.

1) 계약 후 알릴 의무

① 이 계약에서 보장하는 위험과 동일한 위험을 보장하는 계약을 다른 보험자와 체결하고자 할 때 또는 이와 같은 계약이 있음을 알았을 때

② 양도할 때

③ 보험목적 또는 보험목적 수용장소로부터 반경 10km 이내 지역에서 가축전염병 발생(전염병으로 의심되는 질환 포함) 또는 원인 모를 질병으로 집단폐사가 이루어진 경우

④ 보험의 목적 또는 보험의 목적을 수용하는 건물의 구조를 변경, 개축, 증축하거나 계속하여 15일 이상 수선할 때

⑤ 보험의 목적 또는 보험의 목적을 수용하는 건물의 용도를 변경함으로써 위험이 변경되는 경우

⑥ 보험의 목적 또는 보험의 목적이 들어있는 건물을 계속하여 30일 이상 비워두거나 휴업하는 경우

⑦ 다른 곳으로 옮길 때

⑧ 도난 또는 행방불명 되었을 때

⑨ 의외의 재난이나 위험에 의해 구할 수 없는 상태에 빠졌을 때

⑩ 개체 수가 증가되거나 감소되었을 때

⑪ 위험이 뚜렷이 변경되거나 변경되었음을 알았을 때

2) 부문별 계약 후 알릴 의무

① 소 부문

㉠ 개체 표시가 떨어지거나 오손, 훼손, 멸실되어 새로운 개체 표시를 부착하는 경우

㉡ 거세, 제각, 단미 등 외과적 수술을 할 경우

㉢ 품평회, 경진회, 박람회, 소싸움대회, 소등 타기 대회 등에 출전할 경우

② 말 부문

㉠ 외과적 수술을 하여야 할 경우

㉡ 5일 이내에 폐사가 예상되는 큰 부상을 입을 경우

㉢ 거세, 단미(斷尾) 등 외과적 수술을 할 경우

ⓔ 품평회, 경진회, 박람회 등에 출전할 경우
　③ 종모우 부문
　　　㉠ 개체 표시가 떨어지거나 오손, 훼손, 멸실된 경우
　　　㉡ 거세, 제각, 단미 등 외과적 수술을 할 경우
　　　㉢ 품평회, 경진회, 박람회, 소싸움대회, 소등 타기 대회 등에 출전할 경우

(3) 보험사고 발생 통지의무

　보험계약자 등의 보험사고 발생의 통지의무는 법정 의무로 상법에서는 "보험계약자 또는 피보험자나 보험수익자는 보험사고의 발생을 안 때는 지체 없이 보험자에게 그 통지를 발송해야 한다(상법 제657조 제1항)"라는 내용으로 법률로서 규정하고 있으며 이러한 보험사고 발생 통지의무는 보험자의 신속한 사고조사를 통하여 손해의 확대를 방지하고 사고원인 등을 명확히 규명하기 위하여 법으로 인정하고 있는 의무인 동시에 약관상 의무이며, 보험계약자 등이 정당한 이유 없이 의무를 이행하지 않은 경우에는 그로 인하여 확대된 손해 또는 회복 가능한 손해는 재해보험사업자가 보상할 책임이 없다.

(4) 손해방지의무

　손해방지의무는 보험사고가 발생하였을 때 보험계약자와 피보험자가 손해발생을 방지 또는 경감 하는데 적극적으로 노력해야 하는 의무로 "보험계약자와 피보험자는 손해의 방지와 경감을 위하여 노력하여야 한다. 그러나 이를 위하여 필요 또는 유익하였던 비용과 보상액이 보험금액을 초과한 경우라도 보험자가 이를 부담한다(상법 680조)"라는 내용의 법정 의무인 동시에 약관상 의무이기도 하다.

　계약자 또는 피보험자가 고의 또는 중대한 과실로 손해방지의무를 게을리한 때에는 방지 또는 경감할 수 있었을 것으로 밝혀진 손해를 손해액에서 공제한다.

(5) 보험목적관리의무

　가축재해보험에서는 보험의 목적이 사람의 지속적인 관리가 필요한 생명체라는 특수성 때문에 계약자 또는 피보험자에게 보험의 목적에 대한 관리의무를 아래와 같이 부여하고 있으며 만약 계약자 또는 피보험자가 보험목적 관리의무를 고의 또는 중대한 과실로 게을리한 때에는 방지 또는 경감할 수 있었을 것으로 밝혀진 손해를 손해액에서 공제하며, 재해보험사업자는 계약자 또는 피보험자에 대하여 아래의 조치를 요구하거나 또는 계약자를 대신하여 그 조치를 취할 수 있다.

　1) 계약자 또는 피보험자는 보험목적을 사육, 관리, 보호함에 있어서 그 보험목적이 본래의 습성을 유지하면서 정상적으로 살 수 있도록 할 것

2) 계약자 또는 피보험자는 보험목적에 대하여 적합한 사료의 급여와 급수, 운동, 휴식, 수면 등이 보장되도록 적정한 사육관리를 할 것

3) 계약자 또는 피보험자는 보험목적에 대하여 예방접종, 정기검진, 기생충구제 등을 실시할 것

4) 계약자 또는 피보험자는 보험목적이 질병에 걸리거나 부상을 당한 경우 신속하게 치료하고 필요한 조치를 취할 것

가축재해보험 약관에서는 보험목적의 수용장소와 사용과 관련해서도 다음과 같이 보험계약자 또는 피보험자의 보험목적의 관리의무를 규정하고 있으며, 의무를 이행하지 않는 경우 재해보험사업자는 그 사실을 안 날부터 1개월 이내에 계약을 해지할 수 있는 해지권을 보험자에게 부여하고 있다.

1) 보험목적은 보험기간동안 언제나 보험증권에 기재된 지역 내에 있어야 한다.
   다만, 계약자가 재해 발생 등으로 불가피하게 보험목적의 수용장소를 변경한 경우와 재해보험사업자의 승낙을 얻은 경우에는 그러하지 않는다.

2) 보험목적을 양도 또는 매각하기 위해 보험목적의 수용장소가 변경된 이후 다시 본래의 사육장소로 되돌아온 경우에는 가축이 수용장소에 도착한 때 원상복귀 되는 것으로 한다.

3) 보험목적은 보험기간동안 언제나 보험증권에 기재된 목적으로만 사용되어야 한다. 다만, 재해보험사업자의 승낙을 얻은 경우에는 그러하지 않는다.

3. 보험목적의 조사

가축재해보험의 손해평가에서 피해 사실을 확인하고 손해액 및 보험가액을 평가하기 위해서는 재해보험사업자 또는 재해보험사업자에게 위탁을 받은 손해평가사의 보험목적에 발생한 손해에 대한 실질적이고 구체적인 조사는 손해평가 과정에서 필수적인 부분이므로 약관에서는 이러한 보험목적에 대한 조사를 원만히 수행할 수 있도록 다음과 같은 재해보험사업자의 권한을 규정하고 있다.

1) 보험의 목적에 대한 위험상태를 조사하기 위하여 보험기간 중 언제든지 보험의 목적 또는 이들이 들어 있는 건물이나 구내를 조사할 수 있다.

2) 손해의 사실을 확인하기 어려운 경우에는 계약자 또는 피보험자에게 필요한 증거자료의 제출을 요청할 수 있다 이 경우 재해보험사업자는 손해를 확인할 수 있는 경우에 한하여 보상한다.

3) 보험사고의 통지를 받은 때에는 사고가 생긴 건물 또는 그 구내와 거기에 들어있는 피보
험자의 소유물을 조사할 수 있다.

4. 손해액의 산정

보험사고로 인하여 보험의 목적에 손해가 발생한 경우에 그 손해액의 산정은 손해보험의
기본 원칙인 이득금지 원칙에 상응하는 공정성이 필요하기 때문에 법률과 약관에서는 통상의
경우 손해액은 그 손해가 생긴 때와 곳의 가액에 의하여 산정하도록 규정하고 있으며 가축재
해보험에서 손해액의 산정도 그 손해가 생긴 때와 곳에서 약관의 각 부문별 제 규정에 별도로
정한 방법으로 산정한다고 규정하고 있으므로 각 부문별로 손해액 산정 방식을 살펴보면 다
음과 같다.

> 상법 제676조(손해액의 산정기준) ①보험자가 보상할 손해액은 그 손해가 발생한 때와 곳의 가
> 액에 의하여 산정한다. 그러나 당사자 간에 다른 약정이 있는 때에는 그 신품가액에 의하여 손
> 해액을 산정할 수 있다.
> ②제1항의 손해액의 산정에 관한 비용은 보험자의 부담으로 한다.

(1) 소 부문

1) 손해액 산정

① 가축재해보험 소 부문에서 손해액은 손해가 생긴 때를 기준으로 아래의 축종별 보험
가액 산정 방법에 따라서 산정한 보험가액으로 한다.
② 다만 고기, 가죽 등 이용물 처분액 및 보상금 등이 있는 경우에는 보험가액에서 이를
차감한 금액을 손해액으로 하고 이용물 처분액의 계산은 도축장 발행 정산서 자료가
있는 경우와 없는 경우로 분리하여 다음과 같이 계산한다.

이용물 처분액 산정	
도축장발행 정산자료인 경우	도축장발행 정산자료의 지육금액 × 75%
도축장발행 정산자료가 아닌 경우	중량 × 지육가격 × 75%

※ 중량 : 도축장발행 사고소의 도체(지육)중량
※ 지육가격 : 축산물품질평가원에서 고시하는 사고일 기준 사고소의 등급에 해당 하는 전국평균가격(원/kg)

③ 실무적으로 도축장발행 정산서가 없는 경우는 통상 축산물이력제에서 해당 소의 이
력번호로 조회하여 도체중, 육질등급에서 확인되는 도체중량과 등급을 적용한다.
④ 폐사의 경우는 보험목적의 전부손해에 해당하고 사고 시점에서 보험목적에 발생할
수 있는 최대 손해액이 보험가액이므로 보험가액이 손해액이 되며 긴급도축의 경우

는 보험목적인 소의 도축의 결과로 얻어지는 고기, 가죽 등에 대한 수익을 이용물처 분액이라고 하며 이러한 이용물처분액을 보험가액에서 공제한 금액이 손해액이 되고 이용물 처리에 소요되는 제반 비용은 피보험자의 부담을 원칙으로 한다.

⑤ 소(한우, 젖소, 육우)의 보험가액 산정은 월령을 기준으로 산정하게 되며 월령은 폐사 는 폐사 시점, 긴급도축은 긴급도축 시점의 월령을 만(滿)으로 계산하고 월 미만의 일수는 무시하고, 다만 사고 발생일까지가 1개월 이하인 경우는 1개월로 한다.

2) 한우(암컷, 수컷-거세우 포함) 보험가액 산정

한우의 보험가액 산정은 월령을 기준으로 **6개월령 이하**와 **7개월령 이상**으로 **구분하여** 다음과 같이 산정한다.

월령	보험가액
6개월 이하	「농협축산정보센터」에 등재된 전전월 전국산지평균 송아지 가격
7개월 이상	체중 × kg당 금액

① 연령(월령)이 1개월 이상 6개월 이하인 경우

- 보험가액 = 「농협축산정보센터」에 등재된 전전월 전국산지평균 송아지 가격
  (연령(월령) 2개월 미만 (질병사고는 3개월 미만)일때는 50%)

※ 적용연령(월령)이 질병사고는 3개월 미만, 질병 이외 사고는 2개월 미만인 경우는 보험사고 「농협축산정보센터」에 등재된 전전월 전국산지평균 송아지 가격의 50%를 보험가액으로 한다.

※ 「농협축산정보센터」에 등재된 송아지 가격이 없는 경우

㉠ 연령(월령)이 1개월 이상 3개월 이하인 경우

- 보험가액 = 「농협축산정보센터」에 등재된 전전월 전국산지평균가격 4~5월령 송아 지 가격

※ (단, 연령(월령)이 2개월 미만(질병사고는 3개월 미만)일때는 50% 적용).

※ 「농협축산정보센터」에 등재된 4~5월령 송아지 가격이 없는 경우

- 아래 ㉡의 4~5월령 송아지 가격을 적용

㉡ 연령(월령)이 4개월 이상 5개월 이하인 경우

- 보험가액 = 「농협축산정보센터」에 등재된 전전월 전국산지평균가격 6~7월령 송아 지 가격의 암송아지는 85%, 수송아지는 80% 적용

② 연령(월령)이 7개월 이상인 경우

> • 보험가액 = ①(체중) × ②(kg당 금액)

㉠ 체중은 약관에서 정하고 있는 월령별 "발육표준표"에서 정한 사고소의 연령(월령)에 해당하는 체중을 적용한다.

㉡ kg당 금액은 「산지가격 적용범위표」에서 사고소의 축종별, 성별, 월령에 해당되는 「농협축산정보센터」에 등록된 사고 전전월 전국산지평균가격을 그 체중으로 나누어 구한다.

<산지가격 적용범위표>

구분		수컷	암컷
한우	성별 350kg 해당 전국 산지평균가격 및 성별 600kg 해당 전국 산지평균 가격 중 kg당 가격이 높은 금액	생후 7개월 이상	생후 7개월 이상
육우	젖소 수컷 500kg 해당 전국 산지평균 가격	생후 3개월 이상	생후 3개월 이상

㉢ 한우수컷 월령이 25개월을 초과한 경우에는 655kg으로, 한우 암컷 월령이 40개월을 초과한 경우에는 470kg으로 인정한다.

㉣ 월령별 보험가액이 위 가)의 송아지 가격보다 낮은 경우 위 가)의 송아지 가격을 적용한다.

발육표준표

한우 수컷 (거세우 포함)		한우 암컷				육 우	
월령	체중(kg)	월령	체중(kg)	월령	체중(kg)	월령	체중(kg)
2	–	2	–	26	385	2	–
3	–	3	–	27	390	3	210
4	–	4	–	28	400	4	220
5	–	5	–	29	410	5	230
6	–	6	–	30	420	6	240
7	230	7	230	31	425	7	250
8	240	8	240	32	430	8	270
9	250	9	250	33	435	9	290
10	260	10	260	34	440	10	310
11	295	11	270	35	445	11	330
12	325	12	280	36	450	12	350
13	360	13	290	37	455	13	370
14	390	14	300	38	460	14	390
15	420	15	305	39	465	15	410
16	450	16	310	40	470	16	430
17	480	17	315			17	450
18	505	18	320			18	470
19	530	19	325			19	490
20	555	20	330			20	500
21	580	21	340			21	520
22	600	22	350			22	540
23	620	23	360			23	560
24	640	24	370			24	580
25	655	25	380			25	600

3) 젖소(암컷) 보험가액 산정

젖소의 보험가액 산정은 월령을 기준으로 보험사고 「농협축산정보센터」에 등재된 전전월 전국산지평균가격을 기준으로 9단계로 구분하여 다음과 같이 산정한다.

월령	보험가액
1개월~7개월	분유떼기 암컷 가격(연령(월령)이 2개월미만(질병사고는 3개월 미만)일때는 50% 적용)
8개월~12개월	분유떼기 암컷가격 + ((수정단계가격 - 분유떼기암컷가격) ÷ 6 × (사고월령 - 7개월)
13개월~18개월	수정단계가격
19개월~23개월	수정단계가격 + (초산우가격 - 수정단계가격) ÷ 6 × (사고월령 - 18개월)
24개월~31개월	초산우가격
32개월~39개월	초산우가격 + (다산우가격 - 초산우가격) ÷ 9 × (사고월령 - 31개월)

40개월~55개월	다산우가격
56개월~66개월	다산우가격 + (노산우가격 − 다산우가격) ÷ 12 × (사고월령 − 55개월)
67개월 이상	노산우가격

4) 육우 보험가액 산정

육우의 보험가액 산정은 월령을 기준으로 **2개월령 이하**와 **3개월령 이상으로 구분**하여 다음과 같이 **산정**한다.

월령	보험가액
2개월 이하	「농협축산정보센터」에 등재된 전전월 전국산지평균 분유떼기 젖소 수컷 가격 (당, 연령(월령)이 2개월 미만(질병사고는 3개월 미만)일때는 50% 적용)
3개월 이상	체중 × kg당 금액

① 사고 시점에서 산정한 월령별 보험가액이 사고 시점의 분유떼기 젖소 수컷 가격보다 낮은 경우는 분유떼기 젖소 수컷 가격을 적용한다.

② 체중은 약관에서 확정하여 정하고 있는 월령별 "발육표준표"에서 정한 사고소(牛)의 월령에 해당 되는 체중을 적용한다. 다만 육우 월령이 25개월을 초과한 경우에는 600kg으로 인정한다.

③ kg당 금액은 보험사고 「농협축산정보센터」에 등재된 전전월 젖소 수컷 500kg 해당 전국 산지평균가격을 그 체중으로 나누어 구한다. 단, 전국산지평균가격이 없는 경우에는 「농협축산정보센터」에 등재된 전전월 전국도매시장 지육평균 가격에 지육율 58%를 곱한 가액을 kg당 금액으로 한다.

> **【지육율】**
> 지육율은 도체율이라고도 하며 도체중의 생체중에 대한 비율이며, 생체중은 살아있는 생물의 무게이고 도체중은 생체에서 두부, 내장, 족 및 가죽 등 부분을 제외한 무게를 의미한다.

(2) 돼지 부문

1) 손해액 산정

① 가축재해보험 돼지 부문에서 손해액은 손해가 생긴 때를 기준으로 아래의 보험가액 산정 방법에 따라서 산정한 보험가액으로 한다.

② 다만 고기, 가죽 등 이용물 처분액 및 보상금 등이 있는 경우에는 보험가액에서 이를 차감한 금액을 손해액으로 한다.

㉠ 피보험자가 이용물을 처리할 때에는 반드시 재해보험사업자의 입회하에 처리하여야 하며 재해보험사업자의 입회 없이 이용물을 임의 처분한 경우에는 재해보험사업자가 인정 평가하여 손해액을 차감한다.

㉡ 이용물 처리에 소요되는 제반 비용은 피보험자의 부담을 원칙으로 하며 보험가액 산정 시 보험목적물이 임신 상태인 경우는 임신하지 않은 것으로 간주하여 평가한다.

2) 종모돈의 보험가액 산정

종모돈은 종빈돈의 평가 방법에 따라 계산한 금액의 20%를 가산한 금액을 보험가액으로 한다.

3) 종빈돈의 보험가액 산정

① 종빈돈의 보험가액은 재해보험사업자가 정하는 전국 도매시장 비육돈 평균지육단가 (탕박)에 의하여 아래 표의 비육돈 지육단가 범위에 해당하는 종빈돈 가격으로 한다.

② 다만, 임신, 분만 및 포유 등 종빈돈으로서 기능을 하지 않는 경우에는 비육돈의 산출 방식과 같이 계산한다.

<종빈돈 보험가액(비육돈 지육단가의 범위에 해당하는 종빈돈 가격)>

비육돈 지육단가 (원/kg)	종빈돈 가격 (원/두당)	비육돈 지육단가 (원/kg)	종빈돈 가격 (원/두당)
1,949 이하	350,000	3,650 ~ 3,749	530,000
1,950 ~ 2,049	360,000	3,750 ~ 3,849	540,000
2,050 ~ 2,149	370,000	3,850 ~ 3,949	550,000
2,150 ~ 2,249	380,000	3,950 ~ 4,049	560,000
2,250 ~ 2,349	390,000	4,050 ~ 4,149	570,000
2,350 ~ 2,449	400,000	4,150 ~ 4,249	580,000
2,450 ~ 2,549	410,000	4,250 ~ 4,349	590,000
2,550 ~ 2,649	420,000	4,350 ~ 4,449	600,000
2,650 ~ 2,749	430,000	4,450 ~ 4,549	610,000
2,750 ~ 2,849	440,000	4,550 ~ 4,649	620,000
2,850 ~ 2,949	450,000	4,650 ~ 4,749	630,000
2,950 ~ 3,049	460,000	4,750 ~ 4,849	640,000
3,050 ~ 3,149	470,000	4,850 ~ 4,949	650,000
3,150 ~ 3,249	480,000	4,950 ~ 5,049	660,000
3,250 ~ 3,349	490,000	5,050 ~ 5,149	670,000
3,350 ~ 3,449	500,000	5,150 ~ 5,249	680,000
3,450 ~ 3,549	510,000	5,250 ~ 5,349	690,000
3,550 ~ 3,649	520,000	5,350 이상	700,000

4) 비육돈, 육성돈 및 후보돈의 보험가액

보험가액 산출은 다음과 같이 계산한다.

① 대상범위(적용체중) : 육성돈(31kg초과~110kg 미만(출하 대기 규격돈 포함)까지 10kg 단위구간의 중간 생체중량)

단위구간(kg)	31~40	41~50	51~60	61~70	71~80	81~90	91~100	101~110 미만
적용체중(kg)	35	45	55	65	75	85	95	105

주) 1. 단위구간은 사고돼지의 실측중량(kg/1두) 임
   2. 110kg 이상은 110kg으로 한다.

② 110kg 비육돈 수취가격

> • 110kg 비육돈 수취가격 = 사고 당일 포함 직전 5영업일 평균돈육대표가격(전체, 탕박)
>   × 110kg × 지급(육)율(76.8%)

③ 보험가액

> • 보험가액 = 자돈가격(30kg 기준) + (적용체중 - 30kg) × [110kg 비육돈 수취가격
>   - 자돈가격(30kg 기준)] ÷ 80

④ 위 ②의 돈육대표가격은 축산물품질평가원에서 고시하는 가격(원/kg) 적용

5) 자돈의 보험가액

자돈은 포유돈(젖먹이 돼지)과 이유돈(젖을 뗀 돼지)으로 구분하여 재해보험사업자와 계약 당시 협정한 가액으로 한다.

6) 기타 돼지의 보험가액

재해보험사업자와 계약 당시 협정한 가액으로 한다.

(3) 가금 부문

(닭, 오리, 꿩, 메추리, 칠면조, 거위, 타조, 관상조, 기타 재해보험사업자가 정하는 가금)

1) 손해액 산정

① 가축재해보험 가금 부문에서 손해액은 손해가 생긴 때를 기준으로 아래의 보험가액 산정 방법에 따라서 산정한 보험가액으로 한다.

② 다만 고기, 가죽 등 이용물 처분액 및 보상금 등이 있는 경우에는 보험가액에서 이를 차감한 금액을 손해액으로 하며 피보험자가 이용물을 처리할 때에는 반드시 재해보험사업자의 입회하에 처리하여야 하며 재해보험사업자의 입회 없이 이용물을 임의 처분한 경우에는 재해보험사업자가 인정 평가하여 손해액을 차감하고, 이용물 처리에

소요되는 제반 비용은 피보험자의 부담을 원칙으로 한다.

2) 닭 · 오리의 보험가액

닭 · 오리의 보험가액은 종계, 산란계, 육계, 토종닭, 오리 **모두 5가지로 분류하여** 산정하며, 보험가액 산정에서 적용하는 평균 가격은 축산물품질평가원에서 고시하는 가격을 적용하여 산출하되 가격정보가 없는 경우에는 (사)대한양계협회의 가격을 적용한다.

① 종계의 보험가액

종계	해당주령	보험가액
병아리	생후 2주 이하	사고 당일 포함 직전 5영업일의 육용 종계 병아리 평균가격
성계	생후 3~6주	31주령 가격 × 30%
	생후 7~30주	31주령 가격 × (100% - ((31주령 - 사고주령) × 2.8%))
	생후 31주	회사와 계약당시 협정한 가액
	생후 32~61주	31주령 가격 × (100% -((사고주령 - 31주령) × 2.6%))
	생후 62주~64주	31주령 가격 × 20%
노계	생후 65주 이상	사고 당일 포함 직전 5영업일의 종계 성계육 평균가격

② 산란계의 보험가액

산란계	해당주령	보험가액
병아리	생후 1주 이하	사고 당일 포함 직전 5영업일의 산란실용계 병아리 평균가격
	생후 2~9주	산란실용계병아리가격 + (산란중추가격 - 산란실용계병아리가격) ÷ 9 × (사고주령 - 1주령)
중추	생후 10~15주	사고 당일 포함 직전 5영업일의 산란중추 평균가격
	생후 16~19주	산란중추가격 + (20주 산란계가격-산란중추가격) ÷ 5 × (사고주령 - 15주령)
산란계	생후 20~70주	(550일 - 사고일령) × 70% × (사고 당일 포함 직전 5영업일의 계란 1개 평균가격 - 계란 1개의 생산비)
산란노계	생후 71주 이상	1사고 당일 포함 직전 5영업일의 산란성계육 평균가격

※ 계란 1개 평균가격은 중량규격(왕란/특란/대란이하)별 사고 당일 포함 직전 5영업일 평균가격을 중량규격별 비중으로 가중평균한 가격을 말한다.
※ 중량규격별 비중 : 왕란(2.0%), 특란(53.5%), 대란 이하(44.5%)
※ 산란계의 계란 1개의 생산비는 77원으로 한다.
※ 사고 당일 포함 직전 5영업일의 계란 1개 평균가격에서 계란 1개의 생산비를 공제한 결과가 10원 이하인 경우 10원으로 한다.

③ 육계의 보험가액

육계	주령	보험가액
병아리	생후 1주 미만	사고 당일 포함 직전 5영업일의 육용실용계 병아리 평균가격
육계	생후 1주 이상	사고 당일 포함 직전 5영업일의 육용실용계 평균가격(원/kg)에 발육표준표 해당 일령 사고 육계의 중량을 곱한 금액

④ 토종닭의 보험가액

토종닭	주령	보험가액
병아리	생후 1주 미만	사고 당일 포함 직전 5영업일의 토종닭 병아리 평균가격
토종닭	생후 1주 이상	사고 당일 포함 직전 5영업일의 토종닭 평균가격(원/kg)에 발육표준표 해당 일령 사고 토종닭의 중량을 곱한 금액 단, 위 금액과 사육계약서상의 중량별 매입단가 중 작은 금액을 한도로 한다.

⑤ 부화장의 보험가액

구분	해당 주령	보험가액
종 란	-	회사와 계약당시 협정한 가액
병아리	생후 1주 미만	사고당일 포함 직전 5영업일의 육용실용계 병아리 평균가격

⑥ 오리의 보험가액

오리	주령	보험가액
새끼오리	생후 1주 미만	사고 당일 포함 직전 5영업일의 새끼오리 평균가격
오리	생후 1주 이상	사고 당일 포함 직전 5영업일의 생체오리 평균가격(원/kg)에 발육표준표 해당 일령 사고 오리의 중량을 곱한 금액

발육표준표(가금)

육 계				토종닭						오 리			
일령	중량(g)	일령	중량(g)	일령	중량(g)	일령	중량(g)	일령	중량(g)	일령	중량(g)	일령	중량(g)
1	42	29	1,439	1	41	29	644	57	1,723	1	51	29	2,123
2	56	30	1,522	2	52	30	677	58	1,764	2	75	30	2,219
3	71	31	1,606	3	63	31	712	59	1,805	3	100	31	2,315
4	89	32	1,692	4	74	32	748	60	1,846	4	127	32	2,411
5	108	33	1,776	5	86	33	785	61	1,887	5	156	33	2,506
6	131	34	1,862	6	99	34	823	62	1,928	6	187	34	2,601
7	155	35	1,951	7	112	35	861	63	1,969	7	220	35	2,696
8	185	36	2,006	8	127	36	899	64	2,010	8	267	36	2,787
9	221	37	2,050	9	144	37	936	65	2,050	9	330	37	2,873
10	256	38	2,131	10	161	38	973	66	2,090	10	395	38	2,960
11	293	39	2,219	11	179	39	1,011	67	2,130	11	461	39	3,046
12	333	40	2,300	12	198	40	1,049	68	2,170	12	529	40	3,130
13	376			13	218	41	1,087	69	2,210	13	598	41	3,214
14	424			14	239	42	1,125	70	2,250	14	668	42	3,293
15	472			15	260	43	1,163	71	2,290	15	748	43	3,369
16	524			16	282	44	1,202	72	2,329	16	838	44	3,434
17	580			17	305	45	1,241	73	2,367	17	930	45	3,500
18	638			18	328	46	1,280	74	2,405	18	1,025		
19	699			19	353	47	1,319	75	2,442	19	1,120		
20	763			20	379	48	1,358	76	2,479	20	1,217		
21	829			21	406	49	1,397	77	2,515	21	1,315		
22	898			22	433	50	1,436	78	2,551	22	1,417		
23	969			23	461	51	1,477	79	2,585	23	1,519		
24	1,043			24	490	52	1,518	80	2,619	24	1,621		
25	1,119			25	519	53	1,559	81	2,649	25	1,723		
26	1,196			26	504	54	1,600	82	2,679	26	1,825		
27	1,276			27	580	55	1,641	83	2,709	27	1,926		
28	1,357			28	612	56	1,682	84	2,800	28	2,027		

- 보험가액(중량 × kg당 시세)이 병아리 시세보다 낮은 경우는 병아리 시세로 보상한다.
- 육계 일령이 40일령을 초과한 경우에는 2.3kg으로 인정한다.
- 토종닭 일령이 84일령을 초과한 경우에는 2.8kg으로 인정한다.
- 오리 일령이 45일령을 초과한 경우에는 3.5kg으로 인정한다.
- 삼계(蔘鷄)의 경우는 육계 중량의 70%를 적용한다.

3) 꿩, 메추리, 칠면조, 거위, 타조 등 기타 가금의 보험가액

　　보험계약 당시 협정한 가액으로 한다.

(4) 말, 종모우, 기타 가축 부문

1) 가축재해보험 말, 종모우, 기타 가축 부문에서 손해액은 계약체결 시 계약자와 협의하여 평가한 보험가액 (이하 "협정보험가액"이라 한다)으로 한다.

2) 다만, 고기, 가죽 등 이용물 처분액 및 보상금 등이 있는 경우에는 보험가액에서 이를 차감한 금액을 손해액으로 하며, 협정보험가액이 사고 발생 시의 보험가액을 현저하게 초과할 때에는 사고 발생 시의 가액을 보험가액으로 한다.

(5) 축사 부문

일반적으로 주택화재보험에서는 부보비율 조건부 실손 보상조항이 많이 적용되는데 동 조항이 적용되면 전부 또는 초과보험의 경우는 보험가액을 한도로 손해액을 전액 지급하지만 일부보험인 경우는 보험가입금액이 보험가액의 일정 비율 이상이면 보험가입금액 이내에서 실제 발생한 손해를 실손보상하고 일정 비율에 미달하면 비례보상한다.

축사부문에서도 위와 같이 **부보비율 조건부 실손 보상조항을 적용**하여 보험가입금액이 보험가액의 80% 이상인 경우는 전부보험으로 보고 비례보상 조항을 적용하지 않고 있으며 **구체적인 계산방식은 아래와 같다.**

1) 보험 가입금액이 보험가액의 80% 해당액과 같거나 클 때

보험 가입금액을 한도로 손해액 전액. 그러나, 보험 가입금액이 보험가액보다 클 때에는 보험가액을 한도로 한다.

2) 보험 가입금액이 보험가액의 80% 해당액보다 작을 때(일부보험)

보험 가입금액을 한도로 아래의 금액

손해액 × 보험가입금액 ÷ 보험가액의 80% 해당액

3) 동일한 계약의 보험목적과 동일한 사고에 관하여 보험금을 지급하는 **다른 계약**(공제 계약을 포함한다)이 있고 이들의 **보험 가입금액의 합계액이 보험가액보다 클 경우에는** 아래 〈별표 8〉에 따라 계산한다. 이 경우 보험자 1인에 대한 보험금 청구를 포기한 경우에도 다른 보험자의 지급보험금 결정에는 영향을 미치지 않는다.

① **다른 계약이 이 계약과 지급보험금의 계산 방법이 같은 경우**

손해액 × 이 계약의 보험가입금액 ÷ 다른 계약이 없는 것으로 하여 각각 계산한 보험가입금액의 합계액

② 다른 계약이 이 계약과 지급보험금의 계산 방법이 다른 경우

> 손해액 × 이 계약의 보험금 ÷ 다른 계약이 없는 것으로 하여 각각 계산한 보험금의
> 합계액

③ 이 보험계약이 타인을 위한 보험계약이면서 보험계약자가 다른 계약으로 인하여 **상법 제682조**에 따른 대위권 행사의 대상이 된 경우에는 실제 그 다른 계약이 존재함에도 불구하고 그 다른 계약이 없다는 가정하에 계산한 보험금을 그 **다른 보험계약에 우선하여 이 보험계약에서** 지급한다.

④ 이 보험계약을 체결한 재해보험사업자가 타인을 위한 보험에 해당하는 다른 계약의 보험계약자에게 **상법 제682조**에 따른 **대위권을 행사할 수 있는 경우**에는 이 보험계약이 없다는 가정하에 **다른 계약에서 지급받을 수 있는 보험금을 초과한 손해액을 이 보험계약에서 보상**한다.

4) 자기부담금

풍재 · 수재 · 설해 · 지진으로 인한 손해일 경우에는 1)~3)에 따라 계산한 금액에서 보험증권에 기재된 자기부담비율을 곱한 금액 또는 50만원 중 큰 금액을 자기부담금으로 한다. 단, 화재로 인한 손해일 경우에는 보험증권에 기재된 자기부담비율을 곱한 금액을 자기부담금으로 한다.

(6) 보험목적물의 감가

손해액은 그 손해가 생긴 때와 장소에서의 보험가액에 따라 계산한다.

1) 보험목적물의 경년감가율은 손해보험협회의 "보험가액 및 손해액의 평가기준"를 준용하며, 이 보험목적물이 **지속적인 개 · 보수**가 이루어져 보험목적물의 **가치증대가 인정된 경우** 잔가율은 **보온덮개 · 쇠파이프 조인 축사구조물**의 경우에는 **최대 50%까지**, 그 **외 기타 구조물**의 경우에는 **최대 70%까지로 수정하여 보험가액을 평가**할 수 있다.

2) 다만, 보험목적물이 손해를 입은 장소에서 **6개월 이내 실제로 수리 또는 복구되지 않은** 때에는 잔가율이 **30% 이하인 경우에는 최대 30%로 수정하여 평가**한다.

(7) 손해방지의무

1) 보통약관의 일반조항 손해방지의무에 추가하여 **손해방지 또는 경감에 소요된 필요 또는 유익한 비용**(이하 "손해방지비용"이라 한다)은 보험 가입금액의 보험가액에 대한 비율에 따라 상기 지급보험금의 계산을 준용하여 계산한 금액을 **보상한다**.

2) 지급보험금에 손해방지비용을 합한 금액이 보험 가입금액을 초과하더라도 이를 지급한다. 즉 손해방지비용도 부보비율(80%) 조건부 실손 보상조항을 적용하여 계산한다.

(8) 잔존보험가입금액

보상하는 손해에 따라 손해를 보상한 경우에는 **보험가입금액에서 보상액을 뺀** 잔액을 손해가 생긴 후의 나머지 보험기간에 대한 잔존보험가입금액으로 한다. 보험의 목적이 둘 이상일 경우에도 각각 적용한다.

---

1. 소(牛)도체결함[2]보장 특약

특약에서 손해액은 사고소의 도체등급과 같은 등급의 전국평균 경락가격[등외등급 및 결함을 제외한 도체(정상도체)의 가격]과 사고소 도체의 경락가격으로 계산한 1두가격의 차액으로 한다.

> - 보험가액 = 정상도체의 해당등급(사고소 등급)의 1두가격
> - 손해액 = 정상도체의 해당등급(사고소 등급) - 사고소의 1두 경락가격

※ 1두가격 = 사고 전월 전국지육경매평균가격(원/지육kg) × 사고소(牛)의 도체중(kg)
　단, kg당 전월 전국지육경매평균가격은 축산물품질평가원이 제시하는 가격을 따른다.
※ 도축 후 경매를 통하지 않고 폐기처분된 소의 손해액은 보통약관 소 부문의 손해액 산정방식을 따른다.

(1) 지급보험금의 계산

상기 (1) 손해액의 산정에서 정한 보험가액 및 손해액을 기준으로 하여 아래에 따라 계산한 금액에서 자기부담금을 차감한 금액을 지급보험금으로 한다.

1) 보험가입금액이 보험가액의 80% 해당액과 같거나 클 때

보험가입금액을 한도로 손해액 전액. 그러나, 보험가입금액이 보험가액보다 클 때에는

---

2) 도체의 결함 : 결함은 축산물품질평가사가 판정한 "근출혈(ㅎ), 수종(ㅈ), 근염(ㅇ), 외상(ㅅ), 근육제거(ㄱ), 기타(ㅌ)를 말한다.

보험가액을 한도로 한다.

2) 보험가입금액이 보험가액의 80% 해당액보다 작을 때

보험가입금액을 한도로 아래의 금액

$$손해액 \times \frac{보험가입금액}{보험가액}$$

3) 동일한 계약의 보험목적과 동일한 사고에 관하여 보험금을 지급하는 다른 계약(공제 계약을 포함한다)이 있고 이들의 보험가입금액의 합계액이 보험가액보다 클 경우에는 아래 〈별표 8〉에 따라 계산한다. 이 경우 보험자 1인에 대한 보험금 청구를 포기한 경우에도 다른 보험자의 지급보험금 결정에는 영향을 미치지 않는다.

① 다른 계약이 이 계약과 지급보험금의 계산 방법이 같은 경우 :

$$손해액 \times \frac{이 계약(특별약관)의 보험가입금액}{다른 계약이 없는 것으로 하여 각각 계산한 보험가입금액의 합계액}$$

② 다른 계약이 이 계약과 지급보험금의 계산 방법이 다른 경우 :

$$손해액 \times \frac{이 계약(특별약관)의 보험금}{다른 계약이 없는 것으로 하여 각각 계산한 보험금의 합계액}$$

4) 하나의 보험가입금액으로 둘 이상의 보험의 목적을 계약하는 경우에는 전체가액에 대한 각 가액의 비율로 보험가입금액을 비례배분하여 상기계산방법에 따라 지급보험금을 계산한다.

5) 상기 ②의 방법에 따라 계산된 금액의 20%를 자기부담금으로 한다.

2. 돼지 질병위험보장 특약

(1) 보상하는 손해

1) 가축재해보험 보통약관의 일반조항 보상하지 않는 손해에도 불구하고 이 특약에 따라 아래의 질병을 직접적인 원인으로 하여 보험기간 중에 폐사 또는 맥박, 호흡 그 외 **일반 증상으로 수의학적으로 구할 수 없는 상태**[3]가 확실시 되는 경우 그 손해를 보상한다.

---

3) 보험기간 중에 질병으로 폐사하거나 보험기간 종료일 이전에 질병의 발생을 서면 통지한 후 30일 이내에 보험목적이 폐사할 경우를 포함한다.

1. 전염성위장염(Transmissible gastroenteritis ; TGE virus 감염증)
2. 돼지유행성설사병(Porcine epidemic diarrhea ; PED virus 감염증)
3. 로타바이러스감염증(Rota virus 감염증)

2) 이 특약에 따른 질병에 대한 진단확정은 해부병리 또는 임상병리의 전문 수의사 자격증을 가진자에 의하여 내려져야 하며, 이 진단은 조직(fixed tissue) 또는 분변, 혈액검사 등에 대한 형광항체법 또는 PCR(Polymerase chain reaction; 중합효소연쇄반응) 진단법 등을 기초로 하여야 한다.

3) 그러나 상기의 병리학적 진단이 가능하지 않을 때는 임상적인 증거로 인정된다.

(2) 보상하지 않는 손해

가축보험 보통약관의 일반조항 보상하지 않는 손해에 추가하여 아래의 사유로 인한 손해도 보상하지 않는다.

1) 국가, 공공단체, 지방자치단체의 명령 또는 사법기관 등의 결정 여부에 관계없이 **고의적인 도살**은 보상하지 않는다.

> 단, 재해보험사업자가 보험목적의 도살에 동의한 경우 또는 보험목적이 보상하는 손해의 질병으로 치유가 불가능하고, 상태가 극도로 불량하여 보험자가 선정한 수의사가 인도적인 면에서 도살이 필연 적이라는 증명서를 발급한 경우에는 보상하며, 이 경우 보험자는 보험자가 선정한 수의사에게 부검을 실시하게 할 수 있다.

2) **다음의 결과로 발생**하는 폐사는 원인의 직·간접을 묻지 않고 보상하지 않는다.
   ① 보상하는 손해의 주된 원인이 이 계약의 **보장개시일(책임개시일) 이전에 발생**한 경우
   ② **외과적 치료행위 및 약물 투약의 결과 발생한 폐사** 다만, 수의사가 치료 또는 예방의 목적으로 실행한 외과적 치료, 투약의 경우에는 보상한다. 약물이라 함은 순수한 음식물이 아닌 보조식품이나 단백질, 비타민, 호르몬, 기타 약품을 의미한다.
   ③ 보험목적이 **도난 또는 행방불명**된 경우
   ④ **제1회 보험료 등을 납입한 날의 다음 월 응당일**(다음월 응당일이 없는 경우는 다음 월 마지막 날로 한다.) **이내에 발생한 손해.** 보험기간 중에 계약자가 보험목적을 추가하고 그에 해당하는 보험료를 납입한 경우에도 같다. 다만 이 규정은 보험자가 정하는 기간 내에 1년 이상의 계약을 다시 체결하는 경우에는 적용하지 않는다.

(3) 손해액 산정

보상할 손해액은 보통약관의 돼지부문의 손해액 산정 방법에 따라 산정하며 보험가액은 다음과 같이 산정한다.

$$\text{보험가액} = \text{모돈두수} \times 2.5 \times \text{자돈가격}$$

(4) 자기부담금

보통약관 지급보험금 계산방식에 따라서 계산한 금액에서 보험증권에 기재된 **자기부담비율**을 곱한 금액과 200만 원 중 큰 금액을 자기부담금으로 한다.

3. 돼지 축산휴지위험보장 특약

(1) 용어의 정의

이 특약에서 사용하는 용어의 정의는 아래와 같다.

1) **축산휴지** : 보험의 목적의 손해로 인하여 불가피하게 발생한 전부 또는 일부의 축산업 중단을 말한다.
2) **축산휴지손해** : 보상위험에 의해 손해를 입은 결과 축산업이 전부 또는 일부 중단되어 발생한 사업이익과 보상위험에 의한 손해가 발생하지 않았을 경우 예상되는 사업이익의 차감금액을 말한다.
3) **사업이익** : 1두당 평균가격에서 경영비를 뺀 잔액을 말한다.
4) **보험가입금액** : 이 특약에서 지급될 수 있는 최대금액
5) **1두당 평균가격** : 상기 4. 손해액의 조사의 (2)돼지 부문에서 정한 비육돈, **육성돈 및 후보돈의 보험가액**에서 생체중량 100kg의 가격을 말한다.
6) **경영비** : 통계청에서 발표한 최근의 비육돈 평균경영비를 말한다.
7) **이익률** : 손해발생시에 다음의 산식에 의해 얻어진 비율을 말한다.

$$\text{이익률} = \frac{\text{1두당 비육돈}(100kg\ \text{기준})\text{의 평균가격} - \text{경영비}}{\text{1두당 비육돈}(100kg\ \text{기준})\text{의 평균가격}}$$

※ 단, 이 기간 중에 이익률이 16.5% 미만일 경우 이익률은 16.5%로 한다.

(2) 보상하는 손해

보험기간 동안 보험증권에 명기된 구내에서 보통약관 및 특약에서 보상하는 사고의 원인으로 피보험자가 영위하는 **축산업이 중단 또는 휴지**되었을 경우 생긴 손해액을 보상한다.

1) 보험금은 이 특약의 보험가입금액을 초과할 수 없다.
2) 피보험자가 피보험이익을 소유한 구내의 가축에 대하여 보통약관 또는 특약에 의한 보험금 지급이 확정된 경우에 한하여 보장한다.

(3) 보상하지 않는 손해

보통약관의 일반조항 및 돼지부문에서 보상하지 않는 손해에 **추가**하여 아래의 **사유**로 인해 발생 또는 증가된 손해는 **보상하지 않는다.**

1) 사용, 건축, 수리 또는 철거를 규제하는 국가 또는 지방자치단체의 **법령 및 이에 준하는 명령**
2) 리스, 허가, 계약, 주문 또는 발주 등의 **정지, 소멸, 취소**
3) 보험의 목적의 **복구 또는** 사업의 계속에 대한 **방해**
4) **보험에 가입하지 않은 재산의 손해**
5) 관계당국에 의해 구내 **출입금지 기간이 14일 초과하는 경우.** 단, 14일까지는 보상한다.

(4) 손해액 산정

피보험자가 축산휴지손해를 입었을 경우 손해액은 보험가액으로 하며, **종빈돈에 대해서만 아래에 따라 계산한 금액을 보험가액으로 한다.**

종빈돈 × 10 × 1두당 비육돈(100kg 기준)평균가격 × 이익률

※ 단, 후보돈과 임신, 분만 및 포유 등 종빈돈으로서 기능을 하지 않는 종빈돈은 제외한다.

(5) 이익률의 조정

영업에 있어서 특수한 사정의 영향이 있는 때 또는 영업추세가 현저히 변화한 때에는 손해사정에 있어서 이익률에 공정한 조정을 하는 것으로 한다.

(6) 지급보험금의 계산

상기 (4) 손해액 산정에서 정한 보험가액 및 손해액을 기준으로 하여 제5절 보험금 지급 및 심사의 지급보험금 계산방법에 따라 계산한다.

(7) 자기부담금

자기부담금은 적용하지 않는다.

(8) 손해의 경감

피보험자는 축산휴지로 인한 손해를 아래의 방법으로 경감할 수 있을 때는 이를 시행하여야 한다.

1) 보험의 목적의 전면적인 또는 부분적인 생산활동을 재개하거나 유지하는 것
2) 보험증권상에 기재된 장소 또는 기타 장소의 다른 재산을 사용하는 것

제3절 | 보험금 지급 및 심사

제3장 가축재해보험 손해평가

1. 보험가액과 보험금액

가축재해보험은 상법상 손해보험에 해당하며 손해보험을 지배하는 기본적인 원칙 중의 하나는 **이득금지의 원칙**이다.

(1) 이득금지의 원칙은 "보험으로 이득을 보아서는 안된다"라는 원칙으로 보험에 가입한 피보험자가 보험사고의 발생 결과 그 사고 발생 직전의 경제 상태보다 더 나은 상태에 놓인다면 고의로 보험사고가 유발되는 등 손해보험제도의 존립을 위협하기 때문에 손해보험의 본질과 보험단체의 형평을 유지하고 도덕적 위험을 강하게 억제하고자 하는 원칙이다.

(2) 손해보험에서 피보험자가 보험사고로 인하여 입게 될 경제적 이익을 피보험이익이라 하며, 피보험이익을 금전적 가치로 평가한 것이 보험가액이다. 그러므로 피보험이익의 평가액인 보험가액의 기능은 이득금지의 판정 기준이 되며 보험가액은 재해보험사업자의 법률상 보상한도액으로 보험계약 상 재해보험사업자의 보상한도액인 보험가입금액과 비교된다.

(3) 보험가액과 보험 가입금액 통상 일치하는 것을 기대하지만 보험가액은 통상 사고가 발생한 곳과 때의 가액을 보험가액으로 평가되므로 수시로 변경될 수 있기에 보험가액과 보험 가입금액과의 관계에서 상호 일치하는 경우를 전부보험이라 하고 양자가 일치하지 않는 경우에는 초과보험, 중복보험 및 일부보험의 문제가 발생한다.

2. 지급보험금의 계산

지급보험금의 계산방식은 전부보험, 초과보험의 경우는 보험가액을 한도로 손해액 전액을 보상하고 일부보험의 경우는 보험 가입금액의 보험가액에 대한 비율에 따라서 손해액을 보상하며 중복보험의 경우는 각 보험증권별로 지급보험금 계산방식이 **동일한 경우는 비례분담방식, 다른 경우는 독립책임액분담방식**으로 산정하게 된다. 구체적인 계산방식은 아래와 같다.

(1) 지급보험 계산 방식

1) 지급할 보험금은 아래에 따라 계산한 금액에서 약관 각 부문별 제 규정에서 정한 자기부담금을 차감한 금액으로 한다.

① 보험가입금액이 보험가액과 같거나 클 때 : 보험 가입금액을 한도로 손해액 전액. 그러나, 보험 가입금액이 보험가액보다 클 때에는 보험가액을 한도로 한다.

② 보험가입금액이 보험가액보다 작을 때(일부보험) : 보험 가입금액을 한도로 아래의 금액

> 손해액 × 보험가입금액 ÷ 보험가액

2) 동일한 계약의 목적과 동일한 사고에 관하여 보험금을 지급하는 다른 계약이 있고 이들의 보험가입금액의 합계액이 보험가액보다 클 경우에는 아래 〈별표 8〉에 따라 계산한 금액에서 이 약관 각 부문별 제 규정에서 정한 자기부담금을 차감하여 지급보험금을 계산한다. 이 경우 보험자 1인에 대한 보험금 청구를 포기한 경우에도 다른 보험자의 지급보험금 결정에는 영향을 미치지 않는다.

① 다른 계약이 이 계약과 지급보험금의 계산방법이 같은 경우 :

> 손해액 × (이 계약의 보험가입금액 ÷ 다른 계약이 없는 것으로 하여 각각 계산한 보험 가입금액의 합계액)

② 다른 계약이 이 계약과 지급보험금의 계산방법이 다른 경우 :

> 손해액 × (이 계약의 보험금 ÷ 다른 계약이 없는 것으로 하여 각각 계산한 보험금의 합계액)

③ 이 보험계약이 타인을 위한 보험계약이면서 보험계약자가 다른 계약으로 인하여 **상법 제682조**에 따른 대위권 행사의 대상이 된 경우에는 실제 그 다른 계약이 존재함에도 불구하고 그 다른 계약이 없다는 가정하에 계산한 보험금을 그 다른 **보험계약에 우선하여 이 보험계약에서 지급**한다.

④ 이 보험계약을 체결한 재해보험사업자가 타인을 위한 보험에 해당하는 다른 계약의 보험계약자에게 **상법 제682조**에 따른 대위권을 행사할 수 있는 경우에는 이 보험계약이 없다는 가정하에 다른 계약에서 **지급받을 수 있는 보험금을 초과한 손해액을 보험계약에서** 보상한다.

【제682조(제3자에 대한 보험대위)】

① 손해가 제3자의 행위로 인하여 발생한 경우에 보험금을 지급한 보험자는 그 지급한 금액의 한도에서 그 제3자에 대한 보험계약자 또는 피보험자의 권리를 취득한다. 다만, 보험자가 보상할 보험금의 일부를 지급한 경우에는 피보험자의 권리를 침해하지 아니하는 범위에서 그 권리를 행사할 수 있다.
② 보험계약자나 피보험자의 제1항에 따른 권리가 그와 생계를 같이 하는 가족에 대한 것인 경우 보험자는 그 권리를 취득하지 못한다. 다만, 손해가 그 가족의 고의로 인하여 발생한 경우에는 그러하지 아니하다.

---

3) 하나의 보험 가입금액으로 둘 이상의 보험의 목적을 계약하는 경우에는 전체가액에 대한 각 가액의 비율로 보험 가입금액을 비례배분하여 상기 규정에 따라 지급보험금을 계산한다.

3. 자기부담금

자기부담금은 보험사고 발생 시 계약자에게 일정 금액을 부담시키는 것으로 이를 통하여 재해보험사업자의 지출비용을 축소하여 보험료를 경감하고 피보험자의 자기부담을 통하여 도덕적 해이 및 사고방지에 대한 의식을 고취하는 기능을 하게 된다.

(1) 가축재해보험에서 소(牛), 돼지(豚), 종모우(種牡牛), 가금(家禽), 기타 가축 부분의 자기부담금

상기 지급보험금의 계산방식에 따라서 계산한 금액에서 보험증권에 기재된 자기부담금비율을 곱한 금액을 자기부담금으로 한다. 다만 가금 부문의 폭염손해는 위의 자기부담금과 200만원 중 큰 금액을 자기부담금으로 한다.

(2) 가축재해보험에서 말(馬) 부문의 자기부담금

상기 지급보험금의 계산방식에 따라서 계산한 **금액의 20%를 자기부담금으로 한다.** 다만, 경주마(보험 가입 후 경주마로 용도 변경된 경우 포함)는 보험증권에 기재된 자기부담금비율을 곱한 금액을 자기부담금으로 한다.

4. 잔존보험 가입금액

(1) 보험기간의 중도에 재해보험사업자가 일부손해의 보험금을 지급하였을 경우 **손해발생일 이후의 보험기간에 대해서는 보험가입금액에서 그 지급보험금을 공제한 잔액을 보험 가입 금액으로 하여** 보장하는데 **이때 보험 가입금액을 잔존보험 가입금액이라고** 한다.

(2) 가축재해보험은 돼지, 가금, 기타 가축 부문에서 약관 규정에 따라서 **손해의 일부를 보상 한 경우 보험 가입금액에서 보상액을 뺀 잔액을 손해가 생긴 후의 나머지 보험기간에 대 한 잔존보험 가입금액으로** 하고 있다.

5. 비용손해의 지급한도

(1) 가축재해보험에서는 잔존물처리비용, 손해방지비용, 대위권보전비용, 잔존물 보전비용, 기 타 협력비용 등 **5가지 비용손해를 보상하는 비용**손해로 규정하고 있는데 이러한 비용손해 의 **지급한도는** 다음과 같다.

  1) 가축재해보험 약관상 보험의 목적이 입은 손해에 의한 보험금과 약관에서 규정하는 잔존 물 처리비용은 각각 지급보험금의 계산을 준용하여 계산하며, 그 합계액은 보험증권에 기재된 보험 가입금액을 한도로 한다. 다만, **잔존물 처리비용은 손해액의 10%를 초과할 수 없다.**

  2) 비용손해 중 **손해방지비용, 대위권 보전비용 및 잔존물 보전비용은** 약관상 지급보험금의 계산을 준용하여 계산한 금액이 **보험 가입 금액을 초과하는 경우에도 이를 지급한다.** 단, 이 경우에 **자기부담금은 차감하지 않는다.**

  3) 비용손해 중 **기타 협력비용은 보험 가입금액을 초과한 경우에도 이를 전액 지급한다.**

(2) 일부보험이나 중복보험인 경우에는 손해방지비용, 대위권 보전비용 및 잔존물 보전비용은 상기 비례분담 방식 등으로 계산하며 자기부담금은 공제하지 않고 계산한 금액이 보험 가 입금액을 초과하는 경우도 지급하고 기타협력비용은 일부보험이나 중복보험인 경우에도 비례분담 방식 등으로 계산하지 않고 전액 지급하며 보험 가입금액을 초과한 경우에도 전 액 지급한다.

6. 보험금 심사

보험사고 접수 이후 피해 사실의 확인, 보험가액 및 손해액의 평가 등 손해평가 과정 이후 재해보험사업자의 보험금 지급 여부 및 지급보험금을 결정하기 위하여 보험금 심사를 하게 되는데 사고보험금 심사는 우연한 사고로 발생한 재산상의 손해를 보상할 것을 목적으로 약관형식으로 판매되는 손해보험 특성상 약관 규정 내용을 중심으로 판단하게 되며 보험계약의 단체성과 부합계약성이라는 특수성 때문에 약관의 해석은 보험계약자 등을 보호하기 위하여 일정한 해석의 원칙이 필요하기 때문에 우리나라에서는 "약관의 규제에 관한 법률"에 약관의 해석과 관련하여 다양한 약관의 해석의 원칙을 규정하고 있으며 **특별약관은 개별약정으로 보통약관에 우선 적용되나 특별약관에서 달리 정하지 아니한 부분에 대해서는 보통약관이 구속력을 가지게 된다.** 보험금 심사방법 및 유의사항은 다음과 같다.

(1) 보험금 지급의 면·부책 판단

보험금 지급의 면·부책 판단은 보험약관의 내용에 따르며, 보험금 청구서류 서면심사 및 손해조사 결과를 검토하여 보험약관의 보상하는 손해에 해당되는지 그리고 보상하지 아니하는 손해에 해당하지는 않는지 판단하게 되며 **면·부책 판단의 요건은 다음과 같다.**

1) 보험기간 내에 보험약관에서 **담보하는** 사고인지 여부
2) 원인이 되는 사고와 결과적인 손해사이의 **상당 인과 관계** 여부
3) 보험사고가 상법과 보험약관에서 정하고 있는 **면책조항에 해당**되는지 여부
4) 약관에서 보상하는 손해 및 보상하지 아니하는 손해 조항 이외에도 **알릴 의무 위반 효과**에 의거 손해보상책임이 달라질 수 있으므로 주의

(2) 손해액 평가

손해액 산정 및 평가는 약관 규정에 따라서 평가한다.

(3) 보험금 지급심사 시 유의사항

1) 계약체결의 정당성 확인

보험계약 체결 시 보험 대상자(피보험자)의 동의 여부 등을 확인한다.

2) 고의, 역선택 여부 확인

① 고의적인 보험사고를 유발하거나 허위사고 여부를 확인한다.
② 다수의 보험을 가입하고 고의로 사고를 유발하는 경우가 있으므로 특히 주의를 요하

며, 보험계약이 역선택에 의한 계약인지 확인한다.

3) 고지의무위반 등 여부 확인

약관에서 규정하고 있는 계약 전, 후 알릴 의무 및 각종 의무 위반 여부를 확인한다.

4) 면책사유 확인

고지의무 위반 여부, 보험계약의 무효 사유, 보험사고 발생의 고의성, 청구서류에 고의로 사실과 다른 표기, 청구시효 소멸 여부 등을 확인한다.

5) 기타 확인

① 개별약관을 확인하여 위에 언급한 사항 이외에 보험금 지급에 영향을 미치는 사항이 있는지 확인한다.

② 미비된 보험금 청구 서류의 보완 지시로 인한 지연지급, 불필요한 민원을 방지하기 위하여, 보험금 청구서류 중 사고의 유무, 손해액 또는 보험금의 확정에 영향을 미치지 않는 범위 내에서 일부 서류를 생략할 수 있으며, 사고내용에 따라 추가할 수 있다.

7. 보험사기 방지

(1) 보험사기 정의

보험사기는 보험계약자 등이 보험제도의 원리상으로는 취할 수 없는 **보험혜택을 부당하게 얻거나 보험 제도를 역이용**하여 고액의 보험금을 수취할 목적으로 **고의적이며 악의적으로 행동하는 일체의 불법행위**로써 형법상 사기죄의 한 유형으로 **보험사기방지 특별법**에서는 보험사기행위로 보험금을 취득하거나 제3자에게 보험금을 취득하게 한 자는 **10년 이하의 징역 또는 5천만 원 이하의 벌금**에 처하도록 규정하고 있다.

(2) 성립요건

1) 계약자 또는 보험 대상자에게 고의가 있을 것

계약자 또는 보험 대상자의 고의에 보험자를 기망하여 착오에 빠뜨리는 고의와 그 착오로 인해 승낙의 의사표시를 하게 하는 것 등

2) 기망행위가 있을 것

기망이란 허위진술을 하거나 진실을 은폐하는 것, 통상 진실이 아닌 사실을 진실이라 표시하는 행위를 말하거나 알려야 할 경우에 침묵, 진실을 은폐하는 것도 기망행위에 해당

3) 상대방인 보험자가 착오에 빠지는 것

　상대방인 보험자가 착오에 빠지는 것에 대하여 보험자의 과실 유무는 문제되지 않음

4) 상대방인 보험자가 착오에 빠져 그 결과 승낙의 의사표시를 한 것

　착오에 빠진 것과 그로 인해 승낙 의사표시 한 것과 인과관계 필요

5) 사기가 위법일 것

　사회생활상 신의성실의 원칙에 반하지 않는 정도의 기망 행위는 보통 위법성이 없다고
해석

(3) 사기행위자

　사기행위에 있어 권유자가 사기를 교사하는 경우도 있으며, 권유자가 개입해도 계약자 또는
피보험자 자신에게도 사기행위가 있다면 고지의무 위반과 달리 **보장개시일로부터 5년 이내에
계약을 취소할 수 있다.**

(4) 사기증명

　계약자 또는 피보험자의 사기를 이유로 보험계약의 무효를 주장하는 경우에 사기를 주장하
는 재해보험사업자 측에서 사기 사실 및 그로 인한 착오 존재를 증명해야 한다.

(5) 보험사기 조치

1) 청구한 사고보험금 **지급을 거절** 가능
2) 약관에 의거하여 해당 **계약을 취소할 수 있음**

적중예상 및 단원평가문제

01. 가축재해보험에서 모든 부문 축종에 적용되는 "계약 후 알릴 의무"에 대하여 11개 조항 중 다음 〈보기〉에서 규정하고 있는 것 이외의 5개 조항을 기술하시오.

보 기

【"계약 후 알릴 의무"】

(1) 이 계약에서 보장하는 위험과 동일한 위험을 보장하는 계약을 다른 보험자와 체결하고자 할 때 또는 이와 같은 계약이 있음을 알았을 때
(2) 보험의 목적 또는 보험의 목적을 수용하는 건물의 용도를 변경함으로써 위험이 변경되는 경우
(3) 의외의 재난이나 위험에 의해 구할 수 없는 상태에 빠졌을 때
(4) 위험이 뚜렷이 변경되거나 변경되었음을 알았을 때
(5) 보험목적 또는 보험목적 수용장소로부터 반경 10km 이내 지역에서 가축전염병 발생(전염병으로 의심되는 질환 포함) 또는 원인 모를 질병으로 집단폐사가 이루어진 경우
(6) 도난 또는 행방불명 되었을 때

정답 및 해설

(1) 양도할 때
(2) 보험의 목적 또는 보험의 목적을 수용하는 건물의 구조를 변경, 개축, 증축하거나 계속하여 15일 이상 수선할 때
(3) 보험의 목적 또는 보험의 목적이 들어있는 건물을 계속하여 30일 이상 비워두거나 휴업하는 경우
(4) 다른 곳으로 옮길 때
(5) 개체 수가 증가되거나 감소되었을 때

02. 가축재해보험 업무방법서상 "보험계약자 등의 의무" 5가지를 기술하시오.

【보험계약자 등의 의무】

(1)

(2)

(3)

(4)

(5)

정답 및 해설

(1) 계약 전 알릴 의무, (2) 계약 후 알릴 의무, (3) 보험사고 발생의 통지의무, (4) 손해방지의무, (5) 보험목적의 관리 의무

03. 가축재해보험 업무방법서에 따른 계약자에게 부과된 "보험목적관리의무"의 세부적 내용 4가지를 기술하시오.

【보험목적관리의무】

(1)

(2)

(3)

(4)

정답 및 해설

(1) 계약자 또는 피보험자는 보험목적을 사육, 관리, 보호함에 있어서 그 보험목적이 본래의 습성을 유지하면서 정상적으로 살 수 있도록 할 것
(2) 계약자 또는 피보험자는 보험목적에 대하여 적합한 사료의 급여와 급수, 운동, 휴식, 수면 등이 보장되도록 적정한 사육관리를 할 것
(3) 계약자 또는 피보험자는 보험목적에 대하여 예방접종, 정기검진, 기생충구제 등을 실시할 것
(4) 계약자 또는 피보험자는 보험목적이 질병에 걸리거나 부상을 당한 경우 신속하게 치료하고 필요한 조치를 취할 것

04. 가축재해보험 약관 중 "보험목적의 수용장소"와 관련된 보험계약 또는 피보험자의 "보험목적 관리의무" 내용을 기술하시오.

【가축재해보험 약관】

※ "보험목적의 수용장소"와 관련된 보험계약 또는 피보험자의 "보험목적관리의무"

(1)

(2)

(3)

(1) 보험목적은 보험기간동안 언제나 보험증권에 기재된 지역 내에 있어야 한다.
   다만, 계약자가 재해 발생 등으로 불가피하게 보험목적의 수용장소를 변경한 경우와 재해보험사업자의 승낙을 얻은 경우에는 그러하지 않는다.
(2) 보험목적을 양도 또는 매각하기 위해 보험목적의 수용장소가 변경된 이후 다시 본래의 사육장소로 되돌아온 경우에는 가축이 수용장소에 도착한 때 원상복귀 되는 것으로 한다.
(3) 보험목적은 보험기간동안 언제나 보험증권에 기재된 목적으로만 사용되어야 한다. 다만, 재해보험사업자의 승낙을 얻은 경우에는 그러하지 않다.

05. 가축재해보험에 따른 "손해액의 산정"과 관련된 다음 각 질문에 답을 쓰시오.

【손해액의 산정】

(1) 이용물 처분액 산정방법(도축장 발행 정산자료가 아닌 경우) :

(2) 한우(암컷)의 보험가액 산정(2개월 초과 6개월령 이하) :

(3) 한우 1개월령 이하 질병 이외의 보험사고시 보험가액 :

(1) 이용물 처분액 산정방법(도축장 발행 정산자료가 아닌 경우) : 중량 × 지육가격 × 75%
(2) 한우(암컷)의 보험가액 산정(2개월 초과 6개월령 이하) : 전전월 전국산지평균 송아지 가격
(3) 한우 1개월령 이하 질병 이외의 보험사고시 보험가액 : 전전월 전국산지평균 송아지 가격의 50%

06. 가축재해보험에서 "한우(암컷, 수컷) 보험가액 산정"시 7개월 이상의 보험가액은 "체중 × kg당 금액"으로 산정한다. 이때 체중은 약관에서 정하고 있는 월령별 "발육표준표"에서 정한 사고 소(牛)의 월령에 해당되는 체중을 적용한다. 이와 달리 예외적으로 인정하는 체중으로 다음 각 축종에 알맞은 내용을 기술하시오.

【예외적으로 인정하는 각 축종의 체중】

(1) 한우 수컷 :

(2) 한우 암컷 :

정답 및 해설

(1) 한우 수컷 : 월령이 25개월을 초과한 경우에는 655kg
(2) 한우 암컷 : 월령이 40개월을 초과한 경우에는 470kg

07. 가축재해보험 업무방법서에 따른 "한우 수컷"에 대한 보험가액을 다음 〈보기〉의 조건을 이용하여 구하시오. 단, 연령(월령)이 7개월 이상인 경우임

--- 보 기 ---

【"한우 수컷"에 대한 보험가액】

○ 월령 : 30개월
○ 전전월 350kg 기준 전국산지평균가격 : 암컷 17,000원/kg, 수컷 18,500원/kg
○ 전전월 600kg 기준 전국산지평균가격 : 암컷 16,000원/kg, 수컷 18,000원/kg

정답 및 해설

보험가액 = 체중 × kg당 금액
보험가액 = 655kg × 18,500원 = 12,117,500원

08. 가축재해보험(젖소) 사고 시 월령에 따른 보험가액을 산출하고자 한다. 각 사례별[(1)~(5)]로 보험가액 계산과정과 값을 쓰시오.(단, 유량검정젖소 가입 시는 제외, 만원 미만 절사) [15점]

【각 사례별[(1) ~ (5)]로 보험가액】

(1) 월령 2개월 질병사고 폐사 :

(2) 월령 11개월 대사성 질병 폐사 :

(3) 월령 20개월 유량감소 긴급 도축 :

(4) 월령 35개월 급성고창 폐사 :

(5) 월령 60개월 사지골절 폐사 :

정답 및 해설

(1) 월령 1개월~7개월까지 : 분유떼기 암컷 가격(단, 연령(월령)이 2개월 미만 (질병사고는 3개월 미만)일 때 50%적용
$$= 100만원 \times 0.5$$
$$= 50만원$$

(2) 월령8개월~12개월까지 : 분유떼기암컷 + $\dfrac{수정단계가격 - 분유떼기\ 암컷}{6}$ ×(사고월령 − 7개월)

$$= 100 + \frac{300-100}{6} \times (11-7) = 2,333,333$$
$$= 233만원$$

(3) 월령19개월~23개월까지 : 수정단계가격 + $\dfrac{초산우가격 - 수정단계가격}{6}$ ×(사고월령−18개월)

$$= 300 + \frac{350-300}{6} \times (20-18) = 3,166,666$$
$$= 316만원$$

(4) 월령 32개월~39개월까지 : 초산우가격 + $\dfrac{다산우가격 - 초산우가격}{9}$ ×(사고월령−31개월)

$$= 350 + \frac{480-350}{9} \times (35-31) = 4,077,777$$
$$= 407만원$$

(5) 월령 56개월~66개월까지 : 다산우가격 + $\dfrac{노산우가격 - 다산우가격}{12}$ ×(사고월령−55개월)

$$= 480 + \frac{300-480}{12} \times (60-55) = 4,050,000$$
$$= 405만원$$

09. 다음 〈보기〉의 내용은 "육우"의 보험가액을 산정하는 방법이다. 빈칸에 알맞은 내용을 쓰시오.

【육우 보험가액 산정】

(1) 육우의 보험가액 산정은 월령을 기준으로 2개월령 이하와 3개월령 이상으로 구분하여 다음과 같이 산정한다.

월령	보험가액
2개월 이하	「농협축산정보센터」에 등재된 전전월 전국산지평균 (①) 가격 단, 연령(월령)이 2개월 미만(질병사고는 3개월 미만)일때는 50% 적용
3개월 이상	체중 × (②)당 금액

(2) 사고 시점에서 산정한 월령별 보험가액이 사고 시점의 (①) 가격보다 낮은 경우는 (②) 가격을 적용한다.

(3) 체중은 약관에서 확정하여 정하고 있는 월령별 "발육표준표"에서 정한 사고소(牛)의 월령에 해당 되는 체중을 적용한다. 다만 육우 월령이 (①) 개월을 초과한 경우에는 (②) kg으로 인정한다.

(4) kg당 금액은 보험사고 「농협축산정보센터」에 등재된 전전월 젖소 수컷 (①) kg 해당 전국 산지평균가격을 그 체중으로 나누어 구한다. 단, 전국산지평균가격이 없는 경우에는 「농협축산정보센터」에 등재된 전전월 전국도매시장 지육평균 가격에 지육율 (②)%를 곱한 가액을 kg당 금액으로 한다.

(5) 지육율은 도체율이라고도 하며 도체중의 (①)에 대한 비율이며, (①)은 살아있는 생물의 무게이고 도체중은 생체에서 (②) 등 부분을 제외한 무게를 의미한다.

정답 및 해설

(1) ① 분유떼기 젖소 수컷 ② kg (2) ① 분유떼기 젖소 수컷 ② 분유떼기 젖소 수컷
(3) ① 25 ② 600 (4) ① 500 ② 58 (5) ① 생체중 ② 두부, 내장, 족 및 가죽

[해설]【육우 보험가액 산정】

(1) 육우의 보험가액 산정은 월령을 기준으로 2개월령 이하와 3개월령 이상으로 구분하여 다음과 같이 산정한다.

월령	보험가액
2개월 이하	「농협축산정보센터」에 등재된 전전월 전국산지평균 (① 분유떼기 젖소 수컷) 가격 단, 연령(월령)이 2개월 미만(질병사고는 3개월 미만)일때는 50% 적용
3개월 이상	체중 × (② kg)당 금액

(2) 사고 시점에서 산정한 월령별 보험가액이 사고 시점의 (① 분유떼기 젖소 수컷) 가격보다 낮은 경우는 (②분유떼기 젖소 수컷) 가격을 적용한다.

(3) 체중은 약관에서 확정하여 정하고 있는 월령별 "발육표준표"에서 정한 사고소(牛)의 월령에 해당 되는 체중을 적용한다. 다만 육우 월령이 (① 25) 개월을 초과한 경우에는 (② 600) kg으로 인정한다.

(4) kg당 금액은 보험사고 「농협축산정보센터」에 등재된 전전월 젖소 수컷 (① 500) kg 해당 전국 산지평균가격을 그 체중으로 나누어 구한다. 단, 전국산지평균가격이 없는 경우에는 「농협축산정보센터」에 등재된 전전월 전국 도매시장 지육평균 가격에 지육율 (② 58)%를 곱한 가액을 kg당 금액으로 한다.

(5) 지육율은 도체율이라고도 하며 도체중의 (① 생체중)에 대한 비율이며, (① 생체중)은 살아있는 생물의 무게이고 도체중은 생체에서 (② 두부, 내장, 족 및 가죽) 등 부분을 제외한 무게를 의미한다.

10. 다음은 가축재해보험 "돼지"에 대한 보험가액 산정방법이다. 각 빈칸에 알맞은 내용을 쓰시오.

【"돼지"에 대한 보험가액 산정】

(1) 종모돈 = 종빈돈가액 × (   )

(2) 종빈돈의 보험가액 산정 : 임신, 분만 및 포유 등 종빈돈으로서 기능을 하지 않는 경우에는 (   )의 산출방식과 같이 계산한다.

(3) 110kg 비육돈 수취가격 = 사고 당일 포함 직전 5영업일 평균돈육대표가격 (전체, 탕박) × 110kg × (   )

(4) 자돈의 보험가액 : 자돈은 포유돈(젖먹이 돼지)과 이유돈(젖을 뗀 돼지)으로 구분하여 재해보험사업자와 (   )으로 한다.

(5) 비육돈(육성돈 및 후보돈) 보험가액(31kg~110kg미만)

= 자돈가격(30kg 기준) + (적용체중 − 30kg) × $\dfrac{110kg\,\text{비육돈 수취가격} - \text{자돈가격}(30kg\text{기준})}{(\quad)}$

정답 및 해설

(1) 20%, (2) 비육돈, (3) 지급(육)율(76.8%), (4) 계약 당시 협정한 가액, (5) 80

[해설]

(1) 종모돈 = 종빈돈가액 × (20%)

(2) 종빈돈의 보험가액 산정 : 임신, 분만 및 포유 등 종빈돈으로서 기능을 하지 않는 경우에는 (비육돈)의 산출방식과 같이 계산한다.

(3) 110kg 비육돈 수취가격 = 사고 당일 포함 직전 5영업일 평균돈육대표가격 (전체, 탕박) × 110kg × (지급(육)율 (76.8%))

(4) 자돈의 보험가액 : 자돈은 포유돈(젖먹이 돼지)과 이유돈(젖을 뗀 돼지)으로 구분하여 재해보험사업자와 (계약 당시 협정한 가액)으로 한다.

(5) 비육돈(육성돈 및 후보돈) 보험가액(31kg~110kg미만)

= 자돈가격(30kg 기준) + (적용체중 − 30kg) × $\dfrac{110kg\,\text{비육돈 수취가격} - \text{자돈가격}(30kg\text{기준})}{(\quad)}$

11. 가축재해보험 "가금"의 다음 각 기준에 따른 축종별 인정 중량을 각각 쓰시오.

【"가금"의 다음 각 기준에 따른 축종별 인정 중량】

(1) 육계 일령이 40일령을 초과한 경우 :
(2) 토종닭 일령이 84일령을 초과한 경우 :
(3) 오리 일령이 45일령을 초과한 경우 :
(4) 삼계(蔘鷄)의 경우 :

정답 및 해설

(1) 육계 일령이 40일령을 초과한 경우 : 2.3kg (2) 토종닭 일령이 84일령을 초과한 경우 : 2.8kg
(3) 오리 일령이 45일령을 초과한 경우 : 3.5kg (4) 삼계(蔘鷄)의 경우 : 육계 중량의 70%

[해설]
(1) 육계 일령이 40일령을 초과한 경우 : 2.3kg으로 인정한다.
(2) 토종닭 일령이 84일령을 초과한 경우 : 2.8kg으로 인정한다.
(3) 오리 일령이 45일령을 초과한 경우 : 3.5kg으로 인정한다.
(4) 삼계(蔘鷄)의 경우 : 육계 중량의 70%를 적용한다.

★12. 다음 " 한우(암컷, 수컷-거세우 포함) 보험가액 산정"에 관한 각 ( )에 알맞은 말을 쓰시오.

[한우(암컷, 수컷-거세우 포함) 보험가액 산정]

한우의 보험가액 산정은 연령(월령)을 기준으로 6개월령 이하와 7개월령 이상으로 구분하여 다음과 같이 산정한다.

(1) 연령(월령)이 1개월 이상 6개월 이하인 경우
    보험가액 = 「농협축산정보센터」에 등재된 전전월 전국산지 (①) 송아지 가격 (연령(월령) 2개월 미만(질병사고는 3개월미만)일때는 50% 적용)

(2) 「농협축산정보센터」에 등재된 송아지 가격이 없는 경우[연령(월령)이 1개월 이상 3개월 이하인 경우]
    보험가액 = 「농협축산정보센터」에 등재된 전전월 전국산지평균가격 (②) 월령 송아지 가격 (단, 연령(월령)이 2개월 미만(질병사고는 3개월 미만)일때는 50% 적용).

(3) 「농협축산정보센터」에 등재된 4~5월령 송아지 가격이 없는 경우(아래 ②의 4~5월령 송아지 가격을 적용)

(4) 연령(월령)이 4개월 이상 5개월 이하인 경우
    보험가액 = 「농협축산정보센터」에 등재된 전전월 전국산지평균가격 (③)월령 송아지 가격의 암송아지는 (④)%, 수송아지는 (⑤)% 적용한다.

(1) ① 평균 (2) ② 4~5 (4) ③ 6~7 ④ 85 ⑤ 80

[해설]
한우의 보험가액 산정은 연령(월령)을 기준으로 6개월령 이하와 7개월령 이상으로 구분하여 다음과 같이 산정한다.
(1) 연령(월령)이 1개월 이상 6개월 이하인 경우
　　보험가액 = 「농협축산정보센터」에 등재된 전전월 전국산지 (① 평균) 송아지 가격 (연령(월령) 2개월 미만(질병사
　　고는 3개월미만)일때는 50% 적용)
(2) 「농협축산정보센터」에 등재된 송아지 가격이 없는 경우[연령(월령)이 1개월 이상 3개월 이하인 경우]
　　보험가액 = 「농협축산정보센터」에 등재된 전전월 전국산지평균가격 (② 4~5월령) 송아지 가격 (단. 연령(월령)이
　　2개월 미만(질병사고는 3개월 미만)일때는 50% 적용).
(3) 「농협축산정보센터」에 등재된 4~5월령 송아지 가격이 없는 경우(아래 ②의 4~5월령 송아지 가격을 적용)
(4) 연령(월령)이 4개월 이상 5개월 이하인 경우
　　보험가액 = 「농협축산정보센터」에 등재된 전전월 전국산지평균가격 (③ 6~7)월령 송아지 가격의 암송아지는
　　(④ 85)%, 수송아지는 (⑤ 80)% 적용한다.

★13. 다음 " 가금류 종계의 보험가액 산정"에 관한 각 (　　)에 알맞은 말을 쓰시오.

종 계	해당주령	보 험 가 액
병아리	생후 2주 이하	사고 당일 포함 직전 5영업일의 육용 종계 병아리 평균가격
성계	생후 3~6주	(　　①　　)
	생후 7~30주	(　　②　　)
	생후 31주	(　　③　　)
	생후 32~61주	(　　④　　)
	생후 62주~64주	(　　⑤　　)
노계	생후 65주 이상	사고 당일 포함 직전 5영업일의 종계 성계육 평균가격

① 31주령 가격 x 30% ② 31주령 가격 x (100%–((31주령–사고주령) x 2.8%)) ③ 회사와 계약당시 협정한 가액
④ 31주령 가격 x (100%–((사고주령–31주령) x2.6%)) ⑤ 31주령 가격 x 20%

[해설]

종 계	해당주령	보 험 가 액
병아리	생후 2주 이하	사고 당일 포함 직전 5영업일의 육용 종계 병아리 평균가격
성계	생후 3~6주	(① 31주령 가격 x 30%)
	생후 7~30주	(② 31주령 가격 x (100%-((31주령-사고주령) x 2.8%)))
	생후 31주	(③ 회사와 계약당시 협정한 가액)
	생후 32~61주	(④ 31주령 가격 x (100%-((사고주령-31주령) x2.6%)))
	생후 62주~64주	(⑤ 31주령 가격 x 20%)
노계	생후 65주 이상	사고 당일 포함 직전 5영업일의 종계 성계육 평균가격

★14. 다음 "가금류 산란계의 보험가액 산정"에 관한 각 (   )에 알맞은 말을 쓰시오.

산란계	해당주령	보험가액
병아리	생후 1주 이하	사고 당일 포함 직전 5영업일의 산란실용계 병아리 평균가격
	(1) ( )	산란실용계병아리가격 + ((산란중추가격 - 산란실용계 병아리가격) ÷ 9) × (사고주령 - 1주령)
중추	생후 10~15주	사고 당일 포함 직전 5영업일의 산란중추 평균가격
	(2) ( )	산란중추가격 + ((20주 산란계가격-산란중추가격) ÷ 5) × (사고주령 - 15주령)
산란계	(3) ( )	(550일 - 사고일령) × 70% × (사고 당일 포함 직전 5영업일의 계란 1개 평균가격 - 계란 1개의 생산비)
산란노계	생후 71주 이상	사고 당일 포함 직전 5영업일의 산란성계육 평균가격

※ 계란 1개 평균가격은 중량규격(왕란/특란/대란이하)별 사고 당일 포함 직전 5영업일 평균가격을 중량규격별 비중으로 가중평균한 가격을 말한다.
(4) (   ) : 왕란(2.0%), 특란(53.5%), 대란 이하(44.5%)
(5) (   ) : 77원으로 한다.
※ 사고 당일 포함 직전 5영업일의 계란 1개 평균가격에서 계란 1개의 생산비를 공제한 결과가 10원 이하인 경우 10원으로 한다.

정답 및 해설

(1) 생후 2~9주 (2) 생후 16~19주 (3) 생후 20~70주 (4) 중량규격별 비중 (5) 산란계의 계란 1개의 생산비

[해설]

산란계	해당주령	보험가액
병아리	생후 1주 이하	사고 당일 포함 직전 5영업일의 산란실용계 병아리 평균가격
	(1) 생후 2~9주	산란실용계병아리가격 + ((산란중추가격 - 산란실용계 병아리가격) ÷ 9) × (사고주령 - 1주령)
중추	생후 10~15주	사고 당일 포함 직전 5영업일의 산란중추 평균가격
	(2) 생후 16~19주	산란중추가격 + ((20주 산란계가격-산란중추가격) ÷ 5) × (사고주령 - 15주령)
산란계	(3) 생후 20~70주	(550일 - 사고일령) × 70% × (사고 당일 포함 직전 5영업일의 계란 1개 평균가격 - 계란 1개의 생산비)
산란노계	생후 71주 이상	사고 당일 포함 직전 5영업일의 산란성계육 평균가격

※ 계란 1개 평균가격은 중량규격(왕란/특란/대란이하)별 사고 당일 포함 직전 5영업일 평균가격을 중량규격별 비중으로 가중평균한 가격을 말한다.
(4) 중량규격별 비중 : 왕란(2.0%), 특란(53.5%), 대란 이하(44.5%)
(5) 산란계의 계란 1개의 생산비 : 77원으로 한다.
※ 사고 당일 포함 직전 5영업일의 계란 1개 평균가격에서 계란 1개의 생산비를 공제한 결과가 10원 이하인 경우 10원으로 한다.

★15. 다음 " 가금류의 보험가액 산정"에 관한 각 (   )에 알맞은 말을 쓰시오.

(1) (   )의 보험가액

육계	주령	보험가액
병아리	생후 1주 미만	사고 당일 포함 직전 5영업일의 육용실용계 병아리 평균가격
육계	생후 1주 이상	사고 당일 포함 직전 5영업일의 육용실용계 평균가격(원/kg)에 발육표준표 해당 일령 사고 육계의 중량을 곱한 금액

(2) (   )의 보험가액

토종닭	주령	보험가액
병아리	생후 1주 미만	사고 당일 포함 직전 5영업일의 토종닭 병아리 평균가격
토종닭	생후 1주 이상	사고 당일 포함 직전 5영업일의 토종닭 평균가격(원/kg)에 발육표준표 해당 일령 사고 토종닭의 중량을 곱한 금액 단, 위 금액과 사육계약서상의 중량별 매입단가 중 작은 금액을 한도로 한다.

(3) (   )의 보험가액

구 분	해당 주령	보험가액
종 란	-	회사와 계약당시 협정한 가액
병아리	생후 1주 미만	사고당일 포함 직전 5영업일의 육용실용계 병아리 평균가격

(4) (   )의 보험가액

오리	주령	보험가액
새끼오리	생후 1주 미만	사고 당일 포함 직전 5영업일의 새끼오리 평균가격
오리	생후 1주 이상	사고 당일 포함 직전 5영업일의 생체오리 평균가격(원/kg)에 발육표준표 해당 일령 사고 오리의 중량을 곱한 금액

정답 및 해설

(1) 육계 (2) 토종닭 (3) 부화장 (4) 오리

16. 가축재해보험 "꿀벌"의 경우 보상하는 벌통에 대하여 서술하시오.

【"꿀벌"의 경우 보상하는 벌통】

(1) 서양종(양봉) :
(2) 동양종(토종벌, 한봉) :

> **정답 및 해설**
>
> (1) 서양종(양봉) : 꿀벌이 있는 상태의 소비(巢脾)가 3매 이상 있는 벌통
> (2) 동양종(토종벌, 한봉) : 봉군(蜂群)이 있는 상태의 벌통

17. 가축재해보험 "축사특약"에서 "지진피해"시 손해를 담보하는 최저기준 5가지에 대하여 서술하시오.

【"축사특약"에서 "지진피해"시 손해를 담보하는 최저기준】

(1)
(2)
(3)
(4)
(5)

> **정답 및 해설**
>
> (1) 기둥의 1개 이하를 해체하여 수선 또는 보강하는 것
> (2) 보의 1개 이하를 해체하여 수선 또는 보강하는 것
> (3) 지붕틀의 1개 이하를 해체하여 수선 또는 보강하는 것
> (4) 기둥, 보, 지붕틀, 벽 등에 2m 이하의 균열이 발생한 것
> (5) 지붕재의 2㎡ 이하를 수선하는 것

18. 돼지를 사육하는 축산농가에서 화재가 발생하여 사육장이 전소되고 사육장내 돼지가 모두
폐사하였다. (1)【계약 및 조사내용】을 참조하여 (2) 보험금을 구하시오.

(1)【계약 및 조사내용】

보험가입 금액(만원)	사육 두수(두)	두당 단가(만원)	자기 부담금	잔존물 처리비용(만원)	잔존물 보전비용(만원)
1,000	30	50	보험금의 10%	150	10

(2) 보험금 :

정답 및 해설

(2) 보험금 = 보험가액이 가입금액보다 크므로 보험가입금액 한도로 비례보상

$$보험금 = [(15,000,000) \times \frac{10,000,000}{15,000,000}] \times (1-0.1)+100,000+(1,500,000 \times \frac{10,000,000}{15,000,000})$$

$$= 900만원+10만원+100만원 = 10,100,000원$$

㉠ 보험가액 = 30(두) × 500,000[50만]원/1두 = 15,000,000[천오백만]원
㉡ 손해액 = 15,000,000[천오백만]원
㉢ 잔존물 처리비용 = 1,500,000[백오백만]원
   * 잔존물 처리비용은 손해액 15,000,000[천오백만]원의 10%를 초과할 수 없다.
     15,000,000[천오백만]원× 10%
㉣ 잔존물보전비용 = 100,000[십만]원

【비용손해의 지급한도】
가축보험에서는 잔존물처리비용, 손해방지비용, 대위권보전비용, 잔존물 보전비용, 기타 협력비용 등 5가지 비용손해
를 보상하는 비용손해로 규정하고 있는데 이러한 비용손해의 지급한도는 다음과 같다.
1) 가축보험 약관상 보험의 목적이 입은 손해에 의한 보험금과 약관에서 규정하는 잔존물 처리비용은 각각 지급보험
   금의 계산을 준용하여 계산하며, 그 합계액은 보험증권에 기재된 보험 가입금액을 한도로 한다. 다만, 잔존물 처리
   비용은 손해액의 10%를 초과할 수 없다.
2) 비용손해 중 손해방지비용, 대위권 보전비용 및 잔존물 보전비용은 약관상 지급보험금의 계산을 준용하여 계산한
   금액이 보험 가입 금액을 초과하는 경우에도 이를 지급한다. 단, 이 경우에 자기부담금은 차감하지 않는다.
3) 비용손해 중 기타 협력비용은 보험 가입금액을 초과한 경우에도 이를 전액 지급한다.
   일부보험이나 중복보험인 경우에는 **손해방지비용, 대위권 보전비용 및 잔존물 보전비용**은 상기 비례분담 방식 등
   으로 계산하며 자기부담금은 공제하지 않고 계산한 금액이 보험 가입금액을 초과하는 경우도 지급하고 **협력비용**
   은 일부보험이나 중복보험인 경우에도 비례분담 방식 등으로 계산하지 않고 전액 지급하며 보험 가입금액을 초과
   한 경우에도 전액 지급한다.

19. 가축재해보험 "축사특약" 보험금 산정방법에 따라 (1)【계약 및 조사내용】에 근거하여 (2) 보험금을 구하시오.(단, 주어진 조건 외 다른 것은 고려하지 않으며, 1만원 미만 절사)

    (1)【계약 및 조사내용】

축사전손손해액(수재)	보험가액	보험가입금액	손해방지비용
2,000만원	2,600만원	1,820만원	200만원

    (2) 보험금 :

정답 및 해설

(2) 보험금

$$= (손해액 \times \frac{보험가입금액}{보험가액 \times 80\%}) - 1사고당 \ 자기부담금(50만원) + 손해방지비용(125만원)$$

$$= 2,000만원 \times \frac{1,820만원}{2,600만원 \times 80\%} - 500,000원 + 1,250,000원 = 18,250,000원$$

※ 【보험 가입금액(1,820만원)이 보험가액(2,600만원)의 80% 해당액(2,080만원)보다 작을 때(일부보험)】
   ㉠ 풍재, 수재, 설해, 지진으로 인한 손해일 경우 1사고당 자기부담금 50만원 차감
   ㉡ 손해방지비용 = 200만원 $\times \frac{1,820만원}{2,600만원 \times 80\%}$ - 500,000원 = 1,250,000원

---

20. 가축재해보험 "돼지" 축종에 대한 (1)【계약 및 조사내용】을 이용하여 보상이 결정된 "돼지 질병위험보장 특약" (2) 보험금을 구하시오.(단, 주어진 조건 외 다른 조건은 고려하지 않음)

    (1)【계약 및 조사내용】

사고모돈돈수	자돈가격	자기부담비율	보험가입금액
50두	200,000원	20%	2,000만원

    (2) 보험금 :

(2) 보험금 = 손해액 × (보험가입금액/보험가액) − 자기부담금

        = 손해액(2,500만원) × (2,000/2,500)만원 − 자기부담금

        = 2,000만원 − (2,000(이천)만원 × 0.2)

        = 2,000만원 − (400만원)

        = 16,000,000(천육백만)원

  ㉠ 보험가액 = 모돈돈수 × 2.5 × 자돈가격

          = 50두 × 2.5 × 200,000(이십만)원

          = 25,000,000(이천오백만)원

  ㉡ 자기부담금 : 2,000(이천)만원 × 0.2 = 400만원 ≫ 200만원)

    특약에서 자기부담금은 보통약관 지급보험금 계산방식에 따라서 계산한 금액(보험가입금액 2,000만원)에서 보험증권에 기재된 자기부담비율(20%)을 곱한 금액과 200만 원 중 큰 금액을 자기부담금으로 한다.

21. 다음 (1)【계약 및 조사내용】의 조건을 이용하여 가축재해보험 "돼지 축산휴지위험보장 특약"에 따른 (2) 보험금을 구하시오.

(1)【계약 및 조사내용】

종빈돈수	1두당 비육돈 100kg 기준 평균가격	경영비	보험가입금액
100두	600,000원	480,000원	8,000만원

(2) 보험금 :

(2) 보험금 = 손해액 × (보험가입금액/보험가액)

        = 1억2천만원 × (8,000만원/1억2천만원)

        = 8,000만원

  ㉠ 손해액 = 종빈돈 × 10 × 1두당 비육돈(100kg 기준)평균가격 × 이익률

         = 100 × 10 × 600,000원 × 0.2

         = 1억2천만원

  ㉡ 이익률 = (1두당 비육돈(100kg 기준)의 평균가격 − 경영비) ÷ 1두당 비육돈(100kg 기준)의 평균가격

         = 20%

22. 가축재해보험에서 "보험금 지급의 면·부책 판단의 요건"에 대하여 기술하시오.

【보험금 지급의 면·부책 판단의 요건】

(1)

(2)

(3)

(4)

(1) 보험기간 내에 보험약관에서 담보하는 사고인지 여부
(2) 원인이 되는 사고와 결과적인 손해사이의 상당 인과 관계 여부
(3) 보험사고가 상법과 보험약관에서 정하고 있는 면책조항에 해당되는지 여부
(4) 약관에서 보상하는 손해 및 보상하지 아니하는 손해 조항 이외에도 알릴 의무 위반 효과에 의거 손해보상책임이 달라질 수 있으므로 주의

23. "보험사기"의 성립요건에 대하여 간단하게 서술하시오.

【보험사기의 성립요건】

(1)

(2)

(3)

(4)

(5)

(1) **계약자 또는 보험 대상자에게 고의가 있을 것**
계약자 또는 보험 대상자의 고의에 보험자를 기망하여 착오에 빠뜨리는 고의와 그 착오로 인해 승낙의 의사표시를 하게 하는 것 등을 말한다.
(2) **기망행위가 있을 것**
기망이란 허위진술을 하거나 진실을 은폐하는 것, 통상 진실이 아닌 사실을 진실이라 표시하는 행위를 말하거나 알려야 할 경우에 침묵, 진실을 은폐하는 것도 기망행위에 해당한다.
(3) **상대방인 보험자가 착오에 빠지는 것**
상대방인 보험자가 착오에 빠지는 것에 대하여 보험자의 과실 유무는 문제되지 않는다.
(4) **상대방인 보험자가 착오에 빠져 그 결과 승낙의 의사표시를 한 것**
착오에 빠진 것과 그로 인해 승낙 의사표시 한 것과 인과관계 필요하다.
(5) **사기가 위법일 것**
사회생활상 신의성실의 원칙에 반하지 않는 정도의 기망 행위는 보통 위법성이 없다고 해석한다.

부록

[별표]

※ [별표 수정된 파일] 참조하세요

[별표 1] 품목별 표본주(구간)수 표

<사과, 배, 단감, 떫은감, 포도(수입보장 포함), 복숭아, 자두, 감귤(만감류), 밤, 호두, 무화과>

조사대상주수	표본주수
50주 미만	5
50주 이상 100주 미만	6
100주 이상 150주 미만	7
150주 이상 200주 미만	8
200주 이상 300주 미만	9
300주 이상 400주 미만	10
400주 이상 500주 미만	11
500주 이상 600주 미만	12
600주 이상 700주 미만	13
700주 이상 800주 미만	14
800주 이상 900주 미만	15
900주 이상 1,000주 미만	16
1,000주 이상	17

<유자>

조사대상주수	표본주수	조사대상주수	표본주수
50주 미만	5	200주 이상, 500주 미만	8
50주 이상, 100주 미만	6	500주 이상, 800주 미만	9
100주 이상, 200주 미만	7	800주 이상	10

<참다래, 매실, 살구, 대추, 오미자>

참다래		매실, 대추, 살구		오미자	
조사대상주수	표본주수	조사대상주수	표본주수	조사대상 유인틀 길이	표본주수
50주 미만	5	100주 미만	5	500m 미만	5
50주 이상 100주 미만	6	100주 이상 300주 미만	7	500m 이상 1,000m 미만	6
100주 이상 200주 미만	7	300주 이상 500주 미만	9	1,000m 이상 2,000m 미만	7
200주 이상 500주 미만	8	500주 이상 1,000주 미만	12	2,000m 이상 4,000m 미만	8
500주 이상 800주 미만	9	1,000주 이상	16	4,000m 이상 6,000m 미만	9
800주 이상	10			6,000m 이상	10

<오디, 복분자, 감귤>

오디		복분자		감귤	
조사대상주수	표본주수	가입포기수	표본포기수	가입면적	표본주수
50주 미만	6	1,000포기 미만	8	5,000㎡ 미만	4
50주 이상 100주 미만	7	1,000포기 이상 1,500포기 미만	9	10,000㎡ 미만	6
100주 이상 200주 미만	8	1,500포기 이상 2,000포기 미만	10	10,000㎡ 이상	8
200주 이상 300주 미만	9	2,000포기 이상 2,500포기 미만	11		
300주 이상 400주 미만	10	2,500포기 이상 3,000포기 미만	12		
400주 이상 500주 미만	11	3,000포기 이상	13		
500주 이상 600주 미만	12				
600주 이상	13				

<벼, 밀, 보리, 귀리>

조사대상면적	표본구간	조사대상면적	표본구간
2,000㎡ 미만	3	4,000㎡ 이상 5,000㎡ 미만	6
2,000㎡ 이상 3,000㎡ 미만	4	5,000㎡ 이상 6,000㎡ 미만	7
3,000㎡ 이상 4,000㎡ 미만	5	6,000㎡ 이상	8

<고구마, 양파, 마늘, 옥수수, 양배추>

※ 수입보장 포함

조사대상면적	표본구간	조사대상면적	표본구간
1,500㎡ 미만	4	3,000㎡ 이상, 4,500㎡ 미만	6
1,500㎡ 이상, 3,000㎡ 미만	5	4,500㎡ 이상	7

<감자, 차, 콩, 팥>

※ 수입보장 포함

조사대상면적	표본구간	조사대상면적	표본구간
2,500㎡ 미만	4	7,500㎡ 이상, 10,000㎡ 미만	7
2,500㎡ 이상, 5,000㎡ 미만	5	10,000㎡ 이상	8
5,000㎡ 이상, 7,500㎡ 미만	6		

<인삼>

피해칸수	표본칸수	피해칸수	표본칸수
300칸 미만	3칸	900칸 이상 1,200칸 미만	7칸
300칸 이상 500칸 미만	4칸	1,200칸 이상 1,500칸 미만	8칸
500칸 이상 700칸 미만	5칸	1,500칸 이상, 1,800칸 미만	9칸
700칸 이상 900칸 미만	6칸	1,800칸 이상	10칸

<고추, 메밀, 브로콜리, 배추, 무, 단호박, 파, 당근, 시금치(노지), 양상추>

실제경작면적 또는 피해면적	표본구간(이랑) 수
3,000㎡ 미만	4
3,000㎡ 이상, 7,000㎡ 미만	6
7,000㎡이상, 15,000㎡ 미만	8
15,000㎡ 이상	10

[별표 2] 농작물재해보험 미보상비율 적용표

<감자, 고추 제외 전 품목>

구분	제초 상태	병해충 상태	기타
해당 없음	0%	0%	0%
미흡	10% 미만	10% 미만	10% 미만
불량	20% 미만	20% 미만	20% 미만
매우 불량	20% 이상	20% 이상	20% 이상

미보상 비율은 보상하는 재해 이외의 원인이 조사 농지의 수확량 감소에 영향을 준 비율을 의미하여 제초 상태, 병해충 상태 및 기타 항목에 따라 개별 적용한 후 해당 비율을 합산하여 산정한다.

1. 제초 상태(과수품목은 피해율에 영향을 줄 수 있는 잡초만 해당)

가) 해당 없음 : 잡초가 농지 면적의 20% 미만으로 분포한 경우

나) 미흡 : 잡초가 농지 면적의 20% 이상 40% 미만으로 분포한 경우

다) 불량 : 잡초가 농지 면적의 40% 이상 60% 미만으로 분포한 경우 또는 경작불능조사 진행건이나 정상적인 영농활동 시행을 증빙하는 자료(비료 및 농약 영수증 등)가 부족한 경우

라) 매우 불량 : 잡초가 농지 면적의 60% 이상으로 분포한 경우 또는 경작불능조사 진행건이나 정상적인 영농활동 시행을 증빙하는 자료(비료 및 농약 영수증 등)가 없는 경우

2. 병해충 상태(각 품목에서 별도로 보상하는 병해충은 제외)

가) 해당 없음 : 병해충이 농지 면적의 20% 미만으로 분포한 경우

나) 미흡 : 병해충이 농지 면적의 20% 이상 40% 미만으로 분포한 경우

다) 불량 : 병해충이 농지 면적의 40% 이상 60% 미만으로 분포한 경우 또는 경작불능조사 진행건이나 정상적인 영농활동 시행을 증빙하는 자료(비료 및 농약 영수증 등)가 부족한 경우

라) 매우 불량 : 병해충이 농지 면적의 60% 이상으로 분포한 경우 또는 경작불능조사 진행건이나 정상적인 영농활동 시행을 증빙하는 자료(비료 및 농약 영수증 등)가 없는 경우

3. 기타 : 영농기술 부족, 영농 상 실수 및 단순 생리장애 등 보상하는 손해 이외의 사유로 피해가 발생한 것으로 추정되는 경우 [해거리, 생리장애(원소결핍 등), 시비관리, 토양관리(연작 및 pH과다·과소 등), 전정(강전정 등), 조방재배, 재식밀도(인수기준 이하), 농지상태(혼식, 멀칭, 급배수 등), 가입이전 사고 및 계약자 중과실손해, 자연감모, 보상재해이외

(종자불량, 일부가입 등)]에 적용

가) 해당 없음 : 위 사유로 인한 피해가 없는 것으로 판단되는 경우

나) 미흡 : 위 사유로 인한 피해가 10% 미만으로 판단되는 경우

다) 불량 : 위 사유로 인한 피해가 20% 미만으로 판단되는 경우

라) 매우 불량 : 위 사유로 인한 피해가 20% 이상으로 판단되는 경우

<감자, 고추 품목>

구분	제초 상태	기타
해당 없음	0%	0%
미흡	10% 미만	10% 미만
불량	20% 미만	20% 미만
매우 불량	20% 이상	20% 이상

미보상 비율은 보상하는 재해 이외의 원인이 조사 농지의 수확량 감소에 영향을 준 비율을 의미하여 제초 상태, 병해충 상태 및 기타 항목에 따라 개별 적용한 후 해당 비율을 합산하여 산정한다.

1. 제초 상태(과수품목은 피해율에 영향을 줄 수 있는 잡초만 해당)

가) 해당 없음 : 잡초가 농지 면적의 20% 미만으로 분포한 경우

나) 미흡 : 잡초가 농지 면적의 20% 이상 40% 미만으로 분포한 경우

다) 불량 : 잡초가 농지 면적의 40% 이상 60% 미만으로 분포한 경우 또는 경작불능조사 진행건이나 정상적인 영농활동 시행을 증빙하는 자료(비료 및 농약 영수증 등)가 부족한 경우

라) 매우 불량 : 잡초가 농지 면적의 60% 이상으로 분포한 경우 또는 경작불능조사 진행건이나 정상적인 영농활동 시행을 증빙하는 자료(비료 및 농약 영수증 등)가 없는 경우

2. 기타 : 영농기술 부족, 영농 상 실수 및 단순 생리장애 등 보상하는 손해 이외의 사유로 피해가 발생한 것으로 추정되는 경우 [해거리, 생리장애(원소결핍 등), 시비관리, 토양관리(연작 및 pH과다·과소 등), 전정(강전정 등), 조방재배, 재식밀도(인수기준 이하), 농지상태(혼식, 멀칭, 급배수 등), 가입이전 사고 및 계약자 중과실손해, 자연감모, 보상재해이외(종자불량, 일부가입 등)]에 적용

가) 해당 없음 : 위 사유로 인한 피해가 없는 것으로 판단되는 경우

나) 미흡 : 위 사유로 인한 피해가 10% 미만으로 판단되는 경우

다) 불량 : 위 사유로 인한 피해가 20% 미만으로 판단되는 경우

라) 매우 불량 : 위 사유로 인한 피해가 20% 이상으로 판단되는 경우

[별표 3] 과실 분류에 따른 피해인정계수

<복숭아>

과실분류	피해인정계수	비고
정상과	0	피해가 없거나 경미한 과실
50%형 피해과실	0.5	일반시장에 출하할 때 정상과실에 비해 50% 정도의 가격하락이 예상되는 품질의 과실(단, 가공공장공급 및 판매 여부와 무관)
80%형 피해과실	0.8	일반시장 출하가 불가능하나 가공용으로 공급될 수 있는 품질의 과실(단, 가공공장공급 및 판매 여부와 무관)
100%형 피해과실	1	일반시장 출하가 불가능하고 가공용으로도 공급될 수 없는 품질의 과실
병충해 피해과실	0.5	세균구멍병 피해를 입은 과실

<복숭아 외 과실>

과실분류	피해인정계수	비고
정상과	0	피해가 없거나 경미한 과실
50%형 피해과실	0.5	일반시장에 출하할 때 정상과실에 비해 50%정도의 가격하락이 예상되는 품질의 과실 (단, 가공공장공급 및 판매 여부와 무관)
80%형 피해과실	0.8	일반시장 출하가 불가능하나 가공용으로 공급될 수 있는 품질의 과실 (단, 가공공장공급 및 판매 여부와 무관)
100%형 피해과실	1	일반시장 출하가 불가능하고 가공용으로도 공급될 수 없는 품질의 과실

<감귤(온주밀감류)>

과실분류		비고
정상과실	0	무피해 과실 또는 보상하는 재해로 과피 전체 표면 면적의 10%내로 피해가 있는 경우
등급 내 피해과실	30%형	보상하는 재해로 과육은 피해가 없고 과피 전체 표면 면적의 10% 이상 30% 미만의 피해가 있는 경우
	50%형	보상하는 재해로 과육은 피해가 없고 과피 전체 표면 면적의 30% 이상 50% 미만의 피해가 있는 경우
	80%형	보상하는 재해로 과육은 피해가 없고 과피 전체 표면 면적의 50% 이상 80% 미만의 피해가 있는 경우
	100%형	보상하는 재해로 과피 전체 표면 면적의 80% 이상 피해가 있거나 과육의 부패 및 무름등의 피해가 있는 경우

등급 외 피해과실	30%형	[제주특별자치도 감귤생산 및 유통에 관한 조례시행규칙] 제 18조 4항에 준하여 과실의 크기만으로 등급 외 크기이면서 무피해 과실 또는 보상하는 재해로 과피 및 과육 피해가 없는 경우를 말함
	50%형	[제주특별자치도 감귤생산 및 유통에 관한 조례시행규칙] 제 18조 4항에 준하여 과실의 크기만으로 등급 외 크기이면서 보상하는 재해로 과육은 피해가 없고 과피 전체 표면 면적의 10%이상 피해가 있으며 과실 횡경이 71mm 이상인 경우를 말함
	80%형	[제주특별자치도 감귤생산 및 유통에 관한 조례시행규칙] 제 18조 4항에 준하여 과실의 크기만으로 등급 외 크기이면서 보상하는 재해로 과육은 피해가 없고 과피 전체 표면 면적의 10%이상 피해가 있으며 과실 횡경이 49mm 미만인 경우를 말함
	100%형	[제주특별자치도 감귤생산 및 유통에 관한 조례시행규칙] 제 18조 4항에 준하여 과실의 크기만으로 등급 외 크기이면서 과육부패 및 무름 등의 피해가 있어 가공용으로도 공급 될 수 없는 과실을 말함

[별표 4] 매실 품종별 과실 비대추정지수

조사일	남고	백가하	재래종	천매
30일전	2.871	3.411	3.389	3.463
29일전	2.749	3.252	3.227	3.297
28일전	2.626	3.093	3.064	3.131
27일전	2.504	2.934	2.902	2.965
26일전	2.381	2.775	2.740	2.800
25일전	2.258	2.616	2.577	2.634
24일전	2.172	2.504	2.464	2.518
23일전	2.086	2.391	2.351	2.402
22일전	2.000	2.279	2.238	2.286
21일전	1.914	2.166	2.124	2.171
20일전	1.827	2.054	2.011	2.055
19일전	1.764	1.972	1.933	1.975
18일전	1.701	1.891	1.854	1.895
17일전	1.638	1.809	1.776	1.815
16일전	1.574	1.728	1.698	1.735
15일전	1.511	1.647	1.619	1.655
14일전	1.465	1.598	1.565	1.599
13일전	1.419	1.530	1.510	1.543
12일전	1.373	1.471	1.455	1.487
11일전	1.326	1.413	1.400	1.431
10일전	1.280	1.355	1.346	1.375
9일전	1.248	1.312	1.300	1.328
8일전	1.215	1.270	1.254	1.281
7일전	1.182	1.228	1.208	1.234
6일전	1.149	1.186	1.162	1.187
5일전	1.117	1.144	1.116	1.140
4일전	1.093	1.115	1.093	1.112
3일전	1.070	1.096	1.070	1.084
2일전	1.047	1.057	1.046	1.056
1일전	1.023	1.029	1.023	1.028
수확일	1	1	1	1

※ 위에 없는 품종은 남고를 기준으로 함 (출처 : 국립원예특작과학원)

[별표 5] 무화과 품목 사고발생일에 따른 잔여수확량 비율

사고발생 월	잔여수확량 산정식(%)
8월	{100 - (1.06 × 사고발생일자))
9월	{(100 - 33) - (1.13 × 사고발생일자)}
10월	{(100 - 67) - (0.84 × 사고발생일자)}

[별표 6] 손해정도에 따른 손해정도비율

손해정도	1%~20%	21%~40%	41%~60%	61%~80%	81%~100%
손해정도비율	20%	40%	60%	80%	100%

[별표 7] 고추 병충해 등급별 인정비율

등급	종류	인정비율
1등급	역병, 풋마름병, 바이러스병, 세균성점무늬병, 탄저병	70%
2등급	잿빛곰팡이병, 시들음병, 담배가루이, 담배나방	50%
3등급	흰가루병, 균핵병, 무름병, 진딧물 및 기타	30%

[별표 8] 동일한 계약의 목적과 사고에 관한 보험금 계산방법

(1) 다른 계약이 이 계약과 지급보험금의 계산 방법이 같은 경우

$$\text{손해액} \times \frac{\text{이 계약의 보험가입금액}}{\text{다른 계약이 없는 것으로 하여 각각 계산한 보험가입금액의 합계액}}$$

(2) 다른 계약이 이 계약과 지급보험금의 계산 방법이 다른 경우

$$\text{손해액} \times \frac{\text{이 계약에 의한 보험금}}{\text{다른 계약이 없는 것으로 하여 각각 계산한 보험금의 합계액}}$$

[별표 9] 품목별 감수과실수 및 피해율 산정방법

1. 적과전 종합위험방식 과수 품목 감수과실수 산정방법

품목	조사시기	재해종류	조사종류	감수과실수 산정 방법
사과 · 배 · 단감 · 떫은감	적과 종료 이전	자연재해 · 조수해 · 화재	피해사실 확인조사	□ 적과종료이전 사고는 보상하는 재해(자연재해, 조수해, 화재)가 중복해서 발생한 경우에도 아래 산식을 한번만 적용함 ○ 착과감소과실수 = 최솟값(평년착과수 − 적과후착과수, 최대인정감소과실수) ○ 적과종료이전의 미보상감수과실수 = {(착과감소과실수 × 미보상비율) + 미보상주수 감수과실수} ※ 적과전 사고 조사에서 미보상비율적용은 미보상비율조사값 중 가장 큰값만 적용 □ 적과종료이전 최대인정감소량(5종 한정 특약 가입건 제외) 사고접수 건 중 피해사실확인조사결과 모든 사고가"피해규모 일부"인 경우만 해당하며, 착과감소량(과실수)이 최대인정감소량(과실수)을 초과하는 경우에는 최대인정감소량(과실수)을 착과감소량(과실수)으로 함 ○ 최대인정감소량 = 평년착과량 × 최대인정피해율 ○ 최대인정감소과실수 = 평년착과수 × 최대인정피해율 　- 최대인정피해율 = 피해대상주수(고사주수, 수확불능주수, 일부피해주수) ÷ 실제결과주수 　※ 해당 사고가 2회 이상 발생한 경우에는 사고별 피해대상주수를 누적하여 계산 □ 적과종료이전 최대인정감소량(5종 한정 특약 가입건만 해당) 「적과종료이전 특정위험 5종 한정 보장특별약관」가입 건에 적용되며, 착과감소량(과실수)이 최대인정감소량(과실수)을 초과하는 경우에는 최대인정감소량(과실수)을 착과감소량(과실수)으로 함 ○ 최대인정감소량 = 평년착과량 × 최대인정피해율 ○ 최대인정감소과실수 = 평년착과수 × 최대인정피해율 ※ 최대인정피해율은 아래의 값 중 가장 큰 값 　- 나무피해 　　• (유실, 매몰, 도복, 절단(1/2), 소실(1/2), 침수주수) ÷ 실제결과주수 　　　단, 침수주수는 침수피해를 입은 나무수에 과실침수율을 곱하여 계산함 　　• 해당 사고가 2회 이상 발생한 경우에는 사고별 나무피해주수를 누적하여 계산 　- 우박피해에 따른 유과타박률 　　• 최댓값(유과타박률1, 유과타박률2, 유과타박률3, …)

		- 6월 1일부터 적과종료 이전까지 단감·떫은감의 낙엽피해에 따른 인정피해율 • 최댓값(인정피해율1, 인정피해율2, 인정피해율3, …)
자연재해	해당 조사없음	□ 적과종료 이전 자연재해로 인한 적과종료 이후 착과 손해 감수과실수 - 적과후착과수가 평년착과수의 60%미만인 경우, 감수과실수 = 적과후착과수 × 5% - 적과후착과수가 평년착과수의 60%이상 100%미만인 경우, 감수과실수 = 적과후착과수 × 5% × $\dfrac{100\% - 착과율}{40\%}$, 착과율 = 적과후착과수 ÷ 평년착과수 ※ 상기 계산된 감수과실수는 적과종료 이후 누적감수량에 합산하며, 적과종료 이후 착과피해율(max A 적용)로 인식함 ※ 적과전종합방식(Ⅱ)가입 건 중「적과종료이전 특정위험 5종 한정 보장특별약관」미가입시에만 적용

품목	조사시기	재해종류	조사종류	감수과실수 산정 방법
사과 · 배	적과 종료 이후	태풍 (강풍) · 화재 · 지진 · 집중호우	낙과피해 조사	◦ 낙과 손해(전수조사) : 총낙과과실수 × (낙과피해구성률 - max A) × 1.07 ◦ 낙과 손해(표본조사) : (낙과과실수 합계 / 표본주수) × 조사대상주수 × (낙과피해구성률 - max A) × 1.07 ※ 낙과 감수과실수의 7%를 착과손해로 포함하여 산정 ☞ max A : 금차 사고전 기조사된 착과피해구성률 중 최댓값을 말함 ☞ "(낙과피해구성률 - max A)"의 값이 영(0)보다 작은 경우 : 금차 감수과실수는 영(0)으로 함
			나무피해 조사	◦ 나무의 고사 및 수확불능 손해 - (고사주수 + 수확불능주수) × 무피해 나무 1주당 평균 착과수 × (1 - max A) ◦ 나무의 일부침수 손해 - (일부침수주수 × 일부침수나무 1주당 평균 침수 착과수) × (1 - max A) - max A : 금차 사고전 기조사된 착과피해구성률 또는 인정피해율 중 최댓값을 말함
		우박	낙과피해 조사	◦ 낙과 손해(전수조사) : 총낙과과실수 × (낙과피해구성률 - max A) ◦ 낙과 손해(표본조사) : (낙과과실수 합계 / 표본주수) × 조사대상주수 × (낙과피해구성률 - max A) ☞ max A : 금차 사고전 기조사된 착과피해구성률 중 최댓값을 말함 ☞ "(해당과실의 피해구성률 - max A)"의 값이 영(0)보다 작은 경우 : 금차 감수과실수는 영(0)으로 함
			착과피해 조사	◦ 사고당시 착과과실수 × (착과피해구성률 - max A) ☞ max A : 금차 사고전 기조사된 착과피해구성률 중 최댓값을 말함 ☞ "(해당과실의 피해구성률 - max A)"의 값이 영(0)보다 작은 경우 : 금차 감수과실수는 영(0)으로 함
		가을 동상해	착과피해 조사	◦ 사고당시 착과과실수 × (착과피해구성률 - max A) ☞ max A : 금차 사고전 기조사된 착과피해구성률 중 최댓값을 말함 ☞ "(착과피해구성률 - max A)"의 값이 영(0)보다 작은 경우 : 금차 감수과실수는 영(0)으로 함

품목	조사시기	재해종류	조사종류	감수과실수 산정 방법
단감 · 떫은감	적과 종료 이후	태풍 (강풍) · 화재 · 지진 · 집중호우	낙과피해 조사	○ 낙과 손해(전수조사) : 총낙과과실수 × (낙과피해구성률 - max A) ○ 낙과 손해(표본조사) : (낙과과실수 합계 / 표본주수) × 조사대상주수 × (낙과피해구성률 - max A) ☞ max A : 금차 사고전 기조사된 착과피해구성률 또는 인정피해율 중 최댓값을 말함 ☞ "(낙과피해구성률 - max A)"의 값이 영(0)보다 작은 경우 : 금차 감수과실수는 영(0)으로 함
			나무피해 조사	○ 나무의 고사 및 수확불능 손해 - (고사주수 + 수확불능주수) × 무피해 나무 1주당 평균 착과수 × (1 - max A) ○ 나무의 일부침수 손해 - (일부침수주수 × 일부침수나무 1주당 평균 침수 착과수) × (1 - max A) - max A : 금차 사고전 기조사된 착과피해구성률 또는 인정피해율 중 최댓값을 말함
			낙엽피해 조사	○ 낙엽 손해 - 사고당시 착과과실수 × (인정피해율 - max A) × (1 - 미보상비율) ☞ max A : 금차 사고전 기조사된 착과피해구성률 또는 인정피해율 중 최댓값을 말함 ☞ "(인정피해률 - max A)"의 값이 영(0)보다 작은 경우 : 금차 감수과실수는 영(0)으로 함 ☞ 미보상비율은 금차 사고조사의 미보상비율을 적용함
		우박	낙과피해 조사	○ 낙과 손해(전수조사) - 총낙과과실수 × (낙과피해구성률 - max A) ○ 낙과 손해(표본조사) - (낙과과실수 합계 / 표본주수) × 조사대상주수 × (낙과피해구성률 - max A) ☞ max A : 금차 사고전 기조사된 착과피해구성률 또는 인정피해율 중 최댓값을 말함 ☞ "(낙과피해구성률 - max A)"의 값이 영(0)보다 작은 경우 : 금차 감수과실수는 영(0)으로 함
			착과피해 조사	○ 착과 손해 - 사고당시 착과과실수 × (착과피해구성률 - max A) ☞ max A : 금차 사고전 기조사된 착과피해구성률 또는 인정피해율 중 최댓값을 말함 ☞ "(착과피해구성률 - max A)"의 값이 영(0)보다 작은 경우 : 금차 감수과실수는 영(0)으로 함

품목	조사시기	재해종류	조사종류	감수과실수 산정 방법

단감
·
떫은감
	적과
	종료
	이후
		가을
		동상해
			착과
			피해조사
				○ 착과 손해
				  - 사고당시 착과과실수 × (착과피해구성률 - max A)
				    ※ 단, '잎 피해가 인정된 경우에는 착과피해구성률을 아래와 같이 적용함
				
				착과피해구성률 =
				$\frac{(정상과실수×0.0031×잔여일수)+(50\%형피해과실수×0.5)+(80\%형피해과실수×0.8)+(100\%형피해과실수×1)}{정상과실수+50\%피해과실수+80\%피해과실수+100\%피해과실수}$
				  - 잔여일수 : 사고발생일부터 가을동상해 보장종료일까지 일자 수
				
				  - max A : 금차 사고전 기조사된 착과피해구성률 또는 인정피해율 중 최댓값을 말함
				    ※ "(착과피해구성률 - max A)"의 값이 영(0)보다 작은 경우 : 금차 감수과실수는 영(0)으로 함

사과
·
배
·
단감
·
떫은감
	적과
	종료
	이후
		일소피해	낙과
			·
			착과
			피해조사
				○ 낙과 손해 (전수조사 시) : 총낙과과실수 × (낙과피해구성률 - max A)
				○ 낙과 손해 (표본조사 시) : (낙과과실수 합계 ÷ 표본주수) × 조사대상주수 × (낙과피해구성률 - max A)
				  - max A : 금차 사고전 기조사된 착과피해구성률 또는 인정피해율 중 최댓값을 말함
				    ※ "(낙과피해구성률 - max A)"의 값이 영(0)보다 작은 경우 : 금차 감수과실수는 영(0)으로 함
				○ 착과손해
				  - 사고당시 착과과실수 × (착과피해구성률 - max A)
				  - max A : 금차 사고전 기조사된 착과피해구성률 또는 인정피해율 중 최댓값을 말함
				    ※ "(착과피해구성률 - max A)"의 값이 영(0)보다 작은 경우 : 금차 감수과실수는 영(0)으로 함
				○ 일소피해과실수 = 낙과 손해 + 착과 손해
				  - 일소피해과실수가 보험사고 한 건당 적과후착과수의 6%를 초과하는 경우에만 감수과실수로 인정
				  - 일소피해과실수가 보험사고 한 건당 적과후착과수의 6% 이하인 경우에는 해당 조사의 감수과실수는 영(0)으로 함

※ 용어 및 관련 산식

품목	조사종류	내 용
사과 · 배 · 단감 · 떫은감	공통	○ 조사대상주수 = 실제결과주수 - 고사주수 - 수확불능주수 - 미보상주수 - 수확완료주수 ○ 미보상주수 감수과실수 = 미보상주수 × 품종·재배방식·수령별 1주당 평년착과수 ○ 기준착과수 결정 　- 적과종료전에 인정된 착과감소과실수가 없는 과수원 : 기준착과수 = 적과후착과수 　- 적과종료전에 인정된 착과감소과실수가 있는 과수원 : 기준착과수 = 적과후착과수 　　+ 착과감소과실수
	나무피해 조사	○ 침수율 = $\dfrac{\text{침수 꽃(눈)·유과수의 합계}}{\text{침수 꽃(눈)·유과수의 합계 + 미침수 꽃(눈)·유과수의 합계}}$ ○ 나무피해 시 품종·재배방식·수령별 주당 평년착과수 　= (전체 평년착과수 × $\dfrac{\text{품종·재배방식·수령별 표준수확량 합계}}{\text{전체 표준수확량 합계}}$) 　　÷ 품종·재배방식·수령별 실제결과주수 　※ 품종·재배방식·수령별로 구분하여 산식에 적용
	유과타박률 조사	○ 유과타박률 = $\dfrac{\text{표본주의 피해유과수 합계}}{\text{표본주의 피해유과수 합계 + 표본주의 정상유과수 합계}}$
	피해구성 조사	○ 피해구성률 = $\dfrac{(100\%\text{형피해과실수}\times1) + (80\%\text{형피해과실수}\times0.8) + (50\%\text{형피해과실수}\times0.5)}{100\%\text{형피해과실수} + 80\%\text{형피해과실수} + 50\%\text{형피해과실수} + 정상과실수}$ 　※ 착과 및 낙과피해조사에서 피해구성률 산정시 적용
	낙엽피해 조사	○ 인정피해율 : 　- 단감 = (1.0115 × 낙엽률) - (0.0014 × 경과일수) 　- 떫은감 = 0.9662 × 낙엽률 - 0.0703 　- 경과일수 = 6월 1일부터 낙엽피해 발생일까지 경과된 일수 　- 낙엽률 = $\dfrac{\text{표본주의 낙엽수 합계}}{\text{표본주의 낙엽수 합계 + 표본주의 착엽수 합계}}$
	착과피해 조사	○ "사고당시 착과과실수"는 "적과후착과수 - 총낙과과실수 - 총적과종료후 나무피해과 실수 - 총 기수확과실수" 보다 클 수 없음
	적과후 착과수 조사	○ 품종·재배방식·수령별 착과수 = [$\dfrac{\text{품종·재배방식·수령별 표본주의 착과수 합계}}{\text{품종·재배방식·수령별 표본주 합계}}$] × 품종·재배방식·수령별 　조사대상주수 　※ 품종·재배방식·수령별 착과수의 합계를 과수원별 『적과후착과수』로 함

2. 특정위험방식 밭작물 품목

품목별	조사종류별	조사시기	피해율 산정 방법
인삼	수확량 조사	수확량 확인이 가능한 시점	□ **전수조사 시** ○ 피해율 $= (1 - \dfrac{수확량}{연근별기준수확량}) \times \dfrac{피해면적}{재배면적}$ ○ 수확량 = 단위면적당 조사수확량 + 단위면적당 미보상감수량 - 단위면적당 조사수확량 = 총조사수확량 ÷ 금차 수확면적 ▷금차 수확면적 = 금차 수확칸수 × 지주목간격 × (두둑폭 + 고랑폭) - 단위면적당 미보상감수량 = (기준수확량 - 단위면적당 조사수확량) × 미보상비율 ○ 피해면적 = 금차 수확칸수 ○ 재배면적 = 실제경작칸수 □ **표본조사 시** ○ 피해율 $= (1 - \dfrac{수확량}{연근별기준수확량}) \times \dfrac{피해면적}{재배면적}$ ○ 수확량 = 단위면적당 조사수확량 + 단위면적당 미보상감수량 - 단위면적당 조사수확량 = 표본수확량 합계 ÷ 표본칸 면적 ▷표본칸 면적 = 표본칸 수 × 지주목간격 × (두둑폭 + 고랑폭) - 단위면적당 미보상감수량 = (기준수확량 - 단위면적당 조사수확량) × 미보상비율 ○ 피해면적 = 피해칸수 ○ 재배면적 = 실제경작칸수

3. 종합위험 수확감소보장방식 과수 품목

품목별	조사종류별	조사시기	피해율 산정 방법
자두, 복숭아, 포도,	수확량조사	착과수조사 (최초 수확 품종 수확전) / 과중조사 (품종별 수확시기) / 착과피해조사 (피해 확인 가능 시기) / 낙과피해조사 (착과수조사 이후 낙과피해 시) / 고사나무조사 (수확완료 후)	□ 착과수(수확개시 전 착과수조사 시) ○ 품종·수령별 착과수 = 품종·수령별 조사대상주수 × 품종·수령별 주당 착과수 ▷품종·수령별 조사대상주수 = 품종·수령별 실제결과주수 - 품종·수령별 고사주수 - 품종·수령별 미보상주수 ▷품종·수령별 주당 착과수 = 품종·수령별 표본주의 착과수 ÷ 품종·수령별 표본주수 □ 착과수(착과피해조사 시) ○ 품종·수령별 착과수 = 품종·수령별 조사대상주수 × 품종·수령별 주당 착과수 ▷품종·수령별 조사대상주수 = 품종·수령별 실제결과주수 - 품종·수령별 고사주수 - 품종·수령별 미보상주수 - 품종·수령별 수확완료주수 ▷품종·수령별 주당 착과수 = 품종별·수령별 표본주의 착과수 ÷ 품종별·수령별 표본주수 □ 과중조사 (사고접수건에 대해 실시) ○ 품종별 과중 = 품종별 표본과실 무게 ÷ 품종별 표본과실 수 □ 낙과수 산정 (착과수조사 이후 발생한 낙과사고마다 산정) ○ 표본조사 시 : 품종·수령별 낙과수 조사 ▷품종·수령별 낙과수 = 품종·수령별 조사대상 주수 × 품종·수령별 주당 낙과수 - 품종·수령별 조사대상주수 = 품종·수령별 실제결과주수 - 품종·수령별 고사주수 - 품종·수령별 미보상주수 - 품종·수령별 수확완료주수 - 품종·수령별주당 낙과수 = 품종·수령별 표본주의 낙과수 ÷ 품종·수령별 표본주수 ○ 전수조사 시 : 품종별 낙과수 조사 ▷전체 낙과수에 대한 품종 구분이 가능할 때 : 품종별로 낙과수 조사 ▷전체 낙과수에 대한 품종 구분이 불가능할 때 (전체 낙과수 조사 후 품종별 안분) - 품종별 낙과수 = 전체 낙과수 × (품종별 표본과실 수 ÷ 품종별 표본과실 수의 합계) • 품종별 주당 낙과수 = 품종별 낙과수 ÷ 품종별 조사대상주수 - 품종별 조사대상주수 = 품종별 실제결과주수 - 품종별 고사주수 - 품종별 미보상주수 - 품종별 수확완료주수)

품목별	조사종류별	조사시기	피해율 산정 방법
자두, 복숭아, 포도	수확량조사	착과수조사 (최초 수확 품종 수확전) / 과중조사 (품종별 수확시기) / 착과피해조사 (피해 확인 가능 시기) / 낙과피해조사 (착과수조사 이후 낙과피해 시) / 고사나무조사 (수확완료 후)	□ 피해구성조사 (낙과 및 착과피해 발생 시 실시) ○ 피해구성률 = {(50%형 피해과실 수 × 0.5) + (80%형 피해과실 수 × 0.8) + (100%형 피해과실 수 × 1)} ÷ 표본과실 수 ○ 금차 피해구성률 = 피해구성률 - max A ▷금차 피해구성률은 다수 사고인 경우 적용 ▷max A : 금차 사고전 기조사된 착과피해구성률 중 최댓값을 말함 ※ 금차 피해구성률이 영(0)보다 작은 경우에는 영(0)으로 함 □ 착과량 산정 ○ 착과량 = 품종·수령별 착과량의 합 ▷품종·수령별 착과량 = (품종·수령별 착과수 × 품종별 과중) + (품종·수령별 주당 평년수확량 × 미보상주수) ※ 단, 품종별 과중이 없는 경우(과중 조사 전 기수확 품종)에는 품종·수령별 평년수확량을 품종·수령별 착과량으로 한다. - 품종·수령별 주당 평년수확량 = 품종·수령별 평년수확량 ÷ 품종·수령별 실제결과주수 - 품종·수령별 평년수확량 = 평년수확량 × (품종·수령별 표준수확량 ÷ 표준수확량) - 품종·수령별 표준수확량 = 품종·수령별 주당 표준수확량 × 품종·수령별 실제결과주수 □ 감수량 산정 (사고마다 산정) ○ 금차 감수량 = 금차 착과 감수량 + 금차 낙과 감수량 + 금차 고사주수 감수량 - 금차 착과 감수량 = 금차 품종·수령별 착과 감수량의 합 - 금차 품종·수령별 착과 감수량 = 금차 품종·수령별 착과수 × 품종별 과중 × 금차 품종별 착과피해구성률 - 금차 낙과 감수량 = 금차 품종·수령별 낙과수 × 품종별 과중 × 금차 낙과피해구성률 - 금차 고사주수 감수량 = 품종·수령별 금차 고사주수 × (품종·수령별 주당 착과수 + 품종·수령별 주당 낙과수) × 품종별 과중 × (1 - max A) ▷품종·수령별 금차 고사주수 = 품종·수령별 고사주수 - 품종·수령별 기조사 고사주수 □ 피해율 산정 ○ 피해율(포도, 자두) = (평년수확량 - 수확량 - 미보상 감수량) ÷ 평년수확량 ○ 피해율(복숭아) = (평년수확량 - 수확량 - 미보상 감수량 + *병충해감수량) ÷ 평년수확량

| 자두,
복숭아,
포도 | 수확량조사 | 착과수조사
(최초 수확 품종
수확전)
/
과중조사
(품종별
수확시기)
/
착과피해조사
(피해 확인 가능
시기)
/
낙과피해조사
(착과수조사 이후
낙과피해 시)
/
고사나무조사
(수확완료 후) | ▷미보상 감수량 = (평년수확량 − 수확량) × 최댓값(미보상비율
　1, 미보상비율2, …)

□ **수확량 산정**
○ 수확량 = 착과량 − 사고당 감수량의 합

□ **병충해 감수량(복숭아만 해당)**
○ 병충해감수량 = 금차 병충해 착과감수량 + 금차 병충해 낙과감
　수량
▷금차 병충해 착과감수량 = 금차 품종·수령별 병충해 인정피해
　착과수 × 품종별 과중
　- 금차 품종·수령별 병충해 인정피해 착과수 = 금차 품종·수령
　　별 착과 과실수 × 품종별 병충해 착과피해구성률
　• 품종별 병충해 착과피해구성률 = (병충해 착과 피해과실수
　　× (0.5 − max A)) ÷ 표본 착과과실수
▷금차 병충해 낙과감수량 = 금차 품종·수령별 병충해 인정피해
　낙과수 × 품종별 과중
　- 금차 품종·수령별 병충해 인정피해 낙과수 = 금차 품종·수령
　　별 낙과 과실수 × 품종별 병충해 낙과피해구성률
　• 품종별 병충해 낙과피해구성률 = (병충해 낙과 피해과실수
　　× (0.5 − max A)) ÷ 표본 낙과과실수
　※ max A : 금차 사고전 기조사된 착과피해구성률 중
　　　최댓값을 말함
　　(0.5 − max A)의 값이 영(0)보다 작은 경우 : 금차
　　병충해감수량은 영(0)으로 함 |

품목별	조사종류별	조사시기	피해율 산정 방법
밤, 호두	수확 개시 전 수확량조사 (조사일 기준)	최초 수확 전	□ **수확개시 이전 수확량 조사** ○ 기본사항 ▷품종별 조사대상 주수 = 품종별 실제결과주수 - 품종별 미보상주수 - 품종별 고사나무주수 ▷품종별 평년수확량 = 평년수확량 × ((품종별 주당 표준수확량 × 품종별 실제결과주수) ÷ 표준수확량) ▷품종별 주당 평년수확량 = 품종별 평년수확량 ÷ 품종별 실제결과주수 ○ 착과수 조사 ▷ 품종별 주당 착과수 = 품종별 표본주의 착과수 ÷ 품종별 표본주수 ○ 낙과수 조사 ▷ 표본조사 - 품종별 주당 낙과수 = 품종별 표본주의 낙과수 ÷ 품종별 표본주수 ▷ 전수조사 - 전체 낙과에 대하여 품종별 구분이 가능한 경우 : 품종별 낙과수 조사 - 전체 낙과에 대하여 품종별 구분이 불가한 경우 : 전체 낙과수 조사 후 낙과수 중 표본을 추출하여 품종별 개수 조사 • 품종별 낙과수 = 전체 낙과수 × (품종별 표본과실 수 ÷ 전체 표본과실 수의 합계) • 품종별 주당 낙과수 = 품종별 낙과수 ÷ 품종별 조사대상 주수 • 품종별 조사대상 주수 = 품종별 실제결과주수 - 품종별 고사주수 - 품종별 미보상주수 ○ 과중 조사 ▷(밤) 품종별 개당 과중 = 품종별 {정상 표본과실 무게 + (소과 표본과실 무게 × 0.8)} ÷ 표본과실 수 ▷(호두) 품종별 개당 과중 = 품종별 표본과실 무게 합계 ÷ 표본과실 수 ○ 피해구성 조사(품종별로 실시) ▷ 피해구성률 = {(50%형 피해과실 수×0.5) + (80%형 피해과실 수×0.8) + (100%형 피해과실 수×1)}÷표본과실 수 ○ 피해율 = (평년수확량 - 수확량 - 미보상감수량) ÷ 평년수확량 ▷ 수확량 = {품종별 조사대상 주수 × 품종별 주당 착과수 × (1 - 착과피해구 성률) × 품종별 과중 } + {품종별 조사대상 주수 × 품종별 주당 낙과수 × (1 - 낙과피해구성률) × 품종별 과중} + (품종별 주당 평년수확량 × 품종별 미보상주수) ▷ 미보상 감수량 = (평년수확량 - 수확량) × 미보상비율 □ **수확개시 후 수확량 조사** ○ 착과수 조사 ▷ 품종별 주당 착과수 = 품종별 표본주의 착과수 ÷ 품종별 표본주수

344 부록

수확
개시 후
수확량조사
(조사일
기준)
	사고
	발생
	직후
		○ 낙과수 조사
		  ▷ 표본조사
		   - 품종별 주당 낙과수 = 품종별 표본주의 낙과수 ÷ 품종별 표본주수
		  ▷ 전수조사
		   - 전체 낙과에 대하여 품종별 구분이 가능한 경우 : 품종별 낙과수
		    조사
		   - 전체 낙과에 대하여 품종별 구분이 불가한 경우 : 전체 낙과수 조사
		    후 낙과수 중 표본을 추출하여 품종별 개수 조사
		    • 품종별 낙과수 = 전체 낙과수 × (품종별 표본과실 수 ÷ 전체
		     표본과실 수의 합계)
		    • 품종별 주당 낙과수 = 품종별 낙과수 ÷ 품종별 조사대상 주수
		    • 품종별 조사대상 주수 = 품종별 실제결과주수 - 품종별 고사주수
		     - 품종별 미보상주수 - 품종별 수확완료주수
		
		○ 과중 조사
		  ▷ (밤) 품종별 개당 과중 = 품종별 {정상 표본과실 무게 + (소과 표본과실
		   무게 × 0.8)} ÷ 표본과실 수
		  ▷ (호두) 품종별 개당 과중 = 품종별 표본과실 무게 합계 ÷ 표본과실 수
		
		○ 피해구성 조사(품종별로 실시)
		  ▷ 피해구성률 = ((50%형 피해과실 수 × 0.5) + (80%형 피해과실
		   수 × 0.8) + (100%형 피해과실 수 × 1)) ÷ 표본과실 수
		  ▷ 금차 피해구성률 = 피해구성률 - max A
		   - 금차 피해구성률은 다수 사고인 경우 적용
		   - max A : 금차 사고전 기조사된 착과피해구성률 중 최댓값을 말함
		   ※ 금차 피해구성률이 영(0)보다 작은 경우에는 영(0)으로 함
		
		○ 금차 수확량
		  = {품종별 조사대상 주수 × 품종별 주당 착과수 × 품종별 개당 과중
		   × (1 - 금차 착과피해구성률)} + {품종별 조사대상 주수 × 품종별
		   주당 낙과수 × 품종별 개당 과중 × (1 - 금차 낙과피해구성률)} +
		   (품종별 주당 평년수확량 × 품종별 미보상주수)
		
		○ 감수량
		  = (품종별 조사대상 주수 × 품종별 주당 착과수 × 금차 착과피해구성률
		   × 품종별 개당 과중) + (품종별 조사대상 주수 × 품종별 주당 낙과수
		   × 금차 낙과피해구성률 × 품종별 개당 과중) + (품종별 금차 고사주수
		   × (품종별 주당 착과수 + 품종별 주당 낙과수) × 품종별 개당 과중
		   × (1 - max A))
		  ▷품종별 조사대상 주수 = 품종별 실제 결과주수 - 품종별 미보상주수
		   - 품종별 고사나무주수 - 품종별 수확완료주수
		  ▷품종별 평년수확량 = 평년수확량 × ((품종별 주당 표준수확량 × 품종별
		   실제결과주수) ÷ 표준수확량)

▷품종별 주당 평년수확량 = 품종별 평년수확량 ÷ 품종별 실제결과주수
▷품종별 금차 고사주수 = 품종별 고사주수 - 품종별 기조사 고사주수

□ 피해율 산정

○ 금차 수확 개시 후 수확량조사가 최초 조사인 경우(이전 수확량조사가 없는 경우)

1)『금차 수확량 + 금차 감수량 + 기수확량 〈 평년수확량』인 경우
▷피해율 = (평년수확량 - 수확량 - 미보상감수량) ÷ 평년수확량
  - 수확량 = 평년수확량 - 금차 감수량
  - 미보상 감수량 = 금차 감수량 × 미보상비율

2)『금차 수확량 + 금차 감수량 + 기수확량 ≧ 평년수확량』인 경우
▷피해율 = (평년수확량 - 수확량 - 미보상감수량) ÷ 평년수확량
  - 수확량 = 금차 수확량 + 기수확량
  - 미보상 감수량 = (평년수확량 - (금차 수확량 + 기수확량)) × 미보상비율

○ 수확 개시 전 수확량 조사가 있는 경우(이전 수확량조사에 수확 개시 전 수확량조사가 포함된 경우)

1)『금차 수확량 + 금차 감수량 + 기수확량 〉 수확 개시 전 수확량조사 수확량』⇒ 오류 수정 필요

2)『금차 수확량 + 금차 감수량 + 기수확량 〉 이전 조사 금차 수확량 + 이전 조사 기수확량』⇒ 오류 수정 필요

3)『금차 수확량 + 금차 감수량 + 기수확량 ≦ 수확 개시 전 수확량조사 수확량』이면서
『금차 수확량 + 금차 감수량 + 기수확량 ≦ 이전 조사 금차 수확량 + 이전 조사 기수확량』인 경우
▷피해율 = (평년수확량 - 수확량 - 미보상감수량) ÷ 평년수확량
  - 수확량 = 수확개시전 수확량 - 사고당 감수량의 합
  - 미보상감수량 = {평년수확량 - (수확 개시 전 수확량 - 사고당 감수량의 합)} × max(미보상비율)

○ 수확 개시 후 수확량 조사만 있는 경우(이전 수확량조사가 모두 수확 개시 후 수확량조사인 경우)

1)『금차 수확량 + 금차 감수량 + 기수확량 〉 이전 조사 금차 수확량 + 이전 조사 기수확량』⇒ 오류 수정 필요

2)『금차 수확량 + 금차 감수량 + 기수확량 ≦ 이전 조사 금차 수확량 + 이전 조사 기수확량』인 경우

① 최초 조사가『금차 수확량 + 금차 감수량 + 기수확량 〈 평년수확량』인 경우
▷피해율 = (평년수확량 - 수확량 - 미보상감수량) ÷ 평년수확량
  - 수확량 = 평년수확량 - 사고당 감수량의 합
  - 미보상 감수량 = 사고당 감수량의 합 × max(미보상비율)

② 최초 조사가『금차 수확량 + 금차 감수량 + 기수확량 ≧ 평년수확량』인

(수확 개시 후 수확량조사 (조사일 기준) / 사고 발생 직후)

	수확
	개시 후
	수확량조사
	(조사일
	기준)
		사고
		발생
		직후
			경우
			▷피해율 = (평년수확량 - 수확량 - 미보상감수량) ÷ 평년수확량
			 - 수확량 = 최초 조사 금차 수확량 + 최초 조사 기수확량 - 2차
			  이후 사고당 감수량의 합
			 - 미보상감수량 = {평년수확량 - (최초 조사 금차 수확량 + 최초
			  조사 기수확량) + 2차 이후 사고당 감수량의 합} × max(미보상비율)

참다래	수확
	개시 전
	수확량조사
	(조사일
	기준)
		최초
		수확 전
			○ 착과수조사
			▷품종·수령별 착과수 = 품종·수령별 표본조사 대상면적 × 품종·수령별
			 면적(㎡)당 착과수
			 - 품종·수령별 표본조사 대상면적 = 품종·수령별 재식 면적 × 품종·수령
			  별 표본조사 대상 주수
			 - 품종·수령별 면적(㎡)당 착과수 = 품종·수령별 (표본구간 착과수
			  ÷ 표본구간 넓이)
			 - 재식 면적 = 주간 거리 × 열간 거리
			 - 품종별·수령별 표본조사 대상주수 = 품종·수령별 실제 결과주수 -
			  품종·수령별 미보상주수 - 품종·수령별 고사나무주수
			 - 표본구간 넓이 = (표본구간 윗변 길이 + 표본구간 아랫변 길이)
			  × 표본구간 높이(윗변과 아랫변의 거리) ÷ 2
			
			○ 과중 조사
			 ▷ 품종별 개당 과중 = 품종별 표본과실 무게 합계 ÷ 표본과실 수
			
			○ 피해구성 조사(품종별로 실시)
			▷피해구성률 = ((50%형 피해과실수 × 0.5) + (80%형 피해과실수
			 × 0.8) + (100%형 피해과실수 × 1)) ÷표본과실수
			▷금차 피해구성률 = 피해구성률 - max A
			 - 금차 피해구성률은 다수 사고인 경우 적용
			 - max A : 금차 사고전 기조사된 착과피해구성률 중 최댓값을 말함
			 ※ 금차 피해구성률이 영(0)보다 작은 경우에는 영(0)으로 함
			
			○ 피해율 산정
			▷피해율 = (평년수확량 - 수확량 - 미보상감수량) ÷ 평년수확량
			 - 수확량 = (품종·수령별 착과수 × 품종별 과중 × (1 - 피해구성률))
			  + (품종·수령별 면적(㎡)당 평년수확량 × 품종·수령별 미보상주수
			  × 품종·수령별 재식면적)
			 - 품종·수령별 면적(㎡)당 평년수확량 = 품종별·수령별 평년수확량
			  ÷ 품종·수령별 재식면적 합계
			 - 품종·수령별 평년수확량 = 평년수확량 × (품종별·수령별 표준수확량
			  ÷ 표준수확량)
			 - 미보상 감수량 = (평년수확량 - 수확량) × 미보상비율

			○ 착과수조사 ▷품종·수령별 착과수 = 품종·수령별 표본조사 대상면적 × 품종·수령별 면적(㎡)당 착과수

| 참다래 | 수확
개시 후
수확량조사
(조사일
기준) | 사고
발생
직후 | ▷품종·수령별 조사대상 면적 = 품종·수령별 재식 면적 × 품종·수령별 표본조사 대상 주수
▷품종·수령별 면적(㎡)당 착과수 = 품종별·수령별 표본구간 착과수 ÷ 품종·수령별 표본구간 넓이
▷재식 면적 = 주간 거리 × 열간 거리
▷품종·수령별 조사대상 주수 = 품종·수령별 실제 결과주수 - 품종·수령별 미보상주수 - 품종·수령별 고사나무주수 - 품종·수령별 수확완료주수
▷표본구간 넓이 = (표본구간 윗변 길이 + 표본구간 아랫변 길이) × 표본구간 높이(윗변과 아랫변의 거리) ÷ 2

○ 낙과수 조사
▷표본조사
  - 품종·수령별 낙과수 = 품종·수령별 조사대상면적 × 품종·수령별 면적 (㎡)당 낙과수
  - 품종·수령별 면적(㎡)당 낙과수 = 품종·수령별 표본주의 낙과수 ÷ 품종·수령별 표본구간 넓이
▷전수조사
  - 전체 낙과에 대하여 품종별 구분이 가능한 경우 : 품종별 낙과수 조사
  - 전체 낙과에 대하여 품종별 구분이 불가한 경우 : 품종별 낙과수 = 전체 낙과수 × (품종별 표본과실수 ÷ 전체 표본과실수의 합계)

○ 과중 조사
▷품종별 개당 과중 = 품종별 표본과실 무게 합계 ÷ 표본과실 수

○ 피해구성 조사(품종별로 실시)
▷피해구성률 = {(50%형 피해과실수×0.5)+(80%형 피해과실수 ×0.8)+(100%형 피해과실수×1)}÷표본과실수
▷금차 피해구성률 = 피해구성률 - max A
  - 금차 피해구성률은 다수 사고인 경우 적용
  - max A : 금차 사고전 기조사된 착과피해구성률 중 최댓값을 말함
  ※ 금차 피해구성률이 영(0)보다 작은 경우에는 영(0)으로 함

○ 금차 수확량
= {품종·수령별 착과수 × 품종별 개당 과중 × (1 - 금차 착과피해구성률)}
  + {품종·수령별 낙과수 × 품종별 개당 과중 × (1 - 금차 낙과피해구성률)}
  + {품종·수령별 ㎡ 당 평년수확량 × 미보상주수 × 품종·수령별 재식면적}

○ 금차 감수량
= {품종·수령별 착과수 × 품종별 과중 × 금차 착과피해구성률} + {품종·수령별 낙과수 × 품종별 과중 × 금차 낙과피해구성률} + {품종·수령별 ㎡ 당 평년수확량 × 금차 고사주수 × (1 - max A)) × 품종·수령별 재식면적}
▷금차 고사주수 = 고사주수 - 기조사 고사주수 |

| | | | ▷품종·수령별 면적(㎡)당 평년수확량 = 품종·수령별 평년수확량 ÷ 품종·수령별 재식면적 합계 |
| | | | ▷품종·수령별 평년수확량 = 평년수확량 × (품종·수령별 표준수확량 ÷ 표준수확량) |

<table>
<tr><td rowspan="1">참다래</td><td rowspan="1">수확
개시 후
수확량조사
(조사일
기준)</td><td rowspan="1">사고
발생
직후</td><td>

□ **피해율 산정**

○ 금차 수확 개시 후 수확량조사가 최초 조사인 경우(이전 수확량조사가 없는 경우)

1)『금차 수확량 + 금차 감수량 + 기수확량 〈 평년수확량』인 경우

▷피해율 = (평년수확량 - 수확량 - 미보상감수량) ÷ 평년수확량

  - 수확량 = 평년수확량 - 금차 감수량

  - 미보상 감수량 = 금차 감수량 × 미보상비율

2)『금차 수확량 + 금차 감수량 + 기수확량 ≥ 평년수확량』인 경우

▷피해율 = (평년수확량 - 수확량 - 미보상감수량) ÷ 평년수확량

  - 수확량 = 금차 수확량 + 기수확량

  - 미보상 감수량 = (평년수확량 - (금차 수확량 + 기수확량)) × 미보상비율

○ 수확 개시 전 수확량 조사가 있는 경우(이전 수확량조사에 수확 개시 전 수확량조사가 포함된 경우)

1)『금차 수확량 + 금차 감수량 + 기수확량 〉 수확 개시 전 수확량조사 수확량』⇒ 오류 수정 필요

2)『금차 수확량 + 금차 감수량 + 기수확량 〉 이전 조사 금차 수확량 + 이전 조사 기수확량』⇒ 오류 수정 필요

3)『금차 수확량 + 금차 감수량 + 기수확량 ≤ 수확 개시 전 수확량조사 수확량』 이면서

『금차 수확량 + 금차 감수량 + 기수확량 ≤ 이전 조사 금차 수확량 + 이전 조사 기수확량』인 경우

▷피해율 = (평년수확량 - 수확량 - 미보상감수량) ÷ 평년수확량

  - 수확량 = 수확개시전 수확량 - 사고당 감수량의 합

  - 미보상감수량 = {평년수확량 - (수확 개시 전 수확량 - 사고당 감수량의 합)} × max(미보상비율)

○ 수확 개시 후 수확량 조사만 있는 경우(이전 수확량조사가 모두 수확 개시 후 수확량조사인 경우)

1)『금차 수확량 + 금차 감수량 + 기수확량 〉 이전 조사 금차 수확량 + 이전 조사 기수확량』⇒ 오류 수정 필요

2)『금차 수확량 + 금차 감수량 + 기수확량 ≤ 이전 조사 금차 수확량 + 이전 조사 기수확량』인 경우

  ① 최초 조사가『금차 수확량 + 금차 감수량 + 기수확량 〈 평년수확량』인 경우

  ▷피해율 = (평년수확량 - 수확량 - 미보상감수량) ÷ 평년수확량

   - 수확량 = 평년수확량 - 사고당 감수량의 합

</td></tr>
</table>

참다래	수확 개시 후 수확량조사 (조사일 기준)	사고 발생 직후	- 미보상 감수량 = 사고당 감수량의 합 × max(미보상비율) ② 최초 조사가 『금차 수확량 + 금차 감수량 + 기수확량 ≥ 평년수확량』 인 경우 ▷피해율 = (평년수확량 - 수확량 - 미보상감수량) ÷ 평년수확량 - 수확량 = 최초 조사 금차 수확량 + 최초 조사 기수확량 - 2차 이후 사고당 감수량의 합 - 미보상감수량 = {평년수확량 - (최초 조사 금차 수확량 + 최초 조사 기수확량) + 2차 이후 사고당 감수량의 합 × max(미보상비율)
매실, 대추, 살구	수확 개시 전 수확량조사 (조사일 기준)	최초 수확 전	□ 피해율 = (평년수확량 - 수확량 - 미보상감수량) ÷ 평년수확량 ○ 수확량 = {품종·수령별 조사대상주수 × 품종·수령별 주당 착과량 × (1 - 착과피해구성률)} + (품종·수령별 주당 평년수×확량 × 품종·수령별 미보상주수) ○ 미보상 감수량 = (평년수확량 - 수확량) × 미보상비율 ▷품종·수령별 조사대상주수 = 품종·수령별 실제결과주수 - 품종·수령별 미보상주수 - 품종·수령별 고사나무주수 ▷품종·수령별 평년수확량 = 평년수확량 × (품종별 표준수확량 ÷ 표준수확량) ▷품종·수령별 주당 평년수확량 = 품종별·수령별 (평년수확량 ÷ 실제결과주수) ▷품종·수령별 주당 착과량 = 품종별·수령별 (표본주의 착과무게 ÷ 표본주수) - 표본주 착과무게 = 조사 착과량 × 품종별 비대추정지수(매실) × 2(절반조사 시) ○ 피해구성 조사 ▷피해구성률 = ((50%형 피해과실무게×0.5)+((80%형 피해과실무게×0.8)+(100%형 피해과실무게×1))÷표본과실무게
매실, 대추, 살구	수확 개시 후 수확량조사 (조사일 기준)	사고 발생 직후	○ 금차 수확량 = {품종·수령별 조사대상주수 × 품종·수령별 주당 착과량 × (1 - 금차 착과피해구성률)} + {품종·수령별 조사대상주수 × 품종별(·수령별) 주당 낙과량 × (1 - 금차 낙과피해구성률)} + (품종별 주당 평년수확량 × 품종별 미보상주수) ○ 금차 감수량 = (품종·수령별 조사대상주수 × 품종·수령별 주당 착과량 × 금차 착과피해구성률) + (품종·수령별 조사대상 주수 × 품종별(·수령별) 주당 낙과량 × 금차 낙과피해구성률) + {품종·수령별 금차 고사주수 × (품종·수령별 주당 착과량 + 품종별(·수령별) 주당 낙과량) × (1 - max A)} ▷품종·수령별 조사대상주수 = 품종·수령별 실제 결과주수 - 품종·수령별 미보상주수 - 품종·수령별 고사나무주수 - 품종·수령별 수확완료주수) ▷품종·수령별 평년수확량 = 평년수확량 ÷ 품종·수령별 표준수확량 합계 × 품종·수령별 표준수확량

매실, 대추, 살구	수확 개시 후 수확량조사 (조사일 기준)	사고 발생 직후	▷품종·수령별 주당 평년수확량 = 품종·수령별 평년수확량 ÷ 품종·수령별 실제결과주수 ▷품종·수령별 주당 착과량 = 품종·수령별 표본주의 착과량 ÷ 품종·수령별 표본주수 ▷표본주 착과무게 = 조사 착과량 × 품종별 비대추정지수(매실) × 2(절반 조사 시) ▷품종·수령별 금차 고사주수 = 품종·수령별 고사주수 − 품종·수령별 기조사 고사주수 ◦ 낙과량 조사 ▷표본조사 　- 품종·수령별 주당 낙과량 = 품종·수령별 표본주의 낙과량 ÷ 품종·수령 별 표본주수 ▷전수조사 　- 품종별 주당 낙과량 = 품종별 낙과량 ÷ 품종별 표본조사 대상 주수 　- 전체 낙과에 대하여 품종별 구분이 가능한 경우 : 품종별 낙과량 조사 　- 전체 낙과에 대하여 품종별 구분이 불가한 경우 : 품종별 낙과량 = 전체 낙과량 × (품종별 표본과실 수(무게) ÷ 표본 과실 수(무게)) ◦ 피해구성 조사 ▷피해구성률 = ((50%형 피해과실무게×0.5)+((80%형 피해과실무게 ×0.8) 100%형 피해과실무게)÷표본과실무게 ▷금차 피해구성률 = 피해구성률 − max A 　- 금차 피해구성률은 다수 사고인 경우 적용 　- max A : 금차 사고전 기조사된 착과피해구성률 중 최댓값을 말함 　※ 금차 피해구성률이 영(0)보다 작은 경우에는 영(0)으로 함 □ **피해율 산정** ◦ 금차 수확 개시 후 수확량조사가 최초 조사인 경우(이전 수확량조사가 없는 경우) 1) 『금차 수확량 + 금차 감수량 + 기수확량 〈 평년수확량』인 경우 ▷피해율 = (평년수확량 − 수확량 − 미보상감수량) ÷ 평년수확량 　- 수확량 = 평년수확량 − 금차 감수량 　- 미보상 감수량 = 금차 감수량 × 미보상비율 2) 『금차 수확량 + 금차 감수량 + 기수확량 ≥ 평년수확량』인 경우 ▷피해율 = (평년수확량 − 수확량 − 미보상감수량) ÷ 평년수확량 　- 수확량 = 금차 수확량 + 기수확량 　- 미보상 감수량 = (평년수확량 − (금차 수확량 + 기수확량)) × 미보상비율 ◦ 수확 개시 전 수확량 조사가 있는 경우(이전 수확량조사에 수확 개시 전 수확량조사가 포함된 경우)

1) 『금차 수확량 + 금차 감수량 + 기수확량 〉 수확 개시 전 수확량조사 수확량』⇒ 오류 수정 필요
2) 『금차 수확량 + 금차 감수량 + 기수확량 〉 이전 조사 금차 수확량 + 이전 조사 기수확량』⇒ 오류 수정 필요
3) 『금차 수확량 + 금차 감수량 + 기수확량 ≤ 수확 개시 전 수확량조사 수확량』 이면서
   『금차 수확량 + 금차 감수량 + 기수확량 ≤ 이전 조사 금차 수확량 + 이전 조사 기수확량』인 경우
   ▷피해율 = (평년수확량 − 수확량 − 미보상감수량) ÷ 평년수확량
   - 수확량 = 수확개시전 수확량 − 사고당 감수량의 합
   - 미보상감수량 = {평년수확량 - (수확 개시 전 수확량 - 사고당 감수량의 합)} × max(미보상비율)
○ 수확 개시 후 수확량 조사만 있는 경우(이전 수확량조사가 모두 수확 개시 후 수확량조사인 경우)
1) 『금차 수확량 + 금차 감수량 + 기수확량 〉 이전 조사 금차 수확량 + 이전 조사 기수확량』⇒ 오류 수정 필요
2) 『금차 수확량 + 금차 감수량 + 기수확량 ≤ 이전 조사 금차 수확량 + 이전 조사 기수확량』인 경우
   ① 최초 조사가 『금차 수확량 + 금차 감수량 + 기수확량 〈 평년수확량』인 경우
   ▷피해율 = (평년수확량 − 수확량 − 미보상감수량) ÷ 평년수확량
   - 수확량 = 평년수확량 − 사고당 감수량의 합
   - 미보상 감수량 = 사고당 감수량의 합 x max(미보상비율)
   ② 최초 조사가 『금차 수확량 + 금차 감수량 + 기수확량 ≥ 평년수확량』인 경우
   ▷피해율 = (평년수확량 − 수확량 − 미보상감수량) ÷ 평년수확량
   - 수확량 = 최초 조사 금차 수확량 + 최초 조사 기수확량 - 2차 이후 사고당 감수량의 합
   - 미보상감수량 = {평년수확량 - (최초 조사 금차 수확량 + 최초 조사 기수확량) + 2차 이후 사고당 감수량의 합} × max(미보상비율)

품목별	조사종류별	조사시기	피해율 산정 방법
오미자	수확 개시 전 수확량조사 (조사일 기준)	최초 수확 전	▢ 피해율 = (평년수확량 − 수확량 − 미보상감수량) ÷ 평년수확량 ○ 수확량 = {형태·수령별 조사대상길이 × 형태·수령별 m당 착과량 × (1 − 착과피해구성률)} + (형태·수령별 m당 평년수확량 × 형태·수령별 미보상 길이) ▷형태·수령별 조사대상길이 = 형태·수령별 실제재배길이 − 형태·수령별 미보상길이 − 형태·수령별 고사길이) ▷형태·수령별 길이(m)당 착과량 = 형태·수령별 표본구간의 착과무게 ÷ 형태·수령별 표본구간 길이의 합 - 표본구간 착과무게 = 조사 착과량 × 2(절반조사 시) ▷형태·수령별 길이(m)당 평년수확량 = 형태·수령별 평년수확량 ÷ 형태·수령별 실제재배길이 - 형태·수령별 평년수확량 = 평년수확량×((형태·수령별 m당 표준수확량×형태·수령별 실제재배길이)÷표준수확량) ○ 미보상감수량 = (평년수확량 − 수확량) × 미보상비율 ○ 피해 구성 조사 - 피해구성률 = ((50%형 피해과실무게 × 0.5) + (80%형 피해과실무게 × 0.8) + (100%형 피해과실무게 × 1)) ÷ 표본과실무게
	수확 개시 후 수확량조사 (조사일 기준)	사고 발생 직후	○ 기본사항 ▷형태·수령별 조사대상길이 = 형태·수령별 실제재배길이 − 형태·수령별 수확완료길이 − 형태·수령별 미보상길이 − 형태·수령별 고사 길이 ▷형태·수령별 평년수확량 = 평년수확량 ÷ 표준수확량 × 형태·수령별 표준수확량 ▷형태·수령별 길이(m)당 평년수확량 = 형태·수령별 평년수확량 ÷ 형태·수령별 실제재배길이 ▷형태·수령별 길이(m)당 착과량 = 형태·수령별 표본구간의 착과무게 ÷ 형태·수령별 표본구간 길이의 합 ▷표본구간 착과무게 = 조사 착과량 × 2(절반조사 시) ▷형태·수령별 금차 고사 길이 = 형태·수령별 고사 길이 − 형태·수령별 기조사 고사 길이 ○ 낙과량 조사 ▷표본조사 형태·수령별 길이(m)당 낙과량 = 형태·수령별 표본구간의 낙과량의 합 ÷ 형태·수령별 표본구간 길이의 합 ▷전수조사 길이(m)당 낙과량 = 낙과량 ÷ 전체 조사대상길이의 합 ○ 피해구성조사 ▷피해구성률 = ((50%형 과실무게×0.5) + ((80%형 과실무게×0.8) + (100%형 과실무게×1)) ÷ 표본과실무게

| 오미자 | 수확
개시 후
수확량조사
(조사일
기준) | 사고
발생
직후 | ▷금차 피해구성률 = 피해구성률 − max A
  - max A : 금차 사고전 기조사된 착과피해구성률 중 최댓값을 말함
  ※ 금차 피해구성률이 영(0)보다 작은 경우 : 금차 감수과실수는 영(0)으로 함

○ 금차 수확량
  = {형태·수령별 조사대상길이 × 형태·수령별 m당 착과량 × (1 − 금차 착과피해구성률)} + {형태·수령별 조사대상길이 × 형태·수령별 m당 낙과량 × (1 − 금차 낙과피해구성률)} + (형태·수령별 m당 평년수확량 × 형태별수령별 미보상 길이)

○ 금차 감수량
  = (형태·수령별 조사대상길이 × 형태·수령별 m당 착과량 × 금차 착과피해구성률) + (형태·수령별 조사대상길이 × 형태·수령별 m당 낙과량 × 금차 낙과피해구성률) + (형태·수령별 금차 고사 길이 × (형태·수령별 m당 착과량 + 형태·수령별 m당 낙과량) × (1 − max A))

□ **피해율 산정**
○ 금차 수확 개시 후 수확량조사가 최초 조사인 경우(이전 수확량조사가 없는 경우)
  1) 『금차 수확량 + 금차 감수량 + 기수확량 〈 평년수확량』인 경우
  ▷피해율 = (평년수확량 − 수확량 − 미보상감수량) ÷ 평년수확량
   - 수확량 = 평년수확량 − 금차 감수량
   - 미보상 감수량 = 금차 감수량 × 미보상비율
  2) 『금차 수확량 + 금차 감수량 + 기수확량 ≥ 평년수확량』인 경우
  ▷피해율 = (평년수확량 − 수확량 − 미보상감수량) ÷ 평년수확량
   - 수확량 = 금차 수확량 + 기수확량
   - 미보상 감수량 = (평년수확량 − (금차 수확량 + 기수확량)) × 미보상비율

○ 수확 개시 전 수확량 조사가 있는 경우(이전 수확량조사에 수확 개시 전 수확량조사가 포함된 경우)
  1) 『금차 수확량 + 금차 감수량 + 기수확량 〉 수확 개시 전 수확량조사 수확량』⇒ 오류 수정 필요
  2) 『금차 수확량 + 금차 감수량 + 기수확량 〉 이전 조사 금차 수확량 + 이전 조사 기수확량』⇒ 오류 수정 필요
  3) 『금차 수확량 + 금차 감수량 + 기수확량 ≤ 수확 개시 전 수확량조사 수확량』이면서
  『금차 수확량 + 금차 감수량 + 기수확량 ≤ 이전 조사 금차 수확량 + 이전 조사 기수확량』인 경우
  ▷피해율 = (평년수확량 − 수확량 − 미보상감수량) ÷ 평년수확량
   - 수확량 = 수확개시전 수확량 − 사고당 감수량의 합
   - 미보상감수량 = {평년수확량 − (수확 개시 전 수확량 − 사고당 감수량의 합)} × max(미보상비율) |

오미자	수확
	개시 후
	수확량조사
	(조사일
	기준)
		사고
		발생
		직후
			○ 수확 개시 후 수확량 조사만 있는 경우(이전 수확량조사가 모두 수확 개시 후 수확량조사인 경우)
			1) 『금차 수확량 + 금차 감수량 + 기수확량 〉 이전 조사 금차 수확량 + 이전 조사 기수확량』⇒ 오류 수정 필요
			2) 『금차 수확량 + 금차 감수량 + 기수확량 ≤ 이전 조사 금차 수확량 + 이전 조사 기수확량』인 경우
			  ① 최초 조사가 『금차 수확량 + 금차 감수량 + 기수확량 〈 평년수확량』인 경우
			   ▷피해율 = (평년수확량 − 수확량 − 미보상감수량) ÷ 평년수확량
			    - 수확량 = 평년수확량 − 사고당 감수량의 합
			    - 미보상 감수량 = 사고당 감수량의 합 × max(미보상비율)
			  ② 최초 조사가 『금차 수확량 + 금차 감수량 + 기수확량 ≥ 평년수확량』인 경우
			   ▷피해율 = (평년수확량 − 수확량 − 미보상감수량) ÷ 평년수확량
			    - 수확량 = 최초 조사 금차 수확량 + 최초 조사 기수확량 − 2차 이후 사고당 감수량의 합
			    - 미보상감수량 = {평년수확량 − (최초 조사 금차 수확량 + 최초 조사 기수확량) + 2차 이후 사고당 감수량의 합} × max(미보상비율)

유자	수확량조사	수확 개시전	○ 기본사항 ▷품종·수령별 조사대상주수 = 품종·수령별 실제결과주수 − 품종·수령별 미보상주수 − 품종·수령별 고사주수 ▷품종·수령별 평년수확량 = 평년수확량 ÷ 표준수확량 × 품종·수령별 표준수확량 - 품종·수령별 주당 평년수확량 = 품종·수령별 평년수확량 ÷ 품종·수령별 실제결과주수 ▷품종·수령별 과중 = 품종·수령별 표본과실 무게합계 ÷ 품종·수령별 표본과실수 ▷품종·수령별 표본주당 착과수 = 품종·수령별 표본주 착과수 합계 ÷ 품종·수령별 표본주수 ▷품종·수령별 표본주당 착과량 = 품종·수령별 표본주당 착과수 × 품종·수령별 과중 ○ 피해구성 조사 ▷피해구성률 = ((50%형 피해과실수×0.5) + (80%형 피해과실수×0.8) + (100%형 피해과실수×1)) ÷ 표본과실수 ○ 피해율 = (평년수확량 − 수확량 − 미보상감수량) ÷ 평년수확량 ▷수확량 = {품종·수령별 표본조사 대상 주수 × 품종·수령별 표본주당 착과량 × (1 − 착과피해구성률)} + (품종·수령별 주당 평년수확량 × 품종·수령별 미보상주수) ▷미보상감수량 = (평년수확량 − 수확량) × 미보상비율

4. 종합위험 및 수확전 종합위험 과실손해보장방식

품목별	조사종류별	조사시기	피해율 산정 방법
오디	과실손해 조사	결실완료 시점 ~ 수확 전	☐ 피해율 = (평년결실수 - 조사결실수 - 미보상 감수 결실수) ÷ 평년결실수 ○ 조사결실수 = Σ{(품종·수령별 환산결실수 × 품종·수령별 조사대상 주수) + (품종별 주당 평년결실수 × 품종·수령별 미보상주수)} ÷ 전체 실제결과주수 - 품종·수령별 환산결실수 = 품종·수령별 표본가지 결실수 합계 ÷ 품종·수령별 표본가지 길이 합계 - 품종·수령별 표본조사 대상 주수 = 품종·수령별 실제결과주수 - 품종·수령별 고사주수 - 품종·수령별 미보상주수 - 품종별 주당 평년결실수 = 품종별 평년결실수 ÷ 품종별 실제결과주수 - 품종별 평년결실수 = (평년결실수 × 전체 실제결과주수) × (대상 품종 표준결실수 × 대상 품종 실제결과주수) ÷ Σ(품종별 표준결실수 × 품종별 실제결과주수) ○ 미보상감수결실수 = Max((평년결실수 - 조사결실수) × 미보상비율, 0)

감귤	과실손해
	조사
		착과피해
		조사
			○ 과실손해 피해율 = {(등급 내 피해과실수 + 등급 외 피해과실수 × 50%) ÷ 기준과실수} × (1 - 미보상비율)
			○ 피해 인정 과실수 = 등급 내 피해 과실수 + 등급 외 피해과실수 × 50%
			 1) 등급 내 피해 과실수 = (등급 내 30%형 과실수 합계×0.3) + (등급 내 50%형 과실수 합계×0.5) + (등급 내 80%형 과실수 합계×0.8) + (등급 내 100%형 과실수×1)
			 2) 등급 외 피해 과실수 = (등급 외 30%형 과실수 합계×0.3) + (등급 외 50%형 과실수 합계×0.5) + (등급 외 80%형 과실수 합계×0.8) + (등급 외 100%형 과실수×1)
			 ※ 만감류는 등급 외 피해 과실수를 피해 인정 과실수 및 과실손해 피해율에 반영하지 않음
			 3) 기준과실수 : 모든 표본주의 과실수 총 합계
			 ※ 단, 수확전 사고조사를 실시한 경우에는 아래와 같이 적용한다.
			
			 - (수확전 사고조사 결과가 있는 경우) 과실손해피해율 = {최종 수확전 과실손해 피해율÷(1-최종 수확전 과실손해 조사 미보상비율)} + {(1 - (최종 수확전 과실손해 피해율 ÷ (1 - 최종 수확전 과실손해 조사 미보상비율))) × (과실손해 피해율 ÷ (1 - 과실손해미보상비율))} × {1 - 최댓값(최종 수확전 과실손해 조사 미보상비율, 과실손해 미보상비율)}
			  • 수확전 과실손해 피해율 = {100%형 피해과실수 ÷ (정상 과실수 + 100%형 피해과실수)} × (1-미보상비율)
			  • 최종 수확전 과실손해 피해율 = {(이전 100% 피해과실수 + 금차 100% 피해과실수) ÷ (정상 과실수 + 100%형 피해과실수)} × (1-미보상비율)

동상해조사	착과피해 조사	○ 동상해 과실손해 피해율 = 동상해 피해 과실수 ÷ 기준과실수 $$= \frac{(80\%형피해과실수 \times 0.8) + (100\%형피해과실수 \times 1)}{정상과실수 + 80\%형피해과실수 + 100\%형피해과실수}$$ ※ 동상해 피해과실수 = (80%형 피해과실수 × 0.8) + (100%형 피해과실수 × 1) ※ 기준과실수(모든 표본주의 과실수 총 합계) = 정상과실수 + 80%형 피해과실수 + 100%형 피해과실수

품목별	조사종류별	조사시기	피해율 산정 방법
복분자	종합위험 과실손해 조사	수정완료 시점 ~ 수확 전	□ 종합위험 과실손해 고사결과모지수 = 평년결과모지수 - (기준 살아있는 결과모지수 - 수정불량환산 고사결과모지수 + 미보상 고사결과모지수) ○ 기준 살아있는 결과모지수 = 표본구간 살아있는 결과모지수의 합 ÷ (표본구간수 × 5) ○ 수정불량환산 고사결과모지수 = 표본구간 수정불량 고사결과모지수의 합 ÷ (표본구간수×5) ○ 표본구간 수정불량 고사결과모지수 = 표본구간 살아있는 결과모지수 × 수정불량환산계수 ○ 수정불량환산계수 = (수정불량결실수 ÷ 전체결실수) - 자연수정불량률 = 최댓값((표본포기 6송이 피해 열매수의 합 ÷ 표본포기 6송이 열매수의 합계)-15%, 0) ▷자연수정불량률 : 15%(2014 복분자 수확량 연구용역 결과반영) ○ 미보상 고사결과모지수 = 최댓값(({평년결과모지수 - (기준 살아있는 결과모지수 - 수정불량환산 고사결과모지수)} × 미보상비율, 0)
	특정위험 과실손해 조사	사고접수 직후	□ 특정위험 과실손해 고사결과모지수 = 수확감소환산 고사결과모지수 - 미보상 고사결과모지수 ○ 수확감소환산 고사결과모지수 (종합위험 과실손해조사를 실시한 경우) = (기준 살아있는 결과모지수 - 수정불량환산 고사결과모지수) × 누적수확감소환산계수 ○ 수확감소환산 고사결과모지수 (종합위험 과실손해조사를 실시하지 않은 경우) = 평년결과모지수 × 누적수확감소환산계수 ▷누적수확감소환산계수 = 특정위험 과실손해조사별 수확감소환산계수의 합 ▷수확감소환산계수 = 최댓값(기준일자별 잔여수확량 비율 - 결실율, 0) ▷결실율 = 전체결실수 ÷ 전체개화수 = Σ(표본송이의 수확 가능한 열매수) ÷ Σ(표본송이의 총열매수) ○ 미보상 고사결과모지수 = 수확감소환산 고사결과모지수 × 최댓값(특정위험 과실손해조사별 미보상비율) □ 피해율 = 고사결과모지수 ÷ 평년결과모지수 - 고사결과모지수 = 종합위험 과실손해 고사결과모지수 + 특정위험 과실손해 고사결과모지수

품목별	조사종류별	조사시기	피해율 산정 방법

무화과	수확량조사	수확전
		수확후
			□ 기본사항
			  ○ 품종·수령별 조사대상주수 = 품종·수령별 실제결과주수 - 품종·수령별 미보상주수 - 품종·수령별 고사주수
			
			  ○ 품종·수령별 평년수확량 = 평년수확량x(품종·수령별 주당 표준수확량x품종·수령별 실제결과주수÷표준수확량)
			  ▷품종·수령별 주당 평년수확량 = 품종·수령별 평년수확량 ÷ 품종·수령별 실제결과주수
			
			□ 7월31일 이전 피해율
			  ○ 피해율 = (평년수확량 - 수확량 - 미보상감수량) ÷ 평년수확량
			  ▷수확량 = {품종별·수령별 조사대상주수 × 품종·수령별 주당 수확량 × (1 - 피해구성률)} + (품종·수령별 주당 평년수확량 × 미보상주수)
			   - 품종·수령별 주당 수확량 = 품종·수령별 주당 착과수 × 표준과중
			   - 품종·수령별 주당 착과수 = 품종·수령별 표본주 과실수의 합계 ÷ 품종·수령별 표본주수
			  ▷미보상감수량 = (평년수확량 - 수확량) × 미보상비율
			  ▷피해구성 조사
			   - 피해구성률 : {(50%형 과실수 × 0.5) + (80%형 과실수 × 0.8) + (100%형 과실수 × 1)}÷표본과실수
			
			□ 8월1일 이후 피해율
			  ○ 피해율 = (1 - 수확전사고 피해율) × 잔여수확량비율 × 결과지 피해율
			  ▷결과지 피해율 = (고사결과지수 + 미고사결과지수×착과피해율 - 미보상고사결과지수) ÷ 기준결과지수
			   - 기준결과지수 = 고사결과지수 + 미고사결과지수
			   - 고사결과지수 = 보상고사결과지수 + 미보상고사결과지수
			   ※ 8월1일 이후 사고가 중복 발생할 경우 금차 피해율에서 전차 피해율을 차감하고 산정함

5. 종합위험 수확감소보장방식 논작물 품목

품목별	조사종류별	조사시기	피해율 산정 방법
벼	수량요소 (벼만 해당)	수확 전 14일 (전후)	○ 피해율 = (평년수확량 - 수확량 - 미보상감수량) ÷ 평년수확량 (단, 병해충 단독사고일 경우 병해충 최대인정피해율 적용) ▷수확량 = 표준수확량 × 조사수확비율 × 피해면적 보정계수 ▷미보상감수량 = (평년수확량 - 수확량) × 미보상비율
	표본	수확 가능시기	○ 피해율 : (평년수확량 - 수확량 - 미보상감수량) ÷ 평년수확량 (단, 병해충 단독사고일 경우 병해충 최대인정피해율 적용) ▷수확량 = (표본구간 단위면적당 유효중량 × 조사대상면적) + {단위면적 당 평년수확량 × (타작물 및 미보상면적 + 기수확면적)} - 단위면적당 평년수확량 = 평년수확량 ÷ 실제경작면적 - 조사대상면적 = 실제경작면적 - 고사면적 - 타작물 및 미보상면적 - 기수확면적 - 표본구간 단위면적당 유효중량 = 표본구간 유효중량 ÷ 표본구간 면적 • 표본구간 유효중량 = 표본구간 작물 중량 합계 × (1 - Loss율) × {(1 - 함수율) ÷ (1 - 기준함수율)} • Loss율 : 7% / 기준함수율 : 메벼(15%), 찰벼(13%) • 표본구간 면적 = 4포기 길이 × 포기당 간격 × 표본구간 수 ▷미보상감수량 = (평년수확량 - 수확량) × 미보상비율
	전수	수확 시	○ 피해율 : (평년수확량 - 수확량 - 미보상감수량) ÷ 평년수확량ㄴ (단, 병해충 단독사고일 경우 병해충 최대인정피해율 적용) ▷수확량 : 조사대상면적 수확량 + {단위면적당 평년수확량 × (타작물 및 미보상면적 + 기수확면적)} - 단위면적당 평년수확량 = 평년수확량 ÷ 실제경작면적 - 조사대상면적 = 실제경작면적 - 고사면적 - 타작물 및 미보상면 적 - 기수확면적 - 조사대상면적 수확량 = 작물 중량 × {(1 - 함수율) ÷ (1 - 기 준함수율)} • 기준함수율 : 메벼(15%), 찰벼(13%) ▷미보상감수량 = (평년수확량 - 수확량) × 미보상비율

※ 하나의 농지에 대하여 여러 종류의 수확량조사가 실시되었을 경우, 피해율 적용 우선순위는 전수, 표본, 수량요소 순임

품목별	조사종류별	조사시기	피해율 산정 방법
밀, 보리	표본	수확 가능시기	○ 피해율 : (평년수확량 − 수확량 − 미보상감수량) ÷ 평년수확량 ▷수확량 = (표본구간 단위면적당 유효중량 × 조사대상면적) + {단위면적당 평년수확량 × (타작물 및 미보상면적 + 기수확면적)} - 단위면적당 평년수확량 = 평년수확량 ÷ 실제경작면적 - 조사대상면적 = 실제경작면적 - 고사면적 - 타작물 및 미보상면적 - 기수확면적 - 표본구간 단위면적당 유효중량 = 표본구간 유효중량 ÷ 표본구간 면적 • 표본구간 유효중량 = 표본구간 작물 중량 합계 × (1 - Loss율) × {(1 - 함수율) ÷ (1 - 기준함수율)} • Loss율 : 7% / 기준함수율 : 밀(13%), 보리(13%) • 표본구간 면적 = 4포기 길이 × 포기당 간격 × 표본구간 수 ▷미보상감수량 : (평년수확량 - 수확량) × 미보상비율
	전수	수확 시	○ 피해율 : (평년수확량 - 수확량 - 미보상감수량) ÷ 평년수확량 ▷수확량 : 조사대상면적 수확량 + {단위면적당 평년수확량 × (타작물 및 미보상면적 + 기수확면적)} - 단위면적당 평년수확량 = 평년수확량 ÷ 실제경작면적 - 조사대상면적 = 실제경작면적 - 고사면적 - 타작물 및 미보상면적 - 기수확면적 - 조사대상면적 수확량 = 작물 중량 × {(1 - 함수율) ÷ (1 - 기준함수율)} •기준함수율 : 밀(13%), 보리(13%) ▷미보상감수량 : (평년수확량 − 수확량) × 미보상비율

6. 종합위험 수확감소보장방식 밭작물 품목

품목별	조사종류별	조사시기	피해율 산정 방법
양배추	수확량조사 (수확 전 사고가 발생한 경우)	수확직전	○ 피해율 = (평년수확량 - 수확량 - 미보상감수량) ÷ 평년수확량 ▷수확량 = (표본구간 단위면적당 수확량×조사대상면적) + {단위면적당 평년수확량 × (타작물 및 미보상면적 + 기수확면적)} - 단위면적당 평년수확량 = 평년수확량 ÷ 실제경작면적 - 표본조사대상면적 = 실제경작면적 - 고사면적 - 타작물 및 미보상면적 - 기수확면적 - 표본구간 단위면적당 수확량 = 표본구간 수확량 합계 ÷ 표본구간 면적 • 표본구간 수확량 합계 = 표본구간 정상 양배추 중량 + (80% 피해 양배추 중량 × 0.2) ▷미보상감수량 = (평년수확량 - 수확량) × 미보상비율
	수확량조사 (수확 중 사고가 발생한 경우)	사고발생 직후	
양파, 마늘	수확량조사 (수확 전 사고가 발생한 경우)	수확직전	○ 피해율 = (평년수확량 - 수확량 - 미보상감수량) ÷ 평년수확량 ▷수확량 = (표본구간 단위면적당 수확량 × 조사대상면적) + {단위면적당 평년수확량 × (타작물 및 미보상면적 + 기수확면적)} - 단위면적당 평년수확량 = 평년수확량 ÷ 실제경작면적 - 조사대상면적 = 실제경작면적 - 고사면적 - 타작물 및 미보상면적 - 기수확면적 - 표본구간 단위면적당 수확량 = 표본구간 수확량 합계 ÷ 표본구간 면적 • 표본구간 수확량 합계 = (표본구간 정상 작물 중량 + (80% 피해 작물 중량×0.2)) × (1 + 비대추정지수) × 환산계수 • 환산계수는 마늘에 한하여 0.7(한지형), 0.72(난지형)를 적용 • 누적비대추정지수 = 지역별 수확적기까지 잔여일수 × 일자별 비대추정지수 ▷미보상감수량 = (평년수확량 - 수확량) × 미보상비율
	수확량조사 (수확 중 사고가 발생한 경우)	사고발생 직후	

품목별	조사종류별	조사시기	피해율 산정 방법
차(茶)	수확량조사 (조사 가능일 전 사고가 발생한 경우)	조사 가능일 직전	○ 피해율 = (평년수확량 - 수확량 - 미보상감수량) ÷ 평년수확량 ▷수확량 = (표본구간 단위면적당 수확량 × 조사대상면적) + {단위면적당 평년수확량 × (타작물 및 미보상면적 + 기수확면적)} - 단위면적당 평년수확량 = 평년수확량 ÷ 실제경작면적 - 조사대상면적 = 실제경작면적 - 고사면적 - 타작물 및 미보상면적 - 기수확면적 - 표본구간 단위면적당 수확량 = 표본구간 수확량 합계 ÷ 표본구간 면적 합계 × 수확면적율 • 표본구간 수확량 합계 = {(수확한 새싹무게 ÷ 수확한 새싹수) × 기수확 새싹수 × 기수확지수} + 수확한 새싹무게 ▷미보상감수량 = (평년수확량 - 수확량) × 미보상비율
	수확량조사 (조사 가능일 후 사고가 발생한 경우)	사고발생 직후	
콩, 팥	수확량조사 (수확 전 사고가 발생한 경우)	수확직전	○ 피해율 = (평년수확량 - 수확량 - 미보상감수량) ÷ 평년수확량 ▷수확량(표본조사) = (표본구간 단위면적당 수확량 × 조사대상면적) + {단위면적당 평년수확량 × (타작물 및 미보상면적 + 기수확면적)} ▷수확량(전수조사) = {전수조사 수확량×(1 - 함수율)÷(1 - 기준함수율)}+ {단위면적당 평년수확량×(타작물 및 미보상면적 + 기수확면적)} - 표본구간 단위면적당 수확량 = 표본구간 수확량 합계 ÷ 표본구간 면적 • 표본구간 수확량 합계 = 표본구간별 종실중량 합계 × {(1 - 함수율) ÷ (1 - 기준함수율)} • 기준함수율 : 콩(14%), 팥(14%) - 조사대상면적 = 실경작면적 - 고사면적 - 타작물 및 미보상면적 - 기수확면적 - 단위면적당 평년수확량 = 평년수확량 ÷ 실제경작면적 ▷미보상감수량 = (평년수확량 - 수확량) × 미보상비율
	수확량조사 (수확 중 사고가 발생한 경우)	사고발생 직후	

품목별	조사종류별	조사시기	피해율 산정 방법
감자	수확량조사 (수확 전 사고가 발생한 경우)	수확직전	○ 피해율 = {(평년수확량 - 수확량 - 미보상감수량) + 병충해감수량} ÷ 평년수확량 ▷수확량 = (표본구간 단위면적당 수확량×조사대상면적) + {단위면적당 평년수확량×(타작물 및 미보상면적 + 기수확면적)} - 단위면적당 평년수확량 = 평년수확량 ÷ 실제경작면적 - 조사대상면적 = 실제경작면적 - 고사면적 - 타작물 및 미보상면적 - 기수확면적 - 표본구간 단위면적당 수확량 = 표본구간 수확량 합계 ÷ 표본구간 면적
	수확량조사 (수확 중 사고가 발생한 경우)	사고발생 직후	

			• 표본구간 수확량 합계 = 표본구간별 정상 감자 중량 + (최대 지름이 5cm미만이거나 50%형 피해 감자 중량 × 0.5) + 병충해 입은 감자 중량 ▷병충해감수량 = 병충해 입은 괴경의 무게 × 손해정도비율 × 인정비율 ☞ 위 산식은 각각의 표본구간별로 적용되며, 각 표본구간 면적을 감안하여 전체 병충해 감수량을 산정 - 손해정도비율, 인정비율 = 470~471p 참조 ▷미보상감수량 = (평년수확량 - 수확량) × 미보상비율
고구마	수확량조사 (수확 전 사고가 발생한 경우)	수확직전	○ 피해율 = (평년수확량 - 수확량 - 미보상감수량) ÷ 평년수확량 ▷수확량 = (표본구간 단위면적당 수확량 × 조사대상면적) + {단위면적당 평년수확량 × (타작물 및 미보상면적 + 기수확면적)} - 단위면적당 평년수확량 = 평년수확량 ÷ 실제경작면적 - 조사대상면적 = 실제경작면적 - 고사면적 - 타작물 및 미보상면적 - 기수확면적 - 표본구간 단위면적당 수확량 = 표본구간 수확량 합계 ÷ 표본구간 면적 • 표본구간 수확량 = 표본구간별 정상 고구마 중량 + (50% 피해 고구마 중량×0.5) + (80% 피해 고구마 중량×0.2) ▷미보상감수량 = (평년수확량 - 수확량) × 미보상비율
	수확량조사 (수확 중 사고가 발생한 경우)	사고발생 직후	
옥수수	수확량조사 (수확 전 사고가 발생한 경우)	수확직전	○ 손해액 = (피해수확량 - 미보상감수량) × 가입가격 ▷피해수확량 = (표본구간 단위면적당 피해수확량 × 표본조사대상면적) + (단위면적당 표준수확량 × 고사면적) - 단위면적당 표준수확량 = 표준수확량 ÷ 실제경작면적 - 조사대상면적 = 실제경작면적 - 고사면적 - 타작물 및 미보상면적 - 기수확면적 - 표본구간 단위면적당 피해수확량 = 표본구간 피해수확량 합계 ÷ 표본구간 면적 - 표본구간 피해수확량 합계 = (표본구간 "하"품 이하 옥수수 개수 + "중"품 옥수수 개수 × 0.5) × 표준중량 × 재식시기지수 × 재식밀도지수 ▷미보상감수량 = 피해수확량 × 미보상비율
	수확량조사 (수확 중 사고가 발생한 경우)	사고발생 직후	

7. 종합위험 생산비 보장방식 밭작물 품목 보험금 산정 방법

품목별	조사종류별	조사시기	피해율 산정 방법
고추, 브로콜리, 배추, 무, 단호박, 파, 당근, 메밀	생산비보장 손해조사	사고발생 직후	(아래 내용 참조)

□ 보험금 산정(고추, 브로콜리)

○ 보험금 = (잔존보험가입금액 ×경과비율 × 피해율) - 자기부담금

(단, 고추는 병충해가 있는 경우 병충해등급별 인정비율 추가하여 피해율에 곱함)

▷경과비율

• 수확기 이전에 사고시 = $\left\{ a + (1-a) \times \dfrac{생장일수}{표준생장일수} \right\}$

• 수확기 중 사고시 = $\left(1 - \dfrac{수확일수}{표준수확일수} \right)$

※ α(준비기생산비계수) = (고추 : 54.4%, 브로콜리 : 49.5%)

〈용어의 정의〉

생장일수 : 정식일로부터 사고발생일까지 경과일수

표준생장일수 : 정식일로부터 수확개시일까지의 일수로 작목별로 사전에 설정된 값

(고추 : 100일, 브로콜리 : 130일)

수확일수 : 수확개시일로부터 사고발생일까지 경과일수

표준수확일수 : 수확개시일부터 수확종료(예정)일까지 일수

▷자기부담금 = 잔존보험가입금액 × (3% 또는 5%)

□ 보험금 산정(배추, 무, 단호박, 파, 당근, 메밀, 시금치(노지))

○ 보험금 = 보험가입금액 × (피해율 – 자기부담비율)

□ 품목별 피해율 산정

○ 고추 피해율 = 피해비율 × 손해정도비율(심도) × (1 - 미보상비율)

▷피해비율 = 피해면적 ÷ 실제경작면적(재배면적)

▷손해정도비율 = {(20%형 피해 고추주수 × 0.2) + (40%형 피해 고추주수 × 0.4) + (60%형 피해 고추주수 × 0.6) + (80%형 피해 고추주수 × 0.8) + (100형 피해 고추주수)} ÷ (정상 고추주수 + 20%형 피해 고추주수 + 40%형 피해 고추주수 + 60%형 피해 고추주수 + 80%형 피해 고추주수 + 100%형 피해 고추주수)

○ 브로콜리 피해율 = 피해비율 × 작물피해율

▷피해비율 = 피해면적 ÷ 실제경작면적(재배면적)

▷작물피해율 = {(50%형 피해송이 개수 × 0.5) + (80%형 피해송이 개수 × 0.8) + (100%형 피해송이 개수)} ÷ (정상 송이 개수 + 50%형 피해송이 개수 + 80%형 피해송이 개수 + 100%형 피해송이 개수)

○ 배추, 무, 단호박, 파, 당근, 시금치(노지) 피해율 = 피해비율 × 손해정도비율(심도) × (1-미보상비율)

| 고추,
브로콜리,
배추,
무,
단호박,
파,
당근,
메밀 | 생산비보장
손해조사 | 사고발생
직후 | ▷피해비율 = 피해면적 ÷ 실제경작면적(재배면적)
▷손해정도비율 = {(20%형 피해작물 개수 × 0.2) + (40%형 피해작물 개수 × 0.4) + (60%형 피해작물 개수 × 0.6) + (80%형 피해작물 개수 × 0.8) + (100%형 피해작물 개수)} ÷ (정상 작물 개수 + 20%형 피해작물 개수 + 40%형 피해작물 개수 + 60%형 피해작물 개수 + 80%형 피해작물 개수 + 100%형 피해작물 개수)
◦ 메밀 피해율 = 피해면적 ÷ 실제경작면적(재배면적)
▷피해면적 = (도복으로 인한 피해면적 × 70%) + [도복 이외로 인한 피해면적 × {(20%형 피해 표본면적 × 0.2) + (40%형 피해 표본면적 × 0.4) + (60%형 피해 표본면적 × 0.6) + (80%형 피해 표본면적 × 0.8) + (100%형 피해 표본면적 × 1)} ÷ 표본면적 합계] |

8. 농업수입감소보장방식 과수작물 품목

품목별	조사종류별	조사시기	피해율 산정 방법

포도	수확량조사	착과수조사
		(최초 수확
		품종 수확전)
		/
		과중조사
		(품종별
		수확시기)
		/
		착과피해조사
		(피해 확인
		가능 시기)
		/
		낙과피해조사
		(착과수조사
		이후
		낙과피해 시)
		/
		고사나무조사
		(수확완료
		후)
			□ **착과수(수확개시 전 착과수조사 시)**
			○ 품종·수령별 착과수 = 품종·수령별 조사대상주수 × 품종·수령별 주당 착과수
			▷품종·수령별 조사대상주수 = 품종·수령별 실제결과주수 − 품종·수령별 고사주수 − 품종·수령별 미보상주수
			▷품종·수령별 주당 착과수 = 품종·수령별 표본주의 착과수 ÷ 품종·수령별 표본주수
			
			□ **착과수(착과피해조사 시)**
			○ 품종·수령별 착과수 = 품종·수령별 조사대상주수 × 품종·수령별 주당 착과수
			▷품종·수령별 조사대상주수 = 품종·수령별 실제결과주수 - 품종·수령별 고사주수 − 품종·수령별 미보상주수 − 품종·수령별 수확완료주수
			▷품종·수령별 주당 착과수 = 품종별·수령별 표본주의 착과수 ÷ 품종별·수령별 표본주수
			
			□ **과중조사 (사고접수 여부와 상관없이 모든 농지마다 실시)**
			○ 품종별 과중 = 품종별 표본과실 무게 ÷ 품종별 표본과실 수
			
			□ **낙과수 산정 (착과수조사 이후 발생한 낙과사고마다 산정)**
			○ 표본조사 시 : 품종·수령별 낙과수 조사
			▷품종·수령별 낙과수 = 품종·수령별 조사대상 주수 × 품종·수령별 주당 낙과수
			  - 품종·수령별 조사대상주수 = 품종·수령별 실제결과주수 - 품종·수령별 고사주수 - 품종·수령별 미보상주수 - 품종·수령별 수확완료주수
			  - 품종·수령별주당 낙과수 = 품종·수령별 표본주의 낙과수 ÷ 품종·수령별 표본주수
			○ 전수조사 시 : 품종별 낙과수 조사
			▷전체 낙과수에 대한 품종 구분이 가능할 때 : 품종별로 낙과수 조사
			▷전체 낙과수에 대한 품종 구분이 불가능할 때 (전체 낙과수 조사 후 품종별 안분)
			  - 품종별 낙과수 = 전체 낙과수 × (품종별 표본과실 수 ÷ 품종별 표본과실 수의 합계)
			   • 품종별 주당 낙과수 = 품종별 낙과수 ÷ 품종별 조사대상주수
			  - 품종별 조사대상주수 = 품종별 실제결과주수 - 품종별 고사주수
			  - 품종별 미보상주수 - 품종별 수확완료주수)
			
			□ **피해구성조사 (낙과 및 착과피해 발생 시 실시)**
			○ 피해구성률 = {(50%형 피해과실 수 × 0.5) + (80%형 피해과실

| 포도 | 수확량조사 | 착과수조사
(최초 수확
품종 수확전)
/
과중조사
(품종별
수확시기)
/
착과피해조사
(피해 확인
가능 시기)
/
낙과피해조사
(착과수조사
이후
낙과피해 시)
/
고사나무조사
(수확완료
후) | 수 × 0.8) + (100%형 피해과실 수 × 1)} ÷ 표본과실 수

ㅇ 금차 피해구성률 = 피해구성률 - max A
▷금차 피해구성률은 다수 사고인 경우 적용
▷max A : 금차 사고전 기조사된 착과피해구성률 중 최댓값을 말함
※ 금차 피해구성률이 영(0)보다 작은 경우에는 영(0)으로 함

□ 착과량 산정
ㅇ 착과량 = 품종·수령별 착과량의 합
▷품종·수령별 착과량 = (품종·수령별 착과수 × 품종별 과중) + (품종·수령별 주당 평년수확량 × 미보상주수)
  - 품종·수령별 주당 평년수확량 = 품종·수령별 평년수확량 ÷ 품종·수령별 실제결과주수
  - 품종·수령별 평년수확량 = 평년수확량 × (품종·수령별 표준수확량 ÷ 표준수확량)
  - 품종·수령별 표준수확량 = 품종·수령별 주당 표준수확량 × 품종·수령별 실제결과주수

□ 감수량 산정 (사고마다 산정)
ㅇ 금차 감수량 = 금차 착과 감수량 + 금차 낙과 감수량 + 금차 고사주수 감수량
▷금차 착과 감수량 = 금차 품종별·수령별 착과 감수량의 합
  - 금차 품종·수령별 착과 감수량 = 금차 품종·수령별 착과수 × 품종별 과중 × 금차 품종별 착과피해구성률
  - 금차 낙과 감수량 = 금차 품종·수령별 낙과수 × 품종별 과중 × 금차 낙과피해구성률
  - 금차 고사주수 감수량 = 품종·수령별 금차 고사주수 × (품종·수령별 주당 착과수 + 품종·수령별 주당 낙과수) × 품종별 과중 × (1 - max A)
▷품종·수령별 금차 고사주수 = 품종·수령별 고사주수 - 품종·수령별 기조사 고사주수

□ 피해율 산정
ㅇ 피해율 = (기준수입 - 실제수입) ÷ 기준수입
▷기준수입 = 평년수확량 × 농지별 기준가격
▷실제수입 = (수확량 + 미보상감수량) × 최솟값(농지별 기준가격, 농지별 수확기가격)
  - 미보상 감수량 = (평년수확량 - 수확량) × 최댓값(미보상비율)

□ 수확량 산정
ㅇ 품종별 개당 과중이 모두 있는 경우
▷수확량 = 착과량 - 사고당 감수량의 합 |

9. 농업수입감소보장방식 밭작물 품목

품목별	조사종류별	조사시기	피해율 산정 방법
콩	수확량조사	수확직전	○ 피해율 = (기준수입 - 실제수입) ÷ 기준수입 ▷기준수입 = 평년수확량 × 농지별 기준가격 ▷실제수입 = (수확량 + 미보상감수량) × 최솟값(농지별 기준가격, 농지별 수확기가격) 　- 수확량(표본조사) 　　= (표본구간 단위면적당 수확량×조사대상면적)+{단위면적당 평년수확량×(타작물 및 미보상면적+기수확면적)} 　- 수확량(전수조사) 　　= {전수조사 수확량×(1 - 함수율)÷(1 - 기준함수율)}+{단위면적당 평년수확량×(타작물 및 미보상면적+기수확면적)} 　• 표본구간 단위면적당 수확량 = 표본구간 수확량 합계 ÷ 표본구간 면적 　• 표본구간 수확량 합계 = 표본구간별 종실중량 합계 × {(1 - 함수율) ÷ (1 - 기준함수율)} 　• 기준함수율 : 콩(14%) 　• 조사대상면적 = 실경작면적 - 고사면적 - 타작물 및 미보상면적 - 기수확면적 　• 단위면적당 평년수확량 = 평년수확량 ÷ 실제경작면적 ▷미보상감수량 = (평년수확량 - 수확량) × 미보상비율 (또는 보상하는 재해가 없이 감소된 수량)
양파	수확량조사	수확직전	○ 피해율 = (기준수입 - 실제수입) ÷ 기준수입 ▷기준수입 = 평년수확량 × 농지별 기준가격 ▷실제수입 = (수확량 + 미보상감수량) × 최솟값(농지별 기준가격, 농지별 수확기가격) 　- 미보상감수량 = (평년수확량 - 수확량) × 미보상비율 (또는 보상하는 재해가 없이 감소된 수량) ○ 수확량 = (표본구간 단위면적당 수확량 × 조사대상면적) + {단위면적당 평년수확량 × (타작물 및 미보상면적 + 기수확면적)} ▷단위면적당 평년수확량 = 평년수확량 ÷ 실제경작면적 ▷조사대상면적 = 실경작면적 - 수확불능면적 - 타작물 및 미보상면적 - 기수확면적 ▷표본구간 단위면적당 수확량 = 표본구간 수확량 ÷ 표본구간 면적 - 표본구간 수확량 = (표본구간 정상 양파 중량 + 80%형 피해 양파 중량의 20%) × (1 + 누적비대추정지수) 　- 누적비대추정지수 = 지역별 수확적기까지 잔여일수 × 비대추정지수

품목별	조사종류별	조사시기	피해율 산정 방법
마늘	수확량조사	수확직전	○ 피해율 = (기준수입 - 실제수입) ÷ 기준수입 ▷기준수입 = 평년수확량 × 농지별 기준가격 ▷실제수입 = (수확량 + 미보상감수량) × 최솟값(농지별 기준가격, 농지별 수확기가격) - 미보상감수량 = (평년수확량 - 수확량) × 미보상비율 (또는 보상하는 재해가 없이 감소된 수량) ○ 수확량 = (표본구간 단위면적당 수확량 × 조사대상면적) + {단위면적당 평년수확량 × (타작물 및 미보상면적 + 기수확면적)} ▷단위면적당 평년수확량 = 평년수확량 ÷ 실제경작면적 ▷조사대상면적 = 실경작면적 - 수확불능면적 - 타작물 및 미보상면적 - 기수확면적 ▷표본구간 단위면적당 수확량 = (표본구간 수확량 × 환산계수) ÷ 표본구간 면적 - 표본구간 수확량 = (표본구간 정상 마늘 중량 + 80%형 피해 마늘 중량의 20%) × (1 + 누적비대추정지수) - 환산계수 : 0.7(한지형), 0.72(난지형) - 누적비대추정지수 = 지역별 수확적기까지 잔여일수 × 비대추정지수
고구마	수확량조사	수확직전	○ 피해율 = (기준수입 - 실제수입) ÷ 기준수입 ▷기준수입 = 평년수확량 × 농지별 기준가격 ▷실제수입 = (수확량 + 미보상감수량) × 최솟값(농지별 기준가격, 농지별 수확기가격) - 미보상감수량 = (평년수확량 - 수확량) × 미보상비율 (또는 보상하는 재해가 없이 감소된 수량) ○ 수확량 = (표본구간 단위면적당 수확량 × 조사대상면적) + {단위면적당 평년수확량 × (타작물 및 미보상면적 + 기수확면적)} ▷단위면적당 평년수확량 = 평년수확량 ÷ 실제경작면적 ▷조사대상면적 = 실경작면적 - 수확불능면적 - 타작물 및 미보상면적 - 기수확면적 ▷표본구간 단위면적당 수확량 = 표본구간 수확량 ÷ 표본구간 면적 - 표본구간 수확량 = (표본구간 정상 고구마 중량 + 50% 피해 고구마 중량 × 0.5 + 80% 피해 고구마 중량 × 0.2) ※ 위 산식은 표본구간 별로 적용됨

품목별	조사종류별	조사시기	피해율 산정 방법
감자 (가을재배)	수확량조사	수확직전	○ 피해율 = (기준수입 - 실제수입) ÷ 기준수입 ▷기준수입 : 평년수확량 × 농지별 기준가격 ▷실제수입 : (수확량 + 미보상감수량 - 병충해감수량) × 최솟값(농지별 기준가격 , 수확기가격) 　- 미보상감수량 = (평년수확량 - 수확량) × 미보상비율 (또는 보상하는 재해가 없이 감소된 수량) 　- 병충해감수량 = 병충해 입은 괴경의 무게 × 손해정도비율 × 인정비율 ○ 수확량 = (표본구간 단위면적당 수확량 × 조사대상면적) + {단위면적당 평년수확량 × (타작물 및 미보상면적 + 기수확면적)} ▷단위면적당 평년수확량 = 평년수확량 ÷ 실제경작면적 ▷조사대상면적 = 실경작면적 - 수확불능면적 - 타작물 및 미보상면적 - 기수확면적 ▷표본구간 단위면적당 수확량 = 표본구간 수확량 ÷ 표본구간 면적 　- 표본구간 수확량 = 표본구간 (정상 감자 중량 + (50%형 피해 감자 중량 × 0.5) + 병충해 입은 감자 중량) 　※ 위 산식은 각각의 표본구간별로 적용되며, 각 표본구간 면적을 감안하여 전체 병충해 감수량을 산정 　　손해정도비율, 인정비율 = 470~471p 참조
양배추	수확량조사	수확직전	○ 피해율 = (기준수입 - 실제수입) ÷ 기준수입 ▷기준수입 = 평년수확량 × 농지별 기준가격 ▷실제수입 = (수확량 + 미보상감수량) × 최솟값(농지별 기준가격, 농지별 수확기가격) 　- 미보상감수량 = (평년수확량 - 수확량) × 미보상비율 (또는 보상하는 재해가 없이 감소된 수량) ○ 수확량 = (표본구간 단위면적당 수확량 × 조사대상면적) + {단위면적당 평년수확량 × (타작물 및 미보상면적 + 기수확면적)} ▷단위면적당 평년수확량 = 평년수확량 ÷ 실제경작면적 ▷조사대상면적 = 실경작면적 - 수확불능면적 - 타작물 및 미보상면적 - 기수확면적 ▷표본구간 단위면적당 수확량 = 표본구간 수확량 ÷ 표본구간 면적 　- 표본구간 수확량 = (표본구간 정상 양배추 중량 + 80% 피해 양배추 중량 × 0.2) 　　※ 위 산식은 표본구간 별로 적용됨

농작물재해보험 및
가축재해보험 손해평가의
이론과 실무

부록

[1] 농업재해보험 관련 용어

[2] 주요 법령 및 참고문헌

농업재해보험 관련 용어

1. 농어업재해보험 관련 용어

- **(농어업재해)** 농작물·임산물·가축 및 농업용 시설물에 발생하는 자연재해·병충해·조수해·질병 또는 화재와 양식수산물 및 어업용 시설물에 발생하는 자연재해·질병 또는 화재
- **(농어업재해보험)** 농어업재해로 발생하는 재산 피해에 따른 손해를 보상하기 위한 보험
- **(보험가입금액)** 보험가입자의 재산 피해에 따른 손해가 발생한 경우 보험에서 최대로 보상할 수 있는 한도액으로서 보험가입자와 재해보험사업자 간에 약정한 금액
- **(보험가액)** 재산보험에 있어 피보험이익을 금전으로 평가한 금액으로 보험목적에 발생할 수 있는 최대 손해액(재해보험사업자가 실제 지급하는 보험금은 보험가액을 초과할 수 없음)
- **(보험기간)** 계약에 따라 보장을 받는 기간
- **(보험료)** 보험가입자와 재해보험사업자 간의 약정에 따라 보험가입자가 재해보험사업자에게 내야하는 금액
- **(계약자부담보험료)** 국가 및 지방자치단체의 지원보험료를 제외한 계약자가 부담하는 금액
- **(보험금)** 보험가입자에게 재해로 인한 재산 피해에 따른 손해가 발생한 경우 보험가입자와 재해보험사업자 간의 약정에 따라 재해보험사업자가 보험가입자에게 지급하는 금액
- **(시범사업)** 보험사업을 전국적으로 실시하기 전에 보험의 효용성 및 보험 실시 가능성 등을 검증하기 위하여 일정 기간 제한된 지역에서 실시하는 보험사업

2. 농작물재해보험 관련 용어

(1) 농작물재해보험 계약관련 용어

- **(가입(자)수)** 보험에 가입한 농가, 과수원(농지)수 등
- **(가입률)** 가입대상면적 대비 가입면적을 백분율(100%)로 표시한 것
- **(가입금액)** 보험에 가입한 금액으로, 재해보험사업자와 보험가입자간에 약정한 금액으로 보험사고가 발생할 때 재해보험사업자가 지급할 최대 보험금 산출의 기준이 되는 금액
- **(계약자)** 재해보험사업자와 계약을 체결하고 보험료를 납부할 의무를 지는 사람
- **(피보험자)** 보험사고로 인하여 손해를 입은 사람(법인인 경우에는 그 이사 또는 법인의 업무를 집행하는 그 밖의 기관)
- **(보험증권)** 계약의 성립과 그 내용을 증명하기 위하여 재해보험사업자가 계약자에게 드리는 증서

○ (보험의 목적) 보험의 약관에 따라 보험에 가입한 목적물로 보험증권에 기재된 농작물의 과실 또는 나무, 시설작물 재배용 농업용시설물, 부대시설 등

○ (농지) 한 덩어리의 토지의 개념으로 필지(지번)에 관계없이 실제 경작하는 단위로 보험가입의 기본 단위임. 하나의 농지가 다수의 필지로 구성될 수도 있고, 하나의 필지(지번)가 다수의 농지로 구분될 수도 있음

○ (과수원) 한 덩어리의 토지의 개념으로 필지(지번)와는 관계없이 과실을 재배하는 하나의 경작지

○ (나무) 계약에 의해 가입한 과실을 열매로 맺는 결과주

○ (농업용시설물) 시설작물 재배용으로 사용되는 구조체 및 피복재로 구성된 시설

○ (구조체) 기초, 기둥, 보, 중방, 서까래, 가로대 등 철골, 파이프와 이와 관련된 부속자재로 하우스의 구조적 역할을 담당하는 것

○ (피복재) 비닐하우스의 내부온도 관리를 위하여 시공된 투광성이 있는 자재

○ (부대시설) 시설작물 재배를 위하여 농업용시설물에 설치한 시설

○ (동산시설) 저온저장고, 선별기, 소모품(멀칭비닐, 배지, 펄라이트, 상토 등), 이동 가능(휴대용) 농기계 등 농업용 시설물 내 지면 또는 구조체에 고정되어 있지 않은 시설

○ (계약자부담 보험료) 국가 및 지방자치단체의 지원보험료를 제외한 계약자가 부담하는 보험료

○ (보험료율) 보험가입금액에 대한 보험료의 비율

○ (환급금) 무효, 효력상실, 해지 등에 의하여 환급하는 금액

○ (자기부담금) 손해액 중 보험가입 시 일정한 비율을 보험가입자가 부담하기로 약정한 금액. 즉, 일정비율 이하의 손해는 보험가입자 본인이 부담하고, 손해액이 일정비율을 초과한 금액에 대해서만 재해보험사업자가 보상

- 자기부담제도 : 소액손해의 보험처리를 배제함으로써 비합리적인 운영비 지출의 억제, 계약자 보험료 절약, 피보험자의 도덕적 위험 축소 및 방관적 위험의 배재 등의 효과를 위하여 실시하는 제도로, 가입자의 도덕적 해이를 방지하기 위한 수단으로 손해보험에서 대부분 운용

○ (자기부담비율) 보험사고로 인하여 발생한 손해에 대하여 보험가입자가 부담하는 일정 비율로 보험가입금액에 대한 비율

(2) 농작물 재해보험 보상관련 용어

○ (보험사고) 보험계약에서 재해보험사업자가 어떤 사실의 발생을 조건으로 보험금의 지급을 약정한 우연한 사고(사건 또는 위험이라고도 함)

○ (사고율) 사고수(농가 또는 농지수) ÷ 가입수(농가 또는 농지수) X 100

○ (손해율) 보험료에 대한 보험금의 백분율

○ (피해율) 보험금 계산을 위한 최종 피해수량의 백분율

○ **(식물체피해율)** 경작불능조사에서 고사한 식물체(수 또는 면적)를 보험가입식물체(수 또는 면적)으로 나누어 산출한 값

○ **(전수조사)** 보험가입금액에 해당하는 농지에서 경작한 수확물을 모두 조사하는 방법

○ **(표본조사)** 보험가입금액에 해당하는 농지에서 경작한 수확물의 특성 또는 수확물을 잘 나타낼 수 있는 일부를 표본으로 추출하여 조사하는 방법

○ **(재조사)** 보험가입자가 손해평가반의 손해평가결과에 대하여 설명 또는 통지를 받은 날로부터 7일 이내에 손해평가가 잘못되었음을 증빙하는 서류 또는 사진 등을 제출하는 경우 재해보험사업자가 다른 손해평가반으로 하여금 실시하게 할 수 있는 조사

○ **(검증조사)** 재해보험사업자 또는 재보험사업자가 손해평가반이 실시한 손해평가결과를 확인하기 위하여 손해평가를 실시한 보험목적물 중에서 일정수를 임의 추출하여 확인하는 조사

(3) 수확량 및 가격 관련 용어

○ **(평년수확량)** 가입년도 직전 5년 중 보험에 가입한 연도의 실제 수확량과 표준수확량을 가입 횟수에 따라 가중 평균하여 산출한 해당 농지에 기대되는 수확량

○ **(표준수확량)** 가입품목의 품종, 수령, 재배방식 등에 따라 정해진 수확량

○ **(평년착과량)** 가입수확량 산정 및 적과 종료 전 보험사고 시 감수량 산정의 기준이 되는 착과량

○ **(평년착과수)** 평년착과량을 가입과중으로 나누어 산출 한 것

○ **(가입수확량)** 보험 가입한 수확량으로 평년수확량의 일정범위(50%~100%) 내에서 보험계약자가 결정한 수확량으로 가입금액의 기준

○ **(가입과중)** 보험에 가입할 때 결정한 과실의 1개당 평균 과실무게

○ **(기준착과수)** 보험금을 산정하기 위한 과수원별 기준 과실수

○ **(기준수확량)** 기준착과수에 가입과중을 곱하여 산출한 양

○ **(적과후착과수)** 통상적인 적과 및 자연낙과 종료 시점의 착과수

○ **(적과후착과량)** 적과후 착과수에 가입과중을 곱하여 산출한 양

○ **(감수과실수)** 보장하는 자연재해로 손해가 발생한 것으로 인정되는 과실 수

○ **(감수량)** 감수과실수에 가입과중을 곱한 무게

○ **(평년결실수)** 가입연도 직전 5년 중 보험에 가입한 연도의 실제결실수와표준결실수(품종에 따라 정해진 결과모지 당 표준적인 결실수)를 가입 횟수에 따라 가중평균하여 산출한 해당 과수원에 기대되는 결실수

※ 결과지 : 과수에 꽃눈이 붙어 개화 결실하는 가지(열매가지라고도 함)

※ 결과모지 : 결과지보다 1년이 더 묵은 가지

○ **(평년결과모지수)** 가입연도 직전 5년 중 보험에 가입한 연도의 실제결과모지수와 표준결과모지수(하나의 주지에서 자라나는 표준적인 결과모지수)를 가입 횟수에 따라 가중 평균

하여 산출한 해당 과수원에 기대되는 결과모지수

○ **(미보상감수량)** 감수량 중 보상하는 재해 이외의 원인으로 감소한 양

○ **(생산비)** 작물의 생산을 위하여 소비된 재화나 용역의 가치로 종묘비, 비료비, 농약비, 영농광열비, 수리비, 기타 재료비, 소농구비, 대농구 상각비, 영농시설 상각비, 수선비, 기타 요금, 임차료, 위탁 영농비, 고용노동비, 자가노동비, 유동자본용역비, 고정자본용역비, 토지자본용역비 등을 포함

○ **(보장생산비)** 생산비에서 수확기에 발생되는 생산비를 차감한 값

○ **(가입가격)** 보험에 가입한 농작물의 kg당 가격

○ **(표준가격)** 농작물을 출하하여 통상 얻을 수 있는 표준적인 kg당 가격

○ **(기준가격)** 보험에 가입할 때 정한 농작물의 kg당 가격

○ **(수확기가격)** 보험에 가입한 농작물의 수확기 kg당 가격

　※ 올림픽 평균 : 연도별 평균가격 중 최대값과 최소값을 제외하고 남은 값들의 산술평균

　※ 농가수취비율 : 도매시장 가격에서 유통비용 등을 차감한 농가수취가격이 차지하는 비율로 사전에 결정된 값

(4) 조사 관련 용어

○ **(실제결과주수)** 가입일자를 기준으로 농지(과수원)에 식재된 모든 나무 수. 다만, 인수조건에 따라 보험에 가입할 수 없는 나무(유목 및 제한 품종 등) 수는 제외

○ **(고사주수)** 실제결과나무수 중 보상하는 손해로 고사된 나무 수

○ **(미보상주수)** 실제결과나무수 중 보상하는 손해 이외의 원인으로 고사되거나 수확량(착과량)이 현저하게 감소된 나무 수

○ **(기수확주수)** 실제결과나무수 중 조사일자를 기준으로 수확이 완료된 나무 수

○ **(수확불능주수)** 실제결과나무수 중 보상하는 손해로 전체주지·꽃(눈) 등이 보험약관에서 정하는 수준이상 분리되었거나 침수되어, 보험기간 내 수확이 불가능하나 나무가 죽지는 않아 향후에는 수확이 가능한 나무 수

○ **(조사대상주수)** 실제결과나무수에서 고사나무수, 미보상나무수 및 수확완료나무수, 수확불능나무수를 뺀 나무 수로 과실에 대한 표본조사의 대상이 되는 나무 수

○ **(실제경작면적)** 가입일자를 기준으로 실제 경작이 이루어지고 있는 모든 면적을 의미하며, 수확불능(고사)면적, 타작물 및 미보상면적, 기수확면적을 포함

○ **(수확불능(고사)면적)** 실제경작면적 중 보상하는 손해로 수확이 불가능한 면적

○ **(타작물 및 미보상면적)** 실제경작면적 중 목적물 외에 타작물이 식재되어 있거나 보상하는 손해 이외의 원인으로 수확량이 현저하게 감소된 면적

○ **(기수확면적)** 실제경작면적 중 조사일자를 기준으로 수확이 완료된 면적

(5) 재배 및 피해형태 구분 관련 용어

〈재배〉

○ **(꽃눈분화)** 영양조건, 기간, 기온, 일조시간 따위의 필요조건이 다차서 꽃눈이 형성되는 현상

○ **(꽃눈분화기)** 과수원에서 꽃눈분화가 50%정도 진행된 때

○ **(낙과)** 나무에서 떨어진 과실

○ **(착과)** 나무에 달려있는 과실

○ **(적과)** 해거리를 방지하고 안정적인 수확을 위해 알맞은 양의 과실만 남기고 나무로부터 과실을 따버리는 행위

○ **(열과)** 과실이 숙기에 과다한 수분을 흡수하고 난 후 고온이 지속될 경우 수분을 배출하면서 과실이 갈라지는 현상

○ **(나무)** 보험계약에 의해 가입한 과실을 열매로 맺는 결과주

○ **(발아)** (꽃 또는 잎) 눈의 인편이 1~2mm정도 밀려나오는 현상

○ **(발아기)** 과수원에서 전체 눈이 50% 정도 발아한 시기

○ **(신초발아)** 신초(당년에 자라난 새가지)가 1~2mm정도 자라기 시작하는현상을 말한다.

○ **(신초발아기)** 과수원에서 전체 신초(당년에 자라난 새가지)가 50%정도 발아한 시점을 말한다.

○ **(수확기)** 농지(과수원)가 위치한 지역의 기상여건을 감안하여 해당 목적물을 통상적으로 수확하는 시기

○ **(유실)** 나무가 과수원 내에서의 정위치를 벗어나 그 점유를 잃은 상태

○ **(매몰)** 나무가 토사 및 산사태 등으로 주간부의 30%이상이 묻힌 상태

○ **(도복)** 나무가 45°이상 기울어지거나 넘어진 상태

○ **(절단)** 나무의 주간부가 분리되거나 전체 주지·꽃(눈) 등의 2/3이상이 분리된 상태

○ **(절단 (1/2))** 나무의 주간부가 분리되거나 전체 주지·꽃(눈) 등의 1/2 이상이 분리된 상태

○ **(신초 절단)** 단감, 떫은감의 신초의 2/3이상이 분리된 상태

○ **(침수)** 나무에 달린 과실(꽃)이 물에 잠긴 상태

○ **(소실)** 화재로 인하여 나무의 2/3 이상이 사라지는 것

○ **(소실(1/2))** 화재로 인하여 나무의 1/2 이상이 사라지는 것

○ **(이앙)** 못자리 등에서 기른 모를 농지로 옮겨심는 일

○ **(직파(담수점파))** 물이 있는 논에 파종 하루 전 물을 빼고 종자를 일정 간격으로 점파하는 파종방법

○ **(종실비대기)** 두류(콩, 팥)의 꼬투리 형성기

○ **(출수)** 벼(조곡)의 이삭이 줄기 밖으로 자란 상태

○ **(출수기)** 농지에서 전체 이삭이 70%정도 출수한 시점

○ **(정식)** 온상, 묘상, 모밭 등에서 기른 식물체를 농업용 시설물 내에 옮겨 심는 일

○ **(정식일)** : 정식을 완료한 날

○ **(작기)** 작물의 생육기간으로 정식일(파종일)로부터 수확종료일 가지의 기간

○ **(출현)** 농지에 파종한 씨(종자)로부터 자란 싹이 농지표면 위로 나오는 현상

○ **((버섯)종균접종)** 버섯작물의 종균을배지 혹은 원목을 접종하는 것

○ **(기상특보 관련 재해)** 태풍, 호우, 홍수, 강풍, 풍랑, 해일, 대설, 폭염 등을 포함

○ **(시비관리)** 수확량 또는 품질을 높이기 위해 비료성분을 토양 중에 공급하는 것

(6) 기타 보험 용어

○ **(연단위 복리)** 재해보험사업자가 지급할 금전에 이자를 줄 때 1년마다 마지막 날에그 이자를 원금에 더한 금액을 다음 1년의 원금으로 하는 이자 계산방법.

○ **(영업일)** 재해보험사업자가 영업점에서 정상적으로 영업하는 날을 말하며, 토요일, '관공서의 공휴일에 관한 규정'에 따른 공휴일과 근로자의 날을 제외

○ **(잔존물제거비용)** 사고 현장에서의 잔존물의 해체비용, 청소비용 및 차에싣는 비용. 다만, 보장하지 않는 위험으로 보험의 목적이 손해를 입거나 관계법령에 의하여 제거됨으로써 생긴 손해에 대해서는 미보상

○ **(손해방지비용)** 손해의 방지 또는 경감을 위하여 지출한 필요 또는 유익한 비용

○ **(대위권보전비용)** 제3자로부터 손해의 배상을 받을 수 있는 경우에는 그 권리를 지키거나 행사하기 위하여 지출한 필요 또는 유익한 비용

○ **(잔존물 보전비용)** 잔존물을 보전하기 위하여 지출한 필요 또는 유익한 비용

○ **(기타 협력비용)** 재해보험사업자의 요구에 따르기 위하여 지출한 필요 또는 유익한 비용
  ※ 청소비용 : 사고 현장 및 인근 지역의 토양, 대기 및 수질 오염물질 제거 비용과 차에 실은 후 폐기물 처리비용은 포함되지 않는다.

3. 가축재해보험 관련 용어

(1) 가축재해보험 계약관련

○ **(보험의 목적)** 보험에 가입한 물건으로 보험증권에 기재된 가축 등

○ **(보험계약자)** 재해보험사업자와 계약을 체결하고 보험료를 납입할 의무를 지는 사람

○ **(피보험자)** 보험사고로 인하여 손해를 입은 사람
  ※ 법인인 경우에는 그 이사 또는 법인의 업무를 집행하는 그 밖의 기관

○ **(보험기간)** 계약에 따라 보장을 받는 기간

○ **(보험증권)** 계약의 성립과 그 내용을 증명하기 위하여 재해보험사업자가 계약자에게 드리는 증서

○ **(보험약관)** 보험계약에 대한 구체적인 내용을 기술한 것으로 재해보험사업자가 작성하여 보험계약자에게 제시하는 약정서

○ **(보험사고)** 보험계약에서 재해보험사업자가 어떤 사실의 발생을 조건으로 보험금의 지급을 약정한 우연한 사고(사건 또는 위험)

○ **(보험가액)** 피보험이익을 금전으로 평가한 금액으로 보험목적에 발생할 수 있는 최대 손해액

   ※ 재해보험사업자가 실제 지급하는 보험금은 보험가액을 초과할 수 없음

○ **(자기부담금)** 보험사고로 인하여 발생한 손해에 대하여 계약자 또는 피보험자가 부담하는 일정 금액

○ **(보험금 분담)** 보험계약에서 보장하는 위험과 같은 위험을 보장하는 다른 계약(공제계약 포함)이 있을 경우 비율에 따라 손해를 보상

○ **(대위권)** 재해보험사업자가 보험금을 지급하고 취득하는 법률상의 권리

○ **(재조달가액)** 보험의 목적과 동형, 동질의 신품을 재조달하는데 소요되는 금액

○ **(가입률)** 가입대상 두(頭)수 대비 가입두수를 백분율(100%)

○ **(손해율)** 보험료에 대한 보험금의 백분율(100%)

○ **(사업이익)** 1두당 평균 가격에서 경영비를 뺀 잔액

○ **(경영비)** 통계청에서 발표한 최근의 비육돈 평균 경영비

○ **(이익률)** 손해발생 시에 다음의 산식에 의해 얻어진 비율 단, 이 기간 중에 이익률이 16.5% 미만일 경우 이익률은 16.5%

> 이익률 = (1두당 비육돈(100kg 기준)의 평균가격 − 경영비) /
>   1두당 비육돈(100kg 기준)의 평균가격

(2) 가축재해 관련

○ **(풍재·수재·설해·지진)** 태풍, 홍수, 호우, 강풍, 풍랑, 해일, 대설, 조수, 우박, 지진, 분화 등으로 인한 피해

○ **(폭염)** 대한민국 기상청에서 내려지는 폭염특보(주의보 및 경보)

○ **(소(牛)도체결함)** 도축장에서 도축되어 경매시까지 발견된 도체의 결함이 경락가격에 직접적인 영향을 주어 손해 발생한 경우

○ **(축산휴지)** 보험의 목적의 손해로 인하여 불가피하게 발생한 전부 또는 일부의 축산업 중단을 말함

○ **(축산휴지손해)** 보험의 목적의 손해로 인하여 불가피하게 발생한 전부 또는 일부의 축산업 중단되어 발생한 사업이익과 보상위험에 의한 손해가 발생하지 않았을 경우 예상되는 사업이익의 차감금액을 말한다.

○ **(전기적장치위험)** 여자기(정류기 포함), 변류기, 변압기, 전압조정기, 축전기, 개폐기, 차단기, 피뢰기, 배전반 및 이와 비슷한 전기장치 또는 설비 중 전기장치 또는 설비가 파괴 또는 변조되어 온도의 변화로 보험의 목적에 손해가 발생한 경우

(3) 가축질병 관련

○ **(돼지 전염성 위장염(TGE))** Coronavirus 속에 속하는 전염성 위장염 바이러스의 감염에 의한 돼지의 전염성 소화기병 구토, 수양성 설사, 탈수가 특징으로 일령에 관계없이 발병하며 자돈일수록 폐사율이 높게 나타남, 주로 추운 겨울철에 많이 발생하며 전파력이 높음

○ **(돼지 유행성설사병(PED))** Coronavirus에 의한 자돈의 급성 유행성설사병으로 포유자돈의 경우 거의 100%의 치사율을 나타남(로타바이러스감염증) 레오바이러스과의 로타바이러스 속의돼지 로타바이러스가 병원체이며, 주로 2~6주령의 자돈에서설사를 일으키며 3주령부터 폐사가 더욱 심하게 나타남

○ **(구제역)** 구제역 바이러스의 감염에 의한 우제류 동물(소·돼지 등 발굽이 둘로 갈라진 동물)의 악성가축전염병(1종법정가축전염병)으로 발굽 및 유두 등에 물집이 생기고, 체온상승과식욕저하가 수반되는 것이 특징

○ **(AI(조류인플루엔자, Avian Influenza))** AI 바이러스 감염에 의해 발생하는 조류의 급성 전염병으로 병원의 정도에 따라고병원성과 저병원성으로 구분되며, 고병원성 AI의 경우 세계 동물보건기구(OIE)의 관리대상질병으로 지정되어 있어 발생 시 OIE에 의무적으로 보고해야 함

○ **(돼지열병)** 제1종 가축전염병으로 사람에 감염되지 않으나, 발생국은 돼지 및 돼지고기의 수출이 제한

　　※ '01년 청정화 이후, '02년 재발되어 예방접종 실시

○ **(난계대 전염병)** 조류의 특유 병원체가 종란에 감염하여 부화 후 초생추에서 병을 발생시키는 질병(추백리 등)

(4) 기타 축산 관련

○ **(가축계열화)** 가축의 생산이나 사육·사료공급·가공·유통의 기능을 연계한 일체의 통합 경영활동을 의미

　- **(가축계열화 사업)** 농민과 계약(위탁)에 의하여 가축·사료·동물용 의약품·기자재·보수 또는 경영지도 서비스 등을 공급(제공)하고, 당해 농민이 생산한 가축을 도축·가공 또는 유통하는 사업방식

○ **(돼지 MSY(Marketing per Sow per Year))** 어미돼지 1두가 1년간 생산한 돼지 중 출하체중(110kg)이 될 때까지 생존하여 출하한 마리 수

○ **(산란수)** 산란계 한 계군에서 하루 동안에 생산된 알의 수를 의미하며, 산란계 한 마리가 산란을 시작하여 도태 시까지 낳는 알의 총수는 산란지수로 표현

○ **(자조금관리위원회)** 자조금의 효과적인 운용을 위해 축산업자 및 학계·소비자·관계 공무원 및 유통 전문가로 구성된 위원회이며 품목별로 설치되어 해당 품목의 자조금의 조성 및 지출, 사업 등 운용에 관한 사항을 심의·의결

　　※ (축산자조금(9개 품목)) 한우, 양돈, 낙농, 산란계, 육계, 오리, 양록, 양봉, 육우

○ **(축산물 브랜드 경영체)** 특허청에 브랜드를 등록하고 회원 농가들과 종축·사료·사양관리 등 생산에 대한 규약을 체결하여 균일한 품질의 고급육을 생산·출하하는 축협조합 및 영농조합법인

○ **(쇠고기 이력제도)** 소의 출생부터 도축, 포장처리, 판매까지의 정보를 기록관리하여 위생·안전에 문제가 발생할 경우 이를 확인하여 신속하게 대처하기 위한 제도

○ **(수의사 처방제)** 항생제 오남용으로 인한 축산물 내 약품잔류 및 항생제 내성문제 등의 예방을 위해 동물 및 인체에 위해를 줄 수 있는 "동물용 의약품"을 수의사의 처방에 따라 사용토록 하는 제도

〈별표〉 미경과비율표 (단위 %)

		판매개시 연도												이듬해
구분	품목	1월	2월	3월	4월	5월	6월	7월	8월	9월	10월	11월	12월	1월

적과종료 이전 특정위험 5종 한정보장 특약에 가입하지 않은 경우 : 착과감소보험금 보장수준 50%형

구분	품목	1월	2월	3월	4월	5월	6월	7월	8월	9월	10월	11월	12월	1월
보통약관	사과·배	100%	100%	100%	86%	76%	70%	54%	19%	5%	0%	0%	0%	0%
	단감·떫은감	100%	100%	99%	93%	92%	90%	84%	35%	12%	3%	0%	0%	0%
특별약관 나무손해	사과·배·단감·떫은감	100%	100%	100%	99%	99%	90%	70%	29%	9%	3%	3%	0%	0%

적과종료 이전 특정위험 5종 한정보장 특약에 가입하지 않은 경우 : 착과감소보험금 보장수준 70%형

구분	품목	1월	2월	3월	4월	5월	6월	7월	8월	9월	10월	11월	12월	1월
보통약관	사과·배	100%	100%	100%	83%	70%	63%	49%	18%	5%	0%	0%	0%	0%
	단감·떫은감	100%	100%	98%	90%	89%	87%	79%	33%	11%	2%	0%	0%	0%
특별약관 나무손해	사과·배·단감·떫은감	100%	100%	100%	99%	99%	90%	70%	29%	9%	3%	3%	0%	0%

적과종료 이전 특정위험 5종 한정보장 특약에 가입한 경우 : 착과감소보험금 보장수준 50%형

구분	품목	1월	2월	3월	4월	5월	6월	7월	8월	9월	10월	11월	12월	1월
보통약관	사과·배	100%	100%	100%	92%	86%	83%	64%	22%	5%	0%	0%	0%	0%
	단감·떫은감	100%	100%	99%	95%	94%	93%	90%	38%	13%	3%	0%	0%	0%
특별약관 나무손해	사과·배·단감·떫은감	100%	100%	100%	99%	99%	90%	70%	29%	9%	3%	3%	0%	0%

적과종료 이전 특정위험 5종 한정보장 특약에 가입한 경우 : 착과감소보험금 보장수준 70%형														
구분	품목	판매개시 연도												이듬해
		1월	2월	3월	4월	5월	6월	7월	8월	9월	10월	11월	12월	1월
보통약관	사과·배	100%	100%	100%	90%	82%	78%	61%	22%	6%	0%	0%	0%	0%
	단감·떪은감	100%	100%	99%	94%	93%	92%	88%	37%	13%	4%	0%	0%	0%
특별약관 나무손해	사과·배·단감·떪은감	100%	100%	100%	99%	99%	90%	70%	29%	9%	3%	3%	0%	0%

품목	분류	판매개시연도									이듬해										
		4월	5월	6월	7월	8월	9월	10월	11월	12월	1월	2월	3월	4월	5월	6월	7월	8월	9월	10월	11월
포도 복숭아	보통약관								90	80	50	40	20	20	20	0	0	0	0	0	
	특별약관								100	90	80	75	65	55	50	40	30	15	0	0	
	수확량감소 추가보장								90	80	50	40	20	20	20	0	0	0	0	0	
포도	비가림시설 화재								90	80	75	65	60	50	40	30	25	15	5	0	
자두	보통약관								90	80	40	25	0	0	0	0	0	0	0		
	특별약관								100	90	80	75	65	55	50	40	30	15	0		
밤	보통약관	95	95	90	45	0	0	0													
호두	보통약관	95	95	95	55	0	0	0													
참다래	참다래			95	90	80	75	75	75	75	75	70	70	70	70	65	40	15	0	0	0
	비가림시설			100	70	35	20	15	15	15	5	0	0	0	0	0					
	나무손해			100	70	35	20	15	15	15	5	0	0	0	0	0					
	화재위험			100	80	70	60	50	40	30	25	20	15	10	5	0					
대추	보통약관	95	95	95	45	15	0	0													
	특별약관	85	70	55	40	25	10	0													
매실	보통약관								95	65	60	50	0	0	0	0					
	특별약관								100	90	80	75	65	55	50	40	30	15	0	0	
오미자	보통약관								95	90	85	85	80	65	40	40	0	0	0		
유자	보통약관								90	95	95	90	90	80	70	70	35	10	0	0	0
	특별약관								100	90	80	75	65	55	50	40	30	15	0	0	0
살구	보통약관								90	65	50	20	5	0	0						
	특별약관								100	95	95	90	90	90	90	90	55	20	5	0	
오디	보통약관								95	65	60	50	0	0	0						
복분자	보통약관								95	50	45	30	10	5	5	0					
무화과	보통약관								95	95	95	90	90	80	70	70	35	10	0	0	

품목	분류	판매개시연도									이듬해								
		4월	5월	6월	7월	8월	9월	10월	11월	12월	1월	2월	3월	4월	5월	6월	7월	8월	9월
감귤	보통 약관	95	95	95	45	15	0	0	0										
	특약 동상해 보장	100	100	100	100	100	100	100	100	60	50	0							
	특약 나무손해보장 과실손해 추가보장	95	95	95	45	15	0	0	0	0	0	0							

품목	분류	판매개시연도									이듬해										
		4월	5월	6월	7월	8월	9월	10월	11월	12월	1월	2월	3월	4월	5월	6월	7월	8월	9월	10월	11월
인삼	인삼1형		95	95	60	30	15	5	5	5	5	0	0	0							
	1형 (6년근)		95	95	60	20	5	0													
	인삼2형								95	95	95	90	90	90	90	90	55	20	5	0	
벼	보통약관	95	95	95	65	20	0	0	0												
	특별약관	95	95	95	65	20	0	0	0												
밀	보통약관							85	85	45	40	30	5	5	5	0					
보리	보통약관							85	85	45	40	30	5	5	5	0					
양파	보통약관							100	85	65	45	10	10	5	5	0					
마늘	보통약관							65	65	55	30	25	10	0	0	0					
고구마	보통약관	95	95	95	55	25	10	0													
옥수수	보통약관	95	95	95	50	15	0														
봄감자	보통약관	95	95	95	0																
가을감자	보통약관					45	15	10	10	0											
고랭지감자	보통약관		95	95	65	20	0	0													
차	보통약관							90	90	60	55	45	0	0	0						
콩	보통약관			90	55	20	0	0	0												
팥	보통약관			95	60	20	5	0	0												
양배추	보통약관				100	50	20	20	15	5	0	0									
고추	보통약관	95	95	90	55	20	0	0	0												
브로콜리	보통약관				100	100	50	30	25	20	15	5	0								
고랭지배추	보통약관	95	95	95	55	20	5	0													
월동배추	보통약관						50	20	15	10	5	0	0								
고랭지무	보통약관	95	95	95	55	20	5	0													
월동무	보통약관					45	25	10	5	5	0	0	0								
대파	보통약관	95	95	95	55	25	10	0	0	0											
쪽파1형	보통약관					90	35	5	0	0											
쪽파2형	보통약관					90	40	10	10	5	5	0	0	0	0						
단호박	보통약관		100	95	40	0															
당근	보통약관				60	25	10	5	5	0	0	0									
메밀	보통약관					40	15	0	0												
시금치 (노지)	보통약관							40	30	10	0										

부록 [2]   **주요 법령 및 참고문헌**

1. 농어업재해보험법
2. 농어업재해보험법시행령
3. 농업재해보험손해평가요령
4. 재보험사업 및 농업재해보험사업의 운영 등에 관한 규정
5. 농업재해보험에서 보상하는 보험목적물의 범위
6. 참고문헌

1. 농어업재해보험법

[시행 2023. 9. 29.] [법률 제19284호, 2023. 3. 28., 일부개정]

농림축산식품부(재해보험정책과) 044-201-1792

해양수산부(소득복지과) 044-200-5468, 5471

제1장 총칙

제1조(목적) 이 법은 농어업재해로 인하여 발생하는 농작물, 임산물, 양식수산물, 가축과 농어업용 시설물의 피해에 따른 손해를 보상하기 위한 농어업재해보험에 관한 사항을 규정함으로써 농어업 경영의 안정과 생산성 향상에 이바지하고 국민경제의 균형 있는 발전에 기여함을 목적으로 한다. 〈개정 2011. 7. 25.〉

제2조(정의) 이 법에서 사용하는 용어의 뜻은 다음과 같다. 〈개정 2011. 7. 25., 2013. 3. 23.〉

1. "농어업재해"란 농작물·임산물·가축 및 농업용 시설물에 발생하는 자연재해·병충해·조수해(鳥獸害)·질병 또는 화재(이하 "농업재해"라 한다)와 양식수산물 및 어업용 시설물에 발생하는 자연재해·질병 또는 화재(이하 "어업재해"라 한다)를 말한다.
2. "농어업재해보험"이란 농어업재해로 발생하는 재산 피해에 따른 손해를 보상하기 위한 보험을 말한다.
3. "보험가입금액"이란 보험가입자의 재산 피해에 따른 손해가 발생한 경우 보험에서 최대로 보상할 수 있는 한도액으로서 보험가입자와 보험사업자 간에 약정한 금액을 말한다.
4. "보험료"란 보험가입자와 보험사업자 간의 약정에 따라 보험가입자가 보험사업자에게 내야 하는 금액을 말한다.
5. "보험금"이란 보험가입자에게 재해로 인한 재산 피해에 따른 손해가 발생한 경우 보험가입자와 보험사업자 간의 약정에 따라 보험사업자가 보험가입자에게 지급하는 금액을 말한다.

6. "시범사업"이란 농어업재해보험사업(이하 "재해보험사업"이라 한다)을 전국적으로 실시하기 전에 보험의 효용성 및 보험 실시 가능성 등을 검증하기 위하여 일정 기간 제한된 지역에서 실시하는 보험사업을 말한다.

제2조의2(기본계획 및 시행계획의 수립·시행) ① 농림축산식품부장관과 해양수산부장관은 농어업재해보험(이하 "재해보험"이라 한다)의 활성화를 위하여 제3조에 따른 농업재해보험심의회 또는 어업재해보험심의회의 심의를 거쳐 재해보험 발전 기본계획(이하 "기본계획"이라 한다)을 5년마다 수립·시행하여야 한다.

② 기본계획에는 다음 각 호의 사항이 포함되어야 한다.
  1. 재해보험사업의 발전 방향 및 목표
  2. 재해보험의 종류별 가입률 제고 방안에 관한 사항
  3. 재해보험의 대상 품목 및 대상 지역에 관한 사항
  4. 재해보험사업에 대한 지원 및 평가에 관한 사항
  5. 그 밖에 재해보험 활성화를 위하여 농림축산식품부장관 또는 해양수산부장관이 필요하다고 인정하는 사항

③ 농림축산식품부장관과 해양수산부장관은 기본계획에 따라 매년 재해보험 발전 시행계획(이하 "시행계획"이라 한다)을 수립·시행하여야 한다.

④ 농림축산식품부장관과 해양수산부장관은 기본계획 및 시행계획을 수립하고자 할 경우 제26조에 따른 통계자료를 반영하여야 한다.

⑤ 농림축산식품부장관 또는 해양수산부장관은 기본계획 및 시행계획의 수립·시행을 위하여 필요한 경우에는 관계 중앙행정기관의 장, 지방자치단체의 장, 관련 기관·단체의 장에게 관련 자료 및 정보의 제공을 요청할 수 있다. 이 경우 자료 및 정보의 제공을 요청받은 자는 특별한 사유가 없으면 그 요청에 따라야 한다.

⑥ 그 밖에 기본계획 및 시행계획의 수립·시행에 필요한 사항은 대통령령으로 정한다.
[본조신설 2021. 11. 30.]

제2조의2(기본계획 및 시행계획의 수립·시행) ① 농림축산식품부장관과 해양수산부장관은 농어업재해보험(이하 "재해보험"이라 한다)의 활성화를 위하여 제3조에 따른 농업재해보험심의회 또는 「수산업·어촌 발전 기본법」 제8조제1항에 따른 중앙 수산업·어촌정책심의회의 심의를 거쳐 재해보험 발전 기본계획(이하 "기본계획"이라 한다)을 5년마다 수립·시행하여야 한다. 〈개정 2023. 10. 31.〉

② 기본계획에는 다음 각 호의 사항이 포함되어야 한다.
  1. 재해보험사업의 발전 방향 및 목표
  2. 재해보험의 종류별 가입률 제고 방안에 관한 사항
  3. 재해보험의 대상 품목 및 대상 지역에 관한 사항
  4. 재해보험사업에 대한 지원 및 평가에 관한 사항

5. 그 밖에 재해보험 활성화를 위하여 농림축산식품부장관 또는 해양수산부장관이 필요하다고 인정하는 사항

③ 농림축산식품부장관과 해양수산부장관은 기본계획에 따라 매년 재해보험 발전 시행계획(이하 "시행계획"이라 한다)을 수립·시행하여야 한다.

④ 농림축산식품부장관과 해양수산부장관은 기본계획 및 시행계획을 수립하고자 할 경우 제26조에 따른 통계자료를 반영하여야 한다.

⑤ 농림축산식품부장관 또는 해양수산부장관은 기본계획 및 시행계획의 수립·시행을 위하여 필요한 경우에는 관계 중앙행정기관의 장, 지방자치단체의 장, 관련 기관·단체의 장에게 관련 자료 및 정보의 제공을 요청할 수 있다. 이 경우 자료 및 정보의 제공을 요청받은 자는 특별한 사유가 없으면 그 요청에 따라야 한다.

⑥ 그 밖에 기본계획 및 시행계획의 수립·시행에 필요한 사항은 대통령령으로 정한다.

[본조신설 2021. 11. 30.]

[시행일: 2024. 5. 1.] 제2조의2

제2조의3(재해보험 등의 심의) 재해보험 및 농어업재해재보험(이하 "재보험"이라 한다)에 관한 다음 각 호의 사항은 제3조에 따른 농업재해보험심의회 또는 「수산업·어촌 발전 기본법」 제8조제1항에 따른 중앙 수산업·어촌정책심의회의 심의를 거쳐야 한다.

1. 재해보험에서 보상하는 재해의 범위에 관한 사항
2. 재해보험사업에 대한 재정지원에 관한 사항
3. 손해평가의 방법과 절차에 관한 사항
4. 농어업재해재보험사업(이하 "재보험사업"이라 한다)에 대한 정부의 책임범위에 관한 사항
5. 재보험사업 관련 자금의 수입과 지출의 적정성에 관한 사항
6. 그 밖에 제3조에 따른 농업재해보험심의회의 위원장 또는 「수산업·어촌 발전 기본법」 제8조제1항에 따른 중앙 수산업·어촌정책심의회의 위원장이 재해보험 및 재보험에 관하여 회의에 부치는 사항

[본조신설 2023. 10. 31.]

[시행일: 2024. 5. 1.] 제2조의3

제3조(심의회) ① 이 법에 따른 재해보험 및 농어업재해재보험(이하 "재보험"이라 한다)에 관한 다음 각 호의 사항을 심의하기 위하여 농림축산식품부장관 소속으로 농업재해보험심의회를 두고, 해양수산부장관 소속으로 어업재해보험심의회를 둔다. 〈개정 2013. 3. 23., 2021. 11. 30.〉

1. 재해보험 목적물의 선정에 관한 사항
2. 재해보험에서 보상하는 재해의 범위에 관한 사항
3. 재해보험사업에 대한 재정지원에 관한 사항
4. 손해평가의 방법과 절차에 관한 사항

5. 농어업재해재보험사업(이하 "재보험사업"이라 한다)에 대한 정부의 책임범위에 관한 사항

6. 재보험사업 관련 자금의 수입과 지출의 적정성에 관한 사항

6의2. 제2조의2제1항에 따른 기본계획의 수립·시행에 관한 사항

7. 다른 법률에서 농업재해보험심의회 또는 어업재해보험심의회(이하 "심의회"라 한다)의 심의 사항으로 정하고 있는 사항

8. 그 밖에 농림축산식품부장관 또는 해양수산부장관이 필요하다고 인정하는 사항

② 심의회는 위원장 및 부위원장 각 1명을 포함한 21명 이내의 위원으로 구성한다.

③ 심의회의 위원장은 각각 농림축산식품부차관 및 해양수산부차관으로 하고, 부위원장은 위원 중에서 호선(互選)한다. 〈개정 2013. 3. 23.〉

④ 심의회의 위원은 다음 각 호의 어느 하나에 해당하는 사람 중에서 각각 농림축산식품부장관 또는 해양수산부장관이 임명하거나 위촉하는 사람으로 한다. 이 경우 다음 각 호에 해당하는 사람이 각각 1명 이상 포함되어야 한다. 〈개정 2011. 7. 25., 2013. 3. 23., 2014. 11. 19., 2017. 7. 26., 2020. 2. 11., 2023. 3. 28.〉

1. 농림축산식품부장관 또는 해양수산부장관이 재해보험이나 농어업에 관한 학식과 경험이 풍부하다고 인정하는 사람

2. 농림축산식품부 또는 해양수산부의 재해보험을 담당하는 3급 공무원 또는 고위공무원단에 속하는 공무원

3. 자연재해 또는 보험 관련 업무를 담당하는 기획재정부·행정안전부·금융위원회·산림청의 3급 공무원 또는 고위공무원단에 속하는 공무원

4. 농업재해보험심의회: 농림축산업인단체의 대표

5. 어업재해보험심의회: 어업인단체의 대표

⑤ 제4항제1호의 위원의 임기는 3년으로 한다.

⑥ 심의회는 그 심의 사항을 검토·조정하고, 심의회의 심의를 보조하게 하기 위하여 심의회에 다음 각 호의 분과위원회를 둔다. 〈개정 2023. 3. 28.〉

1. 농작물재해보험분과위원회

2. 임산물재해보험분과위원회

3. 가축재해보험분과위원회

4. 양식수산물재해보험분과위원회

5. 그 밖에 대통령령으로 정하는 바에 따라 두는 분과위원회

⑦ 심의회는 제1항 각 호의 사항을 심의하기 위하여 필요한 경우에는 농어업재해보험에 관하여 전문지식이 있는 자, 농어업인 또는 이해관계자의 의견을 들을 수 있다. 〈신설 2020. 12. 8.〉

⑧ 제1항부터 제7항까지에서 규정한 사항 외에 심의회 및 분과위원회의 구성과 운영 등에 필요한 사항은 대통령령으로 정한다. 〈개정 2020. 12. 8.〉

[제목개정 2013. 3. 23.]

제3조(농업재해보험심의회) ① 농업재해보험 및 농업재해재보험에 관한 다음 각 호의 사항을 심의하기 위하여 농림축산식품부장관 소속으로 농업재해보험심의회(이하 이 조에서 "심의회"라 한다)를 둔다. 〈개정 2023. 10. 31.〉

1. 제2조의3 각 호의 사항
2. 재해보험 목적물의 선정에 관한 사항
3. 기본계획의 수립·시행에 관한 사항
4. 다른 법령에서 심의회의 심의사항으로 정하고 있는 사항

② 심의회는 위원장 및 부위원장 각 1명을 포함한 21명 이내의 위원으로 구성한다.

③ 심의회의 위원장은 농림축산식품부차관으로 하고, 부위원장은 위원 중에서 호선(互選)한다. 〈개정 2013. 3. 23., 2023. 10. 31.〉

④ 심의회의 위원은 다음 각 호의 어느 하나에 해당하는 사람 중에서 농림축산식품부장관이 임명하거나 위촉하는 사람으로 한다. 이 경우 다음 각 호에 해당하는 사람이 각각 1명 이상 포함되어야 한다. 〈개정 2011. 7. 25., 2013. 3. 23., 2014. 11. 19., 2017. 7. 26., 2020. 2. 11., 2023. 3. 28., 2023. 10. 31.〉

1. 농림축산식품부장관이 재해보험이나 농업에 관한 학식과 경험이 풍부하다고 인정하는 사람
2. 농림축산식품부의 재해보험을 담당하는 3급 공무원 또는 고위공무원단에 속하는 공무원
3. 자연재해 또는 보험 관련 업무를 담당하는 기획재정부·행정안전부·해양수산부·금융위원회·산림청의 3급 공무원 또는 고위공무원단에 속하는 공무원
4. 농림축산업인단체의 대표
5. 삭제 〈2023. 10. 31.〉

⑤ 제4항제1호의 위원의 임기는 3년으로 한다.

⑥ 심의회는 그 심의 사항을 검토·조정하고, 심의회의 심의를 보조하게 하기 위하여 심의회에 다음 각 호의 분과위원회를 둔다. 〈개정 2023. 3. 28.〉

1. 농작물재해보험분과위원회
2. 임산물재해보험분과위원회
3. 가축재해보험분과위원회
4. 삭제 〈2023. 10. 31.〉
5. 그 밖에 대통령령으로 정하는 바에 따라 두는 분과위원회

⑦ 심의회는 제1항 각 호의 사항을 심의하기 위하여 필요한 경우에는 농업재해보험에 관하여 전문지식이 있는 자, 농업인 또는 이해관계자의 의견을 들을 수 있다. 〈신설 2020. 12. 8., 2023. 10. 31.〉

⑧ 제1항부터 제7항까지에서 규정한 사항 외에 심의회 및 분과위원회의 구성과 운영 등에 필요한 사항은 대통령령으로 정한다. 〈개정 2020. 12. 8.〉

[제목개정 2023. 10. 31.]

[시행일: 2024. 5. 1.] 제3조

제2장 재해보험사업

제4조(재해보험의 종류 등) 재해보험의 종류는 농작물재해보험, 임산물재해보험, 가축재해보험 및 양식수산물재해보험으로 한다. 이 중 농작물재해보험, 임산물재해보험 및 가축재해보험과 관련된 사항은 농림축산식품부장관이, 양식수산물재해보험과 관련된 사항은 해양수산부장관이 각각 관장한다. 〈개정 2011. 7. 25., 2013. 3. 23.〉
[제목개정 2013. 3. 23.]

제5조(보험목적물) ① 보험목적물은 다음 각 호의 구분에 따르되, 그 구체적인 범위는 보험의 효용성 및 보험 실시 가능성 등을 종합적으로 고려하여 농업재해보험심의회 또는 어업재해보험심의회를 거쳐 농림축산식품부장관 또는 해양수산부장관이 고시한다. 〈개정 2011. 7. 25., 2015. 8. 11., 2023. 3. 28.〉

    1. 농작물재해보험: 농작물 및 농업용 시설물

    1의2. 임산물재해보험: 임산물 및 임업용 시설물

    2. 가축재해보험: 가축 및 축산시설물

    3. 양식수산물재해보험: 양식수산물 및 양식시설물

② 정부는 보험목적물의 범위를 확대하기 위하여 노력하여야 한다. 〈신설 2023. 3. 28.〉

제5조(보험목적물) ① 보험목적물은 다음 각 호의 구분에 따르되, 그 구체적인 범위는 보험의 효용성 및 보험 실시 가능성 등을 종합적으로 고려하여 제3조에 따른 농업재해보험심의회 또는 「수산업·어촌 발전 기본법」 제8조제1항에 따른 중앙 수산업·어촌정책심의회를 거쳐 농림축산식품부장관 또는 해양수산부장관이 고시한다. 〈개정 2011. 7. 25., 2015. 8. 11., 2023. 3. 28., 2023. 10. 31.〉

    1. 농작물재해보험: 농작물 및 농업용 시설물

    1의2. 임산물재해보험: 임산물 및 임업용 시설물

    2. 가축재해보험: 가축 및 축산시설물

    3. 양식수산물재해보험: 양식수산물 및 양식시설물

② 정부는 보험목적물의 범위를 확대하기 위하여 노력하여야 한다. 〈신설 2023. 3. 28.〉
[시행일: 2024. 5. 1.] 제5조

제6조(보상의 범위 등) ①재해보험에서 보상하는 재해의 범위는 해당 재해의 발생 빈도, 피해 정도 및 객관적인 손해평가방법 등을 고려하여 재해보험의 종류별로 대통령령으로 정한다. 〈개정 2016. 12. 2.〉

② 정부는 재해보험에서 보상하는 재해의 범위를 확대하기 위하여 노력하여야 한다. 〈신설 2016. 12. 2.〉

[제목개정 2016. 12. 2.]

제7조(보험가입자) 재해보험에 가입할 수 있는 자는 농림업, 축산업, 양식수산업에 종사하는 개인 또는 법인으로 하고, 구체적인 보험가입자의 기준은 대통령령으로 정한다.

제8조(보험사업자) ① 재해보험사업을 할 수 있는 자는 다음 각 호와 같다. 〈개정 2011. 7. 25.〉

    1. 삭제 〈2011. 3. 31.〉

    2. 「수산업협동조합법」에 따른 수산업협동조합중앙회(이하 "수협중앙회"라 한다)

    2의2. 「산림조합법」에 따른 산림조합중앙회

    3. 「보험업법」에 따른 보험회사

② 제1항에 따라 재해보험사업을 하려는 자는 농림축산식품부장관 또는 해양수산부장관과 재해보험사업의 약정을 체결하여야 한다. 〈개정 2013. 3. 23.〉

③ 제2항에 따른 약정을 체결하려는 자는 다음 각 호의 서류를 농림축산식품부장관 또는 해양수산부장관에게 제출하여야 한다. 〈개정 2013. 3. 23.〉

    1. 사업방법서, 보험약관, 보험료 및 책임준비금산출방법서

    2. 그 밖에 대통령령으로 정하는 서류

④ 제2항에 따른 재해보험사업의 약정을 체결하는 데 필요한 사항은 대통령령으로 정한다.

제9조(보험료율의 산정) ① 제8조제2항에 따라 농림축산식품부장관 또는 해양수산부장관과 재해보험사업의 약정을 체결한 자(이하 "재해보험사업자"라 한다)는 재해보험의 보험료율을 객관적이고 합리적인 통계자료를 기초로 하여 보험목적물별 또는 보상방식별로 산정하되, 다음 각 호의 구분에 따른 단위로 산정하여야 한다. 〈개정 2013. 3. 23., 2017. 11. 28., 2021. 11. 30., 2023. 3. 28.〉

    1. 행정구역 단위: 특별시·광역시·도·특별자치도 또는 시(특별자치시와 「제주특별자치도 설치 및 국제자유도시 조성을 위한 특별법」 제10조제2항에 따라 설치된 행정시를 포함한다)·군·자치구. 다만, 「보험업법」 제129조에 따른 보험료율 산출의 원칙에 부합하는 경우에는 자치구가 아닌 구·읍·면·동 단위로도 보험료율을 산정할 수 있다.

    2. 권역 단위: 농림축산식품부장관 또는 해양수산부장관이 행정구역 단위와는 따로 구분하여 고시하는 지역 단위

② 재해보험사업자는 보험약관안과 보험료율안에 대통령령으로 정하는 변경이 예정된 경우 이를 공고하고 필요한 경우 이해관계자의 의견을 수렴하여야 한다. 〈신설 2023. 3. 28.〉

[제목개정 2017. 11. 28.]

제10조(보험모집) ① 재해보험을 모집할 수 있는 자는 다음 각 호와 같다. 〈개정 2011. 3. 31., 2011. 7. 25., 2016. 5. 29.〉

    1. 산림조합중앙회와 그 회원조합의 임직원, 수협중앙회와 그 회원조합 및 「수산업협동조합법」에 따라 설립된 수협은행의 임직원

    2. 「수산업협동조합법」 제60조(제108조, 제113조 및 제168조에 따라 준용되는 경우를 포함

한다)의 공제규약에 따른 공제모집인으로서 수협중앙회장 또는 그 회원조합장이 인정하는 자

2의2. 「산림조합법」 제48조(제122조에 따라 준용되는 경우를 포함한다)의 공제규정에 따른 공제모집인으로서 산림조합중앙회장이나 그 회원조합장이 인정하는 자

3. 「보험업법」 제83조제1항에 따라 보험을 모집할 수 있는 자

② 제1항에 따라 재해보험의 모집 업무에 종사하는 자가 사용하는 재해보험 안내자료 및 금지행위에 관하여는 「보험업법」 제95조·제97조, 제98조 및 「금융소비자 보호에 관한 법률」 제21조를 준용한다. 다만, 재해보험사업자가 수협중앙회, 산림조합중앙회인 경우에는 「보험업법」 제95조제1항제5호를 준용하지 아니하며, 「농업협동조합법」, 「수산업협동조합법」, 「산림조합법」에 따른 조합이 그 조합원에게 이 법에 따른 보험상품의 보험료 일부를 지원하는 경우에는 「보험업법」 제98조에도 불구하고 해당 보험계약의 체결 또는 모집과 관련한 특별이익의 제공으로 보지 아니한다. 〈개정 2011. 3. 31., 2011. 7. 25., 2012. 12. 18., 2020. 3. 24.〉

제10조의2(사고예방의무 등) ① 보험가입자는 재해로 인한 사고의 예방을 위하여 노력하여야 한다.

② 재해보험사업자는 사고 예방을 위하여 보험가입자가 납입한 보험료의 일부를 되돌려줄 수 있다. 〈개정 2020. 2. 11.〉

[본조신설 2016. 12. 2.]

제11조(손해평가 등) ① 재해보험사업자는 보험목적물에 관한 지식과 경험을 갖춘 사람 또는 그 밖의 관계 전문가를 손해평가인으로 위촉하여 손해평가를 담당하게 하거나 제11조의2에 따른 손해평가사(이하 "손해평가사"라 한다) 또는 「보험업법」 제186조에 따른 손해사정사에게 손해평가를 담당하게 할 수 있다. 〈개정 2014. 6. 3., 2020. 2. 11.〉

② 제1항에 따른 손해평가인과 손해평가사 및 「보험업법」 제186조에 따른 손해사정사는 농림축산식품부장관 또는 해양수산부장관이 정하여 고시하는 손해평가 요령에 따라 손해평가를 하여야 한다. 이 경우 공정하고 객관적으로 손해평가를 하여야 하며, 고의로 진실을 숨기거나 거짓으로 손해평가를 하여서는 아니 된다. 〈개정 2013. 3. 23., 2014. 6. 3., 2016. 12. 2.〉

③ 재해보험사업자는 공정하고 객관적인 손해평가를 위하여 동일 시·군·구(자치구를 말한다) 내에서 교차손해평가(손해평가인 상호간에 담당지역을 교차하여 평가하는 것을 말한다. 이하 같다)를 수행할 수 있다. 이 경우 교차손해평가의 절차·방법 등에 필요한 사항은 농림축산식품부장관 또는 해양수산부장관이 정한다. 〈신설 2016. 12. 2.〉

④ 농림축산식품부장관 또는 해양수산부장관은 제2항에 따른 손해평가 요령을 고시하려면 미리 금융위원회와 협의하여야 한다. 〈개정 2013. 3. 23., 2016. 12. 2.〉

⑤ 농림축산식품부장관 또는 해양수산부장관은 제1항에 따른 손해평가인이 공정하고 객관적인 손해평가를 수행할 수 있도록 연 1회 이상 정기교육을 실시하여야 한다. 〈신설 2016.

12. 2.〉

⑥ 농림축산식품부장관 또는 해양수산부장관은 손해평가인 간의 손해평가에 관한 기술·정보의 교환을 지원할 수 있다. 〈신설 2016. 12. 2.〉

⑦ 제1항에 따라 손해평가인으로 위촉될 수 있는 사람의 자격 요건, 제5항에 따른 정기교육, 제6항에 따른 기술·정보의 교환 지원 및 손해평가 실무교육 등에 필요한 사항은 대통령령으로 정한다. 〈개정 2016. 12. 2., 2020. 2. 11.〉

[제목개정 2016. 12. 2.]

제11조의2(손해평가사) 농림축산식품부장관은 공정하고 객관적인 손해평가를 촉진하기 위하여 손해평가사 제도를 운영한다.

[본조신설 2014. 6. 3.]

제11조의3(손해평가사의 업무) 손해평가사는 농작물재해보험 및 가축재해보험에 관하여 다음 각 호의 업무를 수행한다.

1. 피해사실의 확인

2. 보험가액 및 손해액의 평가

3. 그 밖의 손해평가에 필요한 사항

[본조신설 2014. 6. 3.]

제11조의4(손해평가사의 시험 등) ① 손해평가사가 되려는 사람은 농림축산식품부장관이 실시하는 손해평가사 자격시험에 합격하여야 한다.

② 보험목적물 또는 관련 분야에 관한 전문 지식과 경험을 갖추었다고 인정되는 대통령령으로 정하는 기준에 해당하는 사람에게는 손해평가사 자격시험 과목의 일부를 면제할 수 있다.

③ 농림축산식품부장관은 다음 각 호의 어느 하나에 해당하는 사람에 대하여는 그 시험을 정지시키거나 무효로 하고 그 처분 사실을 지체 없이 알려야 한다. 〈신설 2015. 8. 11.〉

1. 부정한 방법으로 시험에 응시한 사람

2. 시험에서 부정한 행위를 한 사람

④ 다음 각 호에 해당하는 사람은 그 처분이 있은 날부터 2년이 지나지 아니한 경우 제1항에 따른 손해평가사 자격시험에 응시하지 못한다. 〈개정 2015. 8. 11.〉

1. 제3항에 따라 정지·무효 처분을 받은 사람

2. 제11조의5에 따라 손해평가사 자격이 취소된 사람

⑤ 제1항 및 제2항에 따른 손해평가사 자격시험의 실시, 응시수수료, 시험과목, 시험과목의 면제, 시험방법, 합격기준 및 자격증 발급 등에 필요한 사항은 대통령령으로 정한다. 〈개정 2015. 8. 11.〉

⑥ 손해평가사는 다른 사람에게 그 명의를 사용하게 하거나 다른 사람에게 그 자격증을 대여해서는 아니 된다. 〈신설 2020. 2. 11.〉

⑦ 누구든지 손해평가사의 자격을 취득하지 아니하고 그 명의를 사용하거나 자격증을 대여받

아서는 아니 되며, 명의의 사용이나 자격증의 대여를 알선해서도 아니 된다. 〈신설 2020. 2. 11.〉

[본조신설 2014. 6. 3.]

제11조의5(손해평가사의 자격 취소) ① 농림축산식품부장관은 다음 각 호의 어느 하나에 해당하는 사람에 대하여 손해평가사 자격을 취소할 수 있다. 다만, 제1호 및 제5호에 해당하는 경우에는 자격을 취소하여야 한다. 〈개정 2020. 2. 11.〉

    1. 손해평가사의 자격을 거짓 또는 부정한 방법으로 취득한 사람

    2. 거짓으로 손해평가를 한 사람

    3. 제11조의4제6항을 위반하여 다른 사람에게 손해평가사의 명의를 사용하게 하거나 그 자격증을 대여한 사람

    4. 제11조의4제7항을 위반하여 손해평가사 명의의 사용이나 자격증의 대여를 알선한 사람

    5. 업무정지 기간 중에 손해평가 업무를 수행한 사람

② 제1항에 따른 자격 취소 처분의 세부기준은 대통령령으로 정한다. 〈신설 2020. 2. 11.〉

[본조신설 2014. 6. 3.]

제11조의6(손해평가사의 감독) ① 농림축산식품부장관은 손해평가사가 그 직무를 게을리하거나 직무를 수행하면서 부적절한 행위를 하였다고 인정하면 1년 이내의 기간을 정하여 업무의 정지를 명할 수 있다. 〈개정 2020. 2. 11.〉

② 제1항에 따른 업무 정지 처분의 세부기준은 대통령령으로 정한다. 〈신설 2020. 2. 11.〉

[본조신설 2014. 6. 3.]

제11조의7(보험금수급전용계좌) ① 재해보험사업자는 수급권자의 신청이 있는 경우에는 보험금을 수급권자 명의의 지정된 계좌(이하 "보험금수급전용계좌"라 한다)로 입금하여야 한다. 다만, 정보통신장애나 그 밖에 대통령령으로 정하는 불가피한 사유로 보험금을 보험금수급계좌로 이체할 수 없을 때에는 현금 지급 등 대통령령으로 정하는 바에 따라 보험금을 지급할 수 있다.

② 보험금수급전용계좌의 해당 금융기관은 이 법에 따른 보험금만이 보험금수급전용계좌에 입금되도록 관리하여야 한다.

③ 제1항에 따른 신청의 방법·절차와 제2항에 따른 보험금수급전용계좌의 관리에 필요한 사항은 대통령령으로 정한다.

[본조신설 2020. 2. 11.]

제11조의8(손해평가에 대한 이의신청) ① 제11조제2항에 따른 손해평가 결과에 이의가 있는 보험가입자는 재해보험사업자에게 재평가를 요청할 수 있으며, 재해보험사업자는 특별한 사정이 없으면 재평가 요청에 따라야 한다.

② 제1항의 재평가를 수행하였음에도 이의가 해결되지 아니하는 경우 보험가입자는 농림축산식품부장관 또는 해양수산부장관이 정하는 기관에 이의신청을 할 수 있다.

③ 신청요건, 절차, 방법 등 이의신청 처리에 관한 구체적인 사항은 농림축산식품부장관 또는 해양수산부장관이 정하여 고시한다.

[본조신설 2023. 3. 28.]

제12조(수급권의 보호) ① 재해보험의 보험금을 지급받을 권리는 압류할 수 없다. 다만, 보험목적물이 담보로 제공된 경우에는 그러하지 아니하다. 〈개정 2020. 2. 11.〉

② 제11조의7제1항에 따라 지정된 보험금수급전용계좌의 예금 중 대통령령으로 정하는 액수 이하의 금액에 관한 채권은 압류할 수 없다. 〈신설 2020. 2. 11.〉

제13조(보험목적물의 양도에 따른 권리 및 의무의 승계) 재해보험가입자가 재해보험에 가입된 보험목적물을 양도하는 경우 그 양수인은 재해보험계약에 관한 양도인의 권리 및 의무를 승계한 것으로 추정한다.

제14조(업무 위탁) 재해보험사업자는 재해보험사업을 원활히 수행하기 위하여 필요한 경우에는 보험모집 및 손해평가 등 재해보험 업무의 일부를 대통령령으로 정하는 자에게 위탁할 수 있다.

제15조(회계 구분) 재해보험사업자는 재해보험사업의 회계를 다른 회계와 구분하여 회계처리함으로써 손익관계를 명확히 하여야 한다.

제16조 삭제 〈2015. 8. 11.〉

제17조(분쟁조정) 재해보험과 관련된 분쟁의 조정(調停)은 「금융소비자 보호에 관한 법률」 제33조부터 제43조까지의 규정에 따른다. 〈개정 2020. 3. 24.〉

제18조(「보험업법」 등의 적용) ① 이 법에 따른 재해보험사업에 대하여는 「보험업법」 제104조부터 제107조까지, 제118조제1항, 제119조, 제120조, 제124조, 제127조, 제128조, 제131조부터 제133조까지, 제134조제1항, 제136조, 제162조, 제176조 및 제181조제1항을 적용한다. 이 경우 "보험회사"는 "보험사업자"로 본다. 〈개정 2015. 8. 11., 2020. 3. 24.〉

② 이 법에 따른 재해보험사업에 대해서는 「금융소비자 보호에 관한 법률」 제45조를 적용한다. 이 경우 "금융상품직접판매업자"는 "보험사업자"로 본다. 〈신설 2020. 3. 24.〉

[제목개정 2020. 3. 24.]

제19조(재정지원) ① 정부는 예산의 범위에서 재해보험가입자가 부담하는 보험료의 일부와 재해보험사업자의 재해보험의 운영 및 관리에 필요한 비용(이하 "운영비"라 한다)의 전부 또는 일부를 지원할 수 있다. 이 경우 지방자치단체는 예산의 범위에서 재해보험가입자가 부담하는 보험료의 일부를 추가로 지원할 수 있다. 〈개정 2011. 7. 25.〉

② 농림축산식품부장관·해양수산부장관 및 지방자치단체의 장은 제1항에 따른 지원 금액을 재해보험사업자에게 지급하여야 한다. 〈개정 2011. 7. 25., 2013. 3. 23.〉

③ 「풍수해보험법」에 따른 풍수해보험에 가입한 자가 동일한 보험목적물을 대상으로 재해보험에 가입할 경우에는 제1항에도 불구하고 정부가 재정지원을 하지 아니한다.

④ 제1항에 따른 보험료와 운영비의 지원 방법 및 지원 절차 등에 필요한 사항은 대통령령으로 정한다.

제19조(재정지원) ① 정부는 예산의 범위에서 재해보험가입자가 부담하는 보험료의 일부와 재해보험사업자의 재해보험의 운영 및 관리에 필요한 비용(이하 "운영비"라 한다)의 전부 또는 일부를 지원할 수 있다. 이 경우 지방자치단체는 예산의 범위에서 재해보험가입자가 부담하는 보험료의 일부를 추가로 지원할 수 있다. 〈개정 2011. 7. 25.〉

② 농림축산식품부장관·해양수산부장관 및 지방자치단체의 장은 제1항에 따른 지원 금액을 재해보험사업자에게 지급하여야 한다. 〈개정 2011. 7. 25., 2013. 3. 23.〉

③ 「풍수해·지진재해보험법」에 따른 풍수해·지진재해보험에 가입한 자가 동일한 보험목적물을 대상으로 재해보험에 가입할 경우에는 제1항에도 불구하고 정부가 재정지원을 하지 아니한다. 〈개정 2024. 2. 13.〉

④ 제1항에 따른 보험료와 운영비의 지원 방법 및 지원 절차 등에 필요한 사항은 대통령령으로 정한다.

[시행일: 2024. 5. 14.] 제19조

제3장 재보험사업 및 농어업재해재보험기금

제20조(재보험사업) ① 정부는 재해보험에 관한 재보험사업을 할 수 있다.

② 농림축산식품부장관 또는 해양수산부장관은 재보험에 가입하려는 재해보험사업자와 다음 각 호의 사항이 포함된 재보험 약정을 체결하여야 한다. 〈개정 2013. 3. 23.〉

1. 재해보험사업자가 정부에 내야 할 보험료(이하 "재보험료"라 한다)에 관한 사항

2. 정부가 지급하여야 할 보험금(이하 "재보험금"이라 한다)에 관한 사항

3. 그 밖에 재보험수수료 등 재보험 약정에 관한 것으로서 대통령령으로 정하는 사항

③ 농림축산식품부장관은 해양수산부장관과 협의를 거쳐 재보험사업에 관한 업무의 일부를 「농업·농촌 및 식품산업 기본법」 제63조의2제1항에 따라 설립된 농업정책보험금융원(이하 "농업정책보험금융원"이라 한다)에 위탁할 수 있다. 〈신설 2014. 6. 3., 2017. 3. 14.〉

제21조(기금의 설치) 농림축산식품부장관은 해양수산부장관과 협의하여 공동으로 재보험사업에 필요한 재원에 충당하기 위하여 농어업재해재보험기금(이하 "기금"이라 한다)을 설치한다. 〈개정 2013. 3. 23.〉

제22조(기금의 조성) ① 기금은 다음 각 호의 재원으로 조성한다. 〈개정 2016. 12. 2.〉

1. 제20조제2항제1호에 따라 받은 재보험료

2. 정부, 정부 외의 자 및 다른 기금으로부터 받은 출연금

3. 재보험금의 회수 자금

4. 기금의 운용수익금과 그 밖의 수입금

5. 제2항에 따른 차입금

6. 「농어촌구조개선 특별회계법」 제5조제2항제7호에 따라 농어촌구조개선 특별회계의 농어촌특별세사업계정으로부터 받은 전입금

② 농림축산식품부장관은 기금의 운용에 필요하다고 인정되는 경우에는 해양수산부장관과 협의하여 기금의 부담으로 금융기관, 다른 기금 또는 다른 회계로부터 자금을 차입할 수 있다. 〈개정 2013. 3. 23.〉

제23조(기금의 용도) 기금은 다음 각 호에 해당하는 용도에 사용한다. 〈개정 2013. 3. 23.〉

1. 제20조제2항제2호에 따른 재보험금의 지급

2. 제22조제2항에 따른 차입금의 원리금 상환

3. 기금의 관리·운용에 필요한 경비(위탁경비를 포함한다)의 지출

4. 그 밖에 농림축산식품부장관이 해양수산부장관과 협의하여 재보험사업을 유지·개선하는 데에 필요하다고 인정하는 경비의 지출

제24조(기금의 관리·운용) ① 기금은 농림축산식품부장관이 해양수산부장관과 협의하여 관리·운용한다. 〈개정 2013. 3. 23.〉

② 농림축산식품부장관은 해양수산부장관과 협의를 거쳐 기금의 관리·운용에 관한 사무의 일부를 농업정책보험금융원에 위탁할 수 있다. 〈개정 2013. 3. 23., 2017. 3. 14.〉

③ 제1항 및 제2항에서 규정한 사항 외에 기금의 관리·운용에 필요한 사항은 대통령령으로 정한다.

제25조(기금의 회계기관) ① 농림축산식품부장관은 해양수산부장관과 협의하여 기금의 수입과 지출에 관한 사무를 수행하게 하기 위하여 소속 공무원 중에서 기금수입징수관, 기금재무관, 기금지출관 및 기금출납공무원을 임명한다. 〈개정 2013. 3. 23.〉

② 농림축산식품부장관은 제24조제2항에 따라 기금의 관리·운용에 관한 사무를 위탁한 경우에는 해양수산부장관과 협의하여 농업정책보험금융원의 임원 중에서 기금수입담당임원과 기금지출원인행위담당임원을, 그 직원 중에서 기금지출원과 기금출납원을 각각 임명하여야 한다. 이 경우 기금수입담당임원은 기금수입징수관의 업무를, 기금지출원인행위담당임원은 기금재무관의 업무를, 기금지출원은 기금지출관의 업무를, 기금출납원은 기금출납공무원의 업무를 수행한다. 〈개정 2013. 3. 23., 2017. 3. 14.〉

제4장 보험사업의 관리

제25조의2(농어업재해보험사업의 관리) ① 농림축산식품부장관 또는 해양수산부장관은 재해보험사업을 효율적으로 추진하기 위하여 다음 각 호의 업무를 수행한다. 〈개정 2020. 2. 11., 2020. 5. 26.〉

1. 재해보험사업의 관리·감독

2. 재해보험 상품의 연구 및 보급

3. 재해 관련 통계 생산 및 데이터베이스 구축·분석

4. 손해평가인력의 육성

5. 손해평가기법의 연구·개발 및 보급

② 농림축산식품부장관 또는 해양수산부장관은 다음 각 호의 업무를 농업정책보험금융원에 위탁할 수 있다. 〈개정 2017. 3. 14., 2020. 5. 26.〉

1. 제1항제1호부터 제5호까지의 업무

2. 제8조제2항에 따른 재해보험사업의 약정 체결 관련 업무

3. 제11조의2에 따른 손해평가사 제도 운용 관련 업무

4. 그 밖에 재해보험사업과 관련하여 농림축산식품부장관 또는 해양수산부장관이 위탁하는 업무

③ 농림축산식품부장관은 제11조의4에 따른 손해평가사 자격시험의 실시 및 관리에 관한 업무를 「한국산업인력공단법」에 따른 한국산업인력공단에 위탁할 수 있다. 〈신설 2017. 3. 14.〉

[본조신설 2014. 6. 3.]

[제목개정 2020. 5. 26.]

제26조(통계의 수집·관리 등) ① 농림축산식품부장관 또는 해양수산부장관은 보험상품의 운영 및 개발에 필요한 다음 각 호의 지역별, 재해별 통계자료를 수집·관리하여야 하며, 이를 위하여 관계 중앙행정기관 및 지방자치단체의 장에게 필요한 자료를 요청할 수 있다. 〈개정 2013. 3. 23., 2016. 12. 2., 2023. 3. 28.〉

1. 보험대상의 현황

2. 보험확대 예비품목(제3조제1항제1호에 따라 선정한 보험목적물 도입예정 품목을 말한다)의 현황

3. 피해 원인 및 규모

4. 품목별 재배 또는 양식 면적과 생산량 및 가격

5. 그 밖에 농림축산식품부장관 또는 해양수산부장관이 필요하다고 인정하는 통계자료

② 제1항에 따라 자료를 요청받은 경우 관계 중앙행정기관 및 지방자치단체의 장은 특별한 사유가 없으면 요청에 따라야 한다.

③ 농림축산식품부장관 또는 해양수산부장관은 재해보험사업의 건전한 운영을 위하여 재해보험 제도 및 상품 개발 등을 위한 조사·연구, 관련 기술의 개발 및 전문인력 양성 등의 진흥 시책을 마련하여야 한다. 〈개정 2013. 3. 23.〉

④ 농림축산식품부장관 및 해양수산부장관은 제1항 및 제3항에 따른 통계의 수집·관리, 조사·연구 등에 관한 업무를 대통령령으로 정하는 자에게 위탁할 수 있다. 〈개정 2013. 3. 23.〉

제26조(통계의 수집·관리 등) ① 농림축산식품부장관 또는 해양수산부장관은 보험상품의 운영 및 개발에 필요한 다음 각 호의 지역별, 재해별 통계자료를 수집·관리하여야 하며, 이를 위하여 관계 중앙행정기관 및 지방자치단체의 장에게 필요한 자료를 요청할 수 있다. 〈개정 2013. 3. 23., 2016. 12. 2., 2023. 3. 28., 2023. 10. 31.〉

1. 보험대상의 현황
2. 보험확대 예비품목(제3조제1항제2호에 따라 선정한 보험목적물 도입예정 품목을 말한다)의 현황
3. 피해 원인 및 규모
4. 품목별 재배 또는 양식 면적과 생산량 및 가격
5. 그 밖에 농림축산식품부장관 또는 해양수산부장관이 필요하다고 인정하는 통계자료

② 제1항에 따라 자료를 요청받은 경우 관계 중앙행정기관 및 지방자치단체의 장은 특별한 사유가 없으면 요청에 따라야 한다.

③ 농림축산식품부장관 또는 해양수산부장관은 재해보험사업의 건전한 운영을 위하여 재해보험 제도 및 상품 개발 등을 위한 조사·연구, 관련 기술의 개발 및 전문인력 양성 등의 진흥 시책을 마련하여야 한다. 〈개정 2013. 3. 23.〉

④ 농림축산식품부장관 및 해양수산부장관은 제1항 및 제3항에 따른 통계의 수집·관리, 조사·연구 등에 관한 업무를 대통령령으로 정하는 자에게 위탁할 수 있다. 〈개정 2013. 3. 23.〉

[시행일: 2024. 5. 1.] 제26조

제27조(시범사업) ① 재해보험사업자는 신규 보험상품을 도입하려는 경우 등 필요한 경우에는 농림축산식품부장관 또는 해양수산부장관과 협의하여 시범사업을 할 수 있다. 〈개정 2013. 3. 23.〉

② 정부는 시범사업의 원활한 운영을 위하여 필요한 지원을 할 수 있다.

③ 제1항 및 제2항에 따른 시범사업 실시에 관한 구체적인 사항은 대통령령으로 정한다.

제28조(보험가입의 촉진 등) 정부는 농어업인의 재해대비의식을 고양하고 재해보험의 가입을 촉진하기 위하여 교육·홍보 및 보험가입자에 대한 정책자금 지원, 신용보증 지원 등을 할 수 있다. 〈개정 2016. 12. 2.〉

제28조의2(보험가입촉진계획의 수립) ① 재해보험사업자는 농어업재해보험 가입 촉진을 위하여 보험가입촉진계획을 매년 수립하여 농림축산식품부장관 또는 해양수산부장관에게 제출하여야 한다.

② 보험가입촉진계획의 내용 및 그 밖에 필요한 사항은 대통령령으로 정한다.

[본조신설 2016. 12. 2.]

제29조(보고 등) 농림축산식품부장관 또는 해양수산부장관은 재해보험의 건전한 운영과 재해보험가입자의 보호를 위하여 필요하다고 인정되는 경우에는 재해보험사업자에게 재해보험사업

에 관한 업무 처리 상황을 보고하게 하거나 관계 서류의 제출을 요구할 수 있다. 〈개정 2013. 3. 23.〉

제29조의2(청문) 농림축산식품부장관은 다음 각 호의 어느 하나에 해당하는 처분을 하려면 청문을 하여야 한다.

1. 제11조의5에 따른 손해평가사의 자격 취소
2. 제11조의6에 따른 손해평가사의 업무 정지

[본조신설 2014. 6. 3.]

제5장 벌칙

제30조(벌칙) ① 제10조제2항에서 준용하는 「보험업법」 제98조에 따른 금품 등을 제공(같은 조 제3호의 경우에는 보험금 지급의 약속을 말한다)한 자 또는 이를 요구하여 받은 보험가입자는 3년 이하의 징역 또는 3천만원 이하의 벌금에 처한다. 〈개정 2017. 11. 28.〉

② 다음 각 호의 어느 하나에 해당하는 자는 1년 이하의 징역 또는 1천만원 이하의 벌금에 처한다. 〈개정 2020. 2. 11.〉

1. 제10조제1항을 위반하여 모집을 한 자
2. 제11조제2항 후단을 위반하여 고의로 진실을 숨기거나 거짓으로 손해평가를 한 자
3. 제11조의4제6항을 위반하여 다른 사람에게 손해평가사의 명의를 사용하게 하거나 그 자격증을 대여한 자
4. 제11조의4제7항을 위반하여 손해평가사의 명의를 사용하거나 그 자격증을 대여받은 자 또는 명의의 사용이나 자격증의 대여를 알선한 자

③ 제15조를 위반하여 회계를 처리한 자는 500만원 이하의 벌금에 처한다.

제31조(양벌규정) 법인의 대표자나 법인 또는 개인의 대리인, 사용인, 그 밖의 종업원이 그 법인 또는 개인의 업무에 관하여 제30조의 위반행위를 하면 그 행위자를 벌하는 외에 그 법인 또는 개인에게도 해당 조문의 벌금형을 과(科)한다. 다만, 법인 또는 개인이 그 위반행위를 방지하기 위하여 해당 업무에 관하여 상당한 주의와 감독을 게을리하지 아니한 경우에는 그러하지 아니하다.

제32조(과태료) ① 재해보험사업자가 제10조제2항에서 준용하는 「보험업법」 제95조를 위반하여 보험안내를 한 경우에는 1천만원 이하의 과태료를 부과한다.

② 재해보험사업자의 발기인, 설립위원, 임원, 집행간부, 일반간부직원, 파산관재인 및 청산인이 다음 각 호의 어느 하나에 해당하면 500만원 이하의 과태료를 부과한다. 〈개정 2015. 8. 11., 2020. 3. 24.〉

1. 제18조제1항에서 적용하는 「보험업법」 제120조에 따른 책임준비금과 비상위험준비금을 계상하지 아니하거나 이를 따로 작성한 장부에 각각 기재하지 아니한 경우

2. 제18조제1항에서 적용하는 「보험업법」 제131조제1항·제2항 및 제4항에 따른 명령을 위반한 경우

3. 제18조제1항에서 적용하는 「보험업법」 제133조에 따른 검사를 거부·방해 또는 기피한 경우

③ 다음 각 호의 어느 하나에 해당하는 자에게는 500만원 이하의 과태료를 부과한다. 〈개정 2020. 3. 24.〉

1. 제10조제2항에서 준용하는 「보험업법」 제95조를 위반하여 보험안내를 한 자로서 재해보험사업자가 아닌 자

2. 제10조제2항에서 준용하는 「보험업법」 제97조제1항 또는 「금융소비자 보호에 관한 법률」 제21조를 위반하여 보험계약의 체결 또는 모집에 관한 금지행위를 한 자

3. 제29조에 따른 보고 또는 관계 서류 제출을 하지 아니하거나 보고 또는 관계 서류 제출을 거짓으로 한 자

④ 제1항, 제2항제1호 및 제3항에 따른 과태료는 농림축산식품부장관 또는 해양수산부장관이, 제2항제2호 및 제3호에 따른 과태료는 금융위원회가 대통령령으로 정하는 바에 따라 각각 부과·징수한다. 〈개정 2013. 3. 23.〉

부칙 〈제19284호, 2023. 3. 28.〉
이 법은 공포 후 6개월이 경과한 날부터 시행한다.

2. 농어업재해보험법 시행령

[시행 2023. 9. 29.] [대통령령 제33750호, 2023. 9. 26., 일부개정]
해양수산부(소득복지과) 044-200-5468, 5471
농림축산식품부(재해보험정책과) 044-201-1792

제1조(목적) 이 영은 「농어업재해보험법」에서 위임된 사항과 그 시행에 필요한 사항을 규정함을 목적으로 한다.

제2조(위원장의 직무) ① 「농어업재해보험법」(이하 "법"이라 한다) 제3조에 따른 농업재해보험심의회 또는 어업재해보험심의회(이하 "심의회"라 한다)의 위원장(이하 "위원장"이라 한다)은 심의회를 대표하며, 심의회의 업무를 총괄한다. 〈개정 2013. 3. 23.〉

② 심의회의 부위원장은 위원장을 보좌하며, 위원장이 부득이한 사유로 직무를 수행할 수 없을 때에는 그 직무를 대행한다.

제3조(회의) ① 위원장은 심의회의 회의를 소집하며, 그 의장이 된다.

② 심의회의 회의는 재적위원 3분의 1 이상의 요구가 있을 때 또는 위원장이 필요하다고 인정할 때에 소집한다.

③ 심의회의 회의는 재적위원 과반수의 출석으로 개의(開議)하고, 출석위원 과반수의 찬성으로 의결한다.

제3조의2(위원의 해촉) 농림축산식품부장관 또는 해양수산부장관은 법 제3조제4항제1호에 따른 위원이 다음 각 호의 어느 하나에 해당하는 경우에는 해당 위원을 해촉(解囑)할 수 있다.

1. 심신장애로 인하여 직무를 수행할 수 없게 된 경우
2. 직무와 관련된 비위사실이 있는 경우
3. 직무태만, 품위손상이나 그 밖의 사유로 인하여 위원으로 적합하지 아니하다고 인정되는 경우
4. 위원 스스로 직무를 수행하는 것이 곤란하다고 의사를 밝히는 경우

[본조신설 2016. 1. 22.]

제4조(분과위원회) ① 법 제3조제6항제5호에 따른 분과위원회는 다음 각 호의 구분에 따른다. 〈개정 2016. 1. 22., 2023. 9. 26.〉

1. 법 제3조에 따른 농업재해보험심의회(이하 "농업재해보험심의회"라 한다)의 경우: 농업인안전보험분과위원회
2. 법 제3조에 따른 어업재해보험심의회(이하 "어업재해보험심의회"라 한다)의 경우에는 다음 각 목의 분과위원회
   가. 어업인안전보험분과위원회
   나. 어선원 및 어선 재해보상보험분과위원회

② 법 제3조제6항 각 호 및 이 조 제1항 각 호에 따른 분과위원회(이하 "분과위원회"라 한다)는 다음 각 호의 구분에 따른 사항을 검토·조정하여 농업재해보험심의회 또는 어업재해보험심의회에 보고한다. 〈개정 2016. 1. 22., 2023. 9. 26.〉

1. 농작물재해보험분과위원회: 법 제3조제1항에 따른 심의사항 중 농작물재해보험에 관한 사항

2. 임산물재해보험분과위원회: 법 제3조제1항에 따른 심의사항 중 임산물재해보험에 관한 사항

3. 가축재해보험분과위원회: 법 제3조제1항에 따른 심의사항 중 가축재해보험에 관한 사항

4. 양식수산물재해보험분과위원회: 법 제3조제1항에 따른 심의사항 중 양식수산물재해보험에 관한 사항

5. 농업인안전보험분과위원회: 「농어업인의 안전보험 및 안전재해예방에 관한 법률」 제5조에 따른 심의사항 중 농업인안전보험에 관한 사항

6. 어업인안전보험분과위원회: 「농어업인의 안전보험 및 안전재해예방에 관한 법률」 제5조에 따른 심의사항 중 어업인안전보험에 관한 사항

7. 어선원 및 어선 재해보상보험분과위원회: 「어선원 및 어선 재해보상보험법」 제7조에 따른 심의사항

③ 분과위원회는 분과위원장 1명을 포함한 9명 이내의 분과위원으로 성별을 고려하여 구성한다. 〈개정 2016. 1. 22.〉

④ 분과위원장 및 분과위원은 심의회의 위원 중에서 전문적인 지식과 경험 등을 고려하여 위원장이 지명한다.

⑤ 분과위원회의 회의는 위원장 또는 분과위원장이 필요하다고 인정할 때에 소집한다.

⑥ 제1항부터 제5항까지에서 규정한 사항 외에 분과위원장의 직무 및 분과위원회의 회의에 관해서는 제2조제1항 및 제3조제1항·제3항을 준용한다.

제5조(수당 등) 심의회 또는 분과위원회에 출석한 위원 또는 분과위원에게는 예산의 범위에서 수당, 여비 또는 그 밖에 필요한 경비를 지급할 수 있다. 다만, 공무원인 위원 또는 분과위원이 그 소관 업무와 직접 관련하여 심의회 또는 분과위원회에 출석한 경우에는 그러하지 아니하다.

제6조(운영세칙) 제2조, 제3조, 제3조의2, 제4조 및 제5조에서 규정한 사항 외에 심의회 또는 분과위원회의 운영에 필요한 사항은 심의회의 의결을 거쳐 위원장이 정한다. 〈개정 2016. 1. 22.〉

제7조 삭제 〈2016. 1. 22.〉

제8조(재해보험에서 보상하는 재해의 범위) 법 제6조제1항에 따라 재해보험에서 보상하는 재해의 범위는 별표 1과 같다. 〈개정 2017. 5. 29.〉

제9조(보험가입자의 기준) 법 제7조에 따른 보험가입자의 기준은 다음 각 호의 구분에 따른다.

〈개정 2011. 12. 28., 2017. 5. 29.〉

1. 농작물재해보험: 법 제5조에 따라 농림축산식품부장관이 고시하는 농작물을 재배하는 자
1의2. 임산물재해보험: 법 제5조에 따라 농림축산식품부장관이 고시하는 임산물을 재배하는 자
2. 가축재해보험: 법 제5조에 따라 농림축산식품부장관이 고시하는 가축을 사육하는 자
3. 양식수산물재해보험: 법 제5조에 따라 해양수산부장관이 고시하는 양식수산물을 양식하는 자

제10조(재해보험사업의 약정체결) ① 법 제8조제2항에 따라 재해보험 사업의 약정을 체결하려는 자는 농림축산식품부장관 또는 해양수산부장관이 정하는 바에 따라 재해보험사업 약정체결신청서에 같은 조 제3항 각 호에 따른 서류를 첨부하여 농림축산식품부장관 또는 해양수산부장관에게 제출하여야 한다. 〈개정 2013. 3. 23.〉

② 농림축산식품부장관 또는 해양수산부장관은 법 제8조제2항에 따라 재해보험사업을 하려는 자와 재해보험사업의 약정을 체결할 때에는 다음 각 호의 사항이 포함된 약정서를 작성하여야 한다. 〈개정 2013. 3. 23.〉

1. 약정기간에 관한 사항
2. 재해보험사업의 약정을 체결한 자(이하 "재해보험사업자"라 한다)가 준수하여야 할 사항
3. 재해보험사업자에 대한 재정지원에 관한 사항
4. 약정의 변경·해지 등에 관한 사항
5. 그 밖에 재해보험사업의 운영에 관한 사항

③ 법 제8조제3항제2호에서 "대통령령으로 정하는 서류"란 정관을 말한다.

④ 제1항에 따른 제출을 받은 농림축산식품부장관 또는 해양수산부장관은 「전자정부법」 제36조제1항에 따른 행정정보의 공동이용을 통하여 법인 등기사항증명서를 확인하여야 한다. 〈개정 2010. 5. 4., 2013. 3. 23.〉

제11조(변경사항의 공고) 법 제9조제2항에서 "대통령령으로 정하는 변경이 예정된 경우"란 다음 각 호의 어느 하나에 해당하는 경우를 말한다.

1. 보험가입자의 권리가 축소되거나 의무가 확대되는 내용으로 보험약관안의 변경이 예정된 경우
2. 보험상품을 폐지하는 내용으로 보험약관안의 변경이 예정된 경우
3. 보험상품의 변경으로 기존 보험료율보다 높은 보험료율안으로의 변경이 예정된 경우
[본조신설 2023. 9. 26.]

제12조(손해평가인의 자격요건 등) ① 법 제11조에 따른 손해평가인으로 위촉될 수 있는 사람의 자격요건은 별표 2와 같다.

② 재해보험사업자는 제1항에 따른 손해평가인으로 위촉된 사람에 대하여 보험에 관한 기초지식, 보험약관 및 손해평가요령 등에 관한 실무교육을 하여야 한다.

③ 법 제11조제5항에 따른 정기교육에는 다음 각 호의 사항이 포함되어야 하며, 교육시간은 4시간 이상으로 한다. 〈신설 2017. 5. 29.〉

1. 농어업재해보험에 관한 기초지식
2. 농어업재해보험의 종류별 약관
3. 손해평가의 절차 및 방법
4. 그 밖에 손해평가에 필요한 사항으로서 농림축산식품부장관 또는 해양수산부장관이 정하는 사항

④ 제3항에서 규정한 사항 외에 정기교육의 운영에 필요한 사항은 농림축산식품부장관 또는 해양수산부장관이 정하여 고시한다. 〈신설 2017. 5. 29.〉

제12조의2(손해평가사 자격시험의 실시 등) ① 법 제11조의4제1항에 따른 손해평가사 자격시험(이하 "손해평가사 자격시험"이라 한다)은 매년 1회 실시한다. 다만, 농림축산식품부장관이 손해평가사의 수급(需給)상 필요하다고 인정하는 경우에는 2년마다 실시할 수 있다.

② 농림축산식품부장관은 손해평가사 자격시험을 실시하려면 다음 각 호의 사항을 시험 실시 90일 전까지 인터넷 홈페이지 등에 공고해야 한다. 〈개정 2020. 8. 12.〉

1. 시험의 일시 및 장소
2. 시험방법 및 시험과목
3. 응시원서의 제출방법 및 응시수수료
4. 합격자 발표의 일시 및 방법
5. 선발예정인원(농림축산식품부장관이 수급상 필요하다고 인정하여 선발예정인원을 정한 경우만 해당한다)
6. 그 밖에 시험의 실시에 필요한 사항

③ 손해평가사 자격시험에 응시하려는 사람은 농림축산식품부장관이 정하여 고시하는 응시원서를 농림축산식품부장관에게 제출하여야 한다.

④ 손해평가사 자격시험에 응시하려는 사람은 농림축산식품부장관이 정하여 고시하는 응시수수료를 내야 한다.

⑤ 농림축산식품부장관은 다음 각 호의 어느 하나에 해당하는 경우에는 제4항에 따라 받은 수수료를 다음 각 호의 구분에 따라 반환하여야 한다.

1. 수수료를 과오납한 경우: 과오납한 금액 전부
2. 시험일 20일 전까지 접수를 취소하는 경우: 납부한 수수료 전부
3. 시험관리기관의 귀책사유로 시험에 응시하지 못하는 경우: 납부한 수수료 전부
4. 시험일 10일 전까지 접수를 취소하는 경우: 납부한 수수료의 100분의 60

[본조신설 2014. 12. 3.]

제12조의3(손해평가사 자격시험의 방법) ① 손해평가사 자격시험은 제1차 시험과 제2차 시험으로 구분하여 실시한다. 이 경우 제2차 시험은 제1차 시험에 합격한 사람과 제12조의5에 따라 제1차 시험을 면제받은 사람을 대상으로 시행한다.

② 제1차 시험은 선택형으로 출제하는 것을 원칙으로 하되, 단답형 또는 기입형을 병행할 수

있다.

③ 제2차 시험은 서술형으로 출제하는 것을 원칙으로 하되, 단답형 또는 기입형을 병행할 수 있다.

[본조신설 2014. 12. 3.]

제12조의4(손해평가사 자격시험의 과목) 손해평가사 자격시험의 제1차 시험 과목 및 제2차 시험 과목은 별표 2의2와 같다.

[본조신설 2014. 12. 3.]

제12조의5(손해평가사 자격시험의 일부 면제) ① 법 제11조의4제2항에서 "대통령령으로 정하는 기준에 해당하는 사람"이란 다음 각 호의 어느 하나에 해당하는 사람을 말한다.

1. 법 제11조제1항에 따른 손해평가인으로 위촉된 기간이 3년 이상인 사람으로서 손해평가 업무를 수행한 경력이 있는 사람

2. 「보험업법」 제186조에 따른 손해사정사

3. 다음 각 목의 기관 또는 법인에서 손해사정 관련 업무에 3년 이상 종사한 경력이 있는 사람

   가. 「금융위원회의 설치 등에 관한 법률」에 따라 설립된 금융감독원

   나. 「농업협동조합법」에 따른 농업협동조합중앙회. 이 경우 법률 제10522호 농업협동조합법 일부개정법률 제134조의5의 개정규정에 따라 농협손해보험이 설립되기 전까지의 농업협동조합중앙회에 한정한다.

   다. 「보험업법」 제4조에 따른 허가를 받은 손해보험회사

   라. 「보험업법」 제175조에 따라 설립된 손해보험협회

   마. 「보험업법」 제187조제2항에 따른 손해사정을 업(業)으로 하는 법인

   바. 「화재로 인한 재해보상과 보험가입에 관한 법률」 제11조에 따라 설립된 한국화재보험협회

② 제1항 각 호의 어느 하나에 해당하는 사람에 대해서는 손해평가사 자격시험 중 제1차 시험을 면제한다.

③ 제2항에 따라 제1차 시험을 면제받으려는 사람은 농림축산식품부장관이 정하여 고시하는 면제신청서에 제1항 각 호의 어느 하나에 해당하는 사실을 증명하는 서류를 첨부하여 농림축산식품부장관에게 신청해야 한다. 〈신설 2019. 12. 10.〉

④ 제3항에 따른 면제 신청을 받은 농림축산식품부장관은 「전자정부법」 제36조제1항에 따른 행정정보의 공동이용을 통하여 신청인의 고용보험 피보험자격 이력내역서, 국민연금가입자가입증명 또는 건강보험 자격득실확인서를 확인해야 한다. 다만, 신청인이 확인에 동의하지 않는 경우에는 그 서류를 첨부하도록 해야 한다. 〈신설 2019. 12. 10.〉

⑤ 제1차 시험에 합격한 사람에 대해서는 다음 회에 한정하여 제1차 시험을 면제한다. 〈개정 2019. 12. 10.〉

[본조신설 2014. 12. 3.]

제12조의6(손해평가사 자격시험의 합격기준 등) ① 손해평가사 자격시험의 제1차 시험 합격자를 결정할 때에는 매 과목 100점을 만점으로 하여 매 과목 40점 이상과 전 과목 평균 60점 이상을 득점한 사람을 합격자로 한다.

② 손해평가사 자격시험의 제2차 시험 합격자를 결정할 때에는 매 과목 100점을 만점으로 하여 매 과목 40점 이상과 전 과목 평균 60점 이상을 득점한 사람을 합격자로 한다.

③ 제2항에도 불구하고 농림축산식품부장관이 손해평가사의 수급상 필요하다고 인정하여 제12조의2제2항제5호에 따라 선발예정인원을 공고한 경우에는 매 과목 40점 이상을 득점한 사람 중에서 전(全) 과목 총득점이 높은 사람부터 차례로 선발예정인원에 달할 때까지에 해당하는 사람을 합격자로 한다.

④ 제3항에 따라 합격자를 결정할 때 동점자가 있어 선발예정인원을 초과하는 경우에는 해당 동점자 모두를 합격자로 한다. 이 경우 동점자의 점수는 소수점 이하 둘째자리(셋째자리 이하 버림)까지 계산한다.

⑤ 농림축산식품부장관은 손해평가사 자격시험의 최종 합격자가 결정되었을 때에는 이를 인터넷 홈페이지에 공고하여야 한다.

[본조신설 2014. 12. 3.]

제12조의7(손해평가사 자격증의 발급) 농림축산식품부장관은 손해평가사 자격시험에 합격한 사람에게 농림축산식품부장관이 정하여 고시하는 바에 따라 손해평가사 자격증을 발급하여야 한다.

[본조신설 2014. 12. 3.]

제12조의8(손해평가 등의 교육) 농림축산식품부장관은 손해평가사의 손해평가 능력 및 자질 향상을 위하여 교육을 실시할 수 있다.

[본조신설 2014. 12. 3.]

제12조의9(손해평가사 자격 취소 처분의 세부기준) 법 제11조의5제1항에 따른 손해평가사 자격 취소 처분의 세부기준은 별표 2의3과 같다.

[본조신설 2020. 8. 12.]

제12조의10(손해평가사 업무 정지 처분의 세부기준) 법 제11조의6제1항에 따른 손해평가사 업무 정지 처분의 세부기준은 별표 2의4와 같다.

[본조신설 2020. 8. 12.]

제12조의11(보험금수급전용계좌의 신청 방법·절차 등) ① 법 제11조의7제1항 본문에 따라 보험금을 수급권자 명의의 지정된 계좌(이하 "보험금수급전용계좌"라 한다)로 받으려는 사람은 재해보험사업자가 정하는 보험금 지급청구서에 수급권자 명의의 보험금수급전용계좌를 기재하고, 통장의 사본(계좌번호가 기재된 면을 말한다)을 첨부하여 재해보험사업자에게 제출해야

한다. 보험금수급전용계좌를 변경하는 경우에도 또한 같다.

② 법 제11조의7제1항 단서에서 "대통령령으로 정하는 불가피한 사유"란 보험금수급전용계좌가 개설된 금융기관의 폐업·업무 정지 등으로 정상영업이 불가능한 경우를 말한다.

③ 재해보험사업자는 법 제11조의7제1항 단서에 따른 사유로 보험금을 이체할 수 없을 때에는 수급권자의 신청에 따라 다른 금융기관에 개설된 보험금수급전용계좌로 이체해야 한다. 다만, 다른 보험금수급전용계좌로도 이체할 수 없는 경우에는 수급권자 본인의 주민등록증 등 신분증명서의 확인을 거쳐 보험금을 직접 현금으로 지급할 수 있다.

[본조신설 2020. 8. 12.]

제12조의12(보험금의 압류 금지) 법 제12조제2항에서 "대통령령으로 정하는 액수"란 다음 각 호의 구분에 따른 보험금 액수를 말한다.

1. 농작물·임산물·가축 및 양식수산물의 재생산에 직접적으로 소요되는 비용의 보장을 목적으로 법 제11조의7제1항 본문에 따라 보험금수급전용계좌로 입금된 보험금: 입금된 보험금 전액

2. 제1호 외의 목적으로 법 제11조의7제1항 본문에 따라 보험금수급전용계좌로 입금된 보험금: 입금된 보험금의 2분의 1에 해당하는 액수

[본조신설 2020. 8. 12.]

제13조(업무 위탁) 법 제14조에서 "대통령령으로 정하는 자"란 다음 각 호의 자를 말한다. 〈개정 2011. 12. 28., 2014. 4. 22., 2016. 11. 8., 2023. 9. 26.〉

1. 「농업협동조합법」에 따라 설립된 지역농업협동조합·지역축산업협동조합 및 품목별·업종별협동조합

1의2. 「산림조합법」에 따라 설립된 지역산림조합 및 품목별·업종별산림조합

2. 「수산업협동조합법」에 따라 설립된 지구별 수산업협동조합, 업종별 수산업협동조합, 수산물가공 수산업협동조합 및 수협은행

3. 「보험업법」 제187조에 따라 손해사정을 업으로 하는 자

4. 농어업재해보험 관련 업무를 수행할 목적으로 「민법」 제32조에 따라 농림축산식품부장관 또는 해양수산부장관의 허가를 받아 설립된 비영리법인

제14조 삭제 〈2017. 5. 29.〉

제15조(보험료 및 운영비의 지원) ① 법 제19조제1항 전단 및 제2항에 따라 보험료 또는 운영비의 지원금액을 지급받으려는 재해보험사업자는 농림축산식품부장관 또는 해양수산부장관이 정하는 바에 따라 재해보험 가입현황서나 운영비 사용계획서를 농림축산식품부장관 또는 해양수산부장관에게 제출하여야 한다. 〈개정 2011. 12. 28., 2013. 3. 23.〉

② 제1항에 따른 재해보험 가입현황서나 운영비 사용계획서를 제출받은 농림축산식품부장관 또는 해양수산부장관은 제9조에 따른 보험가입자의 기준 및 제10조제2항제3호에 따른 재해보험사업자에 대한 재정지원에 관한 사항 등을 확인하여 보험료 또는 운영비의 지원금액

을 결정·지급한다. 〈개정 2013. 3. 23.〉

③ 법 제19조제1항 후단 및 같은 조 제2항에 따라 지방자치단체의 장은 보험료의 일부를 추가 지원하려는 경우 재해보험 가입현황서와 제9조에 따른 보험가입자의 기준 등을 확인하여 보험료의 지원금액을 결정·지급한다. 〈신설 2011. 12. 28.〉

제16조(재보험 약정서) 법 제20조제2항제3호에서 "대통령령으로 정하는 사항"이란 다음 각 호의 사항을 말한다.

1. 재보험수수료에 관한 사항
2. 재보험 약정기간에 관한 사항
3. 재보험 책임범위에 관한 사항
4. 재보험 약정의 변경·해지 등에 관한 사항
5. 재보험금 지급 및 분쟁에 관한 사항
6. 그 밖에 재보험의 운영·관리에 관한 사항

제16조의2 삭제 〈2017. 5. 29.〉

제17조(기금계정의 설치) 농림축산식품부장관은 해양수산부장관과 협의하여 법 제21조에 따른 농어업재해재보험기금(이하 "기금"이라 한다)의 수입과 지출을 명확히 하기 위하여 한국은행에 기금계정을 설치하여야 한다. 〈개정 2013. 3. 23.〉

제18조(기금의 관리·운용에 관한 사무의 위탁) ① 농림축산식품부장관은 해양수산부장관과 협의하여 법 제24조제2항에 따라 기금의 관리·운용에 관한 다음 각 호의 사무를 「농업·농촌 및 식품산업 기본법」 제63조의2에 따라 설립된 농업정책보험금융원(이하 "농업정책보험금융원"이라 한다)에 위탁한다. 〈개정 2013. 3. 23., 2017. 5. 29.〉

1. 기금의 관리·운용에 관한 회계업무
2. 법 제20조제2항제1호에 따른 재보험료를 납입받는 업무
3. 법 제20조제2항제2호에 따른 재보험금을 지급하는 업무
4. 제20조에 따른 여유자금의 운용업무
5. 그 밖에 기금의 관리·운용에 관하여 농림축산식품부장관이 해양수산부장관과 협의를 거쳐 지정하여 고시하는 업무

② 제1항에 따라 기금의 관리·운용을 위탁받은 농업정책보험금융원(이하 "기금수탁관리자"라 한다)은 기금의 관리 및 운용을 명확히 하기 위하여 기금을 다른 회계와 구분하여 회계처리하여야 한다. 〈개정 2017. 5. 29.〉

③ 제1항 각 호의 사무처리에 드는 경비는 기금의 부담으로 한다.

제19조(기금의 결산) ① 기금수탁관리자는 회계연도마다 기금결산보고서를 작성하여 다음 회계연도 2월 15일까지 농림축산식품부장관 및 해양수산부장관에게 제출하여야 한다. 〈개정 2013. 3. 23.〉

② 농림축산식품부장관은 해양수산부장관과 협의하여 기금수탁관리자로부터 제출받은 기금결산보고서를 검토한 후 심의회의 심의를 거쳐 다음 회계연도 2월 말일까지 기획재정부장관에게 제출하여야 한다. 〈개정 2013. 3. 23.〉

③ 제1항의 기금결산보고서에는 다음 각 호의 서류를 첨부하여야 한다.

1. 결산 개요
2. 수입지출결산
3. 재무제표
4. 성과보고서
5. 그 밖에 결산의 내용을 명확하게 하기 위하여 필요한 서류

제20조(여유자금의 운용) 농림축산식품부장관은 해양수산부장관과 협의하여 기금의 여유자금을 다음 각 호의 방법으로 운용할 수 있다. 〈개정 2010. 11. 15., 2013. 3. 23.〉

1. 「은행법」에 따른 은행에의 예치
2. 국채, 공채 또는 그 밖에 「자본시장과 금융투자업에 관한 법률」 제4조에 따른 증권의 매입

제20조의2 삭제 〈2017. 5. 29.〉

제21조(통계의 수집·관리 등에 관한 업무의 위탁) ① 농림축산식품부장관 또는 해양수산부장관은 법 제26조제4항에 따라 같은 조 제1항 및 제3항에 따른 통계의 수집·관리, 조사·연구 등에 관한 업무를 다음 각 호의 어느 하나에 해당하는 자에게 위탁할 수 있다. 〈개정 2011. 12. 28., 2013. 3. 23., 2016. 11. 8., 2017. 5. 29., 2023. 9. 26.〉

1. 「농업협동조합법」에 따른 농업협동조합중앙회
1의2. 「산림조합법」에 따른 산림조합중앙회
2. 「수산업협동조합법」에 따른 수산업협동조합중앙회 및 수협은행
3. 「정부출연연구기관 등의 설립·운영 및 육성에 관한 법률」 제8조에 따라 설립된 연구기관
4. 「보험업법」에 따른 보험회사, 보험료율산출기관 또는 보험계리를 업으로 하는 자
5. 「민법」 제32조에 따라 농림축산식품부장관 또는 해양수산부장관의 허가를 받아 설립된 비영리법인
6. 「공익법인의 설립·운영에 관한 법률」 제4조에 따라 농림축산식품부장관 또는 해양수산부장관의 허가를 받아 설립된 공익법인
7. 농업정책보험금융원

② 농림축산식품부장관 또는 해양수산부장관은 제1항에 따라 업무를 위탁한 때에는 위탁받은 자 및 위탁업무의 내용 등을 고시하여야 한다. 〈개정 2016. 11. 8.〉

제22조(시범사업 실시) ① 재해보험사업자는 법 제27조제1항에 따른 시범사업을 하려면 다음 각 호의 사항이 포함된 사업계획서를 농림축산식품부장관 또는 해양수산부장관에게 제출하고 협의하여야 한다. 〈개정 2013. 3. 23.〉

1. 대상목적물, 사업지역 및 사업기간에 관한 사항

2. 보험상품에 관한 사항

3. 정부의 재정지원에 관한 사항

4. 그 밖에 농림축산식품부장관 또는 해양수산부장관이 필요하다고 인정하는 사항

② 재해보험사업자는 시범사업이 끝나면 지체 없이 다음 각 호의 사항이 포함된 사업결과보고서를 작성하여 농림축산식품부장관 또는 해양수산부장관에게 제출하여야 한다. 〈개정 2013. 3. 23.〉

1. 보험계약사항, 보험금 지급 등 전반적인 사업운영 실적에 관한 사항

2. 사업 운영과정에서 나타난 문제점 및 제도개선에 관한 사항

3. 사업의 중단·연장 및 확대 등에 관한 사항

③ 농림축산식품부장관 또는 해양수산부장관은 제2항에 따른 사업결과보고서를 받으면 그 사업결과를 바탕으로 신규 보험상품의 도입 가능성 등을 검토·평가하여야 한다. 〈개정 2013. 3. 23.〉

제22조의2(보험가입촉진계획의 제출 등) ① 법 제28조의2제1항에 따른 보험가입촉진계획에는 다음 각 호의 사항이 포함되어야 한다.

1. 전년도의 성과분석 및 해당 연도의 사업계획

2. 해당 연도의 보험상품 운영계획

3. 농어업재해보험 교육 및 홍보계획

4. 보험상품의 개선·개발계획

5. 그 밖에 농어업재해보험 가입 촉진을 위하여 필요한 사항

② 재해보험사업자는 법 제28조의2제1항에 따라 수립한 보험가입촉진계획을 해당 연도 1월 31일까지 농림축산식품부장관 또는 해양수산부장관에게 제출하여야 한다.

[본조신설 2017. 5. 29.]

[종전 제22조의2는 제22조의3으로 이동 〈2017. 5. 29.〉]

제22조의3(고유식별정보의 처리) ① 재해보험사업자는 법 제7조에 따른 재해보험가입자 자격 확인에 관한 사무를 수행하기 위하여 불가피한 경우 「개인정보 보호법 시행령」 제19조제1호에 따른 주민등록번호가 포함된 자료를 처리할 수 있다.

② 재해보험사업자(법 제8조제1항제3호에 따른 보험회사는 제외한다)는 「상법」 제639조에 따른 타인을 위한 보험계약의 체결, 유지·관리, 보험금의 지급 등에 관한 사무를 수행하기 위하여 불가피한 경우 「개인정보 보호법 시행령」 제19조제1호에 따른 주민등록번호가 포함된 자료를 처리할 수 있다.

③ 농림축산식품부장관(법 제25조의2제2항 및 제3항에 따라 농림축산식품부장관의 업무를 위탁받은 자를 포함한다)은 다음 각 호의 사무를 수행하기 위하여 불가피한 경우 「개인정보 보호법 시행령」 제19조제1호에 따른 주민등록번호가 포함된 자료를 처리할 수 있다. 〈신설 2014. 12. 3., 2017. 5. 29., 2020. 8. 12.〉

1. 법 제11조의4에 따른 손해평가사 자격시험에 관한 사무
2. 법 제11조의5에 따른 손해평가사의 자격 취소에 관한 사무
3. 법 제11조의6에 따른 손해평가사의 감독에 관한 사무
4. 법 제25조의2제1항제1호에 따른 재해보험사업의 관리·감독에 관한 사무

[본조신설 2014. 8. 6.]
[제22조의2에서 이동, 종전 제22조의3은 제22조의4로 이동 〈2017. 5. 29.〉]

제22조의4(규제의 재검토) ① 농림축산식품부장관 또는 해양수산부장관은 제12조 및 별표 2에 따른 손해평가인의 자격요건에 대하여 2018년 1월 1일을 기준으로 3년마다(매 3년이 되는 해의 1월 1일 전까지를 말한다) 그 타당성을 검토하여 개선 등의 조치를 하여야 한다. 〈신설 2017. 12. 12.〉

② 삭제 〈2020. 3. 3.〉
[전문개정 2016. 12. 30.]
[제22조의3에서 이동 〈2017. 5. 29.〉]

제23조(과태료의 부과기준) 법 제32조제1항부터 제3항까지의 규정에 따른 과태료의 부과기준은 별표 3과 같다.

부칙 〈제33750호, 2023. 9. 26.〉
이 영은 2023년 9월 29일부터 시행한다.

별표 / 서식
[별표 1] 재해보험에서 보상하는 재해의 범위(제8조 관련)
[별표 2] 손해평가인의 자격요건(제12조제1항 관련)
[별표 2의2] 손해평가사 자격시험의 과목(제12조의4 관련)
[별표 2의3] 손해평가사 자격 취소 처분의 세부기준(제12조의9 관련)
[별표 2의4] 손해평가사 업무 정지 처분의 세부기준(제12조의10 관련)
[별표 3] 과태료의 부과기준(제23조 관련)

■ 농어업재해보험법 시행령 [별표 1] 〈개정 2016.1.22.〉

재해보험에서 보상하는 재해의 범위[제8조 관련]

재해보험의 종류	보상하는 재해의 범위
1. 농작물·임산물 재해보험	자연재해, 조수해(鳥獸害), 화재 및 보험목적물별로 농림축산식품부장관이 정하여 고시하는 병충해
2. 가축 재해보험	자연재해, 화재 및 보험목적물별로 농림축산식품부장관이 정하여 고시하는 질병
3. 양식수산물 재해보험	자연재해, 화재 및 보험목적물별로 해양수산부장관이 정하여 고시하는 수산질병

비고: 재해보험사업자는 보험의 효용성 및 보험 실시 가능성 등을 종합적으로 고려하여 위의 대상 재해의 범위에서 다양한 보험상품을 운용할 수 있다.

■ 농어업재해보험법 시행령 [별표 2] 〈개정 2020. 12. 29.〉

손해평가인의 자격요건[제12조제1항 관련]

재해 보험의 종류	손해평가인의 자격요건
농작물 재해보험	1. 재해보험 대상 농작물을 5년 이상 경작한 경력이 있는 농업인 2. 공무원으로 농림축산식품부, 농촌진흥청, 통계청 또는 지방자치단체나 그 소속기관에서 농작물재배 분야에 관한 연구·지도, 농산물 품질관리 또는 농업 통계조사 업무를 3년 이상 담당한 경력이 있는 사람 3. 교원으로 고등학교에서 농작물재배 분야 관련 과목을 5년 이상 교육한 경력이 있는 사람 4. 조교수 이상으로 「고등교육법」 제2조에 따른 학교에서 농작물재배 관련학을 3년 이상 교육한 경력이 있는 사람 5. 「보험업법」에 따른 보험회사의 임직원이나 「농업협동조합법」에 따른 중앙회와 조합의 임직원으로 영농 지원 또는 보험·공제 관련 업무를 3년 이상 담당하였거나 손해평가 업무를 2년 이상 담당한 경력이 있는 사람 6. 「고등교육법」 제2조에 따른 학교에서 농작물재배 관련학을 전공하고 농업전문 연구기관 또는 연구소에서 5년 이상 근무한 학사학위 이상 소지자 7. 「고등교육법」 제2조에 따른 전문대학에서 보험 관련 학과를 졸업한 사람 8. 「학점인정 등에 관한 법률」 제8조에 따라 전문대학의 보험 관련 학과 졸업자와 같은 수준 이상의 학력이 있다고 인정받은 사람이나 「고등교육법」 제2조에 따른 학교에서 80학점(보험 관련 과목 학점이 45학점 이상이어야 한다) 이상을 이수한 사람 등 제7호에 해당하는 사람과 같은 수준 이상의 학력이 있다고 인정되는 사람 9. 「농수산물 품질관리법」에 따른 농산물품질관리사 10. 재해보험 대상 농작물 분야에서 「국가기술자격법」에 따른 기사 이상의 자격을 소지한 사람

임산물 재해보험	1. 재해보험 대상 임산물을 5년 이상 경작한 경력이 있는 임업인 2. 공무원으로 농림축산식품부, 농촌진흥청, 산림청, 통계청 또는 지방자치단체나 그 소속기 관에서 임산물재배 분야에 관한 연구 · 지도 또는 임업 통계조사 업무를 3년 이상 담당한 경력이 있는 사람 3. 교원으로 고등학교에서 임산물재배 분야 관련 과목을 5년 이상 교육한 경력이 있는 사람 4. 조교수 이상으로 「고등교육법」 제2조에 따른 학교에서 임산물재배 관련학을 3년 이상 교육한 경력이 있는 사람 5. 「보험업법」에 따른 보험회사의 임직원이나 「산림조합법」에 따른 중앙회와 조합의 임직원 으로 산림경영 지원 또는 보험 · 공제 관련 업무를 3년 이상 담당하였거나 손해평가 업무를 2년 이상 담당한 경력이 있는 사람 6. 「고등교육법」 제2조에 따른 학교에서 임산물재배 관련학을 전공하고 임업전문 연구기관 또는 연구소에서 5년 이상 근무한 학사학위 이상 소지자 7. 「고등교육법」 제2조에 따른 전문대학에서 보험 관련 학과를 졸업한 사람 8. 「학점인정 등에 관한 법률」 제8조에 따라 전문대학의 보험 관련 학과 졸업자와 같은 수준 이상의 학력이 있다고 인정받은 사람이나 「고등교육법」 제2조에 따른 학교에서 80학점(보험 관련 과목 학점이 45학점 이상이어야 한다) 이상을 이수한 사람 등 제7호에 해당하는 사람과 같은 수준 이상의 학력이 있다고 인정되는 사람 9. 재해보험 대상 임산물 분야에서 「국가기술자격법」에 따른 기사 이상의 자격을 소지한 사람
가축 재해보험	1. 재해보험 대상 가축을 5년 이상 사육한 경력이 있는 농업인 2. 공무원으로 농림축산식품부, 농촌진흥청, 통계청 또는 지방자치단체나 그 소속기관에서 가축사육 분야에 관한 연구 · 지도 또는 가축 통계조사 업무를 3년 이상 담당한 경력이 있는 사람 3. 교원으로 고등학교에서 가축사육 분야 관련 과목을 5년 이상 교육한 경력이 있는 사람 4. 조교수 이상으로 「고등교육법」 제2조에 따른 학교에서 가축사육 관련학을 3년 이상 교육한 경력이 있는 사람 5. 「보험업법」에 따른 보험회사의 임직원이나 「농업협동조합법」에 따른 중앙회와 조합의 임직원으로 영농 지원 또는 보험 · 공제 관련 업무를 3년 이상 담당하였거나 손해평가 업무를 2년 이상 담당한 경력이 있는 사람 6. 「고등교육법」 제2조에 따른 학교에서 가축사육 관련학을 전공하고 축산전문 연구기관 또는 연구소에서 5년 이상 근무한 학사학위 이상 소지자 7. 「고등교육법」 제2조에 따른 전문대학에서 보험 관련 학과를 졸업한 사람 8. 「학점인정 등에 관한 법률」 제8조에 따라 전문대학의 보험 관련 학과 졸업자와 같은 수준 이상의 학력이 있다고 인정받은 사람이나 「고등교육법」 제2조에 따른 학교에서 80학점(보험 관련 과목 학점이 45학점 이상이어야 한다) 이상을 이수한 사람 등 제7호에 해당하는 사람과 같은 수준 이상의 학력이 있다고 인정되는 사람 9. 「수의사법」에 따른 수의사 10. 「국가기술자격법」에 따른 축산기사 이상의 자격을 소지한 사람

양식 수산물 재해보험	1. 재해보험 대상 양식수산물을 5년 이상 양식한 경력이 있는 어업인 2. 공무원으로 해양수산부, 국립수산과학원, 국립수산물품질관리원 또는 지방자치단체에서 수산물양식 분야 또는 수산생명의학 분야에 관한 연구 또는 지도업무를 3년 이상 담당한 경력이 있는 사람 3. 교원으로 수산계 고등학교에서 수산물양식 분야 또는 수산생명의학 분야의 관련 과목을 5년 이상 교육한 경력이 있는 사람 4. 조교수 이상으로 「고등교육법」 제2조에 따른 학교에서 수산물양식 관련학 또는 수산생명의학 관련학을 3년 이상 교육한 경력이 있는 사람 5. 「보험업법」에 따른 보험회사의 임직원이나 「수산업협동조합법」에 따른 수산업협동조합중앙회, 수협은행 및 조합의 임직원으로 수산업지원 또는 보험·공제 관련 업무를 3년 이상 담당하였거나 손해평가 업무를 2년 이상 담당한 경력이 있는 사람 6. 「고등교육법」 제2조에 따른 학교에서 수산물양식 관련학 또는 수산생명의학 관련학을 전공하고 수산전문 연구기관 또는 연구소에서 5년 이상 근무한 학사학위 소지자 7. 「고등교육법」 제2조에 따른 전문대학에서 보험 관련 학과를 졸업한 사람 8. 「학점인정 등에 관한 법률」 제8조에 따라 전문대학의 보험 관련 학과 졸업자와 같은 수준 이상의 학력이 있다고 인정받은 사람이나 「고등교육법」 제2조에 따른 학교에서 80학점(보험 관련 과목 학점이 45학점 이상이어야 한다) 이상을 이수한 사람 등 제7호에 해당하는 사람과 같은 수준 이상의 학력이 있다고 인정되는 사람 9. 「수산생물질병 관리법」에 따른 수산질병관리사 10. 재해보험 대상 양식수산물 분야에서 「국가기술자격법」에 따른 기사 이상의 자격을 소지한 사람 11. 「농수산물 품질관리법」에 따른 수산물품질관리사

■ 농어업재해보험법 시행령 [별표 2의2] 〈개정 2023. 9. 26.〉

손해평가사 자격시험의 과목[제12조의4 관련]

구분	과목
1. 제1차 시험	가. 「상법」 보험편 나. 농어업재해보험법령(「농어업재해보험법」, 「농어업재해보험법 시행령」 및 농림축산식품부장관이 고시하는 손해평가 요령을 말한다) 다. 농학개론 중 재배학 및 원예작물학
2. 제2차 시험	가. 농작물재해보험 및 가축재해보험의 이론과 실무 나. 농작물재해보험 및 가축재해보험 손해평가의 이론과 실무

■ 농어업재해보험법 시행령 [별표 2의3] 〈신설 2020. 8. 12.〉

손해평가사 자격 취소 처분의 세부기준[제12조의9 관련]

1. 일반기준

가. 위반행위의 횟수에 따른 행정처분의 가중된 처분 기준은 최근 3년간 같은 위반행위로 행정처분을 받은 경우에 적용한다. 이 경우 기간의 계산은 위반행위에 대해 행정처분을 받은 날과 그 처분 후에 다시 같은 위반행위를 하여 적발된 날을 기준으로 한다.

나. 가목에 따라 가중된 행정처분을 하는 경우 가중처분의 적용 차수는 그 위반행위 전 행정처분 차수(가목에 따른 기간 내에 행정처분이 둘 이상 있었던 경우에는 높은 차수를 말한다)의 다음 차수로 한다.

다. 위반행위가 둘 이상인 경우로서 그에 해당하는 각각의 처분기준이 다른 경우에는 그 중 무거운 처분기준에 따른다.

2. 개별기준

위반행위	근거 법조문	처분기준	
		1회 위반	2회 이상 위반
가. 손해평가사의 자격을 거짓 또는 부정한 방법으로 취득한 경우	법 제11조의5 제1항제1호	자격 취소	자격 취소
나. 거짓으로 손해평가를 한 경우	법 제11조의5 제1항제2호	시정명령	
다. 법 제11조의4제6항을 위반하여 다른 사람에게 손해평가사의 명의를 사용하게 하거나 그 자격증을 대여한 경우	법 제11조의5 제1항제3호	자격 취소	
라. 법 제11조의4제7항을 위반하여 손해평가사 명의의 사용이나 자격증의 대여를 알선한 경우	법 제11조의5 제1항제4호	자격 취소	
마. 업무정지 기간 중에 손해평가 업무를 수행한 경우	법 제11조의5 제1항제5호	자격 취소	

■ 농어업재해보험법 시행령 [별표 2의4] 〈신설 2020. 8. 12.〉

손해평가사 업무 정지 처분의 세부기준[제12조의10 관련]

1. 일반기준

가. 위반행위의 횟수에 따른 행정처분의 가중된 처분 기준은 최근 3년간 같은 위반행위로 행정처분을 받은 경우에 적용한다. 이 경우 기간의 계산은 위반행위에 대해 행정처분을 받은 날과 그 처분 후에 다시 같은 위반행위를 하여 적발된 날을 기준으로 한다.

나. 가목에 따라 가중된 행정처분을 하는 경우 가중처분의 적용 차수는 그 위반행위 전 행정처분 차수(가목에 따른 기간 내에 행정처분이 둘 이상 있었던 경우에는 높은 차수를 말한다)의 다음 차수로 한다.

다. 위반행위가 둘 이상인 경우로서 그에 해당하는 각각의 처분기준이 다른 경우에는 그 중 가장 무거운 처분기준에 따르고, 가장 무거운 처분기준의 2분의 1까지 그 기간을 늘릴 수 있다. 다만, 기간을 늘리는 경우에도 법 제11조의6제1항에 따른 업무 정지 기간의 상한을 넘을 수 없다.

라. 농림축산식품부장관은 다음의 어느 하나에 해당하는 경우에는 제2호에 따른 처분기준의 2분의 1의 범위에서 그 기간을 줄일 수 있다.

　1) 위반행위가 사소한 부주의나 오류로 인한 것으로 인정되는 경우
　2) 위반의 내용·정도가 경미하다고 인정되는 경우
　3) 위반행위자가 법 위반상태를 바로 정정하거나 시정하여 해소한 경우
　4) 그 밖에 위반행위의 내용, 정도, 동기 및 결과 등을 고려하여 업무 정지 처분의 기간을 줄일 필요가 있다고 인정되는 경우

2. 개별기준

위반행위	근거 법조문	처분기준		
		1회 위반	2회 위반	3회 이상 위반
가. 업무 수행과 관련하여 「개인정보 보호법」, 「신용정보의 이용 및 보호에 관한 법률」 등 정보 보호와 관련된 법령을 위반한 경우	법 제11조의6 제1항	업무 정지 6개월	업무 정지 1년	업무 정지 1년
나. 업무 수행과 관련하여 보험계약자 또는 보험사업자로부터 금품 또는 향응을 제공받은 경우	법 제11조의6 제1항	업무 정지 6개월	업무 정지 1년	업무 정지 1년
다. 자기 또는 자기와 생계를 같이 하는 4촌 이내의 친족(이하 "이해관계자"라 한다)이 가입한 보험계약에 관한 손해평가를 한 경우	법 제11조의6 제1항	업무 정지 3개월	업무 정지 6개월	업무 정지 6개월
라. 자기 또는 이해관계자가 모집한 보험계약에 대해 손해평가를 한 경우	법 제11조의6 제1항	업무 정지 3개월	업무 정지 6개월	업무 정지 6개월
마. 법 제11조제2항 전단에 따른 손해평가 요령을 준수하지 않고 손해평가를 한 경우	법 제11조의6 제1항	경고	업무 정지 1개월	업무 정지 3개월
바. 그 밖에 손해평가사가 그 직무를 게을리하거나 직무를 수행하면서 부적절한 행위를 했다고 인정되는 경우	법 제11조의6 제1항	경고	업무 정지 1개월	업무 정지 3개월

■ 농어업재해보험법 시행령 [별표 3] 〈개정 2021. 3. 23.〉

과태료의 부과기준(제23조 관련)

1. 일반기준

농림축산식품부장관, 해양수산부장관 또는 금융위원회는 위반행위의 정도, 위반횟수, 위반행위의 동기와 그 결과 등을 고려하여 개별기준에 따른 해당 과태료 금액을 2분의 1의 범위에서 줄이거나 늘릴 수 있다. 다만, 늘리는 경우에도 법 제32조제1항부터 제3항까지의 규정에 따른 과태료 금액의 상한을 초과할 수 없다.

2. 개별기준

위반행위	해당 법 조문	과태료
가. 재해보험사업자가 법 제10조제2항에서 준용하는 「보험업법」 제95조를 위반하여 보험안내를 한 경우	법 제32조제1항	1,000만원
나. 법 제10조제2항에서 준용하는 「보험업법」 제95조를 위반하여 보험안내를 한 자로서 재해보험사업자가 아닌 경우	법 제32조제3항제1호	500만원
다. 법 제10조제2항에서 준용하는 「보험업법」 제97조제1항 또는 「금융소비자 보호에 관한 법률」 제21조를 위반하여 보험계약의 체결 또는 모집에 관한 금지행위를 한 경우	법 제32조제3항제2호	300만원
라. 재해보험사업자의 발기인, 설립위원, 임원, 집행간부, 일반간부직원, 파산관재인 및 청산인이 법 제18조제1항에서 적용하는 「보험업법」 제120조에 따른 책임준비금 또는 비상위험준비금을 계상하지 아니하거나 이를 따로 작성한 장부에 각각 기재하지 아니한 경우	법 제32조제2항제1호	500만원
마. 재해보험사업자의 발기인, 설립위원, 임원, 집행간부, 일반간부직원, 파산관재인 및 청산인이 법 제18조제1항에서 적용하는 「보험업법」 제131조제1항·제2항 및 제4항에 따른 명령을 위반한 경우	법 제32조제2항제2호	300만원
바. 재해보험사업자의 발기인, 설립위원, 임원, 집행간부, 일반간부직원, 파산관재인 및 청산인이 법 제18조제1항에서 적용하는 「보험업법」 제133조에 따른 검사를 거부·방해 또는 기피한 경우	법 제32조제2항제3호	200만원
사. 법 제29조에 따른 보고 또는 관계 서류 제출을 하지 아니하거나 보고 또는 관계 서류 제출을 거짓으로 한 경우	법 제32조제3항제3호	300만원

3. 농업재해보험 손해평가요령

[시행 2024. 3. 29.] [농림축산식품부고시 제2024-25호, 2024. 3. 29., 일부개정.]

농림축산식품부(재해보험정책과), 044-201-1728

제1조(목적) 이 요령은 「농어업재해보험법」 제11조제2항에 따른 손해평가에 필요한 세부사항을 규정함을 목적으로 한다.

제2조(용어의 정의) 이 요령에서 사용하는 용어의 정의는 다음 각호와 같다.

1. "손해평가"라 함은 「농어업재해보험법」(이하 "법"이라 한다) 제2조제1호에 따른 피해가 발생한 경우 법 제11조 및 제11조의3에 따라 손해평가인, 손해평가사 또는 손해사정사가 그 피해사실을 확인하고 평가하는 일련의 과정을 말한다.

2. "손해평가인"이라 함은 법 제11조제1항과 「농어업재해보험법 시행령」(이하 "시행령"이라 한다) 제12조제1항에서 정한 자 중에서 재해보험사업자가 위촉하여 손해평가업무를 담당하는 자를 말한다.

3. "손해평가사"라 함은 법 제11조의4제1항에 따른 자격시험에 합격한 자를 말한다.

4. "손해평가보조인"이라 함은 제1호에서 정한 손해평가 업무를 보조하는 자를 말한다.

5. "농업재해보험"이란 법 제4조에 따른 농작물재해보험, 임산물재해보험 및 가축재해보험을 말한다.

제3조(손해평가 업무) ① 손해평가 시 손해평가인, 손해평가사, 손해사정사는 다음 각 호의 업무를 수행한다.

1. 피해사실 확인

2. 보험가액 및 손해액 평가

3. 그 밖에 손해평가에 관하여 필요한 사항

② 손해평가인, 손해평가사, 손해사정사는 제1항의 임무를 수행하기 전에 보험가입자("피보험자"를 포함한다. 이하 동일)에게 손해평가인증, 손해평가사자격증, 손해사정사등록증 등 신분을 확인할 수 있는 서류를 제시하여야 한다.

제4조(손해평가인 위촉) ① 재해보험사업자는 법 제11조제1항과 시행령 제12조제1항에 따라 손해평가인을 위촉한 경우에는 그 자격을 표시할 수 있는 손해평가인증을 발급하여야 한다.

② 재해보험사업자는 피해 발생 시 원활한 손해평가가 이루어지도록 농업재해보험이 실시되는 시·군·자치구별 보험가입자의 수 등을 고려하여 적정 규모의 손해평가인을 위촉할 수 있다.

③ 재해보험사업자 및 법 제14조에 따라 손해평가 업무를 위탁받은 자는 손해평가 업무를 원

활히 수행하기 위하여 손해평가보조인을 운용할 수 있다.

제5조(손해평가인 실무교육) ① 재해보험사업자는 제4조에 따라 위촉된 손해평가인을 대상으로 농업재해보험에 관한 기초지식, 보험상품 및 약관, 손해평가의 방법 및 절차 등 손해평가에 필요한 실무교육을 실시하여야 한다.

② 삭제

③ 제1항에 따른 손해평가인에 대하여 재해보험사업자는 소정의 교육비를 지급할 수 있다.

제5조의2(손해평가인 정기교육) ① 법 제11조제5항에 따른 손해평가인 정기교육의 세부내용은 다음 각 호와 같다.

  1. 농업재해보험에 관한 기초지식 : 농어업재해보험법 제정 배경·구성 및 조문별 주요내용, 농업재해보험 사업현황

  2. 농업재해보험의 종류별 약관 : 농업재해보험 상품 주요내용 및 약관 일반 사항

  3. 손해평가의 절차 및 방법 : 농업재해보험 손해평가 개요, 보험목적물별 손해평가 기준 및 피해유형별 보상사례

  4. 피해유형별 현지조사표 작성 실습

② 재해보험사업자는 정기교육 대상자에게 소정의 교육비를 지급할 수 있다.

제6조(손해평가인 위촉의 취소 및 해지 등) ① 재해보험사업자는 손해평가인이 다음 각 호의 어느 하나에 해당하게 되거나 위촉당시에 해당하는 자이었음이 판명된 때에는 그 위촉을 취소하여야 한다.

  1. 피성년후견인

  2. 파산선고를 받은 자로서 복권되지 아니한 자

  3. 법 제30조에 의하여 벌금이상의 형을 선고받고 그 집행이 종료(집행이 종료된 것으로 보는 경우를 포함한다)되거나 집행이 면제된 날로부터 2년이 경과되지 아니한 자

  4. 동 조에 따라 위촉이 취소된 후 2년이 경과하지 아니한 자

  5. 거짓 그 밖의 부정한 방법으로 제4조에 따라 손해평가인으로 위촉된 자

  6. 업무정지 기간 중에 손해평가업무를 수행한 자

② 재해보험사업자는 손해평가인이 다음 각 호의 어느 하나에 해당하는 때에는 6개월 이내의 기간을 정하여 그 업무의 정지를 명하거나 위촉 해지 등을 할 수 있다.

  1. 법 제11조제2항 및 이 요령의 규정을 위반 한 때

  2. 법 및 이 요령에 의한 명령이나 처분을 위반한 때

  3. 업무수행과 관련하여 「개인정보보호법」, 「신용정보의 이용 및 보호에 관한 법률」 등 정보보호와 관련된 법령을 위반한 때

③ 재해보험사업자는 제1항 및 제2항에 따라 위촉을 취소하거나 업무의 정지를 명하고자 하는 때에는 손해평가인에게 청문을 실시하여야 한다. 다만, 손해평가인이 청문에 응하지 아니할 경우에는 서면으로 위촉을 취소하거나 업무의 정지를 통보할 수 있다.

④ 재해보험사업자는 손해평가인을 해촉하거나 손해평가인에게 업무의 정지를 명한 때에는 지체 없이 이유를 기재한 문서로 그 뜻을 손해평가인에게 통지하여야 한다.

⑤ 제2항에 따른 업무정지와 위촉 해지 등의 세부기준은 [별표 3]과 같다.

⑥ 재해보험사업자는 「보험업법」 제186조에 따른 손해사정사가 「농어업재해보험법」등 관련 규정을 위반한 경우 적정한 제재가 가능하도록 각 제재의 구체적 적용기준을 마련하여 시행하여야 한다.

제7조 삭제

제8조(손해평가반 구성 등) ① 재해보험사업자는 제2조제1호의 손해평가를 하는 경우에는 손해평가반을 구성하고 손해평가반별로 평가일정계획을 수립하여야 한다.

② 제1항에 따른 손해평가반은 다음 각 호의 어느 하나에 해당하는 자로 구성하며, 5인 이내로 한다.

1. 제2조제2호에 따른 손해평가인
2. 제2조제3호에 따른 손해평가사
3. 「보험업법」 제186조에 따른 손해사정사

③ 제2항의 규정에도 불구하고 다음 각 호의 어느 하나에 해당하는 손해평가에 대하여는 해당 자를 손해평가반 구성에서 배제하여야 한다.

1. 자기 또는 자기와 생계를 같이 하는 친족(이하 "이해관계자"라 한다)이 가입한 보험계약에 관한 손해평가
2. 자기 또는 이해관계자가 모집한 보험계약에 관한 손해평가
3. 직전 손해평가일로부터 30일 이내의 보험가입자간 상호 손해평가
4. 자기가 실시한 손해평가에 대한 검증조사 및 재조사

제8조의2(교차손해평가) ① 재해보험사업자는 공정하고 객관적인 손해평가를 위하여 교차손해평가가 필요한 경우 재해보험 가입규모, 가입분포 등을 고려하여 교차손해평가 대상 시·군·구(자치구를 말한다. 이하 같다)를 선정하여야 한다.

② 재해보험사업자는 제1항에 따라 선정한 시·군·구 내에서 손해평가 경력, 타지역 조사 가능여부 등을 고려하여 교차손해평가를 담당할 지역손해평가인을 선발하여야 한다.

③ 교차손해평가를 위해 손해평가반을 구성할 경우에는 제2항에 따라 선발된 지역손해평가인 1인 이상이 포함되어야 한다. 다만, 거대재해 발생, 평가인력 부족 등으로 신속한 손해평가가 불가피하다고 판단되는 경우 그러하지 아니할 수 있다.

제9조(피해사실 확인) ① 보험가입자가 보험책임기간 중에 피해발생 통지를 한 때에는 재해보험사업자는 손해평가반으로 하여금 지체 없이 보험목적물의 피해사실을 확인하고 손해평가를 실시하게 하여야 한다.

② 손해평가반이 손해평가를 실시할 때에는 재해보험사업자가 해당 보험가입자의 보험계약사항 중 손해평가와 관련된 사항을 손해평가반에게 통보하여야 한다.

제10조(손해평가준비 및 평가결과 제출) ① 재해보험사업자는 손해평가반이 실시한 손해평가결과와 손해평가업무를 수행한 손해평가반 구성원을 기록할 수 있도록 현지조사서를 마련하여야 한다.

② 재해보험사업자는 손해평가를 실시하기 전에 제1항에 따른 현지조사서를 손해평가반에 배부하고 손해평가시의 주의사항을 숙지시킨 후 손해평가에 임하도록 하여야 한다.

③ 손해평가반은 현지조사서에 손해평가 결과를 정확하게 작성하여 보험가입자에게 이를 설명한 후 서명을 받아 재해보험사업자에게 최종 조사일로부터 7영업일 이내에 제출하여야 한다. (다만, 하우스 등 원예시설과 축사 건물은 7영업일을 초과하여 제출할 수 있다.) 또한, 보험가입자가 정당한 사유 없이 서명을 거부하는 경우 손해평가반은 보험가입자에게 손해평가 결과를 통지한 후 서명없이 현지조사서를 재해보험사업자에게 제출하여야 한다.

④ 손해평가반은 보험가입자가 정당한 사유없이 손해평가를 거부하여 손해평가를 실시하지 못한 경우에는 그 피해를 인정할 수 없는 것으로 평가한다는 사실을 보험가입자에게 통지한 후 현지조사서를 재해보험사업자에게 제출하여야 한다.

⑤ 재해보험사업자는 보험가입자가 손해평가반의 손해평가결과에 대하여 설명 또는 통지를 받은 날로부터 7일 이내에 손해평가가 잘못되었음을 증빙하는 서류 또는 사진 등을 제출하는 경우 재해보험사업자는 다른 손해평가반으로 하여금 재조사를 실시하게 할 수 있다.

제11조(손해평가결과 검증) ① 재해보험사업자 및 법 제25조의2에 따라 농어업재해보험사업의 관리를 위탁받은 기관(이하 "사업 관리 위탁 기관"이라 한다)은 손해평가반이 실시한 손해평가 결과를 확인하기 위하여 손해평가를 실시한 보험목적물 중에서 일정수를 임의 추출하여 검증조사를 할 수 있다.

② 농림축산식품부장관은 재해보험사업자로 하여금 제1항의 검증조사를 하게 할 수 있으며, 재해보험사업자는 특별한 사유가 없는 한 이에 응하여야 하고, 그 결과를 농림축산식품부장관에게 제출하여야 한다.

③ 제1항 및 제2항에 따른 검증조사결과 현저한 차이가 발생되어 재조사가 불가피하다고 판단될 경우에는 해당 손해평가반이 조사한 전체 보험목적물에 대하여 재조사를 할 수 있다.

④ 보험가입자가 정당한 사유없이 검증조사를 거부하는 경우 검증조사반은 검증조사가 불가능하여 손해평가 결과를 확인할 수 없다는 사실을 보험가입자에게 통지한 후 검증조사결과를 작성하여 재해보험사업자에게 제출하여야 한다.

⑤ 사업 관리 위탁 기관이 검증조사를 실시한 경우 그 결과를 재해보험사업자에게 통보하고 필요에 따라 결과에 대한 조치를 요구할 수 있으며, 재해보험사업자는 특별한 사유가 없는 한 그에 따른 조치를 실시해야 한다.

제12조(손해평가 단위) ① 보험목적물별 손해평가 단위는 다음 각 호와 같다.

1. 농작물 : 농지별
2. 가축 : 개별가축별(단, 벌은 벌통 단위)

3. 농업시설물 : 보험가입 목적물별

② 제1항제1호에서 정한 농지라 함은 하나의 보험가입금액에 해당하는 토지로 필지(지번) 등과 관계없이 농작물을 재배하는 하나의 경작지를 말하며, 방풍림, 돌담, 도로(농로 제외) 등에 의해 구획된 것 또는 동일한 울타리, 시설 등에 의해 구획된 것을 하나의 농지로 한다. 다만, 경사지에서 보이는 돌담 등으로 구획되어 있는 면적이 극히 작은 것은 동일 작업단위 등으로 정리하여 하나의 농지에 포함할 수 있다.

제13조(농작물의 보험가액 및 보험금 산정) ① 농작물에 대한 보험가액 산정은 다음 각 호와 같다.

1. 특정위험방식인 인삼은 가입면적에 보험가입 당시의 단위당 가입가격을 곱하여 산정하며, 보험가액에 영향을 미치는 가입면적, 연근 등이 가입당시와 다를 경우 변경할 수 있다.

2. 적과전종합위험방식의 보험가액은 적과후착과수(달린 열매 수)조사를 통해 산정한 기준수확량에 보험가입 당시의 단위당 가입가격을 곱하여 산정한다.

3. 종합위험방식 보험가액은 보험증권에 기재된 보험목적물의 평년수확량에 보험가입 당시의 단위당 가입가격을 곱하여 산정한다. 다만, 보험가액에 영향을 미치는 가입면적, 주수, 수령, 품종 등이 가입당시와 다를 경우 변경할 수 있다.

4. 생산비보장의 보험가액은 작물별로 보험가입 당시 정한 보험가액을 기준으로 산정한다. 다만, 보험가액에 영향을 미치는 가입면적 등이 가입당시와 다를 경우 변경할 수 있다.

5. 나무손해보장의 보험가액은 기재된 보험목적물이 나무인 경우로 최초 보험사고 발생 시의 해당 농지 내에 심어져 있는 과실생산이 가능한 나무 수(피해 나무 수 포함)에 보험가입 당시의 나무당 가입가격을 곱하여 산정한다.

② 농작물에 대한 보험금 산정은 [별표1]과 같다.

③ 농작물의 손해수량에 대한 품목별·재해별·시기별 조사방법은 [별표2]와 같다.

④ 재해보험사업자는 손해평가반으로 하여금 재해발생 전부터 보험품목에 대한 평가를 위해 생육상황을 조사하게 할 수 있다. 이때 손해평가반은 조사결과 1부를 재해보험사업자에게 제출하여야 한다.

제14조(가축의 보험가액 및 손해액 산정) ① 가축에 대한 보험가액은 보험사고가 발생한 때와 곳에서 평가한 보험목적물의 수량에 적용가격을 곱하여 산정한다.

② 가축에 대한 손해액은 보험사고가 발생한 때와 곳에서 폐사 등 피해를 입은 보험목적물의 수량에 적용가격을 곱하여 산정한다.

③ 제1항 및 제2항의 적용가격은 보험사고가 발생한 때와 곳에서의 시장가격 등을 감안하여 보험약관에서 정한 방법에 따라 산정한다. 다만, 보험가입당시 보험가입자와 재해보험사업자가 보험가액 및 손해액 산정 방식을 별도로 정한 경우에는 그 방법에 따른다.

제15조(농업시설물의 보험가액 및 손해액 산정) ① 농업시설물에 대한 보험가액은 보험사고가 발생한 때와 곳에서 평가한 피해목적물의 재조달가액에서 내용연수에 따른 감가상각률을 적

용하여 계산한 감가상각액을 차감하여 산정한다.

② 농업시설물에 대한 손해액은 보험사고가 발생한 때와 곳에서 산정한 피해목적물의 원상복구비용을 말한다.

③ 제1항 및 제2항에도 불구하고 보험가입당시 보험가입자와 재해보험사업자가 보험가액 및 손해액 산정 방식을 별도로 정한 경우에는 그 방법에 따른다.

제16조(손해평가업무방법서) 재해보험사업자는 이 요령의 효율적인 운용 및 시행을 위하여 필요한 세부적인 사항을 규정한 손해평가업무방법서를 작성하여야 한다.

제17조(재검토기한) 농림축산식품부장관은 이 고시에 대하여 2024년 1월 1일 기준으로 매 3년이 되는 시점(매 3년째의 12월 31일까지를 말한다)마다 그 타당성을 검토하여 개선 등의 조치를 하여야 한다.

부칙 〈제2024-25호, 2024. 3. 29.〉
이 고시는 공포한 날부터 시행한다. 다만, 제8조의 개정규정은 공포 후 3개월이 경과한 날부터 시행한다.

별표 / 서식
[별표 1] 농작물의 보험금 산정(2장 이론 결미 편저 부분 참조)
[별표 2] 농작물의 품목별·재해별·시기별 손해수량 조사방법(2장 이론 결미 편저 부분 참조)
[별표 3] 업무정지·위촉해지 등 제재조치의 세부기준(2장 이론 결미 편저 부분 참조)

4. 재보험사업 및 농업재해보험사업의 운영 등에 관한 규정

[시행 2020. 2. 12.] [농림축산식품부고시 제2020-16호, 2020. 2. 12., 일부개정.]

농림축산식품부(재해보험정책과), 044-201-1793

제1조(목적) 이 고시는 「농어업재해보험법」(이하 "법"이라 한다) 및 동법 시행령(이하 "영"이라 한다)에 의한 재보험사업 및 농업재해보험사업의 효율적인 관리·운영에 필요한 세부적인 사항에 대해 규정함을 목적으로 한다.

제2조(용어의 정의) 이 고시에서 사용하는 용어의 뜻은 다음과 같다.

1. "수탁기관"이라 함은 법 제20조 및 법 제25조의2에 따라 재보험사업 및 농업재해보험사업에 관한 업무를 위탁받은 농업정책보험금융원을 말한다.

2. "재해보험 가입현황서"란 재해보험사업자가 법 제19조제1항에 따른 보험료의 일부를 지원받기 위하여 작성·제출하는 보험계약사항 및 보험료 현황이 기재된 서류를 말한다.

3. "운영비 사용계획서"란 재해보험사업자가 법 제19조제1항에 따른 운영비의 일부 또는 전부를 지원받기 위하여 작성·제출하는 운영비사용현황이 기재된 서류를 말한다.

4. "통계작업방법서"란 농림축산식품부장관 또는 수탁기관의 장이 각 재해보험사업자에게 농업재해보험사업의 통계 축적, 보험료 및 재보험료 정산 등을 위하여 필요한 자료 작성 및 제출방법을 규정한 것으로 농업재해보험사업약정서 또는 재보험사업약정서에 첨부하는 서류를 말한다.

제3조(적용범위) 법, 영, 「농림축산식품분야재정사업관리기본규정」 및 「농특회계융자업무지침」에서 따로 정하고 있는 사항을 제외하고는 이 고시에서 정하는 바에 따른다. 다만, 양식수산물재해보험에 대해서는 적용하지 아니한다.

제4조(업무의 위탁) 삭제

제5조(위탁업무의 처리) ① 수탁기관은 위탁업무를 처리함에 있어서 재보험 및 농업재해보험사업 수행 목적에 맞도록 하여야 한다.

② 수탁기관은 위탁업무의 처리를 위하여 농업재해보험을 전담하는 부서(이하"보험관리부서"라 한다)를 설치하고 인원 및 장비 등을 지원하여야 한다.

③ 농림축산식품부장관은 예산의 범위에서 제2항에 따른 보험관리부서의 인건비 및 경비 등을 지원하여야 한다.

제6조(약정의 체결) ① 수탁기관은 재해보험사업자와 법 제20조제2항 및 영 제16조에서 정한 사항이 포함된 재보험사업 약정을 체결하여야 한다.

② 수탁기관은 재해보험사업자와 법 제8조제3항 및 영 제10조제2항에서 정한 사항이 포함된

재해보험사업 약정을 체결하여야 한다.

③ 제1항 및 제2항에 따른 약정은 매년 체결하는 것을 원칙으로 한다. 다만, 기 체결된 약정서 상에 자동연장 조항이 있고, 약정 내용이 변경되지 않는 경우에는 약정 체결을 생략할 수 있다.

제7조(재보험 사업관리) ① 수탁기관은 매년 영 제16조에서 정한 사항에 대하여 재해보험사업자와 협의하여야 한다.

② 수탁기관은 재해보험사업자가 제6조제1항에 따라 체결한 약정을 준수하는지 여부를 조사하기 위하여 재해보험사업자에게 재보험약정서에 정한 자료의 제출을 요구할 수 있다.

③ 수탁기관은 제1항에 따른 협의결과와 제2항에 따른 조사결과를 농림축산식품부장관에게 보고하여야 한다.

④ 농림축산식품부장관은 제3항에 따라 수탁기관이 보고한 자료 등을 검토하여 재보험조건 등을 확정하거나 관련법령에 따른 필요한 조치를 강구하여야 한다.

⑤ 기타 재보험사업 관리와 관련한 구체적인 사항은 재보험사업약정서 및 「농어업재해재보험기금운용규정」에 따른다.

제8조(재해보험 사업의 관리) ① 재해보험사업자는 법 제19조 및 영 제15조에 따른 보험료 및 운영비(이하"사업비"라 한다)를 지원받기 위해서는 재해보험 가입현황서나 운영비 사용계획서를 수탁기관에 제출하여야 한다.

② 수탁기관은 제1항에 따라 제출된 자료를 지체 없이 검토하고 그 결과를 농림축산식품부장관에게 보고하여야 한다.

③ 수탁기관은 「보조금 관리에 관한 법률」, 농업재해보험사업시행지침 및 농업재해보험사업약정서 등에 따라 재해보험사업자에 대한 사업점검 및 사업비 정산 업무를 정기적으로 수행하고 그 결과를 농림축산식품부장관에게 보고하여야 한다.

④ 수탁기관은 제2항 및 제3항의 업무에 대한 세부 검토를 위하여 재해보험사업자에게 관련법령과 농업재해보험약정서에 정한 자료의 제출을 요구할 수 있다.

⑤ 농림축산식품부장관은 제2항 및 제3항에 따라 수탁기관이 보고한 자료 등을 검토하여 사업비 지원 및 정산 금액 등을 확정하거나 관련법령에 따른 필요한 조치를 강구하여야 한다.

제9조(상품 연구 및 보급) ① 수탁기관은 농업현장의 수요 등이 반영될 수 있도록 재해보험상품 연구에 철저를 기해야 하며, 필요한 경우 재해보험사업자와 공동연구를 실시하거나 외부 전문기관에 위탁하여 실시할 수 있다.

② 재해보험사업자는 수탁기관의 재해보험상품 연구 및 보급 업무에 적극 협조하여야 하며, 재해보험상품 개발을 위하여 연구 자료가 필요한 경우 수탁기관에 그 자료를 요구할 수 있다.

제10조(재해 관련 통계 생산 및 데이터베이스 구축·분석) ① 수탁기관은 농업재해보험의 관리 및 보험상품 개발 등에 활용하기 위하여 법 제25조의2제1항에 따라 재해 관련 통계를 생산·

축적하고 데이터베이스를 구축·분석하여야 한다.

② 재해보험사업자는 재해보험상품 개발을 위하여 수탁기관의 통계 생산 자료 및 데이터베이스의 제공을 요구할 수 있다.

제11조(통계작업방법서 작성) ① 수탁기관은 재해 관련 통계를 생산·축적하고, 재보험사업 및 농업재해보험사업의 관리를 위하여 재해보험사업자와 제6조에 따른 재보험사업약정 및 재해보험사업약정 체결시 통계작업방법서를 제시하여 첨부하도록 하여야 한다.

② 통계작업방법서에는 재해보험상품의 각 계약자별·보험증권별 계약정보, 사고정보, 보험금 지급정보 등이 포함되어야 한다.

제12조(손해평가기법의 연구·개발 및 보급) ① 수탁기관은 손해평가의 신속성, 편리성 및 공정성 강화를 위하여 법 제25조의2제1항에 따른 손해평가기법을 연구·개발하여 재해보험사업자 및 손해평가사 등에게 보급할 수 있다.

② 수탁기관은 필요한 경우 손해평가기법 연구·개발 및 보급 업무를 재해보험사업자와 공동으로 수행하거나 외부 전문기관에 위탁하여 실시할 수 있다.

③ 재해보험사업자는 수탁기관의 손해평가기법의 연구·개발 및 보급 업무에 협조하여야 한다.

제13조(손해평가사 자격시험의 응시원서 및 수수료) ① 영 제12조의2제3항에 따라 손해평가사 자격시험에 응시하려는 사람은 한국산업인력공단 이사장이 정하는 서식에 따른 응시원서를 한국산업인력공단에 제출하여야 한다.

② 영 제12조의2제4항에 따른 응시수수료는 다음 각 호와 같다.

  1. 제1차 시험 : 2만원
  2. 제2차 시험 : 3만3천원

③ 제1항에 따라 손해평가사 자격시험에 응시하려는 사람은 제2항에 따른 응시수수료를 응시원서 제출시 한국산업인력공단에 납부하여야 한다.

제13조의2(손해평가사 자격시험 면제신청서류) 영 제12조의5 제3항에 따라 제1차 시험을 면제받으려는 사람은 별지 제4호 서식에 따른 면제신청서를 농림축산식품부장관에게 제출하여야 한다.

제14조(손해평가사 자격증의 발급 등) ① 수탁기관의 장은 영 제12조의7에 따라 손해평가사 자격시험에 합격한 사람에게 별지 제1호 서식의 손해평가사 자격증을 발급하여야 한다.

② 수탁기관은 제1항에 따라 손해평가사 자격증 발급시 그 사실을 별지 제2호 서식에 따른 발행대장에 기록하여야 한다.

③ 제1항에 따라 손해평가사 자격증을 발급받은 자는 발급받은 자격증을 잃어버리거나 훼손 등으로 쓸 수 없게 된 경우 별지 제3호 서식에 따라 손해평가사 자격증 재발급 신청서를 수탁기관에 제출하여 자격증을 재발급 받을 수 있다.

제15조(손해평가사 교육 및 자격시험 등) ① 수탁기관은 법 제11조의2 및 영 제12조의8에 따라 손해평가사의 손해평가 능력 및 자질향상을 위한 교육을 실시하여야 하며, 필요한 경우 다음

각 호의 어느 하나에 해당하는 기관에게 위탁할 수 있다.

    1. 농림축산식품부 소속 교육기관

    2. 사단법인 보험연수원

    3. 제6조제2항에 따라 약정을 체결한 재해보험사업자

    4. 「민법」제32조에 따라 농림축산식품부장관의 허가를 받아 설립된 비영리법인

② 수탁기관 또는 제1항에 따라 위탁받은 교육기관(이하 "교육기관"이라 한다)이 실시하는 손해평가사 교육에는 다음 각 호의 내용을 포함하여야 한다.

    1. 농업재해보험 관련 법령 및 제도에 관한 사항

    2. 농업재해보험 손해평가의 이론과 실무에 관한 사항

    3. 그 밖에 농업재해보험과 관련된 교육

③ 손해평가사는 제2항에 따른 교육을 다음 각 호와 같이 이수하여야 한다.

    1. 실무교육 : 자격증 취득 후 1회 이상

    2. 보수교육 : 자격증 취득년도 후 3년마다 1회 이상

④ 교육기관은 필요한 경우 제2항에 따른 교육을 정보통신매체를 이용한 원격교육으로 실시할 수 있다.

⑤ 교육기관은 교육을 이수한 사람에게 이수증명서를 발급하여야 하며, 교육을 실시한 다음 해 1월 15일까지 수탁기관의 장에게 그 결과를 제출하여야 한다.

⑥ 수탁기관은 교육기관이 실시하는 교육에 필요한 경비(교재비, 강사료 등을 포함한다)를 예산의 범위에서 지원할 수 있다.

제16조 (수탁기관의 지도·감독 등) 농림축산식품부장관은 수탁기관의 지도·감독을 위하여 필요하다고 인정할 때에는 관계서류, 장부 기타 참고자료의 제출을 명하거나 소속 공무원으로 하여금 수탁기관의 업무를 점검하게 할 수 있다.

제17조 (기타 세부사항) 수탁기관은 이 고시의 시행에 필요한 세부사항에 대해서는 법, 영 및 이 고시에 저촉되지 않는 범위에서 별도로 농림축산식품부장관의 승인을 받아 제정·시행할 수 있다.

제18조(재검토기한) 농림축산식품부장관은 이 고시에 대하여 2020년 7월 1일 기준으로 매 3년이 되는 시점(매 3년째의 6월 30일까지를 말한다)마다 그 타당성을 검토하여 개선 등의 조치를 하여야 한다.

부칙 〈제2020-16호, 2020. 2. 12.〉

이 고시는 발령한 날부터 시행한다.

5. 농업재해보험에서 보상하는 보험목적물의 범위

[시행 2023. 5. 15.] [농림축산식품부고시 제2023-36호, 2023. 5. 15., 일부개정.]

농림축산식품부(재해보험정책과), 044-201-1793

제1조(보험목적물) 「농어업재해보험법」 제5조에 따라 농업재해보험에서 보상하는 보험목적물의 범위는 다음 표와 같다.

재해보험의 종류	보험목적물
농작물 재해보험	사과, 배, 포도, 단감, 감귤, 복숭아, 참다래, 자두, 감자, 콩, 양파, 고추, 옥수수, 고구마, 마늘, 매실, 벼, 오디, 차, 느타리버섯, 양배추, 밀, 유자, 무화과, 메밀, 인삼, 브로콜리, 양송이버섯, 새송이버섯, 배추, 무, 파, 호박, 당근, 팥, 살구, 시금치, 보리, 귀리, 시설봄감자, 양상추, 시설(수박, 딸기, 토마토, 오이, 참외, 풋고추, 호박, 국화, 장미, 멜론, 파프리카, 부추, 시금치, 상추, 배추, 가지, 파, 무, 백합, 카네이션, 미나리, 쑥갓)
	위 농작물의 재배시설(부대시설 포함)
임산물 재해보험	떫은감, 밤, 대추, 복분자, 표고버섯, 오미자, 호두
	위 임산물의 재배시설(부대시설 포함)
가축 재해보험	소, 말, 돼지, 닭, 오리, 꿩, 메추리, 칠면조, 사슴, 거위, 타조, 양, 벌, 토끼, 오소리, 관상조(觀賞鳥)
	위 가축의 축사(부대시설 포함)

비고 : 재해보험사업자는 보험의 효용성 및 보험의 실시 가능성 등을 종합적으로 고려하여 위의 보험목적물의 범위에서 다양한 보험상품을 운용할 수 있다.

제2조(재검토기한) 농림축산식품부장관은 이 고시에 대하여 「훈령·예규 등의 발령 및 관리에 관한 규정」에 따라 2023년 7월 1일 기준으로 매 3년이 되는 시점(매 3년째의 6월 30일까지를 말한다)마다 그 타당성을 검토하여 개선 등의 조치를 하여야 한다.

부칙 〈제2023-36호, 2023. 5. 15.〉
이 고시는 발령한 날부터 시행한다.

참고문헌

강봉순. 2006. 『농업경영의 새로운 패러다임』. 서울대학교 농경제사회학부.

구재서 · 권원달 · 김영수 · 이동호. 2004. 『개정 농업경영학』. 선진문화사.

권 오. 2011. 『보험학원론』. 형지사.

김미복 · 김용렬 · 김태후 · 이형용 · 박진우. 2020. 『농업재해보험의 손해평가제도 발전 방안 연구』. 한국농촌경제연구원.

김미복 · 엄진영 · 유찬희. 2021. 『농업 부문 위험, 어떻게 관리할 것인가?』. 한국농촌경제연구원.

김배성 · 김태균 · 김태영 · 백승우 · 신용광 · 안동환 · 유찬주 · 정원호. 2019. 『스마트시대 농업경영학』. 박영사.

김용택 · 김석현 · 김태균. 2003. 『농업경영학』. 한국방송통신대학교출판부

김진만(대표 역자). 1988. oxford Advanced Learner's Dictionary of Current English. 범문사.

김창기. 2020. 『보험학원론』. 문우사.

문 원(대표 역자). 2011. 『원예학』. 방송통신대학교 출판부

석승훈. 2020. 『위험한 위험』. 서울대학교출판문화원.

신창구. 2019. 『농어업재해보험법』. 지식과 감성

심영근 · 이상무. 2003. 『새로 쓴 농업경영학의 이해』. 삼경문화사.

이경룡. 2013. 『보험학원론』. 영지문화사.

최경환. 2003. 『작목별 농작물재해보험의 확대 가능성 분석』. 한국농촌경제연구원.

최경환 · 정원호 · 김우태. 2013. 『농작물재해보험 조사체계 및 선진사례 분석 연구』. 한국농촌경제연구원.

최정호. 2014. 『리스크와 보험』. 청람.

한낙현 · 김홍기. 2008. 『위험관리와 보험』. 우용출판사.

허 연. 2000. 『생활과 보험』. 문영사.

황희대. 2010. 『핵심 보험이론 및 실무』. 보험연수원.

Kay, R. D., W.M.Edwards, and P.A.Duffy. 2016. Farm Management(8th edition). McGraw-Hill.

P.K.Ray. 1981. Agricultural Insurance : Priciples, organization and Application to Developing Countries, Pergamon Press Ltd., London.

Moschini, G. and D. A. Hennessy. 2001. Uncertainty, risk aversion, and risk management for agricultural producers. Handbook of agricultural economics 1, 87~153.

World Bank . 2013. World Development Report 2014 : Risk and Opportunity|Managing Risk for Development. World Bank Publications, Washington, DC.

농림축산식품부. 2021. 『2021농업재해대책업무편람』.

농림축산식품부. 2021. 『농작물재해보험 사업시행지침』.

농림축산식품부. 2021. 『가축재해보험 사업시행지침』.

농림축산식품부, 농업정책보험금융원. 2021. 『농업정책보험 정책방향 및 업무편람』.

농업정책보험금융원. 2020. 『농업재해보험연감』.

농업정책보험금융원. 2020. 『농업재해보험 기본자료집』.

농촌진흥청. 2021. 『농사로 : 작물개황, 재배환경 등』.

농협, 농림수산식품부. 2011. 『농작물재해보험 10년사』. 농협중앙회 농업정책보험부

농협. 2021. 『농작물재해보험 및 가축재해보험 각 품목(축종)별 약관』.

농협. 2021. 『농작물재해보험 및 가축재해보험 각 품목(축종)별 상품요약서』.

보험경영연구회. 2013. 『리스크와 보험』. 문영사.

보험경영연구회. 2021. 『리스크와 보험(제3판)』. 문영사.

(사)한국농어업재해보험협회. 2015. 『농업재해보험손해평가사』.

[2022년도 제8회 손해평가사 제2차 기출문제]

[2과목 농작물재해보험 및 가축재해보험 손해평가의 이론과 실무]

[문제11] 적과전종합위험방식의 적과종료 이후 보상하지 않는 손해에 관한 내용의 일부이다. ( )에 들어갈 내용을 쓰시오.(5점)

○ 제초작업, 시비관리 등 통상적인 (①)을 하지 않아 발생한 손해
○ 최대 순간풍속 (②)의 바람으로 인한 손해
○ 농업인의 부적절한 (③)로 인하여 발생한 손해
○ 병으로 인해 낙엽이 발생하여 (④)에 과실이 노출됨으로써 발생한 손해
○ 식물방역법 제36조(방제명령 등)에 의거 금지 병해충인 과수 (⑤) 발생에 의한
　 폐원으로 인한 손해 및 정부 및 공공기관의 매립으로 발생한 손해

정답 및 해설

① 영농활동, ② 14m/sec 미만, ③ 잎소지, ④ 태양광, ⑤ 화상병

[해설]
○ 제초작업, 시비관리 등 통상적인 (① 영농활동)을 하지 않아 발생한 손해
○ 최대 순간풍속 (② 14m/sec 미만)의 바람으로 인한 손해
○ 농업인의 부적절한 (③ 잎소지)로 인하여 발생한 손해
○ 병으로 인해 낙엽이 발생하여 (④ 태양광)에 과실이 노출됨으로써 발생한 손해
○ 식물방역법 제36조(방제명령 등)에 의거 금지 병해충인 과수 (⑤ 화상병) 발생에 의한 폐원으로 인한 손해 및
　 정부 및 공공기관의 매립으로 발생한 손해

[문제12] 종합위험 수확감소보장방식의 품목별 과중조사에 관한 내용의 일부이다. ( )에 들어갈 내용을 쓰시오.(5점)

○ **밤**(수확 개시 전 수확량조사 시 과중조사)
　 품종별 개당과중 = {품종별(정상 표본과실 무게 합)+ (소과 표본과실 무게 합) × (①)}
　　　　　　　　　 ÷ 표본과실수

○ **참다래**
　 품종별 개당 과중 = 품종별{50g 초과 표본과실 무게 합 + (50g 이하 표본과실 무게 합
　　　　　　　 × (②))} ÷ 표본과실수

○ **오미자**(수확 개시 후 수확량조사 시 과중조사)
　 선정된 표본구간별로 표본구간 내 (③)된 과실과 (④)된 과실의 무게를 조사한다.

○ 유자(수확 개시 전 수확량조사 시 과중조사)

농지에서 품종별로 착과가 평균적인 3개 이상의 표본주에서 크기가 평균적인 품종별 (⑤)개 이상(농지당 최소 60개 이상) 추출하여 품종별 과실개수와 무게를 조사한다.

① 80%, ② 70%, ③ 착과, ④ 낙과, ⑤ 20

[해설]

○ 밤(수확 개시 전 수확량조사 시 과중조사)

품종별 개당과중 = {품종별(정상 표본과실 무게 합)+ (소과 표본과실 무게 합) × (① 80%)} ÷ 표본과실수

○ 참다래

품종별 개당 과중 = 품종별{50g 초과 표본과실 무게 합 + (50g 이하 표본과실 무게 합 × (② 70%))} ÷ 표본과실수

○ 오미자(수확 개시 후 수확량조사 시 과중조사)

선정된 표본구간별로 표본구간 내 (③ 착과)된 과실과 (④ 낙과)된 과실의 무게를 조사한다.

○ 유자(수확 개시 전 수확량조사 시 과중조사)

농지에서 품종별로 착과가 평균적인 3개 이상의 표본주에서 크기가 평균적인 품종별 (⑤ 20) 개 이상 (농지당 최소 60개 이상) 추출하여 품종별 과실개수와 무게를 조사한다.

[문제13] 논작물에 대한 피해사실 확인조사 시 추가조사 필요여부 판단에 관한 내용이다. ( )에 들어갈 내용을 쓰시오.(5점)

보상하는 재해여부 및 피해 정도 등을 감안하여 이앙·직파불능 조사(농지 전체 이앙·직파 불능 시), 재이앙·재직파 조사 (①), 경작불능조사(②), 수확량 조사(③) 중 필요한 조사를 판단하여 해당 내용에 대하여 계약자에게 안내하고, 추가조사가 필요할 것으로 판단된 경우에는 (④) 구성 및 (⑤) 일정을 수립한다.

① 면적 피해율 10% 초과, ② 식물체 피해율 65% 이상, ③ 자기부담비율 초과, ④ 손해평가반, ⑤ 추가조사

[해설]

보상하는 재해여부 및 피해 정도 등을 감안하여 이앙·직파불능 조사(농지 전체 이앙·직파 불능 시), 재이앙·재직파 조사 (① 면적 피해율 10% 초과), 경작불능조사(② 식물체 피해율 65% 이상), 수확량 조사(③ 자기부담비율 초과) 중 필요한 조사를 판단하여 해당 내용에 대하여 계약자에게 안내하고, 추가조사가 필요할 것으로 판단된 경우에는 (④ 손해평가반) 구성 및 (⑤ 추가조사) 일정을 수립한다.

[문제14] 종합위험 수확감소보장방식 감자에 관한 내용이다. 다음 계약사항과 조사내용을 참조하여 피해율(%)의 계산과정과 값을 쓰시오. (피해율은 소수점 셋째자리에서 반올림)(5점)

○ 계약사항

품목	보험가입금액	가입면적	평년수확량	자기부담비율
감자(고랭지재배)	5,000,000원	3,000m²	6,000kg	20%

○ 조사내용

재해	조사 방법	실제 경작면적	타작물 면적	미보상 면적	미보상 비율	표본구간총 면적	표본구간 총 수확량 조사 내용
호우	수확량 조사 (표본 조사)	3,000m²	100m²	100m²	20%	10m²	○ 정상감자 : 5kg ○ 최대지름 5cm 미만 감자 : 2kg ○ 병충해(무름병)감자 : 4kg ○ 병충해 손해정도비율 : 40%

정답 및 해설

수확감소보장방식 감자 피해율(%) : **44.05%**

[해설] 수확감소보장방식 감자 피해율(%)의 계산과정 :
· 수확감소보장방식 감자 피해율 = (평년수확량 − ㉠ 수확량 − ㉡ 미보상감수량 + ㉢ 병충해감수량) ÷ 평년수확량
$\qquad$ = (6,000kg − 3,200kg − 560kg + 403.2kg) ÷ 6,000kg
$\qquad$ = **44.05%**

㉠ 수확량 = (ⓐ 표본구간 단위면적당 수확량 × ⓑ 조사대상면적) + (ⓒ 단위면적당 평년수확량 × (타작물면적 + 미보상면적)
$\qquad$ = (1kg/m² × **2,800**kg/m²) + (2kg/m² × (100m² × 100m²))
$\qquad$ = **3,200**kg

ⓐ 표본구간 단위면적당 수확량 = 표본구간수확량 ÷ ㉴ 표본구간 면적 = 10kg ÷ 10m² = 1kg/m²
∴ 표본구간수확량 = 정상감자무게 + 50%피해감자무게 × 0.5 + 병충해 감자무게
$\qquad$ = 5kg + 1kg + 4kg = **10kg**

ⓑ 조사대상면적 = 실제경작면적 − 타작물 면적 − 미보상면적 = 3,000m² − 100m² − 100m² = **2,800**kg/m²
ⓒ 단위면적당 평년수확량 = 평년수확량 ÷ 실제경작면적 = 6,000kg ÷ 3,000m² = 2kg/m²
㉡ 미보상감수량 = (평년수확량 − 수확량) × 미보상비율 = (6,000kg − 3,200kg) × 0.2 = **560**kg
㉢ 병충해감수량 = 표본구간 단위면적당 병충해감수량 × 조사대상면적
$\qquad$ = (1.44kg ÷ 10m²) × 2,800kg/m² = **403.2**kg
∴ 표본구간 단위면적당 병충해감수량 = 병충해(무름병)감자 괴경무게 × 병충해 손해정도비율 × 병충해 인정비율
$\qquad$ = 4kg × 0.4 × 0.9
$\qquad$ = **1.44**kg

[문제15] 종합위험 수확감소보장방식 과수 및 밭작물 품목 중 (   )에 들어갈 해당 품목을 쓰시오.(5점)

구분	내용	해당 품목
과수 품목	경작불능조사를 실시하는 품목	(①)
	병충해를 보장하는 품목(특약 포함)	(②)
밭작물 품목	전수조사를 실시해야 하는 품목	(③), 팥
	재정식 보험금을 지급하는 품목	(④)
	경작불능조사 대상이 아닌 품목	(⑤)

정답 및 해설

① 복분자, ② 복숭아, ③ 콩, ④ 양배추, ⑤ 고추, 브로콜리, 인삼

[해설]

구분	내용	해당 품목
과수 품목	경작불능조사를 실시하는 품목	(① 복분자)
	병충해를 보장하는 품목(특약 포함)	(② 복숭아)
밭작물 품목	전수조사를 실시해야 하는 품목	(③ 콩), 팥
	재정식 보험금을 지급하는 품목	(④ 양배추)
	경작불능조사 대상이 아닌 품목	(⑤ 고추, 브로콜리, 인삼)

[문제16] 농업용 원예시설물(고정식 하우스)에 강풍이 불어 피해가 발생되었다. 다음 조건을 참조하여 물음에 답하시오.(15점)

구분	손해내역	내용 연수	경년 감가율	경과 년월	보험가입금액	손해액	비고
1동	단동하우스 (구조체손해)	10년	8%	2년	500만원	300만원	피복재 손해 제외
2동	장수PE (피복재단독사고)	1년	40%	1년	200만원	100만원	-
3동	장기성PO (피복재단독사고)	5년	16%	1년	200만원	100만원	• 재조달가액 보장특약 • 미복구

물음1) 1동의 지급보험금 계산과정과 값을 쓰시오.(5점)

물음2) 2동의 지급보험금 계산과정과 값을 쓰시오.(5점)

물음3) 3동의 지급보험금 계산과정과 값을 쓰시오.(5점)

정답 및 해설

1동의 지급보험금 : <u>2,220,000</u>(이백이십이만)원
2동의 지급보험금 : <u>500,000</u>(오십만)원
3동의 지급보험금 : <u>740,000</u>(칠십사만)만원

[해설]
물음1) 보험금 계산과정
• 보험금 = ㉠ 손해액 - ㉡ 자기부담금
　　　　= 2,520,000(이백오십이만)원 - 300,000(삼십만)원
　　　　= <u>2,220,000</u>(이백이십이만)원

> ㉠ 손해액 = 3,000,000(삼백만)원 × (1 - <u>감가상각률</u>)
> 　　　　　= 3,000,000(삼백만)원 × (1 - 0.16)
> 　　　　　= <u>2,520,000</u>(이백오십이만)원
> ∴ 감가상각률 = 경과년월 × 경년감가율 = 2년 × 0.08 = <u>0.16</u>
> ㉡ 자기부담금 = 손해액 × 10%
> 　　　　　　 = 2,520,000(이백오십이만)원 × 10%
> 　　　　　　 = <u>252,000</u>(이십오만이천)원 => <u>300,000</u>(삼십만)원

물음2) 보험금 계산과정
• 보험금 = ㉠ 손해액 - ㉡ 자기부담금
　　　　= 600,000(육십만)원 - 100,000(십만)원
　　　　= <u>500,000</u>(오십만)원

> ㉠ 손해액 = 1,000,000(백만)원 × (1 - <u>감가상각률</u>)
> 　　　　　= 1,000,000(백만)원 × (1 - 0.4)
> 　　　　　= <u>600,000</u>(육십만)원
> ∴ <u>감가상각률</u> = 경과년월 × 경년감가율 = 1년 × 0.4 = <u>0.4</u>
> ㉡ 자기부담금 = 손해액 × 10%
> 　　　　　　 = 600,000(육십만)원 × 10%
> 　　　　　　 = <u>60,000</u>(육만)원 => 최소자기부담금 <u>100,000</u>(십만)원

물음 3) 보험금 계산과정
• 보험금 = ㉠ 손해액 - ㉡ 자기부담금
　　　　= 840,000(팔십사만)원 - 100,000(십만)원
　　　　= <u>740,000</u>(칠십사만)원

> ㉠ 손해액 = 1,000,000(백만)원 × (1 - <u>감가상각률</u>)
> 　　　　　= 1,000,000(백만)원 × (1 - 0.16)
> 　　　　　= <u>840,000</u>(팔십사만)원
> ∴ 감가상각률 = 경과년월 × 경년감가율 = 1년 × 0.16 = <u>0.16</u>
> ㉡ 자기부담금 = 손해액 × 10%
> 　　　　　　 = 840,000(팔십사만)원 × 10%
> 　　　　　　 = <u>84,000</u>(팔만사천)원 => 최소자기부담금 <u>100,000</u>(십만)원

[문제17] 벼농사을 짓고 있는 甲은 가뭄으로 농지 내 일부 면적의 벼가 고사되는 피해를 입어 재이앙 조사 후 모가 없어 경작면적의 일부만 재이앙을 하였다. 이후 수확 전 태풍으로 도복피해가 발생해 수확량 조사방법 중 표본조사를 하였으나 甲이 결과를 불인정하여 전수조사를 실시하였다. 계약사항(종합위험 수확감소보장방식)과 조사내용을 참조하여 다음 물음에 답하시오. (15점)

O 계약사항

품종	보험가입금액	가입면적	평년수확량	표준수확량	자기부담비율
동진찰벼	3,000,000원	2,500m²	3,500kg	3,200kg	20%

O 조사내용
- 제이앙 조사

재이앙 전 조사내용		재이앙 후 조사내용	
실제 경작면적	2,500m²	재이앙 면적	800m²
피해면적	1,000m²		

- 수확량 조사

표본조사 내용		전수조사 내용	
표본구간 총중량 합계	0.48kg	전체 조곡 중량	1,200kg
표본구간 면적	0.96m²	미보상 비율	10%
함수율	16%	함수율	20%

물음1) 재이앙보험금의 지급가능한 횟수를 쓰시오. (2점)

물음2) 재이앙보험금의 계산과정과 값을 쓰시오. (3점)

물음3) 수확량감소 보험금의 계산과정과 값을 쓰시오. (무게kg) 및 피해율(%)은 소수점 이하 절사. 예시 : 12.67% → 12%) (10점)

물음 1) 재이앙보험금의 지급가능한 횟수(2점) : <u>1회</u>
물음 2) 재이앙보험금 : <u>240,000</u>(이십사만)원
물음 3) 수확량감소보험금 : <u>1,230,000</u>(백이십삼만)원

[해설]
물음 2) 재이앙보험금 계산과정

- 재이앙보험금 = 보험가입금액 × 25% × <u>면적피해율</u>
  = 3,000,000(삼백만)원 × 0.25 × 0.32
  = <u>240,000</u>(이십사만)원

> ∴ **면적피해율** = 재이앙 면적 ÷ 실제경작면적 = 800m² ÷ 2,500m² = <u>0.32</u>

물음 3) 수확량감소보험금 계산과정

- 수확량감소보험금 = 보험가입금액 × (피해율 - 자기부담비율)
  = 3,000,000(삼백만)원 × (0.61 - 0.2)
  = <u>1,230,000</u>(백이십삼만)원

> ∴ **피해율** = (평년수확량 - ㉮ <u>수확량</u> - ㉯ <u>미보상감수량</u>) ÷ 평년수확량
> = (3,500kg - 1,103kg - 239kg) ÷ 3,500kg
> = <u>61%</u>
> ㉮ **수확량** = 전체 조곡중량 × (1 - 함수율) ÷ (1 - 기준함수율)
> = 1,200kg × (1 - 0.2) ÷ (1 - 0.13)
> = <u>1,103</u>kg
> ㉯ <u>**미보상감수량**</u> = (평년수확량 - 수확량) × 0.1
> = (3,500kg - 1,103kg) × 0.1
> = <u>239</u>kg
>
> ※ 참고 : 수험대비 이론(업무방법)서 기준함수율 찰벼(13%)임. 단, 메벼로 변형 출제 대비
> 하여 피해율과 수확감소보험금 및 풀이과정을 꼭! 숙지하여 보세요^^
> 메벼의 기준함수율은 (15%)입니다.

[문제18] 배 과수원은 적과 전 과수원 일부가 호우에 의한 유실로 나무 50주가 고사되는 피해(자연재해)가 확인되었고, 적과 이후 봉지 작업을 마치고 태풍으로 낙과피해조사를 받았다. 계약사항(적과전 종합위험 방식)과 조사내용을 참조하여 다음 물음에 답하시오.(감수과실수와 착과피해인정계수, 피해율(%)은 소수점 이하 절사. 예시 : 12.67% → 12%) (15점)

○ 계약사항

계약사항			적과후착과수 조사내용	
품목	가입주수	평년착과수	실제결과주수	1주당 평균착과수
배(단일 품종)	250주	40,000개	250주	150개

※ 적과종료 이전 특정위험 5종 한정 보장 특약 미가입

○ 낙과피해 조사내용

사고일자	조사방법	전체낙과과실수	낙과피해구성률(100개)				
9월 18일	전수조사	7,000개	정상10개	50%형 80개	80%형 0개	100%형 2개	병해충 과실 8개

물음1) 적과종료 이전 착과감소과실수의 계산방법과 값을 쓰시오.(5점)

물음2) 적과종료 이후 착과손해 감수과실수의 계산과정과 값을 쓰시오.(5점)

물음3) 적과종료 이후 낙과피해 감수과실수와 착과피해 인정개수의 계산과정과 합계 값을 쓰시오.(5점)

물음1) 적과종료 이전 착과감소과실수 : <u>10,000(일만)</u>개
물음2) 적과종료 이후 착과손해 감수과실수 : <u>900(구백)</u>개
물음3) 적과종료 이후 낙과피해 감수과실수와 착과피해 인정개수(= 적과종료 이후 합계 값) : <u>3,821(삼천팔백이십일)</u>개

> ※ [참고] 합계 값
> = (㉠ <u>낙과피해 감수과실수</u> : <u>2,921</u>(이천구백이십일)개 + ㉡ <u>착과피해인정개수</u> : <u>900</u>(구백)개

물음1) 적과종료 이전 착과감소과실수의 계산방법과 값을 쓰시오. (5점)
[해설] 적과종료 이전 착과감소과실수 계산과정
- 적과종료 이전착과감소과실수 = Min(평년착과수 − ㉡ ※ 적과후착과수)
  = Min(40,000(사만)개 − 30,000(삼만)개
  = 10,000(일만)개

> ※ 조수해, 화재시에만 나무피해율을 적용하여 최대인정피해감수과실수를 구한다.
> ※ 호우피해이므로 나무피해율을 적용하지 않음
> ※ **적과후착과수** = 1주당 평균착과수 × 조사대상주수 = 150개 × 200개 = <u>30,000(삼만)</u>개

물음2) 적과종료 이후 착과손해 감수과실수의 계산과정과 값을 쓰시오. (5점)
[해설] 적과종료 이후 착과손해 감수과실수 계산과정
※ 적과전 자연재해에 의한 인정 착과피해감수 과실수 60% 이상일 때
- 착과피해감수과실수 = ※ 적과후착과수 × 착과손해피해율
  = 30,000(삼만)개 × 0.03
  = 900개
∴ 착과손해피해율 = 5% × (100%−착과율0.75)/40% ⇒ 3%

> ∴ [참고] ㉠ 위에서 구한 적과후착과수 = 1주당 평균착과수 × 조사대상주수 = 150개 × 200개
> = <u>30,000(삼만)</u>개
> ∴ ㉡ **착과율** = 적과후착과수 ÷ 평년착과수 = 30,000(삼만)개 ÷ 40,000(사만)개 = <u>75%</u>

물음3) 적과종료 이후 낙과피해 감수과실수와 착과피해 인정개수의 계산과정과 합계 값을 쓰시오. (5점)
[해설] 적과종료 이후 낙과피해 감수과실수와 착과피해 인정개수 계산과정
㉠ <u>낙과피해 감수과실수</u> = <u>2,921</u>(이천구백이십일)개
  = 총낙과수 × (㉮ <u>낙과피해구성률</u> − ㉯ <u>maxA</u>) × 1.07
  = 7,000개 × 0.39(= 0.42 − 0.03) × 1.07
∴ ㉮ 낙과피해구성률 = <u>42%</u>
  =(50%형×피해과실수 + 100형×피해과실수) ÷ 총낙과피해과실수
  = (0.5 × 80 + 1 × 2) ÷ 100
∴ ㉯ maxA = <u>3%</u>
  = 5% × (100% − ※ <u>착과율</u>) ÷ 40%
  = 5% × (100% − 0.75) ÷ 40%

> ※ [참고] 적과전 자연재해에 의한 인정 착과피해감수 과실수 60% 이상일 때
> 위 ㉡에서 구한 **착과율** = 적과후착과수 ÷ 평년착과수 = 30,000(삼만)개 ÷ 40,000(사만)개 = <u>75%</u>

ⓒ <u>착과피해인정개수</u> : <u>900</u>(구백)개

※ [참고] 적과전 자연재해에 의한 인정 착과피해감수 과실수 60% 이상일 때
   위ⓐ에서 구한 착과피해감수과실수

= ⓐ ※ **적과후착과수** × 3% × (100% − ⓒ <u>착과율</u>) ÷ 40%
= 30,000(삼만)개 × 3(=0.03)% × (100% − 0.75) ÷ 40%
= <u>900개</u>

[정답 및 해설 요약]
물음1) 착과감소과실수 = Min(평년착과수40,000−적과후착과수30,000) = 10,000개
※ 조수해, 화재시에만 나무피해율을 적용하여 최대인정피해감수과실수를 구한다.
호우피해이므로 나무피해율을 적용하지 않음
적과후착과수 = 1주당 평균착과수150 × 조사대상주수200 = 30,000개

물음2) 적과전 자연재해에 의한 인정 착과피해감수 과실수 60% 이상일 때
착과피해감수과실수 = 적과후착과수30,000 × 0.03 = 900개
착과손해피해율 = 5% × (100%−착과율0.75)/40% =〉3%
착과율 = 적과후착과수30,000/평년착과수40,000 = 75%

물음3) 합계 값 : 3,821개
− 낙과피해 감수과실수 = 총낙과수 × (낙과피해구성률0.42 − maxA0.03) × 1.07
                = 7,000개 × 0.39 × 1.07 =2,921개
− 낙과피해구성률 = (0.5*80+1*2)/100 = 42%
− maxA = 5% × (100%−착과율0.75)/40% =〉3%
− 착과피해인정개수 : 900개

[문제19] 가축재해보험 소에 관한 내용이다. 다음 물음에 답하시오. (15점)

○ 조건 1

- 甲은 가축재해보험에 가입 후 A축사에서 소를 사육하던 중. 사료 wkehdrmqdurlo(자동급여)를 설정하고 5일간 A축사를 비우고 여행을 다녀왔음.
- 여행을 다녀와 A축사의 출입문이 파손되어 있어 CCTV를 확인해 보니 신원불상자에 의해 한우(암컷) 1마리를 도난당한 것을 확인하고, 바로 경찰서에 도난신고 후 재해보험사업자에게 도난신고확인서를 제출함.
- 금번 사고는 보험기간 내 사고이며, 甲과 그 가족 등의 고의 또는 중과실은 없었고, 또한 사고 예방 및 안전대책에 소홀히 한 점도 없었음.

○ 조건 2

- 보험목적물 : 한우(암컷)
- 자기부담비율 : 20%
- 출생일 : 2021년 11월 4일
- 보험가입금액 : 2,000,000원
- 소재지 : A축사(보관장소)
- 사고일자 : 2022년 08월 14일

○ 조건 3
- 발육표준표

한우 암컷	월령	7월령	8월령	9월령	10월령	11월령
	체중	230kg	240kg	250kg	260kg	270kg

- 2022년 월별산지가격동향

한우 암컷	구분	5월	6월	7월	8월
	350kg	330만원	350만원	340만원	340만원
	600kg	550만원	560만원	550만원	550만원
	송아지(4~5월령)	220만원	230만원	230만원	230만원
	송아지(6~7월령)	240만원	240만원	250만원	250만원

물음1) 조건 2~3을 참조하여 한우(암컷) 보험가액의 계산과정과 값을 쓰시오. (5점)

물음2) 조건 1~3을 참조하여 지급보험금과 그 산정이유를 쓰시오. (5점)

물음3) 다음 (   )에 들어갈 내용을 쓰시오. (5점)

소(牛)의 보상하는 손해 중 긴급도축이란 "사육하는 장소에서 부상, (①), (②), (③) 및 젖소의 유량 감소 등이 발생한 소(牛)를 즉시 도축장에서 도살하여야 할 불가피한 사유가 있는 경우"에 한한다.

물음 1) 조건 2~3을 참조하여 한우(암컷) 보험가액 : <u>2,500,000</u>(이백오십만)원

물음 2) 조건 1~3을 참조하여 지급보험금과 그 산정이유

    ① 지급보험금 : 없음

    ② 산정이유 : 보관장소를 <u>72시간 이상 비워둔</u> 상태에서 발생한 <u>도난사고는 보상하지 않음</u>

물음 3) ① 난산, ② 산욕마비, ③ 급성고창증

[해설]

물음 1) 조건 2~3을 참조하여 한우(암컷) 보험가액 계산과정

- 보험가액 = 9월령 250kg × (3,500,000(삼백오십만)원 ÷ 350kg) = <u>2,500,000</u>(이백오십만)원

물음3)

> 소(牛)의 보상하는 손해 중 긴급도축이란 "사육하는 장소에서 부상, (① 난산), (② 산욕마비), (③ 급성고창증) 및 젖소의 유량 감소 등이 발생한 소(牛)를 즉시 도축장에서 도살하여야 할 불가피한 사유가 있는 경우"에 한한다.

[문제20] 수확전 종합위험보장방식 무화과에 관한 내용이다. 다음 계약사항과 조사내용을 참조하여 물음에 답하시오. (피해율(%)은 소수점 셋째자리에서 반올림) (15점)

○ 계약사항

품목	보험가입금액	가입주수	평년수확량	표준과중(개당)	자기부담비율
무화과	10,000,000원	300주	6,000kg	80g	20%

○ 수확 개시 전 조사내용

- 사고내용
- 재해종류 : 우박
- 사고일자 : 2022년 05월 10일

- 나무 수 조사
- 보험가입일자 기준 과수원에 식재된 모든 나무수 : 300주(유목 및 인수제한 품종 없음)
- 보상하는 손해로 고사된 나무수 : 10주
- 보상하는 손해 이외의 원인으로 착과량이 현저하게 감소된 나무수 : 10주
- 병해충으로 고사된 나무수 : 20주

- 착과수 조사 및 미보상비율 조사
- 표본주수 : 9주
- 표본주 착과수 총 개수 : 1,800개
- 제주상태에 따른 미보상비율 : 10%

- 착과피해조사(표본주 임의과실 100개 추출하여 조사)
- 가공용으로 공급될 수 없는 품질의 과실 : 10개(일반시장 출하 불가능)
- 일반시장 출하시 정상과실에 비해 가격하락(50% 정도)이 예상되는 품질의 과실 : 20개
- 피해가 경미한 과실 : 50개
- 가공용으로 공급될 수 있는 품질의 과실 : 20개(일반시장 출하 불가능)

○ 수확 개시 후 조사내용

- 재해종류 : 우박
- 사고일자 : 2022년 09월 05일
- 표본주 3주의 결과지 조사
  [고사결과지수 : 5개, 정상결과지수(미고사결과지수) : 20개], 병해충고사결과지수 : 2개]
- 착과피해율 : 30%
- 농지의 상태 및 수확정도 등에 따라 조사자가 기준일자를 2022년 08월 20일로 수정함
- 잔여수확량 비율

사고발생 월	잔여수확량 산정식(%)
8월	{100 - (1.06 × 사고발생일자)}
9월	{(100 - 33) - (1.13 × 사고발생일자)}

물음1) 수확 전 피해율(%)의 계산과정과 값을 쓰시오. (6점)

물음2) 수확 후 피해율(%)의 계산과정과 값을 쓰시오. (6점)

물음3) 지급보험금의 계산과정과 값을 쓰시오. (3점)

정답 및 해설

물음 1) 수확 전 피해율(%) : 정답 : <u>41.06%</u>
물음 2) 수확 후 피해율(%) : 정답 : <u>15.48%</u>
물음 3) 지급보험금 : <u>3,654,000</u>(삼백육십오만사천)원

[해설]
물음 1) 수확 전 피해율(%) 계산과정
- **수확 전 피해율(%)** = (평년수확량 - ⊙ 수확량 - ⓒ 미보상감수량) ÷ 평년수확량
  = (6,000kg - 3,262.4kg - 273.76kg) ÷ 6,000kg
  = <u>41.06%</u>

ⓐ **수확량** = ((ⓐ 표본구간 주당착과수 × ⓑ 조사대상주수 × ⓒ 표준과중 × ⓓ (1 − 피해구성률)
　　　　　+ (ⓔ 주당 평년수확량 × ⓕ 미보상주수)
　　　　= (200개 × 260주 × 0.08kg × (1 − 0.36) + (20kg × 30주)
　　　　= 2,662.4kg + 600kg
　　　　= <u>3,262.4</u>(삼천이백육십이)kg

ⓐ **표본구간 주당착과수** = 표본주 총 착과수 ÷ 표본주수 = 1,800개 ÷ 9주 = <u>200개</u>
ⓑ **조사대상주수** = 실제결과주수 − 고사주수 − 미보상고사주수 = 300주 − 10주 − 30주 = <u>260주</u>
ⓒ **표준과중** = 80g(=0.08kg)
ⓓ **피해구성률(%)** = (50%형×과실수+80%형×과실수+100%형×과실수) ÷ 조사과실수
　　　　= (0.5 × 20개 + 0.8 × 20개 + 1 × 10개) ÷ 100개
　　　　= <u>36%</u>

− **착과피해조사**(표본주 임의과실 <u>100개</u> 추출하여 조사)
• 피해가 경미한 과실(0%형) : **50개**
• 일반시장 출하시 정상과실에 비해 가격하락(50%형)이 예상되는 품질의 과실 : **20개**
• 가공용으로 공급될 수 있는 품질의 과실(80%형): **20개**(일반시장 출하 불가능)
• 가공용으로 공급될 수 없는 품질의 과실(100%형) : **10개**(일반시장 출하 불가능)

ⓔ **주당 평년수확량** = 평년수확량kg ÷ 실제결과주수 = 6,000kg ÷ 300주 = <u>20kg</u>
ⓕ **미보상주수** = 보상하는 손해 이외의 원인으로 착과량이 현저하게 감소된 나무 수
　　　　+ 병해충으로 고사된 나무 수 = 10주 + 20주 = <u>30주</u>
ⓒ **미보상감수량** = (평년수확량kg − 수확량kg) × 미보상비율(%) = (6,000kg − 3,262.4kg) × 0.1 = <u>273.76</u>kg

물음 2) 수확 후 피해율(%) 계산과정
• **수확 후 피해율(%)** = (1 − ※<u>수확 전 사고 피해율</u>) × ㉠ <u>잔여수확량비율</u> × ㉡ <u>결과지피해율</u>
　　　　= (1 − 0.4106) × 0.788 × 0.3333 = <u>15.48%</u>

　※ <u>수확 전 사고 피해율</u> = (평년수확량 − 수확량 − 미보상감수량) ÷ 평년수확량
　　　　= (6,000 − 3,262.4 − 273.76) ÷ 6,000 = <u>41.06%</u>
　㉠ 사고 발생 8월 **잔여수확량 피해율(%)** = 100 − (1.06 × 사고발생일자) = 100 − (1.06 × 20일) = <u>78.8%</u>
　※ 조사자가 기준일자를 <u>2022년 08월 20일</u>로 수정함
　㉡ **결과지피해율** = (고사결과지수 + 정상결과지수(미고사결과지수) × 착과피해율
　　　　− 병해충고사결과지수(미보상고사결과지수) ÷ 기준결과지수
　　　　= {5개 + (20개 × 0.3) − 2개} ÷ 27개
　　　　= <u>33.33%</u>

물음 3) 지급보험금 계산과정
• **지급보험금** = 보험가입금액 × (피해율 − 자기부담비율)
　　　　= 10,000,000(천만)원 × (0.5654 − 0.2)
　　　　= <u>3,654,000</u>(삼백육십오만사천)원

∴ **피해율** = 수확 전 피해율 + 수확 후 피해율 = 0.4106 + 0.1548 = <u>56.54%</u>

[2023년도 제9회 손해평가사 제2차 기출문제]

[2과목 농작물재해보험 및 가축재해보험 손해평가의 이론과 실무]

[문제11] 종합위험 수확감소보장에서 '감자'(봄재배, 가을재배, 고랭지재배) 품목의 병ㆍ해충등 급별 인정비율이 90%에 해당하는 병ㆍ해충을 5개 쓰시오.(5점)

정답 및 해설

역병, 갈쭉병, 모자이크병, 무름병, 둘레썩음병, 가루더뎅이병, 잎말림병, 감자뿔나방 등

[해설]

<감자 병·해충 등급별 인정비율>

급수	종류	인정비율
1급	역병, 갈쭉병, 모자이크병, 무름병, 둘레썩음병, 가루더뎅이병, 잎말림병, 감자뿔나방	90%
2급	홍색부패병, 시들음병, 마른썩음병, 풋마름병, 줄기검은병, 더뎅이병, 균핵병, 검은무늬썩음병, 줄기기부썩음병, 진딧물류, 아메리카잎굴파리, 방아벌레류	70%
3급	반쪽시들음병, 흰비단병, 잿빛곰팡이병, 탄저병, 겹둥근무늬병, 오이총채벌레, 뿌리혹선충, 파밤나방, 큰28점박이무당벌레, 기타	50%

[문제12] 적과전 종합위험방식 '떫은감' 품목이 적과 종료일 이후 태풍 피해를 입었다. 다음 조건을 참조하여 물음에 답하시오. (단, 주어진 조건 외 다른 사항은 고려하지 않음) (5점)

○ 조건

조사대상주수	총표본주의 낙엽수 합계	표본주수
550주	120개	12주

※ 모든 표본주의 각 결과지(신초, 1년생 가지)당 착엽수와 낙엽수의 합계 : 10개

물음 1) 낙엽률의 계산과정과 값(%)을 쓰시오. (2점)

물음 2) 낙엽률에 따른 인정피해율의 계산과정과 값(%)을 쓰시오. (단, 인정피해율(%)은 소수점 셋째자리에서 반올림. 예시 : 12.345% → 12.35%로 기재) (3점)

정답 및 해설

물음 1) 낙엽률의 계산과정과 값(%)을 쓰시오.(2점)
[정답] '떫은감' 품목 낙엽률 : <u>25%</u>
[해설] '떫은감' 품목 낙엽률 산출식 및 계산과정
• '떫은감' 품목 낙엽률 = {총표본주의 낙엽수 합계 ÷ 총표본주의 착엽수와 낙엽수 합계}
                 = {120개 ÷ 480개}
                 = 0.25(25%)

※ 총표본주의 잎사귀 합계
  = 동서남북 4곳의 결과지 × 각 가지당 착엽수와 낙엽수 합계 10개 × 표본주12주
  = 동서남북 4곳의 결과지 × 10개 × 12주
  = 480개

물음 2) 낙엽률에 따른 인정피해율의 계산과정과 값(%)을 쓰시오. (단, 인정피해율(%)은 소수점 셋째자리에서 반올림.
      예시 : 12.345% → 12.35%로 기재) (3점)
[정답] '떫은감' 품목 인정피해율 : <u>17.13%</u>
[해설] '떫은감' 품목 인정피해율 산출식 및 계산과정
• '떫은감' 품목 인정피해율 = 0.9662 × 낙엽률 − 0.0703 = 0.9662 × 0.25 − 0.0703 = 0.17125%
  ※인정피해율의 계산 값이 "0"보다 적은 경우 인정피해율은 "0"으로 한다.

품목	인정피해율
단감	인정피해율 = 1.0115 × 낙엽률 − 0.0014 × 경과일수 ※ 경과일수 : 6월1일부터 낙엽피해 발생일까지 경과된 일수
떫은감	인정피해율 = 0.9662 × 낙엽률 − 0.0703

[문제13] 종합위험 생산비보장방식 '브로콜리'에 관한 내용이다. 보험금 지급사유에 해당하며, 아래 조건을 참조하여 보험금의 계산과정과 값(원)을 쓰시오. (단, 주어진 조건 외 다른 사항은 고려하지 않음) (5점)

○ 조건 1

보험가입금액	자기부담비율
15,000,000원	3%

○ 조건 2

실제경작면적(재배면적)	피해면적	정식일로부터 사고 발생일까지 경과일수
1,000m²	600m²	65일

※ 수확기 이전에 보험사고가 발생하였고, 기발생 생산비보장보험금은 없음

○ 조건 3
- 피해 조사결과

정상	50%형 피해송이	80%형 피해송이	100%형 피해송이
22개	30개	15개	33개

정답 및 해설

[정답] 생산비보장보험금 : <u>3,586,500</u>(삼백오십팔만육천오백)원
[해설] 생산비보장보험금 산출식 및 계산과정
- **생산비보장보험금** = (잔존보험가입금액 × 경과비율 × 피해율) − 자기부담금
  = (15,000,000(천오백만)원 × 0.7475 × 0.36) − 450,000(사십오만)원
  = 3,586,500(삼백오십팔만육천오백)원

> ○ 잔존보험가입금액 = 보험가입금액 − 보상액(기 발생 생산비보장보험금 합계액)
>   = 보험가입금액(15,000,000(천오백만)원)
> ○ 자기부담금 = 잔존보험가입금액 × 보험가입할 때 계약자가 선택한 비율
>   = 15,000,000(천오백만)원 × 0.03 = 450,000(사십오만)원
> ○ 경과비율 = 준비기생산비계수 + (1 − 준비기생산비계수) × 생장일수 ÷ 표준 생장일수
>   = 0.495 + (1 − 0.495) × 65일 ÷ 130일 = 0.7475
> ○ 피해율 = 피해비율 × 작물피해율 = 0.6 × 0.6 = 0.36(36%)
> ○ 피해비율 = 피해면적 ÷ 재배면적 = 600m² ÷ 1,000m² = 0.6(60%)
> ○ 작물피해율 = 피해면적 내 피해송이 수를 총 송이 수로 나누어 산출한다.
>   = {(50%형 피해송이 개수 × 0.5) + (80%형 피해송이 개수 × 0.8)
>   + (100%형 피해송이 개수 × 1)} ÷ 총송이수
>   = {(30개 × 0.5) + (15개 × 0.8) + (33개 × 1)} ÷ 100
>   = 0.6(60%)

[문제14] 종합위험 수확감소보장방식 '유자'(동일 품종, 동일 수령) 품목에 관한 내용으로 수확 개시시전 수확량 조사를 실시하였다. 보험금 지급사유에 해당하며 아래의 조건을 참조하여 보험금의 계산과정과 값(원)을 쓰시오. (단 ,주어진 조건 외 다른 사항은 고려하지 않음) (5점)

○ 조건 1

보험가입금액	평년수확량	자기부담비율	미보상비율
20,000,000원	8,000kg	20%	10%

○ 조건 2

조사대상주수	고사주수	미보상주수	표본주수	총표본주의 착과량
370주	10주	20주	8주	160kg

○ 조건 3
- 착과피해 조사결과

정상과	50%형 피해과실	80%형 피해과실	100%형 피해과실
30개	20개	20개	30개

정답 및 해설

수확감소보험금 : <u>5,774,000</u>(오백칠십칠만사천)원

[해설] 수확감소보험금 산출식 및 계산과정
- **수확감소보험금** = 보험가입금액 × (피해율 − 자기부담비율)
  = 20,000,000(이천만)원 × (0.4887 − 0.2) = **5,774,000**(오백칠십칠만사천)원

  ※ **피해율** = (평년수확량 − 수확량 − 미보상감수량) ÷ 평년수확량
  = (8,000kg − 3,656kg − 434.4kg) ÷ 8,000kg
  = (3909.6kg ÷ 8,000kg)
  = 0.4887(48.87%)

○ 수확량 = 주당착과량 × 조사대상주수 × (1 − 착과피해율) + 주당평년수확량 × 미보상주수
  = 20kg × 370주 × (1 − 0.56) + 20kg × 20주
  = 3,656kg
○ 주당착과량 = 표본주착과량 ÷ 표본주수 = 160kg ÷ 8주 = <u>20kg</u>
○ 조사대상주수 = <u>370주</u>
○ 착과피해율 = {(50%형 피해과실수 × 0.5) + (80%형 피해과실수 × 0.8)
  + (100%형 피해과실수 × 1)} ÷ 표본과실수
  = {(20개 × 0.5) + (20개 × 0.8) + (30개 × 1)} ÷ 100
  = <u>56%</u>
○ 주당평년수확량 = 평년수확량 ÷ 실제결과주수 = 8,000kg ÷ 400주 = <u>20kg/주</u>
○ 미보상감수량 = (평년수확량 − 수확량) × 미보상비율 = (8,000kg − 3,656kg) × 0.1
  = 4,344kg × 0.1 = <u>434.4kg</u>

[문제15] 종합위험 수확감소보장 밭작물(마늘, 양배추) 상품에 관한 내용이다. 보험금 지급사유에 해당하며, 아래의 조건을 참조하여 다음 물음에 답하시오. (5점)

○ 조건

품목	재배지역	보험가입금액	보험가입면적	자기부담비율
마늘	의성	3,000,000원	1,000m²	20%
양배추	제주	2,000,000원	2,000m²	10%

물음 1) '마늘'의 재파종 전조사 결과는 1a당 출현주수 24,000주이고, 재파종 후조사 결과는 10a당 31,000주로 조사되었다. 재파종보험금(원)을 구하시오. (3점)

물음 2) '양배추'의 재정식 전조사 결과는 피해면적 500m²이고, 재정식 후조사 결과는 재정식 면적 500m²으로 조사되었다. 재정식보험금(원)을 구하시오. (2점)

정답 및 해설

물음 1) 재파종보험금 : <u>210,000</u>(이십일만)원
물음 2) 재정식보험금 : <u>100,000</u>(십만)원

[해설]
물음 1) 재파종보험금 산출식 및 계산과정
• 재파종보험금 = {보험가입금액 × 35% × 표준출현피해율}
  = {3,000,000(삼백만)원 × 35% × 0.2} = 210,000(이십일만)원
※ 표준출현피해율(10a 기준) = (30,000 - 출현주수) ÷ 30,000
  = (30,000 - 24,000) ÷ 30,000
  = 0.2(20%)

※ 재파종보험금(마늘)의 지급 사유: 보험기간 내에 재해로 10a당 출현주수가 30,000주보다 작고, <u>10a당 30,000주 이상으로 재파종한 경우</u> 재파종보험금은 아래에 따라 계산하며 1회에 한하여 보상한다.

재파종보험금 = {보험가입금액 × 35% × 표준출현피해율}
※ 표준출현피해율(10a 기준) = (30,000 - 출현주수) ÷ 30,000

물음 2) 재정식보험금 산출식 및 계산과정
• 재정식보험금 = {보험가입금액 × 20% × 면적피해율}
  = {2,000,000(이백만)원 × 20% × 0.25} = 100,000(십만)원
※ 면적피해율 = 피해면적 ÷ 가입면적 = 500m² ÷ 2,000m² = 0.25(25%)

※ 재정식보험금(양배추)의 지급 사유: 보험기간 내에 재해로 면적 피해율이 자기부담비율을 초과하고, <u>재정식 한 경우</u> 재정식보험금은 아래에 따라 계산하며 1회 지급한다.

재정식보험금 = {보험가입금액 × 25% × 면적피해율}
※ 면적 피해율 = 피해면적 ÷ 보험면적

[문제16] 다음은 가축재해보험에 관한 내용이다. 다음 물음에 답하시오. (15점)

> 물음 1) 가축재해보험에서 모든 부문 축종에 적용되는 보험계약자 등의 계약 전·후 알릴 의무와 관련한 내용의 일부분이다. 다음 (   )에 들어갈 내용을 쓰시오. (5점)

[계약 전 알릴 의무]

계약자, 피보험자 이들의 대리인은 보험계약을 청약할 때 청약서에서 질문한 사항에 대하여 알고 있는 사실을 반드시 사실대로 알려야 할 의무이다.

보험계약자 또는 피보험자가 고의 또는 중대한 과실로 계약 전 알릴 의무를 이행하지 않은 경우에 보험자는 그 사실을 안 날로부터 (①)월 내에, 계약을 체결한 날로부터 (②)년 내에 한하여 계약을 해지할 수 있다. 그러나 보험자가 계약 당시에 그 사실을 알았거나 중대한 과실로 인하여 알지 못한 때에는 그러하지 아니하다.

[계약 후 알릴 의무]

○ 보험목적 또는 보험목적 수용장소로부터 반경 (③)km 이내 지역에서 가축전염병 발생(전염병으로 의심되는 질환 포함) 또는 원인 모를 질병으로 집단폐사가 이루어진 경우

○ 보험의 목적 또는 보험의 목적을 수용하는 건물의 구조를 변경, 개축, 증축하거나 계속하여 (④)일 이상 수선할 때

○ 보험의 목적 또는 보험의 목적이 들어있는 건물을 계속하여 (⑤)일 이상 비워두거나 휴업하는 경우

> 물음 2) 가축재해보험 소에 관한 내용이다. 다음 조건을 참조하여 한우(수컷)의 지급보험금(원)을 쓰시오. (단, 주어진 조건 외 다른 사항은 고려하지 않음) (10점)

[조건]

- 보험목적물 : 한우(수컷, 2021. 4. 1. 출생)
- 가입금액 : 6,500,000원. 자기부담비율 : 20%, 중복보험 없음)
- 사고일 : 2023. 7. 3. (경추골절의 부상으로 긴급도축)
- 보험금 청구일 : 2023. 8. 1.
- 이용물 처분액 : 800,000원(도축장 발행 정산자료의 지육금액)
- 2023년 한우(수컷) 월별 산지 가격 동향

구분	4월	5월	6월	7월	8월
350kg	3,500,000원	3,220,000원	3,150,000원	3,590,000원	3,600,000원
600kg	3,780,000원	3,600,000원	3,654,000원	2,980,000원	3,200,000원

정답 및 해설

물음 1) ① 1 ② 3 ③ 10 ④ 15 ⑤ 30

물음 2) 지급보험금 : <u>4,340,800</u>(사백삼십사만팔백)원

[해설]
물음 1)

> **[계약 전 알릴 의무]**
>
> 계약자, 피보험자 이들의 대리인은 보험계약을 청약할 때 청약서에서 질문한 사항에 대하여 알고 있는 사실을 반드시 사실대로 알려야 할 의무이다.
>
> 보험계약자 또는 피보험자가 고의 또는 중대한 과실로 계약 전 알릴 의무를 이행하지 않은 경우에 보험자는 그 사실을 안 날로부터 (① 1)월 내에, 계약을 체결한 날로부터 (② 3)년 내에 한하여 계약을 해지할 수 있다. 그러나 보험자가 계약 당시에 그 사실을 알았거나 중대한 과실로 인하여 알지 못한 때에는 그러하지 아니하다.

> **[계약 후 알릴 의무]**
>
> ○ 보험목적 또는 보험목적 수용장소로부터 반경 (③ 10)km 이내 지역에서 가축전염병 발생(전염병으로 의심되는 질환 포함) 또는 원인 모를 질병으로 집단폐사가 이루어진 경우
>
> ○ 보험의 목적 또는 보험의 목적을 수용하는 건물의 구조를 변경, 개축, 증축하거나 계속하여 (④ 15)일 이상 수선할 때
>
> ○ 보험의 목적 또는 보험의 목적이 들어있는 건물을 계속하여 (⑤ 30)일 이상 비워두거나 휴업하는 경우

물음 2) 지급보험금 산출식 및 계산과정

지급보험금 = {사고소의 보험가액 − [(이용물처분액 × 0.75) − 자기부담금]}

= {6,026,000(육백이만육천)원 − [(800,000(팔십만)원 × 0.75) − 1,085,200(백팔만오천이백)원]}

= {(6,026,000원 − 600,000(육십만)원) − 1,085,200원}

= (5,426,000(오백사십이만육천)원 − 1,085,200원)

= **4,340,800**(사백삼십사만팔백)원

> ○ **사고소의 보험가액** = 655kg × 9,200원/kg
>
> = <u>6,026,000</u>(육백이만육천)원
>
> ○ 사고소(한우 수컷)의 월령 : 27개월로 25개월 초과시 655kg 인정
>
> ○ 사고 전전월 성별 전국산지평균가격
>
> Max(3,220,000 ÷ 350 = 9,200원/kg, 3,600,000 ÷ 600 = 6,000원/kg) ∴ = <u>9,200원/kg</u>

> ※ kg당 금액은 사고 「농협축산정보센터」에 등재된 전전월 전국산지평균가격(350kg 및 600kg 성별 전국산지평균가격 중 kg당 가격이 높은금액)을 그 체중으로 나누어 구한다.

> ○ **자기부담금** = 5,426,000(오백사십이만육천)원 × 20% = <u>1,085,200</u>(백팔만오천이백)원

[문제17] 종합위험 시설작물 손해평가 및 보험금 산정에 관하여 다음 물음에 답하시오. (15점)

물음 1) 농업용 시설물 감가율과 관련하여 아래 (   )에 들어갈 내용을 쓰시오. (5점)

고정식 하우스				
구분		내용연수	경년감가율
구조체	단동하우스	10년	(①)%
	연동하우스	15년	(②)%
피복재	장수 PE	(③)년	(④)% 고정감가
	장기성 Po	5년	(⑤)%

물음 2) 다음은 원예시설 작물 중 '쑥갓'에 관련된 내용이다. 아래의 조건을 참조하여 생산비 보장보험금(원)을 구하시오. (단, 아래 제시된 조건 이외의 다른 사항은 고려하지 않음) (10점)

○ 조건

품목	보험가입금액	피해면적	재배면적	손해정도	보장생산비
쑥갓	2,600,000원	500m²	1,000m²	50%	2,600원/m²

- 보상하는 재해로 보험금 지급사유에 해당(1사고 ,1동, 기상특보재해)
- 구조체 및 부대시설 피해 없음
- 수확기 이전 사고이며, 생장일수는 25일
- 중복보험은 없음

정답 및 해설

물음 1) ① 8 ② 5.3 ③ 1 ④ 40 ⑤ 16
물음 2) 생산비보장보험금 : <u>429,000</u>(사십이만구천)원

[해설]
물음 1)

<농업용 시설물 감가율>

고정식 하우스				
구분		내용연수	경년감가율
구조체	단동하우스	10년	(① <u>8</u>)%
	연동하우스	15년	(② <u>5.3</u>)%
피복재	장수 PE, 삼중EVA, 기능성필름, 기타	(③ <u>1</u>)년	(④ <u>40</u>)% 고정감가
	장기성 Po	5년	(⑤ <u>16</u>)%

물음 2) 생산비보장보험금 산출식 및 계산과정

생산비보장보험금 = {피해작물 재배면적 × 피해작물 단위 면적당 보장생산비 × 경과비율 × 피해율}

= {1,000m² × 2,600원/m² × 0.55 × 0.30}

= **429,000**(사십이만구천)원

○ **경과비율** = α + [(1 − α) × (생장일수 ÷ 표준생장일수) = 0.1 + [(1 − 0.1) × (25일 ÷ 50일)] = 55%

  ○ 준비기생산비계수 : α (10%)

  ○ 생장일수: 파종일부터 사고발생일까지 경과일수: 25일

  ○ 표준생장일수: 파종일로부터 수확개시일까지 표준적인생장일수: 50일

  ○ 생장일수를 표준일수로 나눈값은 1을 초과할 수 없다.

○ **피해율** = (피해비율 × 손해정도비율) × ★(1 − 미보상비율) = (0.5 × 0.6) = 0.3

  ○ 피해비율 = (피해면적 ÷ 재배면적) = (500m² ÷ 1,000m²) = 50%

  ○ 손해정도비율 = 60%

[문제18] 종합위험 수확감소보장방식 '논작물'에 관한 내용으로 보험금 지급사유에 해당하며, 아래 물음에 답하시오. (단, 주어진 조건 외 다른 사항은 고려하지 않음) (15점)

물음 1) 종합위험 수확감소보장방식 논작물(조사료용 벼)에 관한 내용이다. 다음 조건을 참조하여 경작불능보험금의 계산식과 값(원)을 쓰시오. (3점)

○ 조건

보험가입금액	보장비율	사고발생일
10,000,000원	계약자는 최대보장비율 가입조건에 해당되어 이를 선택하여 보험가입을 하였다.	7월 15일

물음 2) 종합위험 수확감소보장방식 농작물(벼)에 관한 내용이다. 다음 조건을 참조하여 표본조사에 따른 수확량감소보험금의 계산과정과 값(원)을 쓰시오. (단, 표본구간 조사 시 산출된 유효중량은 g단위로 소수점 첫째자리에서 반올림. 예시 : 123.4g → 123g, 피해율은 %단위로 소수점 셋째자리에서 반올림. 예시 : 12.345% → 12.35%로 기재) (6점)

○ 조건 1

보험가입금액	가입면적(실제경작면적)	자기부담비율	평년수확량	품종
10,000,000원	3,000m²	10%	1,500kg	메벼

○ 조건 2

기수확면적	표본구간면적합계	표본구간작물중량합계	함수율	미보상비율
500m²	1.3m²	400g	22%	20%

물음 3) 종합위험 수확감소보장방식 논작물(벼)에 관한 내용이다. 다음 조건을 참조하여 전수조사에 따른 수확량감소보험금의 계산과정과 값(원)을 쓰시오. (단, 조사대상면적 수확량과 미보상감수량은 kg단위로 소수점 첫째자리에서 반올림. 예시 : 123.4kg → 123kg, 단위면적당 평년수확량은 소수점 첫째자리까지 kg단위로 기재. 피해율은 %단위로 소수점 셋째자리에서 반올림. 예시 : 12.345% → 12.35%로 기재. (6점)

○ 조건 1

보험가입금액	가입면적(실제경작면적)	자기부담비율	평년수확량	품종
10,000,000원	3,000m²	10%	1,500kg	찰벼

○ 조건 2

고사면적	기수확면적	작물중량합계	함수율	미보상비율
300m²	300m²	540kg	18%	10%

물음 1) 경작불능보험금 : <u>4,050,000</u>(사백오만)원

물음 2) 수확량감소보험금 : <u>2,173,000</u>(이백십칠만삼천)원

물음 3) 수확량감소보험금 : <u>4,047,000원</u>(사백사만칠천)원

[해설]

물음 1) 경작불능보험금 산출식 및 계산과정

- 경작불능보험금 = 보험가입금액 × 지급비율 × 경과비율

  = 10,000,000(천만)원 × 45% × 0.9

  = 10,000,000(천만)원 × 0.45 × 0.9

  = 4,050,000(사백오만)원

물음 2) 수확량감소보험금 산출식 및 계산과정

- 수확량감소보험금 = {보험가입금액 × (피해율 - 자기부담비율)}

  = {10,000,000(천만)원 × (0.3173 - 0.1)}

  = 2,173,000(이백십칠만삼천)원

> ※ **피해율** = {(평년수확량 - 수확량 - 미보상감수량) ÷ 평년수확량}
>
> = {(1,500kg - 905kg - 119kg) ÷ 1,500kg} = (476kg ÷ 1,500kg) = 31.73%
>
> ○ **수확량** = {(표본구간단위면적당유효중량 × 조사대상면적) + (단위면적당평년수확량 × 타작물, 미보상, 기수확면적)}
>
> = {(0.262kg × 2,500m²) + (0.5kg/m² × 500m²)} = 905kg
>
> ○ **표본구간단위면적당수확량** = (표본구간유효중량 ÷ 표본구간면적) = (341g ÷ 1.3m²) = 262g
>
> ○ **표본구간유효중량** = 400g × {(1 - 0.07) × (1 - 0.22) ÷ (1 - 0.15)
>
> = 400g × {(1 - 0.07) × (1 - 0.22) ÷ (1 - 0.15)
>
> = 400g × 0.8534 = 341g
>
> ○ **단위면적당평년수확량** = 평년수확량 ÷ 실제경작면적 = 1,500kg ÷ 3,000m² = 0.5kg/m²
>
> ○ **미보상감수량** = {(평년수확량 - 수확량) × 미보상비율} = {(1,500kg - 905kg) × 0.2}
>
> = 595kg × 0.2 = 119kg

물음 3) 수확량감소보험금 산출식 및 계산과정

- 수확량감소보험금 = {보험가입금액 × (피해율 - 자기부담비율)}

  = {10,000,000(천만)원 × (0.5047 - 0.1)}

  = {10,000,000(천만)원 × 0.4047}

  = 4,047,000(사백사만칠천)원

> ※ **피해율** = {(평년수확량 - 수확량 - 미보상감수량) ÷ 평년수확량}
>
> = {(1,500kg - 659kg - 84kg) ÷ 1,500kg} = (757kg ÷ 1,500kg) = 50.47%
>
> ○ **수확량** = {(조사대상면적작물중량합계 + 단위면적당평년수확량) × (타작물, 미보상, 기수확면적)}
>
> = 509kg + (0.5kg × 300m²) = 659kg
>
> ○ **조사대상면적작물중량합계** = 작물중량합계 × {(1 - 0.18) ÷ (1 - 0.13)}
>
> = 540kg × {(1 - 0.18) ÷ (1 - 0.13)}
>
> = 540kg × 0.9425
>
> = 509kg

○ 단위면적당 평년수확량 = (평년수확량 ÷ 가입면적)
                             = (1,500kg ÷ 3,000m^2)
                             = 0.5kg/m^2

○ 미보상감수량 = {(평년수확량 − 수확량) × 미보상비율}
                    = {(1,500kg − 659kg) × 0.1}
                    = (841kg × 0.1)
                    = 84kg

[문제19] 종합위험 수확감소보장 밭작물 '옥수수' 품목에 관한 내용이다. 보험금 지급사유에 해당하며, 아래의 조건을 참조하여 물음에 답하시오. (단, 주어진 조건 외 다른 사항은 고려하지 않음) (15점)

○ 조건				
품종	보험가입금액	보험가입면적	표준수확량	
대학찰(연농2호)	20,000,000원	8,000m^2	2,000kg	
가입가격	재식시기지수	재식밀도지수	자기부담비율	표본구간 면적합계
2,000원/kg	1	1	10%	16m^2
면적조사결과				
조사대상면적	고사면적	타작물면적	기수확면적	
7,000m^2	500m^2	200m^2	300m^2	
표본구간 내 수확한 옥수수				
착립장길이(13cm)	착립장길이(14cm)	착립장길이(15cm)	착립장길이(16cm)	착립장길이(17cm)
8개	10개	5개	9개	2개

물음 1) 피해수확량의 계산과정과 값(kg)을 쓰시오. (5점)

물음 2) 손해액의 계산과정과 값(원)을 쓰시오. (5점)

물음 3) 수확감소보험금의 계산과정과 값(원)을 쓰시오. (5점)

정답 및 해설

물음 1) 피해수확량 : <u>1,875</u>kg
물음 2) 손해액 : <u>3,750,000</u>(삼백칠십오만)원
물음 3) 수확감소보험금 : <u>1,750,000</u>(백칠십오만)원

[해설]
물음 1) 피해수확량 산출식 및 계산과정
• 피해수확량 = {(단위면적당피해수확량 × 조사대상면적) + (단위면적당표준수확량 × 고사면적)}
　　　　　　 = {(0.25kg × 7,000m^2) + (0.25kg/m^2 × 500m^2)}
　　　　　　 = 1,875kg

○ 단위면적당피해수확량 = 4kg ÷ 16m² = 0.25kg
○ 조사대상면적 = 7,000m²
○ 단위면적당표준수확량 = 표준수확량 ÷ 실제경작면적 = 2,000kg ÷ 8,000m² = 0.25kg/m²
○ 표본구간피해수확량 = (하 개수 + 중 개수 × 0.5) × 표준중량
　　　　　　　　　　　 = (18개 + 14개 × 0.5) × 0.16kg = 4kg
　　※ 표준중량 : 대학찰(연농2호) 160g

물음 2) 손해액 산출식 및 계산과정
• 손해액 = 피해수확량 × 가입가격 = 1,875kg × 2,000원 = **3,750,000**(삼백칠십오만)원

물음 3) 수확감소보험금 산출식 및 계산과정
• 수확감소보험금 = 손해액 - 자기부담금
　　　　　　　　 = 3,750,000(삼백칠십오만)원 - 2,000,000(이백만)원
　　　　　　　　 = 1,750,000(백칠십오만)원
　※ 자기부담금 = 보험가입금액 × 자기부담비율
　　　　　　　　 = 20,000,000(이천만)원 × 0.1
　　　　　　　　 = 2,000,000(이백만)원

[문제20] 수확전 과실손해보장방식 '복분자' 품목에 관한 내용이다. 다음 물음에 답하시오. (15점)

물음 1) 아래 표즌 복분자의 과실손해보험금 산정 시 수확일자별 잔여수확량 비율(%)를 구하는 식이다. 다음 (   )에 들어갈 계산식을 쓰시오. (10점)

사고일자	경과비율(%)
6월 1일 ~ 7일	(①)
6월 8일 ~ 20일	(②)

물음 2) 아래 조건을 참조하여 과실손해보험금(원)을 구하시오. (단, 피해율은 %단위로 소수점 셋째자리에서 반올림. 예시 : 12.345% → 12.35%로 기재. 주어진 조건 외 다른 사항은 고려하지 않음) (5점)

품목	보험가입금액	가입포기수	자기부담비율	평년결과모지수
복분자	5,000,000원	1,800포기	20%	7개

- 수확 전 사고 조사내용

사고 일자	사고 원인	표본구간 살아있는 결과모지수 합계	표본조사결과		표본구간수	미보상비율
			전체 결실수	수정불량 결실수		
4월 10일	냉해	250개	400개	200개	10	20%

정답 및 해설

물음 1) ① 경과비율 = 98 - 사고발생일자 .

　　　　② 경과비율 = 사고발생일자^2 - 43 × 사고발생일자 + 460 ÷ 2

물음 2) 과실손해보험금 : **1,143,000**(백십사만삼천)원

- -

[해설]

물음 1)

사고일자	경과비율(%)
6월 1일 ~ 7일	(①98 - 사고발생일자)
6월 8일 ~ 20일	(② 경과비율 = 사고발생일자^2 - 43 × 사고발생일자 + 460 ÷ 2)

물음 2) 과실손해보험금 산출식 및 계산과정

• **과실손해보험금** = {보험가입금액(원) × (피해율 - 자기부담비율)}

　　　　　　　　= {5,000,000(오백만)원 × (0.4286 - 0.2)}

　　　　　　　　= 1,143,000(백십사만삼천)원

※ **피해율** = (종합위험고사결과모지수 ÷ 평년결과모지수) = (3 ÷ 7) = 42.86%

○ **종합위험고사결과모지수** = {평년결과모지수 − (기준살아있는결과모지수
　　　　　　　　　　　　　　　 − 수정불량환산고사결과모지수 + 미보상고사결과모지수)}
　　　　　　　　　　　　　= {7 − (5 − 1.75 + 0.75)}
　　　　　　　　　　　　　= 3개

○ **기준살아있는결과모지수** = {살아있는결과모지수 ÷ (표본구간수 × 5)}
　　　　　　　　　　　　　= {250 ÷ (10 × 5)}
　　　　　　　　　　　　　= 5개

○ **수정불량환산고사결과모지수** = {(살아있는결과모지수 × 환산계수) ÷ (표본구간수 × 5)}
　　　　　　　　　　　　　　= {(250 × 0.35) ÷ (10 × 5)}
　　　　　　　　　　　　　　= 1.75개

○ **수정불량환산계수** = {(수정불량결실수 ÷ 전체결실수) − 자연수정불량률}
　　　　　　　　　　 = {(200 ÷ 400) − 0.15}
　　　　　　　　　　 = 0.35
　※ 자연수정불량률 : 15%(2014년 복분자 수확량 연구용역 결과 반영)

○ **미보상고사결과모지수** = {평년결과모지수 − (기준살아있는결과모지수
　　　　　　　　　　　　　 − 수정불량환산고사결과모지수) × 미보상비율}
　　　　　　　　　　　　= {7 − (5 − 1.75) × 0.2}
　　　　　　　　　　　　= {7 − (3.25) × 0.2}
　　　　　　　　　　　　= 0.75개

농작물재해보험 및 가축재해보험 손해평가의 이론과 실무

편 저 자 손송운 편저
제 작 유 통 메인에듀(주)
초 판 발 행 2024년 07월 15일
초 판 인 쇄 2024년 07월 15일
마 케 팅 메인에듀(주)
주   소 서울시 강동구 성안로 115, 3층
전   화 1544-8513
정   가 35,000원

I S B N   979-11-89357-74-0